东华理工大学核特色系列教材

水文地球化学

（第三版）

李学礼　孙占学　刘金辉　编著

原子能出版社

图书在版编目(CIP)数据

水文地球化学(第三版)/李学礼,孙占学,刘金辉编著. —北京:原子能出版社,2010.11(2025.9重印)
ISBN 978-7-5022-5087-4

Ⅰ.①水… Ⅱ.①李… ②孙… ③刘… Ⅲ.①水文化学:地球化学—高等学校—教材
Ⅳ.①P641.3

中国版本图书馆 CIP 数据核字(2010)第 198945 号

水文地球化学

出版发行 原子能出版社(北京市海淀区阜成路 43 号 100048)
责任编辑 谭 俊
技术编辑 丁怀兰
责任印制 赵 明
印　　刷 中煤(北京)印务有限公司
经　　销 全国新华书店
开　　本 787 mm×1092 mm 1/16
印　　张 21.25 **字　数** 530 千字
版　　次 2010 年 11 月第 3 版 2025 年 9 月第 6 次印刷
书　　号 ISBN 978-7-5022-5087-4 **定　价** **58.00 元**

网址:http://www.aep.com.cn **E-mail:atomep123@126.com**
发行电话:010-68452845

总　　序

东华理工大学（原华东地质学院）创建于1956年，经过50多年的办学历程，该校形成了以本科教育为主体，以研究生教育为先导，以高职、专科、成人教育为补充的多层次办学格局，发展成为一所以工为主，理工结合，文、管、经、法兼备的多科性普通高等学校。

在光荣而曲折的办学历程中，东华理工大学始终牢记办学使命，形成、保持、发展了鲜明的“东华理工特色”：**艰苦奋斗，为国奉献，构建核军工学科群优势**。伴随着祖国核工业前进的步伐，学校自力更生，艰苦奋斗，励精图治，勤俭办学，成为我国核工业开路先锋——核燃料循环工程人才培养的摇篮，为我国国防科技工业和社会经济发展做出了重大贡献。面对新的挑战和机遇，学校紧紧抓住发展这个第一要务，牢记“两个务必”，以邓小平理论和“三个代表”重要思想为指导，全面落实科学发展观，与时俱进，开拓创新，以质量求生存，以特色求发展，以社会需求为导向，主动适应高等教育由精英式教育向大众化教育的转变，稳定外延，注重内涵拓展和可持续发展，为早日实现“省内一流，全国知名，部分优势学科进入国际先进行列”而不懈努力。

东华理工大学被联合国国际原子能机构指定为铀矿地质和同位素水文学高级培训中心以及东亚地区同位素水文数据库主办单位，学校的国家级“分析测试研究中心”被国际原子能机构指定为参比实验室。依托“核设施数字工程实验中心”和“地理信息与数字影像技术研究中心”建设的“江西省空间信息与数字国土实验室”，于2004年2月被确定为省级重点实验室。2005年，“核资源与环境”实验室获批为省、部共建教育部重点实验室，该实验室最近又被科技部批准为国家重点实验室培育基地。

为了系统地总结东华理工大学在核科学技术相关学科教学和科研中积累的知识和经验，更好地培养核科技人才，促进我国核科技事业的发展，我校决定组织出版《东华理工大学核特色系列教材》，并选定《应用水文地球化学》、《水文地球化学》、《场论》、《场论解题指南》、《核辐射测量原理》、《水文地质学》、《环境水文地质学》、《铀矿石的化学分析》、《同位素水文学导论》和《应用地球物理仪器》等 10 本教材首批出版，今后还将组织撰写更多的特色教材纳入本教材系列。

《东华理工大学核特色系列教材》出版委员会

第三版前言

水文地球化学是在水文地质学、地球化学及水化学基础上发展起来的一门新兴学科，它研究地下水化学组分的形成及分布规律，既是水文地球化学找矿方法及某些矿床成矿理论研究的基础，也是金属湿法冶金（堆浸、池浸、地浸）工艺技术方法和地下水、地表水环境污染研究与治理的理论基础。本书作为我国第一部高等院校的水文地球化学教材，自 1982 年第一版面世以来已有 28 年的历史，距 1988 年再版也已有 22 年。该书自出版以来，得到了许多教学、科研和生产单位的学者与科技人员的引用和良好反映，也提出了不少宝贵的修改意见，这对普及、提高和推广水文地球化学知识及其应用和改进本书的质量起到了积极作用。本书不仅可作为水文地质及其他有关专业的本科教材，也可被有关专业作为研究生教育的教材和主要参考书。

本书第三版在保持原书的结构和内容的基础上，增加了部分章节，并对原书进行了勘误与更新。增加的章节有：第一章水溶液的物理化学基础（孙占学编写），第十一章地球化学模式简介（刘金辉、陈功新编写），第三章地下水中的有机物质中的第一节天然有机物质（刘金辉编写），第四章水及水中元素的同位素成分中的第一节概述和第二节同位素基础知识（孙占学编写），第十二章水文地球化学的应用中的第三节水义地球化学在地下水高矿化度条件下地浸采铀中的应用——以新疆吐哈盆地十红滩砂岩铀矿为例（李学礼编写），该节是应用水文地球化学理论解决干旱地区高矿化度地下水条件下地浸采铀的典型实例，有重要的理论意义和实用价值。此外，为方便读者进行有关的热力学计算，由孙占学、周仲魁根据有关资料，补充了热力学数据表和化学元素周期表作为本书的附录。

孙占学、刘金辉对本书第三版的出版起到了积极的推动作用，并编写了部分章节。本书由东华理工大学史维浚教授主审，张卫民、高柏、陈功新、张文、周仲魁、周义朋、王巧焕、曾华、阎政等老师及研究生对该书的校对、文字编辑、图件绘制等做了大量工作。本书的出版得到了江西省重点建设学科“地质工程”建设经费的资助。在此一并表示衷心感谢！

李学礼

2010 年 2 月于东华理工大学

目　录

第二篇 地下水中元素迁移及沉淀的影响因素和地下水化学成分的形成机理

第三篇 地下水化学成分分布的区域性规律

第四篇　水文地球化学的研究方法及应用

绪　论

一、水文地球化学的主要内容及其与其他学科的关系

水文地球化学是建立在水文地质学、地球化学及水化学基础上的一门新兴学科。它以地下水的化学成分及其形成规律为主要研究对象，因此，有的学者称它为地下水的地球化学。但更严格地说，水文地球化学是研究水与地壳岩石、气体和有机物质相互作用的学科，是研究地下水圈中化学元素及其同位素的分布、分配、集中、分散及迁移循环的形式、规律和历史的学科。因为无论是外生循环还是内生循环的地质作用都有水的参与，水文地球化学不仅研究地下水的化学成分及其形成作用与途径，而且探索地下水在地球壳层中所起的地球化学作用。这样，除地下水本身外，水文地球化学研究的对象有因地下水活动而形成的各种产物（包括固体与气体）及地下水对地质作用的影响。随着生产的发展和资料的积累，这一学科的研究内容和领域还将不断地扩大。

目前，水文地球化学的主要研究内容有：

(1) 地下水的化学成分及其来源；

(2) 水的结构与物理性质和地下水化学成分之间的关系；

(3) 元素在地下水中的迁移和沉淀；

(4) 地下水化学成分的形成及其影响因素；

(5) 各类地下水（包括热水）的水文地球化学特征及区域性变化规律；

(6) 地下水水文地球化学分类；

(7) 水文地球化学在国民经济建设中的应用；

(8) 水文地球化学的研究方法与应用。

作为一门新兴的发展中的边缘学科，水文地球化学同相邻学科之间的关系是比较复杂的。

首先谈谈水文地球化学与水化学之间的关系。一部分水化学工作者认为，水化学是一门很广泛的学科，它研究所有的天然水，即大气水、河水、海水和地下水的化学。观察到的大气水、河水、海水和地下水之间水化学过程的统一性表明，没有理由将水化学的研究局限在地表水范围内，也没有必要分出只研究地下水化学成分的学科——水文地球化学。而大部分水文地质工作者则认为，水化学的研究对象不应超出地表水的范围，而由于地下水具有特殊的存在和形成条件，它的化学成分及形成条件应当由另一门与水文地质学紧密相连的学科，即水文地球化学来研究。事实上，水化学工作者主要的研究对象一直是地表水。目前，随着生产和科学的发展，这个争论的问题实际上已经解决，水文地球化学已经建立起来。在许多地质科研和生产单位，已经建立了专门研究水文地球化学的实验室和其他机构。国际上已组织了水文地球化学协会，召开过多次水文地球化学座谈会，并出版了一系列专著。这

样，水化学与水文地球化学之间有了明确的分工，前者主要研究地表水，后者则主要研究地下水。当然，地下水参与自然界水的总循环，地下水与大气水、地表水有着互相转化、互相补给的关系，它们对地下水化学成分的形成有一定的影响。因此，水文地球化学与水化学之间有着密切的关系。在研究地下水的同时，也应当研究地表水和大气水。

水文地球化学同水文地质学的密切关系是非常明显的。A. M. 奥弗琴尼柯夫认为水文地球化学是水文地质学的一个专门部分。他在《水文地球化学》一书中写道："水文地球化学是地球化学和水文地质学的一部分，它主要注意地下水。它研究地下水的形成问题和它的成分，也同样研究水和岩石之间存在的动力联系。"地下水化学成分的形成条件明显地不同于地表水，这里起主导作用的经常是地质和水文地质因素。地下水的成分决定于含水构造的性质、构造类型、火山作用、含水综合体的岩石一矿物和粒度成分，决定于地下水本身的动力特征。在解决深层卤水成因这个复杂的问题时，不但要了解它所埋藏地区的地质发展历史，而且要分析形成卤水的古水文地质条件。总之，在进行水文地球化学研究时，不应将地下水看做是静止的、孤立的，而应将它看做是运动的、与地质体紧密联系的"流体矿床"，要以水文地质规律和古水文地质方法为依据进行综合研究。

水文地球化学，由其名称就可看出，与地球化学紧密地联系着，某些研究者把它看做是地球化学的一部分。在有关地下水的著作中，特别是在石油水文地质领域，经常会遇到"水的地球化学"、"天然水的地球化学"、"地下水的地球化学"等术语，这实际上是水文地球化学一词的同义语。

水文地球化学与地质学、矿物学、岩石学，特别是岩石化学、土壤化学等有着密切的关系。成岩成矿理论研究，离不开水文地球化学的研究。环境地质学是近年来兴起的一门学科，它对有害元素在地下水中迁移问题的研究，也离不开水文地球化学的知识和研究方法。

二、水文地球化学在国民经济建设中的意义

在自然界，水由于自己的物理、化学和生物性质而占有非常重要的地位。在岩石圈、生物圈和大气圈中，几乎所有作用都与水有关。这些作用涉及一系列的水文地球化学问题，如水中的离子一盐类成分的生成等。解决这些理论问题，就要研究在地下水中发生的各种过程，研究影响水的矿化度和成分的自然和人为因素，研究水与岩石的相互作用，确定地下水化学成分形成的一般规律，并且要解释地壳中各种类型地下水的成因。水文地球化学的理论可用于研究盐在自然界的循环，解释溶解于地下水中的某些组分在形成金属和非金属矿床中的作用。

水文地球化学研究的课题，对于国民经济各部门的发展有着十分重大的实际意义。各种形式的供水(农业用水、生活用水、工业用水等)都必须考虑到地下水的化学成分。在水工建筑和矿山建设中，为了预先采取对水泥和金属构件的防腐蚀措施，以及在利用地下水进行灌溉、评价农田盐渍化过程的强度和评价对植物有害的盐类时，也必须了解地下水的化学成分。近几十年来，由于在河流上建筑了许多巨大的水工建筑物，给水化学和水文地球化学提出了一系列的新问题，其中包括对这些水库、运河、水池及被改造后的河流的水质及水化学动态的预测。这些问题主要是水化学问题，但是不了解基本的水文地球化学知识，是不能解决这些问题的。例如，在干旱地区有些蓄水池建成后几年内，水的矿化度就达到了5～10 g/L，既不能用于灌溉，也不能供牲畜饮用，更不能作为生活用水。这些水池的盐化经

常是由于没有预计到潜水所带来的盐分所致。

为了从地下卤水和矿水中开采碘、溴、硼等盐类，正进行着广泛而细致的水文地球化学研究。用水文地球化学方法寻找硫化矿床、多金属矿床、铀矿、石油、天然气和盐矿床都收到了很好的效果。目前，在成矿作用与成矿预测研究及热水勘探、环境保护、金属矿床溶浸开采等领域，水文地球化学正得到愈来愈广泛的应用。在矿水和疗泥的研究中，水文地球化学也具有特殊的意义。总之，随着人们对地下水化学成分认识的不断深入，水文地球化学将会在更加广泛的领域中得到应用和发展。

三、水文地球化学的发展简史

作为一门独立的学科，水文地球化学只是在近 80 年来才逐步建立和形成。但是它的萌芽却在很早以前就产生了。在我国周代，劳动人民就能根据地下水的不同水质分别予以利用。如淡水作饮用，咸水煮盐，温泉用来沐浴。在两千多年前的秦代，四川自贡就开凿了很深的自流井采卤水制盐，秦汉以前就已利用矿泉（如陕西临潼华清池）治病。在古希腊的思想家中，亚里士多德对于地下水的来源特别注意，他认为“流经怎样的岩石就有怎样的水”。由于广泛利用热水，还在古罗马帝国时代就产生了研究地下水化学成分的兴趣，在当时的论文中就已经按化学成分将矿水分为碱性矿水、铁质矿水、含盐矿水和含硫矿水。18 世纪俄国学者 M. B. 罗蒙诺索夫在他的著作《论地层》中，就提出了天然水是一种复杂的溶液的学说，认为它的成分的生成与其周围的介质有关，并提出了水循环过程中可溶盐分的迁移等问题。

到了 19 世纪末、20 世纪初，随着科学技术的发展，产生了研究水化学成分的必要性。特别是蒸汽机和其他技术的应用，更加促进了天然水化学的研究。1882 年俄国地质委员会成立了专门机构，对自流盆地和高加索矿水进行了水文地质研究。而其他学科，如化学、地球化学、地质学、水文地质学、土壤学，水化学等的迅速发展，促进了水文地球化学的产生。

水文地球化学这一学科的建立应与苏联科学院院士 B. И. 维尔纳斯基的名字联系在一起。1929 年春，他在俄国矿物学会“关于天然水的分类及化学成分”的报告中，第一个给水文地球化学规定了科学的内容。他在《天然水的历史》一书中进一步发挥了这个报告中的许多思想，从而为水文地球化学奠定了基础。在这部著作中，他综合分析了大量系统的地下水化学成分和气体成分的实际资料，对天然水进行了分类；指出了天然水的统一性，即从地质时代的观点来看，地壳中的所有水是处于复杂的动态平衡中的统一体，这种统一取决于水、岩石、气体和有机物质之间的复杂的相互作用系统；认为地下水是地球天然水系统的一部分，但是由于地下水在地壳地质系统中的特殊位置，即地下水处于岩石内部，与这些岩石强烈地相互作用并受地质动力作用的控制，因此，可以将地下水从一般天然水系统中划分出来，并将地下水地球化学看作是一个专门学科。

H. K. 伊格纳托维奇为发展现代水文地球化学作出了巨大的贡献。他建立了作为水文地质基本规律的水文地质分带概念，并将构造的地下水动力特征与水文地球化学特征联系起来作为一个整体进行研究。他在 20 世纪 40 年代初的文章和 1948 年的著作《俄国地台的水文地质》中，明确地指出了水文地球化学分带与地下水动力特征之间的关系。他的工作推动了区域水文地球化学、放射性水文地质学、石油和找矿水文地球化学以及地下水成矿作用学说的发展。

Г. Н. 卡明斯基的地下水成因类型学说则考虑了地球化学和地下水动力作用的综合过程，并根据 A. E. 费尔斯曼的地球化学成因循环概念提出了地下水的三个成因类型：大陆淋滤水，海成或沉积水，变质和岩浆水。

А. М. 奥弗琴尼柯夫的专著《矿水》(1947 年，1963 年)是第一本概括性较强的高等学校水文地球化学基础教材。该书描写了各种矿水的形成规律，研究了地下水矿化度和气体成分的形成；指出了氧化一还原条件对化学元素迁移的影响。他的另一部著作《水文地球化学》(1970 年)系统地论述了水文地球化学教程的主要内容，即承压水系统的水文地球化学分带，影响地下水中化学元素迁移的条件和因素，地下水化学成分的形成过程，水文地球化学找矿和水文地球化学制图的主要方法；并着重介绍了油气、盐、黑色、有色及稀有金属矿床地下水中近 20 种典型元素的水文地球化学性质。

综上所述，В. И. 维尔纳斯基的天然水分类学说，Н. К. 伊格纳托维奇的地下水分带学说，Г. Н. 卡明斯基的地下水成因类型学说和 А. М. 奥弗琴尼柯夫的《矿水》和《水文地球化学》等专著奠定了现代水文地球化学的理论基础。

20 世纪 70 年代以来，苏联在理论水文地球化学、区域水文地球化学、水文地球化学找矿及矿水水文地球化学等方面相继出版了一系列著作。其中 А. И. 别列尔曼的《景观地球化学》和《后生地球化学》对了解浅层地下水中所进行的地球化学过程和推动水文地球化学的进一步发展是很有价值的。

近几十年来，热力学在地球化学与相邻地质学科中的应用已取得了十分可喜的进展。热力学理论在地球化学领域中的应用，正改变着地球化学的面貌，且必将对地球化学的发展起巨大的推动作用，目前，在水文地球化学研究中，不仅注意定性的研究，而且越来越多地注意到定量、半定量的研究，只有这样才能切实地解决某些水文地球化学的实际问题。热力学方法就是一种定量或半定量解决一系列水文地球化学问题的有发展前途的方法和途径。利用热力学方法可以解决以下水文地球化学问题：① 判定体系中化学反应进行的方向与程度；② 计算和判定地下水中各种化学组分的存在形式；③ 确定水中化学组分的酸碱强度和氧化一还原强度；④ 绘制水中化学组分的相图(如 Eh-pH 图或 pE-pH 图)。

欧美各国学者自 20 世纪 60 年代以来，在工业废水排放对地下水的污染方面做了大量的工作，并对地下水流系统进行了深入的分析，建立了地下水流系统中污染物运动的基本微分方程(弥散方程)，从而解决了溶质在地下水中的运移问题。欧美学者还对海底(如太平洋、大西洋、红海等)矿藏及热卤水和环境同位素研究等方面做了大量的工作。美国热水专家 D. E. 怀特利用氢、氧稳定同位素对世界高温热水进行了系统研究，证明大部分热水是大气降水成因的，如果有“初生水”的话，其含量最多也不超过 5%～10%。近 30 年来，欧美学者还出版了“*The Properties of Groundwater*”(Matthess，G.，1982)；“*Geochemistry, Groundwater and Pollution*”(Appelo，C. A. J. & Postma，D.，1994)；“*Aquatic Chemistry*”(Stumm，W. & Morgan，J. J.，1996)；“*Groundwater Geochemistry*”(Deutsch W. J.，1997)；“*The Geochemistry of Natural Waters*”(Drever，J. I.，1997)和“*Applied Chemical Hydrogeology*”(Kehew A. E.，2001)等教材与著作。所有这些不仅充实了水文地球化学的内容，而且促进了这门学科的发展。

我国地质事业的先驱者章鸿钊、吴兴等人，于 1926 年搜集了我国古代各史书中有关温泉的资料，按地区汇编成《中国温泉辑要》一书。全国解放后，此书经地质出版社增补新资料后再版，为我国地热和矿水研究提供了重要线索，直到现在仍有参考价值。

我国自 20 世纪 50 年代以来，就进行了大面积区域水文地质调查和供水水源勘探，并开展了水文地球化学找矿工作。如云南、江西、西藏、广东等省区对一系列温泉的水化学成分进行了系统的调查研究。原地质部水文地质工程地质研究所对我国地下水和温泉进行了大量的科研工作，并编写了《中国地下水》一书，对中国地下水化学特征、地下热水及矿水进行了描述和总结；1977 年出版了《水文地球化学找矿法》一书，对水文地球化学找矿方法和基础理论进行了初步总结。我国铀矿地质系统，自 20 世纪 60 年代以来大力推广了水文地球化学找矿方法，特别是 1964 年以后逐步开展了大面积的放射性水文地球化学区调普查及钻孔和坑道放射性水文地球化学找矿。江西省核工业地质局(原华东地质勘探局)、东华理工大学(原华东地质学院)水文地质教研室、北京铀矿地质研究所水文地球化学组等对地下水(包括古地下水)的成矿作用进行了研究。北京水文地质大队 1965 年以来开展了对北京西郊地下水中的酚、氰污染的研究。1973 年全国环境保护会议后，在北京、上海、沈阳、包头、呼和浩特、西安、武汉、成都、南京等城市开展了对地下水污染的调查讲究，黑龙江、吉林、山西、陕西、内蒙古、江苏、湖北等省在研究地下水与地方病的关系方面取得了一定进展。北京大学、中国科学院贵阳地球化学研究所、中国地质大学和地质矿产部宜昌地质矿产研究所等单位，对水中氢、氧同位素的研究也取得了一批成果。所有这些虽然仅是一个开端，但对我国水文地球化学事业的发展作出了贡献。1980 年以来，我国各地质院校已将水文地球化学列为水文地质专业必修的专业基础课。1982 年在重庆召开了首届全国水文地球化学学术讨论会，在会上发表了大量论文，总结了我国历年来水文地球化学工作的经验和学术成就，并在此基础上于 1985 年出版了《水文地球化学理论与方法研究》一书；1982 年原子能出版社出版了李学礼编写的我国第一部《水文地球化学》高校试用教材；1983 年中国建筑工业出版社出版了李昌静、卫鼎中编写的《地下水水质及其污染》；1986 年，地质出版社出版了沈照理等编写的《水文地球化学基础》；1988 年，李学礼编著的《水文地球化学(第二版)》出版；1990 年原子能出版社出版了史维浚编著的《铀的水文地球化学原理》；1993 年，沈照理等编写的《水文地球化学基础(第二版)》出版；2005 年，原子能出版社出版了史维浚、孙占学编著的《应用水文地球化学》。这些都在一定程度上推动了我国水文地球化学工作的普及和发展。但是，在我国水文地球化学研究工作中，对水中的有机质、热力学在水文地球化学研究中的应用、区域水文地球化学、成矿水文地球化学、溶浸水文地球化学等方面还需继续开展系统而深入的研究工作，通过不断的努力，把我国水文地球化学研究工作在理论和应用上都向前推进一步。今后我们在引进和介绍国外新理论和新技术的同时，应特别注意总结国内在生产、科研和教学实践中获得的成果和经验，继续努力普及、推广水文地球化学的理论，广泛应用这些理论来解决科研和生产中的实际问题，使这门学科能够为我国的经济建设发挥更大的作用，同时，也使这门学科在我国得到更好更快的发展和提高。

第一篇　水溶液的物理化学基础和地下水的化学成分

水是氢和氧的最普通化合物。准确地说，它的一般分子式 H_2O 是 250 ℃以上水蒸气分子式，而液态水则是聚合体，其分子式应当是$[H_2O]_n$。

在自然界中，化学纯水实际上是不存在的。无论是大气水、地表水或地下水，本质上都是成分比较复杂的水溶液。以地下水而论，它参与了自然界水的总循环，并运动于地壳岩石的空隙中，不断地与周围介质相互作用，溶解其中的可溶解盐分、可溶气体和有机质，并含微生物、悬浮物等，从而成为复杂的溶液。到目前为止，在地下水中已发现的元素达 80 余种。

地下水的化学成分是水文地球化学研究的主要对象和该学科进一步发展的基础。在学科发展的初期，由于受到分析测试手段的限制，人们只能发现那些大量存在于水中的元素或离子。随着科学技术的进步和分析测试手段的不断提高，又逐步发现了那些含量甚微的元素、气体、有机质，乃至分辨出某些元素的同位素成分，并进而认识了这些不同成分的形成条件、分布规律、地球化学作用及其在国民经济中的应用。本篇的第一章简要介绍了水溶液的物理化学基础，其他三章分别介绍地下水中的无机化学成分、有机化学成分及元素的同位素成分。

第一章 水溶液的物理化学基础

水(H_2O)是一种具有异乎寻常特征的分子,可以在冰、液体、蒸汽和超临界流体之间变化万端,使之在各种地质作用中扮演着十分重要的角色。地球深部的水降低了岩石熔融的温度,使岩浆得以产生,并构建了地壳;卤水能携带金、铜等各种金属,可形成矿床;古海洋提供了孕育早期生命的摇篮,淡水则是大地生命的基础;水蒸气造成的温室温度可达 30 ℃,使地球这个星球得以有生命繁衍;而水蒸气凝结成云,可反射太阳辐射,使地球凉爽宜人。水这种神奇的物质,约占地球表面积的 3/4。

地球上的水大约 96%在海洋,3%以冰雪的形式存在,地下水则占 1%,河流、湖泊水占 0.01%,而大气水仅占 0.001%。我们重点研究的地下水是天然水的重要组成部分,作为存在于地表以下,饱水带中的重力水(广义的地下水应包括包气带中的水和地球深部的水),是一种复杂的溶液。地下水这种复杂溶液的化学特性是在地质历史发展过程中,由水—岩石—气体—有机物质系统相互作用的结果,这种相互作用的机理服从于现代物理—化学理论。学习本章的目的就在于学会应用这些理论,并熟悉一些物理化学参数,从而理解形成地下水化学成分及促使其发生变化的物理化学作用。

第一节 水的结构与性质

一、水的结构

(一) 水分子的种类

由于自然界中氢存在着三种同位素^1H(99.984%)、^2H 与^3H(<0.02%)(其中前两种为稳定同位素,^3H 为放射性同位素),氧也存在三种同位素^{16}O(99.76%)、^{17}O 与^{18}O(<0.3%),因此,水分子可以排列组合出 9 种不同的稳定同位素分子的水:$H_2{}^{16}O$,$H_2{}^{17}O$,$H_2{}^{18}O$,$HD^{16}O$,$HD^{17}O$,$HD^{18}O$,$D_2{}^{16}O$,$D_2{}^{17}O$ 和 $D_2{}^{18}O$。

由于氢、氧同位素在天然水中的分布差别很大(表 1-1),因此,这 9 种不同形式的水所占的比例也相差悬殊。

表 1-1 氢、氧同位素在天然水中的相对分布(据 Mattess,1982)

同位素	丰 度	同位素	丰 度
H	99.984%	^{16}O	99.76%
D	$D/H=1.49\times10^{-4}$	^{17}O	$^{17}O/^{16}O=4\times10^{-4}$
T	$T/H=1.3\times10^{-18}$	^{18}O	$^{18}O/^{16}O=2.04\times10^{-3}$

显然，其中以 $H_2{}^{16}O$ 占绝对优势。通常所讲的水的性质即为 $H_2{}^{16}O$ 的性质，一般用 H_2O来表示水分子。

凡分子量大于 H_2O 的水统称重水。$D_2{}^{16}O$ 为我们一般所称的重水，可作为核反应堆中的中子减速剂；$H_2{}^{18}O$ 常称重氧水，是研究化学反应，特别是水解反应的示踪剂；T_2O 称氚水，为放射性同位素水子，可作为示踪剂或测定水的年龄。

(二) 水分子的结构和水分子间的联结与排布

原子结构理论研究表明，H_2O 分子呈 V 形结构，H—O 键的夹角为 104.5°(图 1-1)。由于氧的电负性为 3.5，氢的电负性为 2.1。这种差别导致了 H、O 形成共价键时，电子分布的不均匀性(中性原子接受电子的能力，称为电负性)。

水分子中 H、O 原子的上述排布，使水分子在结构上正、负电荷静电引力中心不相重合，从而形成水分子的偶极性质，即氧原子一端为负极，氢原子一端为正极。其偶极矩高达 1.84 德拜。水分子犹如磁体一般，在其周围形成电力场。由于水分子的极性，相邻水分子间可产生一种静电吸引力(即所谓的氢键)而使水分子相互缔结，形成巨大的分子团(图1-2)。其缔结程度取决于温度，缔合过程不引起化学性质的变化。一般温度较低时，缔合程度较高，也较稳定。4 ℃时，水的缔合程度最大，此时达到最大密度。液、固态水均以巨型分子形式存在，气态的水才以单分子的形式存在(有时出现双聚合态)。

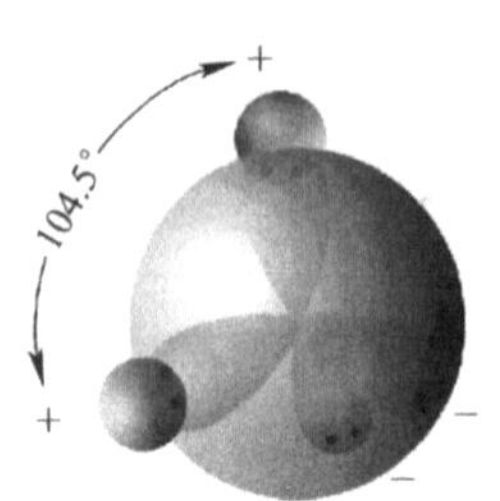

图 1-1 水的极性分子

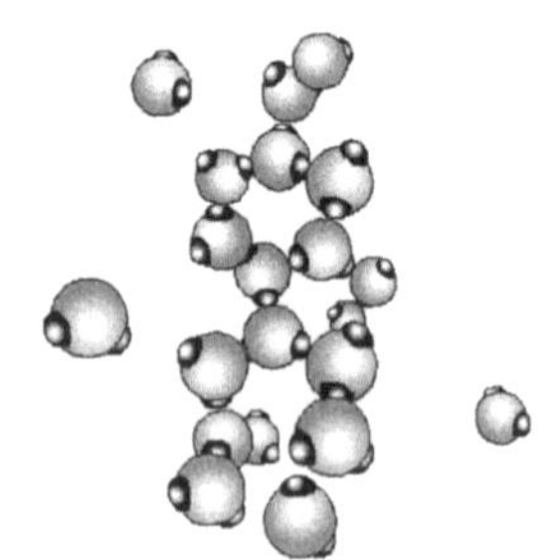
图 1-2 水的氢键与四面体结构

液态水处于结晶状态与液体状况之间，可视为“液态晶体”。正因为其与一般液体的结构不同，从而导致它具有一系列独特的性质。

二、水的性质

(一) 水的特异性质

1. 水具有独特的物理性质

(1) 水的生成热很高。标准生成热为 −285.9 kJ/mol，2 000 ℃高温下其离解仅为 0.588%，保证了水在地下深部高温状态下可广泛参与水文地球化学作用过程。

(2) 水具有很高的沸点和达到沸点前有极长的液态阶段。保证了地球上大量液态水的存在，地球上才得以有生命物质的繁衍(高沸点是由于水分子间氢键力的破坏需要相当高的能量，因为氢键强于一般分子间力)。

(3) 水的热传导、热容、熔化热、汽化热以及热膨胀，几乎比所有其他液体都高。由于水具有反常高的比热容[420 J/(L·℃)]，对自然界温度起到了良好调节作用。如海洋巨大的热容量，对昼夜和冬夏的温度加以调节，使温差不会过大，有利于人类等生物的生存。相反，无水的月球，昼夜温差高达 200 ℃，使生命难以存在。

2. 水具有较大的表面张力

液体中除汞以外，水的表面张力最大(如 5 ℃时)(表 1-2)。表面张力随温度的升高而剧减，如 100 ℃时，水的表面张力降为 $59 \cdot 10^{-3}$ J/m²。水的表面张力对研究包气带水分运移(毛细现象)具有重要意义。

表 1-2　5 ℃时某些液体的表面张力　10^{-3} J/m²

液体	表面张力	液体	表面张力
汞	436	氨	42
水	75	其余	<30
甘油	65		

3. 水具有较小的粘滞度和较大的流动性

粘滞度是表征液体内部质点间阻力(内摩阻)程度的性质。由于水分子不断地重新排布与联结，导致了其低粘度与高流动性。

4. 水具有高介电效应(水具有很高的介电常数)

水的介电常数高达 81(介电常数：表征在某介质中电荷间的吸力或斥力比在真空或空气中减小的倍数)，而溶质离子间的引力随溶剂介电常数的增大而减弱，所以水成为离子化合物的良好溶剂。因为在水中，盐类离子晶体发生离解时，一些水分子围绕着每个离子形成一层抵消外部静电引力(或斥力)的"绝缘"外膜，它会部分中和离子的电荷，并阻止正、负离子间的再行键合，这就是所谓的"介电效应"。如 $CaCl_2$ 溶解在水中的情形(图 1-3)，Ca^{2+} 与 Cl^- 均被 H_2O 分子包围，使二者不易键合形成 $CaCl_2$ 晶体。

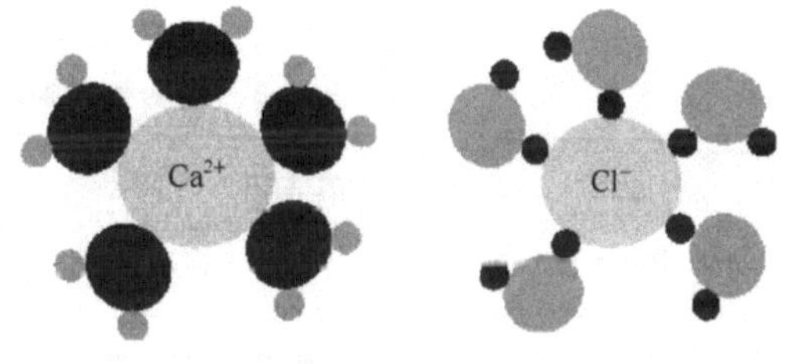

图 1-3　水分子的介电效应

5. 水具有良好的化学活性

(1) 与活性金属反应时放出氢气

$$2K + 2H_2O = 2KOH + H_2\uparrow$$

$$2Na + 2H_2O = 2NaOH + H_2\uparrow$$

$$Mg + 2H_2O = Mg(OH)_2 + H_2\uparrow$$

(2) 水解作用

过去我们所讲的水解为"狭义的水解"，也就是指一些盐类或二元化合物的非氧化还原分解水的反应。

例如，盐类二元化合物与水的作用：

$$NaAc+H_2O=Na^++OH^-+HAc$$

实际上这种水解就是物质和水之间发生的复分解反应，其最大特点是反应产物中往往有弱电解质、难溶化合物或挥发性化合物。

在这里，补充一下“广义水解”的概念：它指的是任何一种物质对水作用，使其分解的过程。如：

$$Ca+2H_2O=Ca(OH)_2+H_2\uparrow$$

$$Cl_2+H_2O=HCl+HClO$$

$$C+H_2O=CO+H_2\uparrow$$

这样一来，活泼金属单质和非金属单质以及一些氧化物对水的作用均可以统一在水解作用的概念之下。

(二) 温度、压力条件对水的性质的影响

1. 物理性质的变化

随着温度的增高，水的密度、粘度下降，蒸气压上升。显然，温度升高，水渗透能力加强、溶蚀能力增大。表1-3列出了水的一些重要的物理参数随温度的变化值。同样，水的物理性质与压力关系也比较密切。如沸点随压力的降低而降低。在温度和压力超过临界点(374.15 ℃和221×10^5 Pa)时，水以超临界流体存在。此时，从液体状态到气体状态的转变具有连续性。水蒸气和超临界流体的密度随压力而改变，也就是说，高温高压状态下，密度主要取决于压力。

表1-3 水的某些物理参数简表(据 Mattess,1982)

温度/℃	蒸气压/10^2 Pa	密度/g/cm³	动力粘度/10^{-3} Pa·s	表面张力/10^{-3} J/m²
0	6.105	0.999 84	1.792 1	75.64
10	12.278	0.999 70	1.307 7	74.22
25	31.672	0.997 04	0.893 7	71.97
40	73.759	0.992 21	0.656 0	69.56
50	123.34	0.988 04	0.549 4	67.91
60	199.16	0.983 21	0.468 8	66.19
70	311.57	0.977 80	0.406 1	64.42
80	473.42	0.971 80	0.356 5	62.61
90	700.95	0.965 31	0.316 5	60.75
100	1 013.24	0.958 35	0.283 8	58.85

2. 溶解性能的变化

(1) 在大多数情况下，温度升高，固体物质在水中的溶解度增大；气体在水中的溶解度减小。但某些以离子形式存在的化合物随温度的升高(一定范围内)，溶解度减小。如：40 ℃时

Na_2SO_4的溶解度为 48 g Na_2SO_4/100 g H_2O，而 60 ℃时为 45.3 g Na_2SO_4/100 g H_2O。

（2）在温度、压力超过临界点后，水的溶解能力主要与密度有关，此时，密度对溶解度有很大影响。密度大时，溶解能力强，反之亦然。故在深部高温、高压条件下，水对硫酸盐、碳酸盐、硅酸盐的溶滤作用大大加强；对气体（如 CO_2）的溶解度更是剧增。如 25 ℃时，50×10^5 Pa 的压力下，CO_2的溶解度为 27.23 g CO_2/100 g H_2O，而 100×10^5 Pa 压力下则为 31.75 g CO_2/100 g H_2O；200～400 ℃时，水对 $CaCO_3$的溶解度增加 2～4 倍。

3. pH 的变化

纯水的中性 pH 与温度相关，随着温度的升高，pH 下降，如：0 ℃时为 7.47，10 ℃时为 7.27，24 ℃时则为 7.00，50 ℃时为 6.63，60 ℃时为 6.51。

第二节　物质在水中的溶解

由于水分布的普遍性和水分子的极性，水是最常见、最有效的溶剂。水作为良好溶剂的极好例证莫过于约旦裂谷死海中的水，1 kg 这种透明的液体竟然溶解了 350 g 的 NaCl 与 $MgCl_2$盐类。为什么会有这么多的盐类溶解在水中呢？这与前面提到的水的介电效应有关。如 $MgCl_2$溶解在水中时，带正电的 Mg^{2+} 被多个极性水分子所包围，水分子的负极端朝着 Mg^{2+}；带负电的 Cl^- 也被多个极性水分子所包围，水分子的正极端朝着 Cl^-。水的这种介电作用就使得 Mg^{2+} 与 Cl^- 在溶液中难以键合形成矿物而沉淀。下面介绍一下各种状态的物质在水中溶解的一般情况。

一、气体在水中的溶解

气体在水中的溶解有如下特点：

（1）气体在液体中的溶解度与气体的类型和水温有关。不同气体的溶解度如表 1-4 所示。温度对气体在水中的溶解度影响甚大，气体的溶解度通常随水温的增加而下降。如：水温为 20 ℃、40 ℃和 60 ℃时，CO_2分压为 10^5 Pa 时的溶解度（g CO_2/100 g H_2O）分别为 0.168 9、0.097 4 和 0.057 7。

表 1-4　0 ℃和分压为 10^5 Pa 时不同气体在水中的溶解度（据 Mattess，1982）

气体	溶解度		气体	溶解度	
	mL/L	mg/kg		mL/L	mg/kg
He	9.70	1.70	Ar	57.80	100.7
H_2	21.48	1.92	NH_3	1 300	1 000
N_2	23.59	28.80	CO_2	1 713	3 346
O_2	49.22	69.45	H_2S	4 690	7 100
CH_4	55.63	39.59			

（2）气体的溶解度服从亨利定律。即在恒温下，气体混合物中每一个组分，在该液体中的溶解度与该组分在液体上的分压成正比，与气体混合物的总压力及其他组分的含量无关。

即

$$g = k \cdot p \tag{1-1}$$

式中：g——单位体积中被溶解气体的质量，mg/L；

k——奥斯瓦尔得溶解度系数；

p——气体在溶液上的分压，Pa。

例题 1-1：O_2在 25 ℃，10^5 Pa 条件下，k 值为 40.1 mg/L，某溶液中 O_2的分压为 5×10^4 Pa，求 g=？将相关数据代入式(1-1)可得：g=20.05 mg/L。氧在不同压力条件下的溶解度如表 1-5 所示。

表 1-5　25 ℃时不同分压条件下氧在水中的溶解度

压力 p / $\times10^5$ Pa	溶解度 g / mg/L	压力 p / $\times10^5$ Pa	溶解度 g / mg/L
0.23	9.22	0.54	21.65
0.27	10.83	0.80	32.08
0.39	15.64	1.00	40.10

亨利定律说明：气体的溶解度不因其他气体的存在而改变，仅决定于其在溶液上的压力，这种分压是气体混合物压力的一部分，而且它与混合物中这种气体的含量成正比。值得注意的是，亨利定律不适应于与水发生反应的气体，如 NH_3和 CO_2。但因 CO_2转变为碳酸仅为 1%左右，故其偏离亨利定律较小。

(3) 气体的溶解度随水中总溶质的含量增加而减小。如：15 ℃与 10^5 Pa 条件下，当水中 Cl^-含量为 0 mg/L，5 000 mg/L，10 000 mg/L 和 20 000 mg/L 时，与空气饱和的水中溶解氧含量分别为 10.15 mg/L，9.65 mg/L，9.14 mg/L 和 8.14 mg/L。

二、液体物质的互溶

液体的互溶有如下特点：

(1) 不同液体的相互溶解度是不同的。有以下三种情况：1) 完全互溶：如水和酒精；2) 有限互溶：如水和醚；3) 完全不溶：如水和汽油。

(2) 温度对液体互溶有影响。两种有限溶解液体混合时形成两层，这些平衡层中每层的组成在恒温下是不变的。外部条件改变将导致平衡层的组成改变。当达到一定条件时，液体可以任一比例互溶，该温度称为临界温度。

(3) 杂质的存在对液体互溶有影响。例如：在酚＋水均匀物系（T＝339 ℃时）添加 KCl，则出现分层。其原因在于 KCl 仅仅溶于水中，因而将酚从水中“挤”出。用加温的方法能使之返回均匀物系。在 KCl 浓度为 3%时，$T_{临}$上升 30 ℃。

三、固体物质在水中的溶解

固体物质在水中的溶解有如下特点：

(1) 与物质性质有关(键型、晶格类型)。如与天然水矿化度有密切关系的盐类溶解度各不相同，按其大小排列顺序为：

$MgSO_4 > NaCl > KCl > KHCO_3 > Na_2CO_3 > NaHCO_3 > CaSO_4 > CaCO_3$

(2) 与物质的粒度有关。粒度越小,溶解越快。

(3) 与温度有关。一般温度、压力上升,溶解度增大,但与压力关系相对较小。

(4)“杂质”的影响。如水中含盐类成分较高时,往往会降低离子的活度系数,使固体物质在水中的溶解度增加,这就是所谓的盐效应。但当水中与溶解固体物质离解时形成的离子相同的电解质浓度增加时,会降低固体物质的溶解度,这就是所谓的同离子效应。这还将在后面予以阐述。

第三节 天然水化学成分的浓度单位与常用术语

一、浓度与单位转换

天然水作为一种溶剂,与溶解其中的溶质构成了水溶液。对于溶解在水中的特定溶质的数量(即浓度),是特定溶液的基本特征。目前,有以下几种浓度单位在付诸应用。

1. 质量浓度

表示地下水中溶质浓度的最常见方法是质量浓度,即 1 L 溶液中含有的溶质的质量(毫克或微克),单位为 mg/L 或 μg/L。即:

$$\text{质量浓度(mg/L)}=\frac{\text{溶质的质量(mg)}}{\text{溶液的体积(L)}} \quad \text{或} \quad \text{质量浓度}(\mu g/L)=\frac{\text{溶质的质量}(\mu g)}{\text{溶液的体积(L)}}$$

与此相关的非法定单位,仍在广泛使用的质量浓度单位有 ppm(即 parts per million 的缩写)或 ppb(即 parts per billion 的缩写)。可用下式计算:

$$\text{质量浓度(ppm)}=\frac{\text{溶质的质量(mg)}}{\text{溶液的质量(kg)}} \quad \text{或} \quad \text{质量浓度(ppb)}=\frac{\text{溶质的质量}(\mu g)}{\text{溶液的质量(kg)}}$$

对于稀溶液,1 ppm=1 mg/kg≈1 mg/L。当溶液的盐度大于约 10^4 mg/L 时,二者开始出现较大差异。由于大多数地下水的密度接近 1,故大部分情况下,mg/kg(即 ppm)可以与 mg/L 互换使用,但对于高矿化度或高盐度地下水,则应予以换算:

$$\text{质量浓度(mg/kg)}=\frac{\text{浓度(mg/L)}}{\text{溶液的密度(kg/L)}}$$

值得注意的是,以质量浓度单位表示溶液的浓度有时容易出现混淆之处。如水中的 NO_3^- 浓度可以用两种方式表示:一是用水中 NO_3^- 的浓度(mg/L)来表示;二是用硝态氮(NO_3^-—N)来表示。为了说明二者的差异,假定某地下水中含有 20 mg/L 的 NO_3^-,若将其转换为以 NO_3^-—N 表示,则为:

$$NO_3^-\text{—N(mg/L)}=\frac{\text{氮的原子量}}{NO_3^-\text{ 的分子量}}NO_3^-\text{(mg/L)}=\frac{14}{62}NO_3^-\text{(mg/L)}=0.226NO_3^-\text{(mg/L)}$$

即:20 mg/L NO_3^- =4.52 mg/L NO_3^-—N。又如:我们可以将水中 SO_4^{2-} 表示为 SO_4^{2-}(mg/L),也可以表示为 SO_4^{2-}—S(mg/L),二者的关系为:

$$SO_4^{2-}\text{—S(mg/L)}=\frac{32.07}{96.06}SO_4^{2-}\text{(mg/L)}=0.334SO_4^{2-}\text{(mg/L)}$$

可见,应特别注意浓度报道的方式,避免出现误解。

2. 摩尔浓度

经常有必要以溶质的摩尔数来表示浓度，特别是在进行水文地球化学计算时。有以下两种摩尔浓度单位：

体积摩尔浓度(C)：1 L 溶液中溶质的摩尔数，称为体积摩尔浓度(Molarity)。例如，1 L 溶液中溶解有 1.42 g 的 Na_2SO_4，则其体积摩尔浓度为：

$$C = 1.42/(2\times 22.99+32.07+4\times 16.00)=0.01\ \text{mol/L}。$$

体积摩尔浓度相当于法定单位中的“B 的物质的量浓度”(参见 GB 3102.8—1993)。

质量摩尔浓度(m)：1 kg 溶剂中溶解的溶质的摩尔数，称为质量摩尔浓度(Molality)，单位为 mol/kg。

如果溶液的密度明显不等于 1 kg/L 时，C 与 m 有明显差异，但大多数天然水二者基本相等，可以同等对待。

质量浓度与摩尔浓度可以利用以下公式换算：

$$\frac{\text{mg}}{\text{L}}=\frac{\text{moles}}{\text{L}}\times \text{formulawt. (g/mol)}\times \frac{1\,000\ \text{mg}}{\text{g}} \quad 或$$

$$\frac{\text{moles}}{\text{L}}=\frac{\text{mg/L}}{\text{formulawt.}\times 1\,000}$$

这里，formulawt. 为该溶质的摩尔质量(以 g/mol 表示)。

摩尔分数(mole fraction)：用于固溶体和非水溶相液体(NAPL)。在 A 和 B 的混合物中，A 物质的摩尔分数可以表达为：

$$\text{A 物质的摩尔分数}=\frac{\text{A 物质的摩尔数}}{\text{A 物质的摩尔数}+\text{B 物质的摩尔数}}$$

如在 $KAlSi_3O_8$ 和 $NaAlSi_3O_8$ 组成的固溶体中，$KAlSi_3O_8$ 的摩尔分数可以表示为：

$$X_{KAlSi_3O_8}=\frac{\text{moles}KAlSi_3O_8}{\text{moles}KAlSi_3O_8+\text{moles}NaAlSi_3O_8}$$

3. 当量浓度

当量浓度虽不是国际标准单位，但在地球化学或水文地球化学研究中应用十分广泛。当量(Equivalents 或 Normality)浓度与摩尔浓度近似，但考虑了离子的价态。某离子的当量浓度(每升克当量 eq/L 或毫克当量 meq/L)等于该离子的体积摩尔浓度(Molarity)与其价态的乘积。如：0.002 mol/L Ca^{2+} = 0.004 eq/L Ca^{2+}；0.001 mol/L Na^{+} = 0.001 eq/L Na^{+}；0.003 mol/L La^{3+} = 0.009 eq/L La^{3+}。

下面举几个例子来进一步说明各类浓度的计算方法。

例题 1-2：水中的 SO_4^{2-} 浓度为 96.0 mg/L，请将其以体积摩尔浓度和当量浓度表示。

解：$$\text{体积摩尔浓度(mol/L)}=\frac{96\times 10^{-3}}{32.0+4\times 16.0}=1.0\times 10^{-3}\ \text{mol/L}$$

当量浓度=体积摩尔浓度×价态=$1.0\times 10^{-3}\times 2=2.0\times 10^{-3}$ eq/L=2.0 meq/L

体积摩尔浓度的单位有时用 M 表示，是非法定单位。

质量摩尔浓度的单位有时用 m 表示，是非法定单位。

当量摩尔浓度的单位有时用 N 表示，是非法定单位。

例题 1-3：在 25 ℃、10^5 Pa 压力下，密度为 1.020 g/mL 含 2.00 g $CaCl_2$/L 的溶液，问体

积摩尔浓度、当量浓度和质量摩尔浓度各为多少?

解:1) 体积摩尔浓度=2.00/MW(分子量)=0.018 mol/L;2) 当量浓度=2×体积摩尔浓度=0.036 meq/L;3) 每升溶液的质量=1.02 kg,其中溶剂的质量=1.02 kg−0.002 kg=1.018 kg,故质量摩尔浓度=0.018/1.018 =0.017 68[mol/kg]。

例题 1-4:在 Ca-$MgCO_3$ 固溶体中含有质量分数为 5%的 Mg,求 $MgCO_3$ 在该固溶体中的摩尔分数。

解:$MgCO_3$ 的质量分数=[5%×(24+60)]/24=17.5%;$CaCO_3$ 的质量分数=100%−17.5%=82.5%;$MgCO_3$ 的相对摩尔数=17.5/84=0.21;$CaCO_3$ 的相对摩尔数=82.5/100=0.825;

$MgCO_3$ 在该固溶体中的摩尔分数=moles $MgCO_3$/[mole $MgCO_3$+moles $CaCO_3$]=0.21/(0.21+0.825)=0.20。

二、常用术语

1. pH

pH 是最基本的水质指标之一,pH 是氢的幂(power of hydrogen)的英文缩写,其值等于水溶液中氢离子摩尔活度(浓度)的负对数:

$$pH = -\lg a_{H^+} \tag{1-2}$$

其大小取决于溶于水中的酸、碱体的含量。它们主要是碳酸、硼酸、硅酸、有机酸和微生物等的含量以及 $Fe^{3+}/Fe(OH)^{2+}/Fe(OH)_3$,$H_2S/HS^-/S^{2-}$,$NH_4^+/NH_3$,$H_2CO_3/HCO_3^-/CO_3^{2-}$ 等组分的浓度比。在诸多因素中,通常以碳酸体系(即 $H_2CO_3/HCO_3^-/CO_3^{2-}$)分布最广,它决定了大多数情况下天然水的 pH。pH 是衡量水溶液酸碱性质的一个综合性物理化学指标,它对化学元素在水溶液中的存在形式及地下水与围岩的相互作用有着重要的影响。水溶液的 pH 受多种因素的制约,主要包括溶液的化学成分、温度、压力(特别是 CO_2 和 H_2S 等气体的分压)等。在水文地球化学研究中,为了对水一岩相互作用的性质作出准确的评价,同时也为了加深对一些水文地球化学作用的理解,常需要对水溶液 pH 的影响因素及其变化进行深入研究,如在碳酸盐系统中,pH 与水中碳酸组分的存在形式就有着十分密切的关系。

地下水的 pH 一般在 6.0~8.5,与此相比较,醋的 pH 在 3 左右,啤酒的 pH 在4~5,牛奶的 pH 为 6.5 左右,血液的 pH 为 7.4 左右,浓盐酸(1 mol/L HCl)的 pH 为 1,浓氢氧化钠(1 mol/L NaOH)的 pH 为 14。当水的 pH 过高或过低时,则表示水可能受到了污染。地表水被有机物污染时,由于有机物被氧化产生大量的二氧化碳,可使水的 pH 大大降低。被工业废水污染的地表水和地下水,其 pH 也会发生明显的变化。在干旱地区,遭受强烈蒸发的地下水 pH 可达 12 以上。

我国生活饮用水卫生标准规定饮用水的 pH 应在 6.5~8.5,pH 在此范围之内不会对人体健康产生影响。如水的 pH 过高,将会导致水中溶解盐类的析出,影响水的感官指标,并降低氯化消毒的效果。当水的 pH 过低时,使水对金属(铁、铅、铝等)的溶解作用增强,使水有较强的腐蚀作用。

2. 碱度(Alklinity)

碱度是表征水中和酸的能力的一个综合性指标。天然水的碱度主要由水中的弱酸盐类所引起，当然弱碱和强碱对其也有一定的贡献。一般情况下，碳酸盐和重碳酸盐是碱度的主要组成部分。其他的弱酸盐，如硼酸盐、硅酸盐和磷酸盐的含量通常很少。极少数的有机酸，如腐殖酸所形成的盐类也对天然水的碱度产生影响。在受污染或缺氧的水体中，可形成醋酸、丙酸及氢硫酸，它们对碱度也产生一定的贡献。虽然很多物质都对天然水的碱度有影响，但水的碱度主要由三类物质所引起，这些物质是氢氧化物、碳酸盐和重碳酸盐。

碱度一般使用硫酸（H_2SO_4）通过滴定法来测定，并且用 $CaCO_3$ 的 mg/L 为单位来表示。当样品的初始 pH 大于 8.3 时，滴定分为两步。第一步滴定到 pH 等于 8.3，该点可用酚酞由粉红变为无色来确定。第二步滴定到 pH 大约等于 4.5，与甲基橙终点相对应。当样品的 pH 低于 8.3 时，只需要后一步就够了。在第一步中选择 pH＝8.3 作为终点，是因为该 pH 对应于 CO_3^{2-} 转化为 HCO_3^- 的当量点。而第二步中的 pH＝4.5 则对应于 HCO_3^- 转化为 H_2CO_3 的当量点。

用滴定法来确定碱度，可用下式计算：

$$\text{总碱度(以 mgCaCO}_3\text{/L 表示)}=\frac{\text{mL}_{\text{酸}}\times(\text{eq/L})_{\text{酸}}\times \text{eq}_{\text{CaCO}_3}(50\ \text{g/eq})\times 1\ 000\ \text{mg/g}}{\text{mL}_{\text{样品}}}$$

例题 1-5：100 mL 的样品被滴定到甲基橙等当点，用了 2 mL 0.5 eq/L 的 H_2SO_4。问：以 $mgCaCO_3/L$ 表示，该样品的总碱度是多少？其 HCO_3^- 含量有多少 mg/L？

$$\text{解：总碱度}=\frac{2\ \text{mL}\times 0.5\ \text{eq/L}\times 50\ \text{g/eq}\times 1\ 000\ \text{mg/g}}{100\ \text{mL}}=500\ \text{mgCaCO}_3\text{/L}$$

由于在大多数情况下（pH 为 6～8），总碱度由 HCO_3^- 贡献，如果将上式中 $CaCO_3$ 的克当量数以 HCO_3^- 的克当量数来取代，则得：

HCO_3^-（mg/L）＝610 mg/L。

由碳酸盐和重碳酸盐所引起的碱度通常被称为碳酸盐碱度，碳酸盐碱度可根据水质分析结果来进行计算，其方法是用 50 乘以 CO_3^{2-} 和 HCO_3^- 的毫克当量浓度之和。

3. TDS（Total Dissolved Solids）

TDS 即总溶解固体，或总固溶物，与矿化度概念相同。通常以 105～110 ℃条件下，水蒸干后留下的干涸残余物的质量来表示，其单位为 mg/L 或 g/L，记为“TDS”。

由于上述测定方法相当麻烦，故分析结果中的“TDS”常是计算值。计算方法是：溶解组分（溶解气体除外）的总和减去（HCO_3^-）/2 的量，因为水样蒸干过程中，约有一半 HCO_3^- 变成气体跑掉：

$$2HCO_3^- = CO_3^- + H_2O + CO_2\uparrow$$

此外，硝酸、硼酸、有机酸等也可能损失一部分，同时，结晶水（如石膏）和部分吸附水可能留在干涸残余物里。因此，TDS 的实测值与计算值存在微小差别，目前有野外专用的 TDS 测定仪。

根据 TDS，地下水一般可分为以下几种类型：

淡水（Fresh water）：TDS＜1 000 mg/L；

微咸水（Brackish water）：1 000 mg/L＜TDS＜2 000 mg/L；

咸水（Saline water）：2 000 mg/L＜TDS＜35 000 mg/L；

卤水（Brine）：TDS＞35 000 mg/L。

4. 含盐量(Salinity)

含盐量指水样中各溶解组分的总量，其单位以 mg/L 或 g/L 表示，这个指标是计算值，它与 TDS 的差别在于无需减去(HCO_3^-)/2。

5. 硬度(Hardness)

硬度以水中 Ca^{2+}，Mg^{2+}，Sr^{2+}，Ba^{2+} 等碱土金属离子的总和来量度，但除 Ca^{2+}，Mg^{2+} 外，其他金属离子在水中的含量都很微少。因此，硬度一般以水中的 Ca^{2+} 和 Mg^{2+} 的总和来量度，其计算方法是 Ca^{2+} 和 Mg^{2+} 的毫克当量总数乘以 50，以 $CaCO_3$ 表示，或以下式计算取得：

硬度($CaCO_3$) = 2.5 mg/L(Ca)+4.1 mg/L(Mg)

其单位是 mg/L。在世界各国中，水中硬度有不同的表示方法：

1 德国度＝17.8 mg/L($CaCO_3$)；1 法国度＝10 mg/L($CaCO_3$)；1 英国度＝14.3 mg/L($CaCO_3$)

硬度也称总硬度，可进一步分为碳酸盐硬度与非碳酸盐硬度：

① 碳酸盐硬度：是指 Ca^{2+}、Mg^{2+} 和 HCO_3^- 与 CO_3^{2-} 结合的硬度，以 HCO_3^- 与 CO_3^{2-} 毫克当量数总和乘以 50 得到，如所得数值大于总硬度，其差值为负硬度。碳酸盐硬度也被称为暂时硬度，因其在水煮沸时可沉淀而被除去，故称之。

② 非碳酸盐硬度：总硬度与碳酸盐硬度的差值为非碳酸盐硬度，是指与 SO_4^{2-}，Cl^- 和 NO_3^- 结合的 Ca^{2+} 和 Mg^{2+}，其在水煮沸后不能除去，所以也叫永久硬度。

③ 负硬度：指水中钾、钠的碳酸盐、重碳酸盐及氢氧化物的含量，又称为钠盐硬度。当水的碳酸盐硬度大于总硬度时，就会出现负硬度。负硬度可以消除水的永久硬度，负硬度不能与永久硬度共存。

碱度和硬度是水的重要参数，二者之间的关系有以下三种情况：

(1) 总碱度<总硬度，此时，水中有永久硬度和暂时硬度，无钠盐(负)硬度，则：

总硬度－总碱度＝永久硬度，总碱度＝暂时硬度

(2) 总碱度>总硬度，水中无永久硬度，而存在暂时硬度和钠盐硬度，则：

总硬度＝暂时硬度，总碱度－总硬度＝钠盐硬度(负硬度)

(3) 总碱度＝总硬度，水中没有永久硬度和钠盐硬度，只有暂时硬度，则：

总硬度＝总碱度＝暂时硬度

6. 电导率(Conductivity)

水的电导来自离子的存在，可以将电导看做是水中溶解电离物质浓度的非特效标准。水中形成电场后，阴离子向带正电的阳极迁移，阳离子向带负电的阴极迁移。在特定温度下，水的电导率是其离子浓度的函数。

电导率的单位是：Siemens/cm，即 S/cm；1 S/cm＝10^3 mS/cm＝10^6 μS/cm。如高质量的蒸馏水，电导率<0.3 μS/cm。

7. 化学需氧量(Chemical Oxygen Demand，缩写为 COD)

化学需氧量指用化学氧化剂氧化水中有机物和还原态的无机物所消耗的氧量，以mg/L 表示。$KMnO_4$ 和 $K_2Cr_2O_7$ 是测定水中 COD 的两种常用氧化剂。由于这两种氧化剂氧化能

力不同，所以其测定结果不同。例如，$KMnO_4$的氧化能力低于$K_2Cr_2O_7$，因此，用$KMnO_4$测得的COD值低于用$K_2Cr_2O_7$测得的COD值，为了使分析结果有可比性，使用COD值时，应注明分析方法。

8. 生化需氧量(Biochemical Oxygen Demand，缩写为BOD)

生化需氧量是指1 L水中的有机物质被微生物降解所消耗的氧量，以mg/L表示。由于微生物降解速度和程度与温度和时间有关，要使水中有机物完全降解需要很长时间。为了使测定结果有可比性，通常采用25 ℃条件下，将样品培养5天所测得的BOD，记为BOD_5。由于BOD_5不是降解水中全部有机物的耗氧量，所以BOD_5通常小于COD。根据BOD的量可以大致判断水质的好坏(表1-6)。

表1-6 水质与BOD的关系

BOD/(mg/L)	水 质
1～2	水质很好，水中没有多少有机废物
3～5	水质一般，清洁度中等
6～9	水质较差，已受污染
10或以上	水质很差，有机废物较多，污染很重

9. 总有机碳(TOC)

总有机碳指水中各种形式有机碳的总量，以mg/L表示。可以通过测定高温燃烧所产生的CO_2来测定TOC，也可以使用有机碳分析仪来迅速测定TOC。一般先将水样酸化，再用氮气或氦气冲入水中，除去无机碳，然后再对留在水中的有机碳进行测定。COD、BOD、TOC都是表示水体环境有机污染的水质指标。

10. 氧化还原电位(Redox Potential)

氧化还原电位是表征水系统氧化还原状态的指标，一般以符号“Eh”代表，其单位为V。其值为正值，说明水系统处于比较氧化的状态；Eh为负值，说明水系统处于比较还原的状态。水系统的Eh，取决于系统内部氧化还原电对的性质、氧化态和还原态组分的浓度、参加反应的电子数、温度及酸碱度等。1970年以前的文献中往往用Eh度量氧化还原反应，而1970年以后，人们更趋于用电子活度pE取代Eh，以便更加直观、简便。两种度量单位均很常用，这在后面还将予以阐述。

第四节 地下水化学成分的数据处理

一、水分析数据可靠性检验

我们在使用水分析结果时，首先应对分析数据的可靠性进行检验，然后对已有的数据进行分析整理，在此基础上，再对一些水文地球化学问题作出合理的解释。这是水文地球化学问题研究中的一种有效方法，但这种方法往往被忽视。我们一般应采取以下方法对水的分析测试数据进行检验，以保证对所利用的数据做到心中有数。

1. 阴阳离子平衡检查(电中性原则)

从宏观上讲,水溶液的一个基本平衡条件是电中性条件,即溶液中的正离子电荷总数等于负离子电荷总数,其数学表达式为:

$$\sum Z \cdot m_c = \sum Z \cdot m_a \tag{1-3}$$

式中,m_c 和 m_a 分别为阳离子和阴离子的摩尔浓度,Z 为离子的电荷数,此式称为电中性方程。水溶液的电中性方程在实际应用中以其常量组分的电中性形式表示:

$$(Na^+)+(K^+)+2(Ca^{2+})+2(Mg^{2+})=(Cl^-)+(HCO_3^-)+2(CO_3^{2-})+2(SO_4^{2-})$$

式中,数字为离子的电荷数,括弧为离子的摩尔浓度。除常量组分外,还有微量组分,上式只是近似相等的方法。应用电中性方程检查水分析结果误差的公式为:

$$E = \left| \frac{\sum Z \cdot m_c - \sum Z \cdot m_a}{\sum Z \cdot m_c + \sum Z \cdot m_a} \right| \times 100\% \tag{1-4}$$

式中,E 为电荷平衡误差。若 K^+ 和 Na^+ 为实测值,$E<5\%$,分析测试结果可靠,反之,则不可靠。若 K^+ 和 Na^+ 为计算值,$E\approx0\%$,测试分析结果可靠,反之,则不可靠。对于不可靠的分析结果可能有以下几种情况:

一是重要的阴离子或阳离子没有包括在测试数据中,有时这可能预示某些不常见的阴离子或阳离子在水中出现了较高的浓度。二是分析测试出现了严重的、系统的误差。三是有一个或多个浓度数据记录不正确。

2. 分析结果中一些计算值的检查

(1) 总溶解固体(TDS)

如果 TDS 是计算值,应检查其数值是否减去(HCO_3^-)/2,未减去此值是最常见的错误,因为许多分析人员往往不知道这样做。

(2) 硬度

总硬度也是计算值,其数值应按下列方法检查,($Ca^{2+}+Mg^{2+}$)毫克当量总数之和×50=总硬度($CaCO_3$ mg/L),或总硬度($CaCO_3$) = 2.5 (mgCa/L)+4.1 (mg Mg/L)。

(3) TDS 实测值与 TDS 计算值之差

如果分析结果中有实测 TDS 值,应求得 TDS 的计算值。以检查 TDS 实测值的可靠性。根据经验,两者的差值应符合下述要求:

若 TDS<100 mg/L,相对误差<±10%;

若 TDS>1 000 mg/L,相对误差<±5%;

若 100 mg/L<TDS<1 000 mg/L,相对误差<±7%。

3. 碳酸平衡检查

根据碳酸平衡理论(将在后面予以阐述),当 pH<8.34 时,分析结果中不应出现 CO_3^{2-},因为在这样的 pH 条件下,测定 CO_3^{2-} 的常规方法不能检出微量的 CO_3^{2-};同理,当 pH>8.34 时,水分析结果中不应出现 H_2CO_3。如果分析结果不符合上述情况,说明 pH 或 CO_3^{2-} 和 H_2CO_3的测定有问题。

4. 其他检查方法

(1) 在一般的地下水中,Na^+ 的浓度总是大于 K^+ 的浓度,如果出现反常的情况,分析结果值得怀疑。

(2) 地下水中 Na^+ 或 $Na^+ + K^+$ 一般都不会出现零值，如果出现此情况，可以认为是分析的错误。

二、水质组分比例系数的应用

在水的化学成分中，各种组分之间的含量比例系数常被用来研究某些水文地球化学问题，因为不同成因或不同条件下形成的地下水，某些比例系数在数值上有比较明显的差异。因此，可以利用这类比例系数判断地下水的成因。

比例系数可能是两个组分之间的比值，也可能是一个组分与几个组分之间的比值，视具体情况而定。

比例系数的计算方法也有多种，可以是质量浓度比，也可以是当量浓度比，如以 Na、Cl 为例，则前者用 Na/Cl 表示，后者用 γ_{Na}/γ_{Cl} 表示。

比例系数 γ 可用来判断地下水的成因和地下水化学成分的来源，或者用比例系数法进行地下水化学类型的分类。

1. 判断地下水成因的比例系数

Cl/Br、Br/I、Ca/Sr 和 γ_{Na}/γ_{Cl} 都属于这种类型的系数。

(1) Cl/Br 比

Cl 与 Br 都是卤族元素，物理性质很相近，它们在海水中同时存在，而在一般的淡水水体中，Br 的含量很微，所以 Cl/Br 系数是海水的特征系数。

大洋水，Cl/Br 约为 300(局部海水例外)；残余海水，Cl/Br$<$300，由于浓缩而产生 NaCl 沉淀，溴化物的溶解度比 NaCl 大，所以残余海水中 Br 相对浓集；贫溴的含岩盐地层的溶滤水，Cl/Br$>$300。

Cl/Br 因子不仅常用于深层水(卤水、盐水)的成因研究，而且可根据 Cl/Br 因子来判断海水入侵淡水含水层的范围和程度。

(2) Br/I 因子

Br 和 I 同属卤族元素，但它们的地球化学行为不同，I 很容易为生物体所摄取。正常海水的 Br/I 系数约为 1 300。

由于 I 在海生生物中浓集，故含大量有机残骸的海相淤泥沉积水中 I 含量大量增加，Br/I 系数大大低于正常海水。分析深层地下水的 Br/I 因子，常常可以判断该水是否与海相沉积水有关。

(3) γ_{Na}/γ_{Cl} 因子

标准海水的 γ_{Na}/γ_{Cl} 因子平均值为 0.85；海相沉积水在地质历史过程中，如果水中 Na^+ 与地层中的交换性 Ca^{2+} 产生阳离子交换，则 Na^+ 含量下降，$\gamma_{Na}/\gamma_{Cl} < 0.85$；如果地下水主要是含岩盐地层溶滤而成，则 $\gamma_{Na}/\gamma_{Cl} \approx 1$。

(4) Ca/Sr 因子

当海水浓缩产生盐类沉淀时，$SrSO_4$(天青石)的沉淀发生于 $CaCO_3$ 之后，而出现于 $CaSO_4 \cdot 2H_2O$ 和 $CaSO_4$ 之前。因此，碳酸盐沉积岩中的 Sr 并不富集，溶滤此类岩层的地下水的 Ca/Sr 因子也就较大，近 200。与海水有关的沉积水，Ca/Sr 因子约为 33。

上述因子尽管可以用来判断深层地下水是否与海相沉积水有关，但我们不能孤立地运用，必须综合分析各种水化学指标，并结合地质历史过程及地质、水文地质条件进行综合分析，否则会得出错误结论。

2. 判断地下水化学成分来源的因子

这类因子目前尚无公认的准则和固定的概念，许多都是在分析具体的水化学资料时提出的。如 γ_{Na}/γ_{Cl}因子，有些人用它来判断地下水是来自灰岩还是来自白云岩。如来自灰岩含水层，γ_{Na}/γ_{Cl}应是小于1，如来自白云岩，$\gamma_{Na}/\gamma_{Cl}\approx 1$。有人用 γ_{Mg}/γ_{Ca}因子来判断海水入侵范围和程度。因为海水中 Mg 总比 Ca 大得多，其 $\gamma_{Mg}/\gamma_{Ca}\approx 5.5$。一般地下淡水不可能达到如此高值。因此，在求得当地地下水的 γ_{Mg}/γ_{Ca}背景值后，就很容易用 γ_{Mg}/γ_{Ca}因子来判断海水的入侵范围和程度。这种方法比用 Cl/Br 因子更方便，因为测定地下水中的 Br 很困难，常常缺乏数据。

3. 利用比例因子进行水化学类型划分

利用比例因子进行水化学类型划分并不普遍，这里介绍著名学者苏林利用阴阳离子的毫克当量比例因子进行地下水化学类型划分：

（1）$\gamma_{Na}/\gamma_{Cl}>1$ 时：

1）$(\gamma_{Na}-\gamma_{Cl})/\gamma_{SO_4^{2-}}$ 小于1，属 Na_2SO_4型水。在这种水中，Na 与 SO_4^{2-} 结合成Na_2SO_4，故构成 Na_2SO_4型水。

2）$(\gamma_{Na}-\gamma_{Cl})/\gamma_{SO_4^{2-}}$ 大于1，属 $NaHCO_3$型水。在这种水中，Na^+除与 Cl^-，SO_4^{2-} 结合成 NaCl、Na_2SO_4外，还与 HCO_3^- 结合成 $NaHCO_3$，故构成 $NaHCO_3$型水。

（2）$\gamma_{Na}/\gamma_{Cl}<1$ 时：

1）$(\gamma_{Na}-\gamma_{Cl})/\gamma_{Mg}$小于1，属 $MgCl_2$型水。在这种水中，Cl^- 除与 Na^+结合成 NaCl 外，还与 Mg^{2+}结合成 $MgCl_2$，故构成 $MgCl_2$型水。

2）$(\gamma_{Na}-\gamma_{Cl})/\gamma_{Mg}$大于1，属 $CaCl_2$型水。在这种水中，Cl^- 除与 Na^+，Mg^{2+} 结合成 NaCl，$MgCl_2$外，还与 Ca^{2+} 结合成 $CaCl_2$，故构成 $CaCl_2$型水。

苏林认为，上述比例因子的分类，可以判断地下水的成因类型，但这种观点目前受到许多学者的质疑。

三、地下水化学成分的图示法

多年来，人们提出了许多水化学分析结果的图示法。该法有助于对分析结果进行比较，发现其异同点，更好地显示各种水的化学特性，同时更直观地在文字或口头报告中说明问题。图示法多种多样，我们仅介绍以下几种较常用的方法。

1. 圆形图示法

把圆形分为两半，一半表示阳离子，一半表示阴离子，其当量浓度单位为 meq/L，其离子所占的扇形的大小，按该离子毫克当量占阴或阳离子毫克当量总数的比例而定（图 1-4）。圆形的大小按阴阳离子毫克当量总数大小而定。这种图示法可以表示一个水点

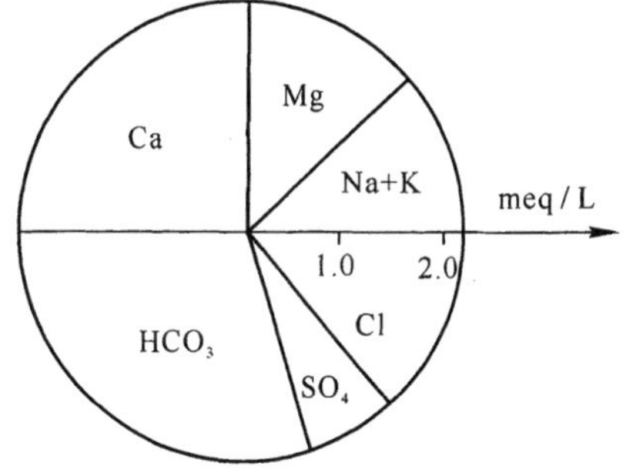

图 1-4　水化学成分圆形图示法

的水化学资料，也可以在水化学平面图或剖面图上表示。

2. 柱形图示法

柱形图一分两半，一半为阴离子，一半为阳离子，以 meq/L 或 meq%表示。柱子的高度与阴离子或阳离子 meq 总数成比例。各离子排列顺序如图 1-5 所示。通常表示 6 种离子，如超过 6 种，可把性质相近的放在一起如 Na+K，$Cl+NO_3^-$ 等。并且，对于高质量的水分析数据，阴阳离子的柱高应该一致，否则，就说明分析结果有误，分析不完整，或二者兼有。这种图示法的优点是简明清晰。

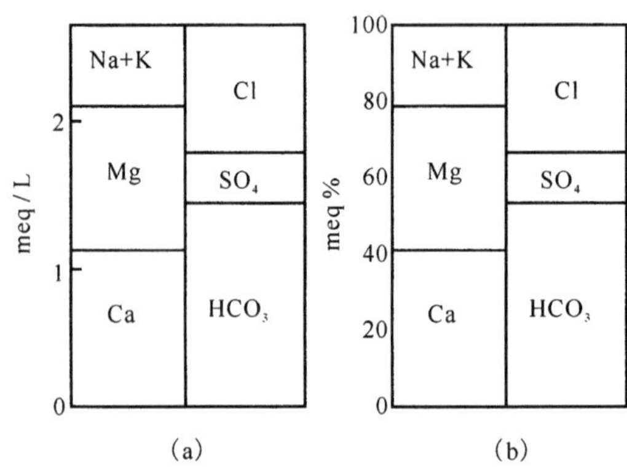

图 1-5 水化学成分柱形图示法

3. 多边形图示法(Stiff 图)

图 1-6 中有一垂直轴，此轴的左右两侧分别表示阳离子和阴离子，其(当量)浓度为 meq/L，与垂直的轴垂直的四条平行线，顶线有 meq/L 的比例刻度。该图中一般表示 6 种组分，如要表示更多组分，可增加平行线。将一个水样的各点相连，即为一多边形。

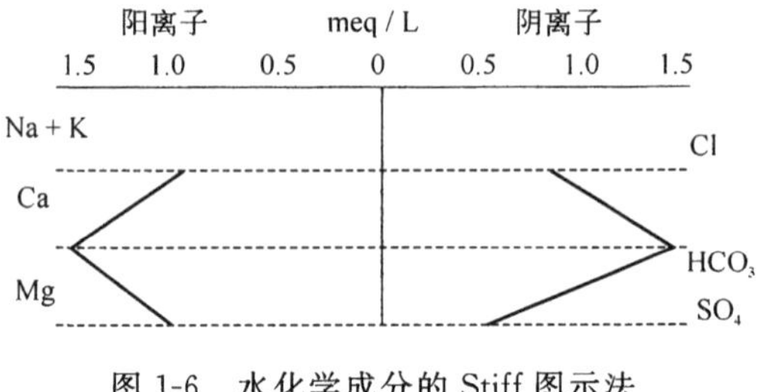

图 1-6 水化学成分的 Stiff 图示法

在这种图中，可以直观地看出水型。从上到下可以表示一组水样的资料，但一张图上标示的水样数量有限。

4. 三线图示法

Piper 三线图由两个等边三角形和一个等边平行四边形组成，浓度单位为 meq%。左边三角形表示阳离子 meq%，右边三角形表示阴离子 meq%。任一水样阴阳离子的相对含量分别在两个三角形中以标号的圆圈表示，投影在等边平行四边形中得出的交点上以圆圈综合表示此水样的阴阳离子含量，按一定比例尺画的圆圈大小表示矿化度(图 1-7)。

三线图是最常用的一种图示法，其最大的优点是能把大量的水质分析资料点绘制在图上，依据其分布情况，可以解释许多水文地球化学问题，如根据各水点在三角形图上的位置可以划分水质类型(水化学相)(图 1-8)，以及判断水的混合作用等。其不足之处是浓度进行了归一化；非常见的离子在水中出现较大含量时它无法表示。

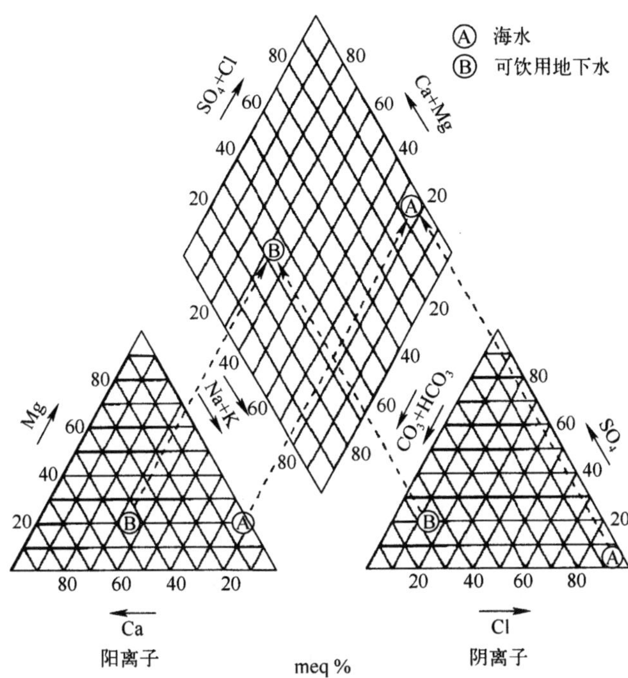

图 1-7 水质三线图解(Piper 图)

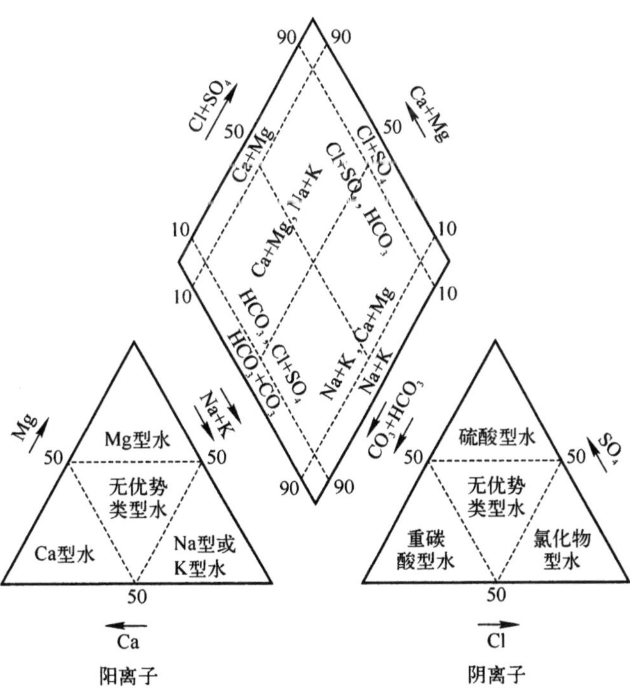

图 1-8 利用 Piper 图进行水的类型划分

第五节 热力学在水文地球化学中的应用

一、热力学基本原理简要复习

1. 术语

① 活度(Activity):实际参加化学反应的物质浓度。由于天然水是一种多组分的溶液,在这种溶液中,因阴阳离子间的相互作用,使得其中离子的行为与理想溶液有一定的差别,即离子的活度与浓度不同。活度可用下式予以计算:

$$a_i = \gamma_i m_i \tag{1-5}$$

式中:a_i——组分 i 的活度(mol/L);γ_i——组分 i 的活度系数;m_i——组分 i 的体积摩尔浓度(mol/L)。活度系数一般采用扩展的 Debye-Huckel 方程计算:

$$\lg\gamma_i = -Az_i^2\sqrt{I}/(1+Ba_i\sqrt{I}) \tag{1-6}$$

式中:γ_i——组分 i 的活度数;Z_i——离子 i 的电荷数;I——溶液的离子强度,等于溶液中每种离子 i 的体积摩尔浓度(m_i)乘以该离子的价数(Z_i)的平方所得诸项之和的一半($I=1/2\sum m_i Z_1^2$);A,B——特定温度、压力下的常数;a_i——与离子 i 的有效直径有关的常数,相关参数见表 1-7。Debye-Huckel 方程一般应用于离子强度小于 0.1 的溶液相当精确。

表 1-7 1 个大气压下,Debye-Hückel 方程中相关常数值
(据 Truesdell 和 Jones,1974;Ball 和 Nordstrom,1991)

温度/℃	A	$B(\times10^8)$	离子	$a_i(\times10^{-8})$	b
0	0.488 3	0.324 1	Ca^{2+}	5.0	0.165
5	0.492 1	0.324 9	Mg^{2+}	5.5	0.20
10	0.496 0	0.325 8	Na^+	4.0	0.075
15	0.500 0	0.326 2	K^+,Cl^-	3.5	0.015
20	0.504 2	0.327 3	SO_4^{2-}	5.0	−0.04
25	0.508 5	0.328 1	HCO_3^-,CO_3^{2-}	5.4	0.0
30	0.513 0	0.329 0	NH_4^+	2.5	
40	0.522 1	0.330 5	Sr^+,Ba^{2+}	5.0	
50	0.531 9	0.332 1	Fe^{2+},Mn^{2+},Li^+	6.0	
60	0.542 5	0.333 8	H^+, Al^{3+}, Fe^{3+}	9.0	

由于在表 1-7 中,Ba_i的数值大约为 1,方程(1-6)常常可以表示为:

$$\lg\gamma_i = -Az_i^2\sqrt{I}/(1+\sqrt{I}) \tag{1-7}$$

方程(1-7)一般称为 Guntelberg 方程。

对于离子强度比较大的溶液,方程(1-6)和方程(1-7)可以分别修正为方程(1-8)与方程(1-9):

$$\lg\gamma_i = -Az_i^2\sqrt{I}/(1+Ba_i\sqrt{I})+bI \tag{1-8}$$

$$\lg\gamma_i = -Az_i^2\sqrt{I}/(1+\sqrt{I})+bI \tag{1-9}$$

式中，b 为校正参数。在方程(1-9)中，b 为 0.3 时称作 Davies 方程。对于许多其 a_i 值没有实验测量数据的离子，必须使用 Guntelberg 方程或 Davies 方程，而不能用 Debye-Hückel 方程来计算离子活度系数。

② 逸度(Fugacity)：当活度用于气体或蒸气时，叫逸度或挥发度。定义为：

$$f=\gamma\cdot\rho \tag{1-10}$$

式中，γ 为逸度系数(可查表获得)，ρ 为气体分压。在热力学计算中，对实际溶液(气体)一般使用活度(逸度)，这样就使得那些根据理想溶液(气体)的条件求得的热力学函数关系式，仍旧可以适用于实际体系。

③ 吉布斯自由能

平衡系统以能量最小化为特征，而非平衡系统可以通过释放能量而达到平衡。对于常温常压系统，能量的合适度量是吉布斯自由能(G)，其与热焓(H)和熵(S)有关：

$$G=H-TS \tag{1-11}$$

式中，G 和 H 的单位通常为 kJ/mol；S 的单位为 kJ/(mol·K)；T 为热力学温度单位为开尔文(K)。常温常压条件下，存在下列关系：

$$\Delta G=\Delta H-T\Delta S \tag{1-12}$$

$$\Delta G_r^0=\sum\Delta G_{f生成物}^0-\sum\Delta G_{f反应物}^0 \tag{1-13}$$

式中，ΔH——焓变；ΔS——熵变；ΔG_f^0——标准生成自由能(298.15 K，10^5 Pa 下由单质生成 1 mol 该物质的自由能变化)；ΔG_r^0——标准反应自由能。

④ 自由能判据

$\Delta G_r^0<0$　　自发(不可逆)过程

$\Delta G_r^0=0$　　平衡过程

$\Delta G_r^0>0$　　不可能自发进行的过程

2. 基本公式

为方便使用，现将水文地球化学中部分常用的热力学相关公式列出：

① $\Delta G=\Delta H-T\Delta S$(恒温、恒压条件)

② $\Delta H_r^0=\sum\Delta \mathrm{H}_{f生成物}^0-\sum\Delta \mathrm{H}_{f反应物}^0$

③ $\Delta G_r^0=\sum\Delta \mathrm{G}_{f生成物}^0-\Delta G_{f反应物}^0$

④ $\Delta G_r^0=-RT\ln K_a$(式中，R 为气体常数，为 8.314 J/(mol·K)，K_a为平衡常数)

⑤ $E^0=\Delta G_r^0/nF$(式中，F 为法拉第常数，为 96.485 kJ/V)

3. 热力学数据表的使用

在使用热力学数据表时，应注意以下几点：

① 尽量使用最新出版的数据(实验条件更好，结果更可靠)；

② 最好用同一份数据表数据(配套性，可比性)；

③ 注意 T、P 条件与单位。

二、热力学在水文地球化学中的应用

热力学应用于水文地球化学，主要有以下两个方面：

其一，关于水文地球化学体系内化学反应中能量转换问题，可利用热力学第一定律的基本原理来解决；其二，关于化学反应进行的方向和进行的程度问题，可基于热力学中的焓变、熵变和自由能变化加以解决。下面以实例来简要说明热力学在水文地球化学中的应用。

1. 判定水文地球化学体系中化学反应进行的方向和程度

步骤：① 确定反应方程式；② 查热力学数据；③ 计算；④ 判定。

例题 1-6：试判断钙长石能否在常温常压下被酸性水所风化？

解：

反应式： $CaAl_2Si_2O_8 + 2H^+ + H_2O = Al_2Si_2O_5(OH)_4 + Ca^{2+}$

ΔG_f^0： −4 002.2 0 −237.14 −3 785.8 −552.8 kJ/mol

计算 ΔG_r^0：

$$\Delta G_r^0 = \sum \Delta G^0_{f生成物} - \sum \Delta G^0_{f反应物}$$

$$= [(-3\,785.8)+(-552.8)]-[(-4\,002.2)+2\times 0+(-237.14)] = -99.26\ [kJ/mol]$$

判定：

$\Delta G_r^0 < 0$，表明钙长石在通常情况下可以自行风化成高岭石（或迪开石），这是一个不可逆过程，直到长石完全风化为止。

例题 1-7：试判断硫化矿床氧化带中黄铁矿的氧化能否自发进行，其进行程度如何？

解：

反应式：$FeS_2 + 7/2O_2 + H_2O = Fe^{2+} + 2SO_4^{2-} + 2H^+$

ΔG_f^0：−166.9 0 −237.14 −82.88 −744.0 0 kJ/mol

$$\Delta G_r^0 = \sum \Delta G^0_{f生成物} - \sum \Delta G^0_{f反应物}$$

$$= [(-82.88) + 2\times(-744.0) + 2\times 0] - [(-166.9) + 7/2\times 0 + (-237.14)]$$

$$= -1\,166.84\ [kJ/mol]$$

$\Delta G_r^0 < 0$，显然可以自发进行。

进行程度如何？可用平衡常数 K_a 来予以度量：

根据公式 $\Delta G_r^0 = -RT\ln K_a$，将 $R = 8.314\ J/(mol \cdot K)$，$T = 298.15\ K$ 和 $\Delta G_r^0 = -1\,169.81\ [kJ/mol]$ 代入，整理得：

$$K_a = 10^{\frac{-\Delta G_r^0}{5.71}} = 10^{204.9}$$

$K_a \gg 1$，标志反应进行程度很高。

2. 计算化学反应热效应

在恒温、恒压体系中，反应的焓变等于反应的热效应，因此，通过计算 ΔH_r^0 可得反应的热效应。

例题 1-8：计算下列反应的热效应。

$$CaCO_3 + H_2O + CO_2 = Ca^{2+} + 2HCO_3^-$$

ΔH_f^0：−1 207.6 −285.83 −393.51 −543.0 −689.9 kJ/mol

$$\Delta H_r^0 = \sum \Delta H^0_{f生成物} - \sum \Delta H^0_{f反应物}$$
$$= [(-543.0) + 2\times(-689.9)] - [(-1\,207.6) + (-285.83) + (-393.51)]$$
$$= -35.86\ [kJ/mol]$$

$\Delta H_r^0 < 0$，放热反应，即 1 mol 方解石在 25 ℃时溶解于含 CO_2 的水中，可放热 35.86 kJ。

3. 计算化学平衡常数

前已述及，平衡常数可用公式 $\Delta G_r^0 = -RT\ln K_a$ 来予以计算。10^5 Pa 和 298.15 K 条件下，K_a 的表达式为：

$$K_a = 10^{\frac{-\Delta G_r^0}{5.71}}$$

例题 1-9：计算下列反应的平衡常数

$$UO_2^{2+} + 2Fe^{2+} + 3H_2O = UO_2 + Fe_2O_3 + 6H^+$$

解：

ΔG_f^0：−989.1　　−82.88　　−237.14　　−1 031.77　　−742.8　　0 kJ/mol

$$\Delta G_r^0 = \sum \Delta G^0_{f生成物} - \sum \Delta G^0_{f反应物}$$
$$= [(-1\,031.77) + (-742.8) + 6\times 0] - [(-989.1) + 2\times(-82.88) + 3\times(-237.14)]$$
$$= 91.79\ [kJ/mol]$$

$$K_a = 10^{\frac{-\Delta G_r^0}{5.71}} = 10^{-16.08}$$

4. 计算氧化－还原反应的电位值 E^0 和水溶液的 pE 值

pE 为电子活度的负对数，就像 pH 为氢离子活度的负对数一样。在化学反应中，某些物质失去电子，发生氧化反应，本身为还原剂，反之亦然。pE(或 Eh)反映了环境中电子的丰度，高 pE(Eh)，说明环境中缺乏可利用电子，将赋予一个氧化环境，反之，低 pE(Eh)，说明环境中富含可利用电子，将赋予一个还原环境；pH 反映了环境中质子(H^+，proton)的丰度，大量可供利用的质子(低 pH)赋予酸性环境，反之赋予碱性环境。由于电子 e^- 与质子 H^+ 电荷相反，二者势必互为消长，即在给定环境中，一个丰富，另一个必然贫乏。氧化环境(pE、Eh 高，自由电子贫乏)将趋于酸性(pH 低，H^+ 大量存在)；还原环境(pE，Eh 低，自由电子大量存在)将趋于碱性(pH 高，H^+ 少)。

按照“斯德哥尔摩惯例”或“物理与分析化学国际联合惯例”(IUPAC Convention)，半反应式一律表示为还原的形式。氧化的形式(Oxd.)和电子写在反应式的左边，还原产物(Red.)写在右侧。对于一个半反应来说，

$$aA + bB + ne = cC + dD \tag{1-14}$$

根据质量作用定律可写为

$$K_a = \frac{[C]^c[D]^d}{[A]^a[B]^b[e]^n} \tag{1-15}$$

$$\lg e = -\frac{1}{n}\lg K_a + \frac{1}{n}\lg\left(\frac{[C]^c[D]^d}{[A]^a[B]^b}\right) \tag{1-16}$$

氧化还原物质的活度为 1 mol/L 时的电子活度称为标准电子活度(pE^0)

$$pE^0 = \frac{1}{n}\lg K_a \tag{1-17}$$

令

$$\frac{[C]^c[D]^d}{[A]^a[B]^b} = \frac{[Red.]}{[Oxd.]} \tag{1-18}$$

则(1-16)式可写为

$$pE = pE^0 + \frac{1}{n}\lg\frac{[\mathrm{Oxd.}]}{[\mathrm{Red.}]} \tag{1-19}$$

根据热力学原理，反应过程中自由能的变化与体系对外做的最大有用功(W)相等：

$$\Delta G_r = -W \tag{1-20}$$

体系对外做的最大有用功可以用体系的电势差来表示。在标准状态下，当体系为由一个电对组成的单极时，它可以用标准电极电位(E^0)乘以电量(Q)来表示：

$$-W = E^0 \times Q \tag{1-21}$$

$$\Delta G_r = -E^0 nF \tag{1-22}$$

式中：F——法拉第常数，n——电子得失数。

$$E^0 = \frac{-\Delta G_r^0}{nF} = \frac{-\Delta G_r^0}{96.485n} \tag{1-23}$$

由于在测量电极电位时采用氢电极作为参比电极，所测得的电位差用 E 来表示，E^0 称为标准电极电位。标准电极电位(E^0)被定义为：1 mol 电子从氧化剂转移到 H_2时所获得的能量。标准电极电位也可称为标准氧化还原电位，用 Eh^0 表示。Eh 中的“E”表示电极电位，“h”表示该电极电位值是与标准氢电极的电位值相比较而得到的。Eh 称为氧化还原电位值，反映体系的氧化还原能力。

$$Eh^0 = \frac{-\Delta G_r^0}{nF};Eh = \frac{-\Delta G_r}{nF} \tag{1-24}$$

将式(1-24)代入热力学公式

$$\Delta G_r = \Delta G_r^0 + 2.303RT\lg\frac{[C]^c[D]^d}{[A]^a[B]^b}$$

$$\frac{\Delta G_r}{nF} = \frac{\Delta G_r^0}{nF} + \frac{2.303RT}{nF}\lg\frac{[\mathrm{Red.}]}{[\mathrm{Oxd.}]} \tag{1-25}$$

导得能斯特方程如下：

$$Eh = Eh^0 + \frac{2.303RT}{nF}\lg\frac{[A]^a[B]^b}{[C]^c[D]^d}$$

$$Eh = Eh^0 + \frac{2.303RT}{nF}\lg\frac{[\mathrm{Oxd.}]}{[\mathrm{Red.}]} \tag{1-26}$$

在常温常压条件下，

$$Eh = Eh^0 + \frac{0.059}{n}\lg\frac{[\mathrm{Oxd.}]}{[\mathrm{Red.}]} \tag{1-27}$$

据方程 $\Delta G_r^0 = -2.303RT\lg K_a$可得：

$$\frac{\Delta G_r^0}{nF} = \frac{2.303RT}{nF}\lg K_a$$

$$Eh^0 = \frac{2.303RT}{nF}\lg K_a \tag{1-28}$$

将式(1-17)代入式(1-28)可得：

$$Eh^0 = \frac{2.303RT}{F}pE^0;Eh = \frac{2.303RT}{F}pE \tag{1-29}$$

在常温常压下，

$$\mathrm{Eh}=0.059\mathrm{pE}\quad 或\quad \mathrm{pE}=16.89\mathrm{Eh} \tag{1-30}$$

Eh 以伏特为单位，而 pE 无量纲。pE 与 K_a 关系简单，与 pH 含义接近，故在计算作图时使用更加方便。但 Eh 是可以测定的，因此在测量工作中必须用它。

例题 1-10：试求 UO_2^{2+}/U^{4+} 电对的标准氧化还原电位和标准电子活度。

解：UO_2^{2+} 还原为 U^{4+} 的反应式如下

$$UO_2^{2+}+4H^{+}+2e=U^{4+}+2H_2O$$

$$\Delta G_r^0=-52.75\ \mathrm{kJ/mol}$$

按(1-23)式计算 E^0：

$$E^0=\frac{-\Delta G_r^0}{nF}=\frac{-\Delta G_r^0}{96.485n}=\frac{52.754}{96.485\times 2}=0.273\,[\mathrm{V}]$$

按 $\Delta G_r^0=-2.303RT\lg K_a$ 式计算平衡常数：

$$\lg K_a=-\frac{\Delta G_r^0}{5.71}=\frac{52.754}{5.71}=9.241$$

按式(1-17)计算 pE^0：

$$\mathrm{pE}^0=\frac{1}{n}\lg K=9.241/2=4.621$$

再用 Eh 和 pE 之间关系式(1-30)式进行换算得到 Eh^0：

$$\mathrm{Eh}^0=0.059\mathrm{pE}^0=0.059\times 4.721=0.273\,[\mathrm{V}]$$

例题 1-11：计算下列平衡体系的 pE 值：

(1) 有一酸性溶液，其中 Fe^{3+} 为 10^{-5} mol/L，Fe^{2+} 为 10^{-3} mol/L；

(2) 天然水，其 pH =7.5，和大气($p_{O_2}=0.21$ 大气压)保持平衡；

(3) 天然水，其 pH = 8，含有 10^{-5} mol/L 的 Mn^{2+}，与 $MnO_2(s)$ 处于平衡。

解：写出半反应式

$Fe^{3+}+e=Fe^{2+}$	$\lg K=13.02$	$\mathrm{pE}^0=13.02$
$1/2O_2(g)+2H^{+}+2e=H_2O(l)$	$\lg K=41.55$	$\mathrm{pE}^0=20.78$
$MnO_2(s)+4H^{+}+2e=Mn^{2+}+2H_2O(l)$	$\lg K=41.38$	$\mathrm{pE}^0=20.69$

按式(1-19)，

$$\mathrm{pE}=\mathrm{pE}^0+\frac{1}{n}\lg\frac{[\mathrm{Oxd.}]}{[\mathrm{Red.}]}$$

(1) $\mathrm{pE}=13.02+(\lg[Fe^{3+}]-\lg[Fe^{2+}])=11.02$

(2) $\mathrm{pE}=20.78+0.5(\lg P_{O_2}\cdot\lg[H^{+}]^2)=12.94$

(3) $\mathrm{pE}=20.69+0.5(\lg[H^{+}]^4-\lg[Mn^{2+}])=7.19$

例题 1-12：试求水的稳定场方程。

解：水的稳定场由下列半反应确定：

$$O_2+4H^{+}+4e^{-}=2H_2O \tag{1}$$

$$2H^{+}+2e^{-}=H_2 \tag{2}$$

在 298.15 K 下，对反应(1)有：

$$\begin{aligned}\Delta G_r^0&=2\Delta G^0_{(f,H_2O)}-[\Delta G^0_{f,O_2})+4\Delta G^0_{(f,H^+)}+4\Delta G^0_{(f,e)}]\\&=[2\times(-237.14)]-[(0)+2\times(0)]\\&=-474.28\ \mathrm{kJ/mol}\end{aligned}$$

$$Eh^0 = \frac{-\Delta G_r^0}{nF} = 474.28/(4 \times 96.485) = 1.23\,[V]$$

$$Eh = Eh^0 + (0.059/4)\lg\{[a_{H^+}]^4 f_{(O_2)}/[a_{H_2O}]^2\}$$

$$Eh = 1.23 - 0.059pH \quad [取\ f_{O_2} = 1\ atm(1\ atm = 101\ 325\ Pa), a_{H_2O} = 1]$$

此时，pE-pH 关系很易求得：

$$pE^0 = 16.89Eh^0 = 1.23 \times 16.89 = 20.78$$

$$pE = 20.78 + 1/4\ \lg[a_H]^4[f_{O_2}]/[a_{H_2O}]^2$$

$$pE = 20.78 - pH \quad (同样，取\ f_{O_2} = 1\ atm, a_{H_2O} = 1)$$

可见，常温常压条件下，水稳定场上限方程为 Eh=1.23－0.059pH 或 pE=20.78－pH。

上述关系式也可直接推导求得。首先，由反应(1)求得 $\Delta G_r^0 = -474.28$ kJ/mol，再利用公式 $K_a = 10^{\frac{-\Delta G_r^0}{5.71}}$ 求得 $K_a = 10^{83.1}$。而 $K_a = a_{H_2O}^2/f_{O_2} \cdot a_{H^+}^4 \cdot [e^-]^4 = 10^{83.1}$，即：

$$\lg f_{O_2} + 4\lg a_{H^+} + 4\lg[e^-] - 2\lg[a_{H_2O}] = -83.1$$

∵ $pE = -\lg[e^-]$，并取 $f_{O_2 max} = 1$ atm，$a_{H_2O} = 1$，则有水稳定场上限方程为：

$$pE = 20.78 - pH$$

由 pE-pH 关系亦很容易求出水稳定场上限 Eh-pH 方程：

$$Eh = 0.059pE = 1.23 - 0.059pH$$

同理，对反应(2)有：

$$\Delta G_r^0 = 0.0\ kJ/mol$$

$$Eh^0 = 0.0\ V$$

$$Eh = 0 + 0.059/2\ \lg[a_{(H^+)}^2/f_{H_2}] = -0.059pH$$

(∵ $f_{H_2} = 1$，H_2在近地表环境中，最大可能不超过 1 atm)

此式 Eh=－0.059pH 即为水稳定场下限方程。同样，水稳定场下限的 pE-pH 关系式可推导得出：

$$K_a = 10^{\frac{-\Delta G_r^0}{5.71}} = 10^0 = 1$$

$K_a = a_{H^+}^2 \cdot [e^-]^2/f_{H_2} = 1$，取 $f_{H_2} = 1$，则有 $2\lg a_{H^+} + 2\lg[e^-] = 0$，即：pE=－pH。

5. Eh-pH 图或 pE-pH 图的制作

在水文地球化学研究中，我们常常通过绘制 Eh-pH 图(或 pE-pH 图)来定性或定量地评价水中化学组分的优势范围，解释和预测地下水成矿及热液矿床中矿物的分布及稳定性等，这一方法已被地质学、环境学、湖沼学、海洋学和土壤学界所广泛使用。显然，这是一项十分重要的工作。

值得注意的是，作图以前必须首先明确研究的体系所包含的成分和可能存在的作用。Eh-pH 或 pE-pH 图解的制作的具体步骤和方法如下：

(1) 写出有关的反应式，它们包括：表示水的稳定范围的化学式；被研究物质的物种形式转换化学式，它们可以是水解反应式、离解反应式、氧化还原反应式等。

(2) 根据质量作用定律写出上述有关化学反应式的边界条件计算方程式。

(3) 用计算法或作图法求出有关边界线之交点，划出各条化学反应边界线，并消去边界线段交点以外不需要的多余的部分。

例题 1-13:制作 Fe-H_2O 体系的 pE-pH 图解,假定水中铁的浓度为 10^{-6} mol/L。

解:按照以上作图原则制作 Eh-pH 图解计算表如下:

线号	化学反应式	线性方程	计算结果			
			lgK	pH	pE	Eh
	水稳定范围边界线					
A	$O_2(g) + 4H^+ + 4e = 2H_2O$	pE=20.78−pH	83.1	0	20.78	1.23
				14	6.78	0.40
B	$2H^+ + 2e = H_2(g)$	pE=−pH	0	0	0	0.00
				14	−14	−0.83
	水解线					
(1)	$Fe^{3+} + 3H_2O = Fe(OH)_3(s) + 3H^+$	pH=(4.89−lg[Fe^{3+}])/3	−4.89	3.63		
(2)	$Fe^{2+} + 2H_2O = Fe(OH)_2(s) + 2H^+$	pH=(12.4−lg[Fe^{2+}])/2	−12.4	9.2		
	氧化还原线					
(3)	$Fe^{3+} + e = Fe^{2+}$	pE=13.02	13.02		13.02	0.77
(4)	$Fe(OH)_3(s) + 3H^+ + e = Fe^{2+} + 3H_2O$	pE=17.9−3pH−lg[Fe^{2+}]	17.9	0	23.9	1.41
				10	−6.1	−0.36
(5)	$Fe(OH)_3(s) + H^+ + e = Fe(OH)_2(s) + H_2O$	pE=5.53−pH	5.53	0	5.53	0.33
				14	−8.47	−0.50

根据表中计算结果,可以作出 Fe-H_2O 体系的 pE-pH 图(图 1-9)。Eh-pH 图也可以很方便地做出来。

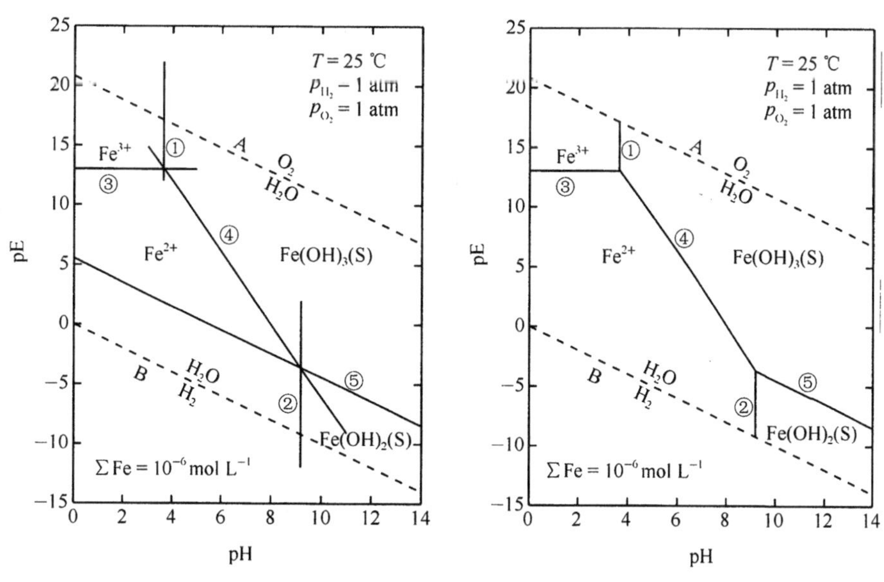

图 1-9　Fe-H_2O 体系 pE-pH 图解

由于自由电子与质子具有相反的电性，它们势必为互为消长的关系。换句话说，在氧化环境(高 pE)将为酸性环境(低 pH)，而在还原环境(低 pE)将为碱性环境(高 pH)。因此，pE-pH 直线都是向右倾斜的。

6. 饱和指数与饱和率的计算

饱和指数早在 20 世纪 70 年代就已被广泛采纳和应用，它是水中难溶化合物的离子活度积(IAP)与其溶度积常数(K_{sp})比值的对数值。

$$SI = \lg \frac{IAP}{K_{sp}} \tag{1-31}$$

设某水文地球化学作用的反应方程为：

$$aA \Leftrightarrow dD + eE \tag{1-32}$$

则按反应自由能公式可写出：

$$-\Delta G_r = RT\ln \frac{[D]^d[E]^e}{[A]^a} - RT\ln K_a \tag{1-33}$$

假如式(1-33)中的 A 项是固体，则式(1-33)可以写为：

$$\Delta G_r = -RT\ln \frac{[D]^d[E]^e}{K_{sp}} \tag{1-34}$$

$$IAP = [D]^d[E]^e \tag{1-35}$$

$$\Delta G_r = -2.303RT\lg \frac{IAP}{K_{sp}} \tag{1-36}$$

$$SI = \frac{-\Delta G_r}{2.303RT} \tag{1-37}$$

由式(1-37)可见，SI 是 ΔG_r的函数。若 $\Delta G_r=0$，则 SI=0，反应处于平衡状态；$\Delta G_r<0$，则 SI>0，反应自发向右进行；$\Delta G_r>0$，则 SI<0，反应逆向进行。所以它可以用来表示难溶化合物的溶解和沉淀作用的状态。SI 公式中综合了水文地球化学条件参数和固一液体系的性质参数(K_{sp})，它是一种综合性的反映水文地球化学作用状态的高级参数，可以说明固一液体系的溶解、沉淀状态或水文地球化学作用方向。

有学者提出了矿物饱和状态的另外一种有用的表达形式，在离子活度积表达式中用离子数目(ν)进行归一化处理，定义出饱和率(SR)如下：

$$SR = \left(\frac{IAP}{K_{sp}}\right)^{\frac{1}{\nu}} \tag{1-38}$$

以自由能单位($RT\ln IAP/K_a$)表达的饱和指数和饱和状态的表达式也可以用同样的方式来予以归一化。归一化的优点是饱和状态与固相分子式的书写方式无关。例如，白云石的溶解可以写为：

$$Ca_{0.5}Mg_{0.5}CO_3 = 0.5Ca + 0.5Mg^{2+} + CO_3^{2-}$$

或写为：

$$CaMg(CO_3)_2 = Ca^{2+} + Mg^{2+} + 2CO_3^{2-}$$

以第二种方式书写的反应式，其 IAP/K_a比率是以第一种方式书写的平方，饱和指数和自由能则会翻倍，但逻辑上讲，饱和状态不应该取决于我们书写反应式的方式。归一化的饱和率的使用可以避免这一问题。

例题 1-14：已知一水样 Ca^{2+} 的活度为 $10^{-3.5}$，SO_4^{2-} 的活度为 $10^{-1.5}$，石膏 25 ℃时的溶度积(K_{sp})为 $10^{-4.6}$。问 25 ℃条件下，该水样相对于石膏的饱和状态如何？要浓集或淡化多少倍才能使之与石膏处于平衡状态？

解：$IAP=10^{-3.5}\times10^{-1.5}=10^{-5.0}$，$SI=\lg(IAP/K_{sp})=-0.4<0$，不饱和。

由于 IAP 中涉及 2 个离子，饱和率(SR)为：

$$SR=\left(\frac{IAP}{K_{sp}}\right)^{\frac{1}{2}}=10^{-0.2}=0.63$$

使该水样与石膏处于平衡状态需要浓集的倍数为饱和率(SR)的倒数，即 1/0.63=1.58。利用饱和率可以方便地计算出浓集或淡化倍数也是使用归一化饱和率的优点之一。

思考题

1. 常规水质分析给出的某个水样的分析结果如下(质量浓度单位：mg/L)：

$Ca^{2+}=93.9$；$Mg^{2+}=22.9$；$Na^{+}=19.1$；$HCO_3^{-}=334$；$SO_4^{2-}=85.0$；$Cl^{-}=9.0$；pH=7.2。求：

(1) 各离子的体积摩尔浓度(mol/L)、质量摩尔浓度(mol/kg)和毫克当量浓度(meq/L)。

(2) 该水样的离子强度是多少？

(3) 利用扩展的 Debye-Huckel 方程计算 Ca^{2+} 和 HCO_3^- 的活度系数。

2. 假定 CO_3^{2-} 的活度为 $a_{CO_3^{2-}}=0.34\times10^{-5}$，碳酸钙离解的平衡常数为 4.27×10^{-9}，第 1题中的水样在 25 ℃时 $CaCO_3$ 的饱和指数是多少？$CaCO_3$ 在该水样中的饱和状态如何？

3. 假定某个水样的离子活度等于浓度，其 NO_3^-，HS^-，SO_4^{2-} 和 NH_4^+ 都等于 10^{-4} mol/L。反应式如下：

$$H^{+}+NO_3^{-}+HS^{-}=SO_4^{2-}+NH_4^{+}$$

问：25 ℃和 pH 为 8 时，该水样中硝酸盐能否氧化硫化物？

4. A、B 两个水样质量浓度的实测值如下(mg/L)：

组分	Ca^{2+}	Mg^{2+}	Cl^-	SO_4^{2-}	HCO_3^-	NO_3^-
A 水样	706	51	881	310	204	4
B 水样	5	10	983	7	212	0

求：$Na^{+}+K^{+}$、TDS、盐度、总硬度、暂时硬度、负硬度。

5. 请判断下列分析结果(mg/L)的可靠性，并说明原因。

组分	Na^+	K^+	Ca^{2+}	Mg^{2+}	Cl^-	SO_4^{2-}	HCO_3^-	CO_3^{2-}	pH
A 水样	50	6	60	18	71	96	183	6	6.5
B 水样	10	20	70	13	36	48	214	4	8.8

6. 某水样分析结果如下：

离子	Na^+	Ca^{2+}	Mg^{2+}	SO_4^{2-}	Cl^-	CO_3^{2-}	HCO_3^-
含量(mg/L)	8 748	156	228	928	6 720	336	1.320

试计算 Ca^{2+} 的活度(25 ℃)。

7. 已知一水样(水温 25 ℃)化学成分如下：

组分	Na^+	K^+	Ca^{2+}	Mg^{2+}	Cl^-	SO_4^{2-}	HCO_3^-	H_4SiO_4
含量(mg/L)	117	7	109	24	171	238	183	48

试问：

(1) 离子强度是多少?

(2) 根据扩展的 Debye-Huckel 方程计算,Ca^{2+} 和 SO_4^{2-} 的活度系数是多少?

(3) 石膏的饱和指数与饱和率是多少?

(4) 使该水样淡化多少倍或浓集几分之几才能使之与石膏处于平衡状态?

8. 已知温度为 298.15 K(25 ℃),压力为 10^5 Pa(1 atm)时,$\sum[S]=10^{-1}$ mol/L。试作硫体系的 Eh-pH 图(或 pE-pH 图)。

9. 简述水分子的结构。

10. 试用水分子结构理论解释水的物理化学性质。

11. 简述温度、压力条件对水的物理、化学性质的影响及其地球化学意义。

12. 分别简述气、固、液体的溶解特点。

第二章　地下水的无机化学成分

地下水的无机化学成分，按其存在形式和数量，可分为以下四组：

大量组分：如 Cl^-，SO_4^{2-}，HCO_3^-，CO_3^{2-}，Na^+，Mg^{2+}，Ca^{2+}，K^+，H^+，NH_4^+，NO_2^-，NO_3^-，$H_3SiO_4^-$，Fe^{3+}，Fe^{2+} 和 Al^{3+} 等；

微量组分：如 Br，I，F，B，Mo，Cu，Pb，Zn，P，As，Li，Sr，Ba，Ni 和 Co 等数十种；

放射性组分：U，Ra，Th 和 Rn 等；

气体组分：N_2，O_2，CO_2，CH_4，H_2S 和 H_2 等。

第一节　地下水中的大量组分

地下水中分布最广的离子有 Cl^-，SO_4^{2-}，HCO_3^-，Na^+，Mg^{2+}，Ca^{2+} 以及 K^+ 等七种，被称为主要离子或大量组分，这些离子占所有溶解盐类的 90％以上，并决定了水的化学类型。近年来对水中硅酸的大量研究资料表明，在各种类型的地下水（潜水、承压水、冷水、热水）中都有一定数量的硅酸（$n \sim n \times 100$ mg/L），有时可以达到硅酸水（硅酸在阴离子中占首位）或硅质水（硅酸大于 50 mg/L）的标准，因此 $H_3SiO_4^-$ 也应列入大量组分。还有些溶解于水中的组分介于大量组分与微量组分之间，如 H^+，NH_4^+，NO_3^-，Fe^{2+}，Fe^{3+} 和 Al^{3+} 等，由于它们在某些类型的水中，可以起主要的作用，因此亦列为大量组分。

一、氯离子

氯在地壳中占 0.017％ 。氯具有很强的迁移性能，它不形成难溶的矿物，不被胶体所吸附（热带潮湿地区的红壤除外），也不能被生物积累。氯化钠、镁、钙盐的溶解度都很大，因此氯离子可以自由地在水中迁移。Cl^- 是地下水中分布最广的离子，几乎存在于所有的地下水中，其含量的变化范围由每升水中数毫克至百克以上不等。在弱矿化的地下水中，氯离子含量很少，一般在阴离子中占第三位。随着地下水矿化度的增加，氯离子的绝对含量和相对含量都有所增加，并在高矿化度水和盐水中占主导地位。海水、地下深层的盐水和湖泊卤水都是氯化物型水。在干旱地区的潜水中，Cl^- 含量与矿化度的高低成正比，示于图 2-1。

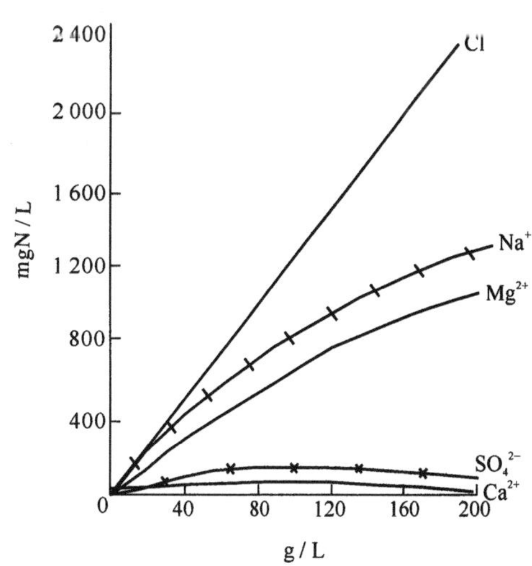

图 2-1　里海低地潜水矿化度与化学成分关系图

（据 B. A 柯夫捷）

氯离子的主要来源有两大类，即无机来源和有机来源。无机来源包括盐岩的沉积层、钾盐矿床、被氯化钠盐化的岩层以及风化的岩浆岩。在岩浆岩中氯存在于某些矿物(如氯磷灰石 $Ca_5(PO_4)_3Cl$，方钠石 $Na_3(AlSiO_4)_6Cl_2$ 氯化物的液态包裹体中，或以分散状态作为阴离子进入硅酸盐的结晶格架。此外，氯在火山喷溢时亦被带到地表。有机来源包括生活和工农业废水、动物及人类的排泄物等。除上述来源外，含 Cl^- 的大气降水也是氯离子的一个来源。

二、硫酸根离子

硫酸根离子同样具有很好的迁移性能，仅次于氯离子。土壤的胶体几乎不能阻留 SO_4^{2-}，但热带潮湿地区土壤中的氢氧化铁和氢氧化铝能够吸附 SO_4^{2-}。天然水中 SO_4^{2-} 的含量由于 Ca^{2+} 的存在而受到限制，因为它们能形成溶解度小的 $CaSO_4$ 沉淀。当矿化水中含 Ca^{2+} 不多时，每升水中 SO_4^{2-} 可达数十克。硫酸根离子是天然水中的重要离子。地表水和浅层地下水中经常含有 SO_4^{2-}，但在深层封闭地质构造中则常埋藏着无硫酸根离子的水；中等矿化度的河水和湖水中 SO_4^{2-} 往往占主导地位；弱矿化度的水中 SO_4^{2-} 让位于 HCO_3^-，后者往往占首位。承压水盆地中的中等矿化度的水经常有混合成分的阴离子。

每升地下水中 SO_4^{2-} 的含量变化范围由十分之几毫克至数克不等，通常则为数十毫克。

在缺氧条件下 SO_4^{2-} 是不稳定的，在脱硫酸菌的作用下，SO_4^{2-} 被还原成硫化氢，其反应式如下：

$$C_6H_{12}O_6+3Na_2SO_4 \longrightarrow 3CO_2+3Na_2CO_3+3H_2S+3H_2O+Q$$

式中，Q——热量(J)。

脱硫酸作用使水中富集 H_2S 和 CO_2，降低了 SO_4^{2-} 含量并出现苏打。如果脱硫酸作用发生在硫酸钙型水中，则不会在水中出现苏打。

硫是蛋白质和很多其他有机质的组成部分，因此它会被生物捕获。植物可以消化 SO_4^{2-} 形式的硫，土壤植物腐殖层中硫的生物聚集即与此有关。这样，天然水中一系列的过程阻止 SO_4^{2-} 随矿化度的增长而增长。从图 2-1 中可明显地看出 SO_4^{2-} 随矿化度增加而增长的幅度大大落后于 Cl^-。

地下水中 SO_4^{2-} 的主要来源为各种沉积岩中的石膏、硬石膏及其他硫酸盐的沉积物。在 25～50 ℃时溶滤 $CaSO_4 \cdot 2H_2O$ 和 $CaSO_4$ 可使水中 SO_4^{2-} 达 1.4 g/L，Ca^{2+} 达 0.6 g/L，因此这种溶滤水的矿化度可达 1.5～2.5 g/L。在地壳中广泛分布的硫化物和天然硫的氧化对 SO_4^{2-} 的富集也起重要作用。这个过程的反应如下：

$$PbS+2O_2 \longrightarrow PbSO_4$$

方铅矿

$$CuFeS_2+4O_2 \longrightarrow CuSO_4+FeSO_4$$

黄铜矿

$$FeS_2+7O_2+2H_2O \longrightarrow 2FeSO_4+2H_2SO_4$$

黄铁矿

$$4FeSO_4+2H_2SO_4+O_2 \longrightarrow 2Fe_2(SO_4)_3+2H_2O$$

$$2S+3O_2+2H_2O \longrightarrow 4H^++2SO_4^{2-}$$

在氧化过程中，介质的 pH 大大降低(由 6.9 至 2.9)。某些硫化物矿床氧化带矿坑水中的硫酸盐可达 10～15 g/L，矿化度可达 15～20 g/L。

在火山喷发时，有相当数量的硫化物和 H_2S 喷出，并被氧化成 SO_4^{2-}。雨水也能带来少量的 SO_4^{2-}。在沙漠条件下，地表水和潜水因溶滤含岩盐、石膏和芒硝（$Na_2SO_4 \cdot 10H_2O$）的盐土而富含 SO_4^{2-}。还有一部分 SO_4^{2-} 来自生活和工业废水。

三、重碳酸根和碳酸根离子

重碳酸根和碳酸根离子是天然水化学成分中极重要的组成部分，均由碳酸衍生而来。在溶液中碳酸和它们之间存在着一定的数量关系：

$$H_2CO_3 \rightleftharpoons H^+ + HCO_3[O]^- \rightleftharpoons 2H^+ + CO_3^{2-}$$

平衡式中任何一项的变化都会引起其他项数量的变化。这些离子组成的碳酸化学平衡系统，在天然水中具有重大意义。根据理论计算得出的碳酸各组分间的平衡与 pH 之间的关系如表 2-1 所示。

表 2-1　碳酸衍生物各种存在形式间的比例与水的 pH 的关系(摩尔分数%)

(据 O. A. 阿列金,《水化学原理》)

存在形式	pH							
	4	5	6	7	8	9	10	11
H_2CO_3	99.7	97.0	76.7	24.99	3.22	0.32	0.02	
HCO_3^-	0.3	3.0	23.3	74.98	96.76	95.84	71.43	20.0
CO_3^{2-}				0.03	0.08	3.84	28.55	80.0

实际上并非 pH 决定 HCO_3^-、CO_3^{2-} 和 H_2CO_3 的存在形式。在大多数情况下，是碳酸平衡时的各种存在形式之间的比例关系决定着天然水的 pH，在这种情况下，pH 仅被利用作为平衡状态的标志。由表 2-1 可看出，在酸性水中，碳酸或 CO_2 占主导地位，因为 $H_2CO_3 \rightarrow H_2O + CO_2$。在 pH＜5 时重碳酸根 HCO_3^- 实际等于零，在中性和碱性水中重碳酸根 HCO_3^- 占主导地位。碳酸根 CO_3^{2-} 在 pH＞8 的水中出现，并在强碱性水中占主导地位。因此按碳酸存在的形式，可以确定 pH。

重碳酸根 HCO_3^- 可以在酸性水以外的任何天然水中遇到，并在低矿化度和中等矿化度水中占主导地位。淡水大部分是重碳酸型的水。水中 HCO_3^- 的积累受到水中 Ca^{2+} 的限制，因为 Ca^{2+} 与 HCO_3^- 形成的盐溶解度小，当天然水中的 Ca^{2+} 多时，HCO_3^- 含量不多。一般在河、湖水中 HCO_3^- 不超过 250 mg/L。当地下水中有大量 CO_2 时，HCO_3^- 的浓度大大增高，碳酸水中 HCO_3^- 有时可达 1.24 g/L 或更多。

天然水中 CO_3^{2-} 离子是比较少的。碳酸钙、碳酸镁的溶解度很低，CO_3^{2-} 在每升水中不超过几毫克。但是自然界中可以（不经常）遇到每公斤含几克或几十克 CO_3^{2-} 和 HCO_3^- 的水，这就是碱性苏打水，其中 CO_3^{2-} 和 HCO_3^- 与 Na^+ 共存，而且钙、镁离子很少。

由于重碳酸钙、重碳酸镁在水中的溶解度随着温度的上升而降低，100 ℃时它们的溶解度为零，所以在地下深处 HCO_3^- 迁移的条件迅速变坏。

地下水中 HCO_3^- 和 CO_3^{2-} 的主要来源是各种碳酸盐岩类（石灰岩、白云岩、泥灰岩等）

和多种沉积岩中碳酸盐胶结物溶解溶滤的结果。碳酸钙、碳酸镁按下式溶解：

$$CaCO_3 + CO_2 + H_2O \rightleftharpoons Ca^{2+} + 2HCO_3^-$$

$$MgCO_3 + CO_2 + H_2O \rightleftharpoons Mg^{2+} + 2HCO_3^-$$

由上式可看出，HCO_3^- 有两种来源。一部分由碳酸盐转入溶液，另一部分来自 CO_2。只有在 CO_2 存在的条件下，反应才能由左向右进行，并且水中 CO_2 越多，碳酸盐溶解越强烈。

水中的 HCO_3^-，可以在含水层中没有碳酸盐类物质的情况下形成。在现代火成岩风化壳中形成的水大多是重碳酸盐型的。这些水中的 HCO_3^- 是生物成因的，因为火成岩的风化必定有微生物参加。最后，岩浆作用在某些情况下也是碳酸及其衍生物的来源。

四、硅酸

硅是地壳中分布最广的元素之一，占地壳质量的 25.74%，仅次于氧。在地壳中，硅经常和氧化合形成二氧化硅（SiO_2）。在自然界还有游离的和呈盐类形式存在的四氟化硅（SiF_4）。

硅酸是天然水的固定组分，但是由于硅酸盐矿物的溶解度低，并且硅是水中很多有机物的食物，所以除某些特殊水型外，水中硅的含量一般很低。在一般情况下，当 SiO_2 成为水中的主要成分，即在阴离子中 $HSiO_3^-$ 占首位（按 mol%计算）时，这种水称为硅酸型水。某些热水中的 SiO_2 含量达 50 mg/L 以上，这些水因具有一定的医疗价值而被称为硅质水。

SiO_2 可以构成多种硅酸，它的组成随形成条件而异，常以通式 $xSiO_2 \cdot yH_2O$ 表示。现已确证，具有一定的稳定性并能独立存在的硅酸有：偏硅酸 H_2SiO_3（$x=1, y=1$）、二偏硅酸 H_2SiO_5（$x=2, y=1$）、正硅酸 H_4SiO_4（$x=1, y=2$）和焦硅酸 $H_6Si_2O_7$（$x=2, y=3$）。正硅酸离解时，形成一系列的衍生物，其中只有 $H_3SiO_3^-$ 对天然水有意义。

$$H_4SiO_4 \rightleftharpoons H^+ + H_3SiO_4^-$$

H_4SiO_4 和 $H_3SiO_3^-$ 在溶液中的含量与 pH 的关系列于表 2-2。

表 2-2 水中硅酸衍生物的比例与 pH 的关系

衍生物的存在形式		pH			
		7	8	9	10
H_4SiO_4	mol%	99.9	98.6	87.7	41.5
$H_3SiO_4^-$	mol%	0.1	1.4	12.3	58.5

由表 2-2 可以看出，当水呈中性和弱碱性反应时，实际上所有溶于水中的 H_4SiO_4 处于不离解状态，只有当水为强碱性反应时，才开始有离子出现。

硅在自然界的广泛分布，保证了它虽少量但却能不断地进入天然水中。硅酸在天然水中的含量一般是 $n \sim n \times 10$ mg/L，有时可达 $n \times 100$ mg/L（热水）。在我国南方多雨潮湿的结晶岩地区，某些微矿化度的水相对地富集了硅酸，SiO_2 经常成为水中的主要成分，在阴离子中 $HSiO_3^-$ 占首位，因而可以定为硅酸型水。它是表生带矿化度最低的一种水型[矿化度为（$n \times 10$）～100 mg/L]。如江西省崇仁县马鞍坪温泉附近，自石英砂岩裂隙中涌出的冷泉水即为硅酸型水（H_2SiO_3 为 22.1 mg/L），矿化度（包括 H_2SiO_3）为 53.28 mg/L，pH 为 6.5。

偏硅酸与所有的多硅酸相同，实际上都是不溶于水的，但其中的钾盐与钠盐是可溶解的。天然水中的硅酸很少以胶体状态的二氧化硅存在，而是以分子分散状态（单体硅酸）、硅酸钠，或以硅酸盐与重碳酸盐结合的形式存在。当矿化度增高时，硅酸被更强的碳酸所代替。

$$Na_4SiO_4 + 4CO_2 + 4H_2O \rightleftharpoons H_4SiO_4 + 4NaHCO_3$$

在这种情况下，潜水逐渐由弱酸性过渡到中性和碱性，矿化度增加到 300～1 000 mg/L，水型为 HCO_3-Ca，HCO_3-Ca · Na 型，水中 SiO_2 含量在 10～40 mg/L。

硅酸在碱性热水中溶解性能最好，其含量可达 100 mg/L 以上。如江西省铜鼓县古桥温泉，水温 52 ℃，pH 为 8，可溶性 SiO_2 为 150 mg/L；江西省黎川县洲湖温泉，水温 44 ℃，pH 为 7.7，SiO_2 为 100 mg/L；江西省星子县庐山温泉（现称天沐温泉），水温 72 ℃，pH 为 8.5，SiO_2 为 80 mg/L。在间歇泉中，发现有大量 SiO_2。据 F. 克拉克的资料，美国黄石公园间歇泉中的 SiO_2 含量达 570 mg/L，在喷泉的出口附近，由于地表温度降低，有大量 SiO_2 析出，形成很厚的硅华。

五、氮的化合物

地下水中通常遇到的氮的化合物有 NH_4^+，NO_2^- 和 NO_3^-，它们之间有成因联系并能互相转化，NH_4^+ 在水中的含量一般只有每升百分之几毫克，或可达每升十分之几毫克，浅层地下水中铵的增高含量（每升数毫克）是有机质污染的标志，因为铵主要是由动植物的蛋白质分解而产生的。油田水常含有大量的铵，有时达 100 mg/L 以上。

铵在一般条件下相当不稳定。在有氧存在的浅部地下水中，铵在硝化细菌的作用下氧化为亚硝酸根 NO_2^-：

$$NH_4^+ + 2O_2 \longrightarrow NO_2^- + 2H_2O$$

在地下水中，NO_2^- 的含量不超过每升百分之几或十分之几毫克。NO_2^- 和 NH_4^+ 同样是很不稳定的，在氧的作用下氧化为硝酸根。其反应如下：

$$2NO_2^- + O_2 \longrightarrow 2NO_3^-$$

地下水中 NO_3^- 离子的含量常比 NO_2^- 稍大些，在距地表不深的地下水中，其含量可达每升数毫克。当地下水中 NH_4^+ 和 NO_2^- 存在时，说明地下水是在近期受污染的，而 NO_3^- 的存在，则说明地下水很早以前就受到污染。

硝酸盐虽然有很高的溶解性能，但由于植物的吸收和去硝化作用，NO_3^- 的活动性受到很大的限制。在深层地下水中 NO_3^- 很少或者没有，或者每升水中只含百分之几毫克。

在水交替困难带地下水停滞的状态下，硝化作用很快停止并代之以去硝化作用，NO_3^- 和 NO_2^- 分解，并放出自由氮（N_2）：

$$2HNO_3 \longrightarrow 2HNO_2 \longrightarrow 2HNO \longrightarrow N_2$$

六、钠离子

地壳中钠占 2.5%，其中大部分原子组成了各种硅酸盐。钠离子分布的广泛性在阳离子中占首位。钠的所有盐类都具有较高的溶解度，因此钠的迁移性能是很强的。在这方面它仅次于氯。因为它能与岩石的吸附综合体进行离子交换反应而从溶液中析出，所以在水的矿化度增长过程中，有时 Na^+ 的增长会落后于 Cl^-，示于图 2-1。

在低矿化度水中，按浓度 Na^+ 一般占第三位，但在火成岩风化壳中，也经常遇到钠型的低矿化度水，如我国南方一些花岗岩地区的风化壳裂隙潜水即多为低矿化的 HCO_3^--Na 型水。随着矿化度的增加 Na^+ 含量也增加，在大多数情况下当水的矿化度增至每升几克时，钠成为主要阳离子。在海水中 Na^+ 占阳离子总量的 84%。在卤水中 Na^+ 的最高含量可达每升数十克至数百克。

大部分 Na^+ 与 Cl^- 平衡，形成活动性很强的稳定化合物；这些化合物以足够的速度在溶液中迁移。

水中钠离子的来源之一是火成岩—铝硅酸盐（钠长石、斜长石、霞石）的风化产物。

$$2NaAlSi_3O_8+2H_2O+CO_2\longrightarrow H_2Al_2Si_2O_8\cdot H_2O+Na_2CO_3+4SiO_2$$

$$Na_2CO_3+H_2O\longrightarrow 2Na^++HCO_3[O]^-+OH^-$$

水中 Na^+ 的另一个重要来源，是它的盐沉积层（主要是岩盐）和分散在岩石土壤中的化合物（岩盐、芒硝等）。此外，岩石、土壤中吸附综合体的一价钠离子被水中的二价钙、镁离子所置换也是地下水中钠离子富集的原因之一。

七、钾离子

钾的化学性质和在地壳中的含量与钠相似。在岩石圈中，钾大部分在硅酸岩中（正长石、微斜长石、白云母及较少的白榴石等）。钾同钠一样与主要阴离子组成易溶化合物（KCl，K_2SO_4，K_2CO_3），但钾在地下水中的含量却很少，一般只有钠含量的 4%～10%，其最大含量见于低矿化度的水中。这种现象是钾的生物活性所决定的弱迁移性能引起的，因为动植物有机质可以从水中吸收钾。此外，钾还可以进入次生矿物（如水云母等）的结晶格架。

大气降水中钾的相对含量明显地高于其他形式的天然水，这是由于在大气中水化学成分形成的另一种条件所致。

八、钙离子

在碱土金属中，钙的克拉克值最高为 3.6%，它在石灰岩、泥灰岩和其他一些岩石中的含量能超过 10%（最高达到 40%），在动物中的含量为 0.5%。它积极参加生物作用，在有机物死亡后，钙很快变为矿物形式并转入土壤，因此土壤溶液是钙型的。在岩石和土壤的吸附综合体中大部分是钙。

在弱矿化水的阳离子中，钙离子经常占优势。在排泄条件好的地区大面积地分布着重碳酸钙型水。随着矿化度的增加，Ca^{2+} 的相对含量迅速减少，这是由于硫酸钙的溶解度有限和碳酸钙的溶解度低所致。干旱地区的天然水蒸发和浓缩时，从水中不断地以 $CaSO_4$ 和 $CaCO_3$ 的形式析出大量的钙。由于这个原因，在天然水中 Ca^{2+} 的含量一般是很低的，很少超过 1 g/L，只有在深层氯化钙卤水中 Ca^{2+} 含量才以每千克几十克计。

天然水中 Ca^{2+} 的一个重要来源是石灰岩、白云岩和岩石中石灰质胶结物的溶滤溶解：

$$CaCO_3+CO_2+H_2O\rightleftharpoons Ca(HCO_3)_2$$

地壳中广泛分布着的石膏溶解时，有相当数量的钙进入地下水。在含钙硅酸岩的风化过程中，Ca^{2+} 被释放并转入水中，这也是地下水富集钙的很普遍的因素。水渗过土壤时，Ca^{2+} 也可进入水中。此外，阳离子交换和大气降水也是地下水中 Ca^{2+} 的来源。

九、镁离子

镁在地壳中的克拉克值为 2.1%，其化学性质与钙相似，但它们的迁移性能却不同。镁的生物活动性比钙表现得弱，在岩石吸附综合体中，镁的联系比钙弱。镁参加多种次生硅酸盐的组成。

虽然 $MgSO_4$，$Mg(HCO_3)_2$的溶解性比 $CaSO_4$和 $Ca(HCO_3)_2$强，而且差不多所有的天然水中都有镁离子，但是由于镁盐在地壳中分布不广，所以很少见到镁占主要成分的水。

在每千克矿化水中，镁含量达几克，在每千克卤水中镁含量达几十克。按 O. A. 阿列金的资料，在矿化度为 0.5 g/L 的重碳酸盐型水中 Ca^{2+}/Mg^{2+} 一般为 4 到 2；当矿化度为 1 g/L时 Ca^{2+}/Mg^{2+} 变为 2 到 1；而在进一步增加矿化度的情况下，大部分情况是镁高于钙。循环在火成岩中的水其 Ca^{2+}/Mg^{2+} 变化范围更大。

镁离子的来源，主要是白云岩、泥灰岩或基性岩(辉长岩)、超基性岩(纯橄榄岩、橄榄岩)和其他岩石的溶解，其反应式如下：

$$(Mg \cdot Fe)SiO_4 + 2H_2O + 2CO_2 \longrightarrow MgCO_3 + FeCO_3 + Si(OH)_4$$

$$MgCO_3 + H_2O + CO_2 \longrightarrow Mg^{2+} + 2HCO_3^-$$

在这些岩石中形成的水，即使矿化度低，Mg^{2+} 也在阳离子中占首位，或与钙离子共占首位。

十、氢离子

氢是宇宙间分布最广的化学元素，但在天然水中，H^+ 含量却很低，仅在强酸性水中其浓度才达到较大数值。氢离子浓度是天然水的重要指标，因此 H^+ 在水文地球化学过程中起着特别重要的作用。地下水的很多复杂的化学成分是在 H^+ 积极参与下形成的。

酸的性质与其阴离子无关，而是决定于酸中所存在的带正电的氢离子；碱的性质则与其阳离子无关，而是决定于水电离时形成的带负电的 OH^-。

pH 是氢离子浓度的负对数，即 $pH = -1\,g[H^+]$。酸性和碱性反应都用氢离子浓度来表示，因为它比氢氧离子浓度更易确定，pH=7 的水是中性的，pH<7 是酸性的，pH>7 是碱性的。

应该指出，单独的 H^+ 的形式在水中是不存在的，实际上是一个氢离子与一个水分子结合成为水合氢离子(H_3O^+ 离子)。因此，酸离解的一般写法，如 $HCl = H^+ + Cl^-$，应看作是一种简便的示意表示方法。水合氢离子的大小(1.35×10^{-10} m)与其他水合离子(Ca 的水合离子大小为 10×10^{-10} m)相比是很小的，这就是氢活动性强的原因。氢离子能够进入矿物结晶格架，并从中排挤出其他离子。此外，氢比其他一价甚至二价离子能更强烈地被胶体吸附。

地下水中的 pH 决定于其中各种形式碳酸的含量，决定于有机酸、气体、微生物的存在及各种盐的水解等。

大多数天然水的 pH，主要决定于碳酸及其离子的浓度比。碳酸在水中离解形成 H^+：

$$H_2CO_3 \rightleftharpoons H^+ + HCO_3^- \rightleftharpoons 2H^+ + CO_3^{2-}$$

碳酸是一种弱酸，在正常条件下离解得不多。它的一级离解常数 $K_1 = 3.04 \times 10^{-7}$，而二级离解常数更小 $K_2 = 4.01 \times 10^{-11}$。

在天然水中，$Ca(HCO_3)_2$和 $Mg(HCO_3)_2$的离解形成大量 HCO_3^-，后者浓度的增加导致 H^+减少和 OH^- 增多，从而使溶液的碱性增强。此过程按下列水解方程式进行：

$$HCO_3^- + H_2O \rightleftharpoons H_2CO_3 + OH^-$$

因此，CO_2含量不高的地表水呈弱碱性反应。但当存在大量CO_2而HCO_3^-相对不多时，pH可能低于7。

酸性土壤的枯枝落叶层和沼泽中的腐殖酸是天然水中H^+的重要来源，因此林区潜水具有弱酸性反应。

重金属盐的水解也可以形成酸性水。硫化物氧化形成的铁、铜、铅和其他金属的硫酸盐，水解时形成硫酸。如硫酸亚铁按下式水解：

$$FeSO_4 + 2H_2O \rightleftharpoons Fe(OH)_2 + 2H^+ + SO_4^{2}$$

在硫化金属矿床氧化带中，特别是在矿坑水中，有与上式相似的过程发生。实验证明，氧化过程在有硫化细菌的参与下比在无菌情况下快10～20倍。因此，必须在硫化细菌的作用下，才能形成强酸性的矿坑水。

地下水的pH可从0.45～1到8～11.5。大部分天然水的pH介于6～8.5。

最低pH的水(0.45～3)一般与自由硫酸(少数情况下与盐酸)有关，pH介于3～6.5的水除有自由硫酸外，可能与有机酸和碳酸气CO_2有关；中性和弱碱性水(pH＝6.5～8.5)以含$Ca(HCO_3)_2$，$Mg(HCO_3)_2$为特征；pH增至8.5～10.5的水则大部分与苏打(Na_2CO_3或$NaHCO_3$)的存在有关；而最高的pH(到11.5)一般在热水中才能遇到。

地下水按pH可分为七组：

强酸性水　　pH＜3；
酸性水　　pH由3到5；
弱酸性水　　pH由5到6；
中性水　　pH由6.5到7.5；
弱碱性水　　pH由7.5到8.5；
碱性水　　pH由8.5到9.5；
强碱性水　　pH＞9.5。

pH是确定很多化学成分(H_2S，SiO_2，重金属等)能否存在于水溶液中的重要指标。

十一、铁和铝

铁和铝在岩石圈属于分布最广的元素。在各类岩石中，铁含量变化很大，在粘土中为5.5%～8.5%，在砂岩中约1%，含铁量最少的是石灰岩约0.5%。在一般天然水中，铁和铝的含量很少。但在硫化矿床氧化带矿坑水中或与火山喷气孔有关的热水中，铁和铝的含量有时占阳离子的首位，形成铁水和铝水。

铁在各种岩石中分布广泛，虽然有时含量很少，但这是铁在水中的来源。在氧化作用(氧等)或者在酸(有机酸或碳酸等)的作用下，铁由岩石转入水中。

铁是变价元素，在水中它可以处于Fe^{2+}和Fe^{3+}的状态。在地下水中，亚铁有典型意义，含量可达1 mg/L，但在黄铁矿氧化时形成的pH＜4的酸性水中，亚铁含量可达每升几十毫克至几百毫克。例如，我国湘西某矿酸性氧化带的地下水pH为3.02，Fe^{2+}含量达124.12 mg/L。二价铁很易在酸性水中迁移(pH＜5.5)，在中性水中迁移较弱，在碱性水中更弱。

在还原环境中，大量的Fe^{2+}可以存在于任何pH的水中。例如，在有的还原环境的潜水中Fe^{2+}可达10 mg/L。

当有自由氧存在时，亚铁是不稳定的，它很易变为迁移性能弱的氧化铁。广泛分布于自然界的 $Fe^{2+} \rightleftharpoons Fe^{3+}$ 反应，具有巨大的水文地球化学意义。在大多数情况下，Fe^{2+} 的氧化是在铁细菌参与下进行的。氧化形成的 $Fe(OH)_3$ 的溶解度很小（在 pH＝4 时，约为 0.05 mg/L，而在 pH 更高时为 $n\times0.001$ mg/L 或更少），但它可以在溶液中以胶体形式存在。对于地表水胶体铁[$Fe(OH)_3$胶体]有代表性。Fe^{3+} 与 Al^{3+} 的迁移性能相似。

铝在水中呈离子或胶体形式存在。在 pH＝4.1 时，铝的离子已是不稳定的，而铝的胶体溶液[$Al(OH)_3$]则比较稳定。铝在水中的含量介于 $n\times(0.01\sim0.001)$mg/L，在强酸性水中铝可达每升几十毫克。铝在水中的来源是各种铝硅酸岩的风化产物。

第二节 地下水中的微量组分

地下水中的大部分化学元素含量甚微，在每升水中的含量经常以毫克、微克甚至十分之几微克来度量，这些元素不能决定地下水的化学类型，被称作微量组分。也有人将地下水中含量小于 10 mg/L 的元素称为微量元素或微量组分，但在个别情况下水中微量元素的含量可以大大高于此值。常见的微量组分有 Br，I，F，P，Pb，Zn，Li，Sr，Ba，As，Mo，Cu，Co，Ni，Ag，Be，Hg，Sb，Bi，V，W，Cr 和 Mn 等。放射性元素 U，Ra，Rn 和 Th 等按含量也在此列。但因其特殊性我们将另列专节介绍。

对地下水中微量组分的研究，既有重要的理论意义，又可以帮助解决许多实际问题。在初生水学说占统治地位的时期，水中微量元素的存在被认为是岩浆水的特征。而现代的研究资料证明，地下水中微量元素的富集，主要是海成盐类的溶滤及在风化壳中进行的各种作用的结果。在与花岗岩风化壳有关的水中，见到的微量元素种类最多。

研究水中的微量元素，可帮助寻找石油、气田、盐矿和多种金属矿床；某些微量元素可以赋予水以医疗价值，所以要从医疗的观点对它进行研究；最后，特别重要的是从卫生防护的角度对水中微量元素进行研究。虽然微量元素含量很少，但它们对生命过程却起着巨大作用。很多微量元素积极参加生命过程，在天然水中含量不足或过量都会引起某种特别的地方病。例如，水、空气和植物中缺碘会引起甲状腺肿大。应该特别指出，在水和土壤中缺少或没有微量元素，也会引起植物和蔬菜中微量元素的缺乏。

溶液中微量组分的存在形式是多种多样的。在天然水中，它们以悬浮状态、胶体（金属氢氧化物）、与腐殖酸和其他有机酸组成的络合物不离解的分子（$CuSO_4$）、半离解的（$CuCl^+$）和自由离子等形式存在。

天然水中微量组分的含量一般是很低的，大大低于 1 mg/L。因此，经常用 μg/L 表示（1 μg＝0.001 mg）。

水中微量元素含量很少，一般是因为它们的迁移性能弱，而不是因为在自然界中分布不广泛，例如在地壳中大量存在的铁和铝在水中含量也很少。一系列的因素阻碍了微量元素在水介质中的积累和迁移。例如水中的阴离子 OH^- 和 CO_3^{2-}，个别情况下 $H_2PO_4^-$ 和 HS^- 都能与重金属阳离子形成难溶的化合物。特别是 OH^- 的限制作用尤为明显，大部分金属的氢氧化物都是难溶的。限制微量组分活动性的其他因素有粘土类物质的吸附和活性有机质在水中对它们的摄取。粘土矿物、氢氧化铁（特别是对锰、镍、钴）和各种分散程度的有机物质对微量组分具有最大的吸附性能。

一、溴

溴在地壳中的克拉克值为 $2.5\times10^{-4}\%$。溴、碘和氟是地壳中数量不多，且处于分散状态的元素。它们在天然水中的含量大大低于氯的含量。淡水中的溴含量最低，由 0.001 到 0.2 mg/L；矿泉水中溴的含量较高（10～50 mg/L）；某些盐湖水中达 900 mg/L，石油产地的卤水中溴的含量最高，由 100～2 000 mg/L。在东西伯利亚地下卤水中发现溴含量达 6 700 mg/L；而这个元素在水中的最高含量（约 9 800 mg/L）是在死海 300 m 深处发现的。含有大量溴的水具有工业开采价值。

溴和氯一样，随着水的矿化度增加而不断增加。但是在成盐过程中，当进入石盐沉积阶段，溴离子和氯离子即分开，氯离子进入固相而溴离子的大部分仍留在水中，这说明溴化物的溶解度比氯化物更高。在自然条件下，溴在沉淀了盐以后的残余卤水中大量聚集。自然界极少遇到含溴矿物。溴与氯的区别在于它在某种程度上可被海中有机物同化，也可以被软泥、土壤中的有机物质，特别是泥炭吸附。

岩石中处于分散状态的溴和海洋中的溴是地下水中溴的主要来源。

二、碘

碘在地壳中的克拉克值是 $4\times10^{-5}\%$。碘在天然水中的含量比溴少。在地下淡水中，它的含量只有 $n\times(0.01\sim0.001)$mg/L。俄罗斯顿河水中碘含量为 0.09 mg/L；海水中碘含量为 0.05 mg/L；盐湖的卤水中不含碘，与溴相似，在石油水中聚集了大量碘。如我国四川盆地川中地区某石油勘探深井钻到 5 237 m 发现气层后，水中含碘量高达 586 mg/L；前苏联巴库油田的油层水中含碘为 30～50 mg/L；有的油田地下水中达 100～120 mg/L。含油构造上的沙漠地区盐土中经常富含碘，可作为寻找石油的标志。

碘是人体不可缺少的重要元素，对于人体的作用相当大，食物中缺碘会引起人或动物得甲状腺肿病。得病的主要原因是植物性食物中缺碘而不是饮水中缺碘。潜水中碘的含量反映着土壤和蔬菜中的碘含量。因此，可根据潜水中的碘含量来判断“碘水平”和有关甲状腺肿病的问题。D. C. 萨夫琴柯指出，潜水中碘含量少于 0.001～0.002 mg/L 的地区，甲状腺肿病最多。一个人每日需碘量约为 12 μg。碘的一个特殊地球化学特点，就是它与生命物质的联系比溴明显得多，因此在有机物质参与下形成的土壤、软泥和富含有机质的细分散岩石中含碘较多。已查明石油水中的碘含量与水的化学成分和矿化度无关，而与深部含有机质有关。但是有机质富集碘的程度是不同的，地下水中碘的高含量很可能是与一定种类的有机物质有关。

已知几种分布很少的碘矿物，它们在地壳中不形成聚集。大部分的碘集中在有机物质中，并和溴一样以痕量分散在所有岩石中。因此，天然水中碘的来源可能是有机物质，也可能是岩石。土壤和水中碘的重要来源是雨水，雨水中的碘从大气中获得，而大气中的碘是由风从海中带来的。

三、氟

氟在地壳中的克拉克值为 0.066%。氟的水文地球化学性质研究得比较全面，因为它对饮用水的性质有重大影响。

氟是人体中不可缺少的元素，饮用水中氟含量太少（少于 0.01 mg/L）或过量（多于 1.5 mg/L）都会引起牙科疾病。含量太少会引起龋齿病，因此，缺氟的水需要进行氟化，使氟含量增加到 0.5～1.0 mg/L。水中氟含量过高，可引起急性或慢性中毒，水中氟含量超过 1.5 m/L 时会引起牙齿的斑釉症，在牙冠表面出现黄褐色斑纹，叫做氟齿斑。高浓度的氟会侵害人的骨骼，使骨质变得疏松脆弱，容易发生骨折。

河水、湖水和自流钻孔水中的氟含量变化范围都很小，为 0.04～0.3 mg/L。例如俄罗斯涅瓦河水的氟含量为 0.04～0.087 mg/L，伏尔加河为 0.1～0.3 mg/L。地下水中氟含量较高，但较少达到 1～1.5 mg/L，更少达到 5～6 mg/L。海水中的氟含量在 1 mg/L 左右。在一些矿泉水中氟含量较高，如我国江西省奉新县九仙汤温泉为 11 mg/L，宜黄县兰水温泉为 10 mg/L，俄罗斯阿汉为 31.8 mg/L；盐湖卤水中氟含量达 23.4～37.8 mg/L。

含氟矿物是地下水中氟离子高含量的来源。例如乌克兰在含磷灰石的含水层中氟含量达 5～6 mg/L。在美国、非洲和北美含磷灰石的启莫里沉积含水层水中含有较大量的氟。莫斯科盆地石炭纪地层因含有萤石，其水中含氟量达 6 mg/L。从碱性花岗岩中流出的泉水含有较多的氟（6～9 mg/L），花岗岩地区温泉水中氟含量更高达 11 mg/L。水中富集氟的条件，一方面是氟在碱性水中易于迁移，另一方面是岩石中的氟含量高。花岗质岩浆岩正好富含氟，并在其中形成碱性水，含有磷灰石[$Ca_5(PO_4)_3 \cdot F$]、电气石、云母和其他矿物岩石的风化产物是天然水中氟的重要来源。由于 F^- 和 Ca^{2+} 能形成难溶的 CaF_2，所以氟离子的活动性是有限的。氟和碘、溴相似，能为生物所储积，但它的聚集形式是 CaF_2。有人指出，石油水中氟含量高可能与活性有机质的聚集作用有关。在现代火山活动区，氟可能有初生来源，如在堪察加，一些泉水的氟含量达 70～80 mg/L。

四、硼

硼在地壳中的克拉克值为 $1.2\times10^{-3}\%$，属于分散元素。它存在于所有的天然水中，但含量都不高。淡的地下水中硼含量为每升千分之几到万分之几毫克；海水中硼为 1.5～4.4 mg/L；盐湖卤水中硼含量可高达 100～150 mg/L。还可遇到含硼量更高的湖水。

硼水在地表的露头是很少的。石油水中含大量的硼，特别是在碱性水中硼含量可达每升几百毫克。

地下水中的硼有各种来源。它可以因溶滤海相沉积岩而进入水中。海相沉积岩中，有时在海水的某个浓缩阶段析出含硼矿物。此外，动植物也由海水中同化硼，并将它转入海底软泥中，因而使沉积岩富集硼。直接冲刷外生硼酸盐矿床的地下水含硼最富，硼的内生矿床主要为硼硅酸盐（硅硼钙石、赛黄晶）和铝硼硅酸盐（电气石、斧石），这些矿物是难溶的，但水与它们的风化产物接触时，硼离子含量会增高。火山活动可以提供硼，在火山活动时或活动后，硼化物与水蒸气和其他喷发物一起被带到地表，使火山活动区的岩石中富含各种硼矿物，从而使地下水中含有溶解的硼化合物。硼含量高的水具有医疗价值。

五、钼

钼在地壳中的克拉克值为 $1\times10^{-4}\%$。钼主要分布在与酸性及中性岩石有关的矿床中，常见矿物为辉钼矿。辉钼矿在水和氧的作用下分解，生成易溶于水的化合物 MoO_2SO_4 和 H_2MoO_4，钼在水中主要以 MoO_4^{2-} 形式迁移，但由于钼的氧化产物是疏松分散细小的，因此不能排除它在水中以胶体形式迁移的可能性。

钼在地下水中分布较广，其平均含量为每升数微克。温泉水中钼的平均含量是 15 μg/L，而冷泉和河水中，钼的含量只相当于它的十分之一。

水中含钼酸盐对水的味道有影响，一般含量在 10 mg/L 时有涩味，100 mg/L 时有苦味。钼是植物及反刍动物必需的营养物质，然而高级动物摄入过量的钼可能产生中毒症状。

在硫化矿床地下水中，钼的主要来源是辉钼矿及其氧化产物的溶解。在钼矿床的矿体水中，钼含量可高达 10～15 mg/L，晕水中钼含量一般为 $n\times(0.01\sim0.1)$ mg/L；背景水中为 $n\times(0.001\sim0.0001)$ mg/L。钼在地下水中比较稳定，一般只在矿体影响下含量才会增高，并生成清晰的水晕，所以地下水中钼含量的增高是一个较好的找矿标志。在铜钼矿体水中，钼的含量可以高达 0.06 mg/L。在多金属矿床地下水中，钼的含量一般不超过 10^{-2} mg/L。此外，在钨锡矿床及某些铀矿床地下水中，亦伴有钼的增高含量。因此钼不仅可以作为钼矿床存在的直接水文地球化学标志，同时也可以作为含有一定量辉钼矿的其他金属矿床的水文地球化学找矿标志。

硫化矿物和各种岩石是水中钼的来源。在火成岩中，基性和酸性岩（玄武岩、辉长岩、花岗岩）中钼最富，超基性岩中钼最少。沉积岩中的钼比火成岩中多，特别是在粘土、粘土页岩、漂砾、亚粘土中钼更富，在砂岩和亚砂土岩类中较少。

六、铜

铜在地壳中的克拉克值为 $1\times10^{-2}\%$。它的主要矿物有黄铜矿 $CuFeS_2$、铜蓝 CuS、斑铜矿 Cu_5FeS_4 和其他硫化矿物。在表生条件下铜很容易形成硫酸盐。铜是变价元素，一价铜 Cu^+ 的化合物是不溶解的，但二价铜的化合物则有的易溶（$CuSO_4$），有的难溶。因此，氧化还原条件对铜的迁移有很大影响。铜的重要沉淀剂有 CO_3^{2-}，PO_4^{3-}，VO_4^{3-}，H_2S 和 SiO_2。铜易被负胶体吸附，这也使它的迁移受到限制。

水中铜的含量受 pH 的限制。在 pH＝5.3 时，铜已不稳定，并从溶液中析出。因此，在中性和近于中性的水中，铜的含量很少（1～100 μg/L）。它的增高和高含量仅在铜矿体附近的水中才见到。酸性矿坑水中的铜含量可达每升几十毫克至几百毫克。离开矿体后，由于地下水与周围岩石的相互作用，水的酸度开始降低，并从水中析出铜。岩石的化学活性可能只对天然水中高含量铜的迁移有影响，而对经常遇到的含量不高（每升数微克）的天然水中的铜则影响不大。含量为 1 μg/L 的氢氧化铜从水中析出后 pH 为 8，这在天然水中不常遇见。

除溶解性能好的铜的硫化物外，在含有大量 CO_2 的重碳酸水的作用下，铜可由它的碳酸盐转入溶液。某地氯化物型水的 pH＞7.2 时，铜离子达 20.7 mg/L，这是氯可以使铜以氯化物形式溶解和迁移所致。

水中的有机质增加了铜在水中的稳定性，当有机物被氧化析出后，很快就降低了铜在水中的含量。铜主要以碳酸盐和氢氧化物的形式由水中析出。铜可以被高度分散细小的土壤和岩石颗粒所吸附，当水中铜含量很低时，吸附的结果更为明显。

铜在人体内以铜蛋白的形式存在，具有多方面的生理功能。铜是人和一切动物进行新陈代谢维持正常生命活动所必需的元素。微量铜是食物中必要的，人每天从食物中获得 2～3 mg铜。铜在人的生理上与造血作用有密切关系。摄入铜过多时会严重中毒，引起恶心和肠刺激，甚至使肝脏受损。饮含铜量高的软水者，心血管疾病的死亡率较高，铜可能促使动脉粥样硬化的发生。铜与铅及汞不同，它不是蓄积性毒物，进入机体的铜大部分可以排出，肠胃道吸收量很少。水中含铜量一般大于1.5 mg/L时，就会有金属味，能引起人们的厌恶感。含铜量超过1 mg/L时，可使衣服及白瓷染上绿色。生活用水标准一般规定铜不超过1 mg/L。

地下水中铜的来源是岩石。强氧化的铜矿体使水中铜含量增高。基性火成岩中的铜含量最高，其他类型的岩石含量不高且相差不大。沉积岩中，以黄土状亚粘土中的铜含量最高，冰碛亚粘土和碳酸岩次之，砂岩类最少。分布在基性火成岩风化壳及黄土状亚粘土上的土壤可能富集铜。

在我国南方一些铜矿床及多金属矿床地区，地下水中铜的含量一般为 $n\times10^{-3}\sim n\times10^{2}$ mg/L，在矿床范围内，铜含量可达每升几毫克到几十毫克，个别可达每升几百毫克。

七、铅

铅在地壳中的克拉克值为 $1.6\times10^{-3}\%$。铅常富集于热液矿床中并与锌、铜、银等元素共生。分布最广的铅矿物是方铅矿。铅离子在天然水中广泛分布，这是因为少量的(每升几微克)二价铅离子可以在很高的pH(达10.5)条件下存在于水中。但在其他条件相同的情况下，高含量的铅的浓度在中性和弱碱性(pH≥7)溶液中的含量很快降低，甚至在直接与矿体接触的条件下，这种溶液中的铅含量也不超过其区域水化学的背景值。酸性水中(pH<5.5)铅含量最高。含有大量氯离子($PbCl_2$的溶解度为14.9 mg/L)的水或含大量CO_2的重碳酸水能增强铅的迁移性能。

$$PbS+2O_2\longrightarrow PbSO_4$$

$$PbSO_4+CO_2+H_2O\longrightarrow PbCO_3+H_2SO_4$$

$$2PbSO_4+Ca(HCO_3)_2\longrightarrow 2PbCO_3+CaSO_4+H_2SO_4$$

铅的硫酸盐和碳酸盐溶解度都很低，迁移能力不强，但在CO_2的作用下铅的重碳酸盐溶解度显著增高，因此在铅被氧化的末期，也能大量迁移。当水中富含$Fe_2(SO_4)_3$氧化剂时，$Fe_2(SO_4)_3$与白铅矿作用便可产生铁铅矾，铁铅矾易溶解和迁移，此过程往往见于氧化带发育的初期。

岩石的吸附性能对铅比对铜和锌强。地下水的矿化度对铅含量的变化有一定的影响。当地下水的矿化度在1 g/L左右或大于1 g/L时，铅便从地下水中沉淀，并为岩石所吸附。

铅的氧化物在pH等于6时开始沉淀。

在地下水中，铅的迁移和分布条件与铜的相似，但是铅的含量往往比铜的低，这可能是由于岩石中铅的重量克拉克值比铜低的缘故。铅在铅矿床及金属硫化物矿床的地下水中分布较广，含量为 $n\times10^{-5}\sim n\times10^{-1}$ mg/L，能形成明显的异常含量。

根据我国南方许多地下水的分析资料，铅含量一般在0.002～0.005 mg/L。例如广东某金属矿床地下水中，铅的平均背景值为0.002 mg/L，异常值为0.01 mg/L以上，矿体水中铅的含量可达0.5 mg/L。在花岗岩与沉积岩接触带以及热液蚀变带的地下水中，铅的含量均有所增高。

铅不是人体所必需的元素，它是一种蓄积性毒物，在人体内蓄积的过程中，可以引起慢性中毒。铅中毒的主要病变表现在胃肠道、造血系统和神经系统。

水中铅的来源既有内生矿物(方铅矿 PbS)也有外生矿物(铅矾 $PbSO_4$、白铅矿 $PbCO_3$ 等)。铅的天然化合物的溶解度很低,溶解度最大的是 $PbSO_4$(42 mg/L)和 $PbCO_3$(1.1 mg/L)。在氧化带中铅的硫化物比较稳定,这是由于其次生矿物的溶解度很小。

八、锌

锌在地壳中的克拉克值为 $5\times10^{-3}\%$,系亲硫元素,大部分集中在硫化矿物中。在热液多金属矿床中,锌常与铅、铜、银、砷、锑、镍、钴、钼、钡等共生。

锌是在氧化条件下最活泼的元素之一。在氧化带,闪锌矿易被氧化而形成锌的硫酸盐,后者易溶于天然水。除氟化锌 ZnF_2 和菱锌矿 $ZnCO_3$ 外,几乎所有锌的化合物都比较易溶于水,因此锌能广泛地分布于水中并且含量一般较高,在硫化氢还原环境中,它形成实际不溶解的硫化物。锌的迁移性能比铜和铅的高。

在矿床弱酸性水(pH 为 5.5～6.5)中,锌的含量最高;在碱性水分布地区,锌含量随着碱度的增加而很快降低。

锌在地下水中广泛分布,pH 为 7 左右的地下水中。锌的含量通常在 $n\times10^{-6}\sim3\times10^{-3}$ g/L。除矿体的影响外,某些局部的富集、岩石中有分散锌以及其他因素,也能导致锌含量的增高,但这种增高是不会很强的。

由于锌的硫酸盐具有很高的溶解度($ZnSO_4\cdot7H_2O$ 为 544 g/L;$ZnSO_4$ 为 366 g/L),因而它的迁移能力很强。在我国南方某些金属矿床的地下水中,锌的含量可达 0.1～1 mg/L,在矿体水中,最高含量可达 20 mg/L 以上。通常锌含量增高的水分散晕可在距离矿体 1～1.5 km以外发现。在我国南方某金属矿区内,在距矿体 5 km 以外的地表水中,还能发现锌的异常含量。

在其他条件相同的形况下,锌含量随水的矿化度增高而增加,如当水的矿化度为 0.5 g/L 时,锌含量为 0.03 mg/L;矿化度为 0.7 g/L 时,锌含量为 0.047 mg/L;矿化度为 1 g/L 时,锌含量为 0.053 mg/L。锌含量高于 0.1 mg/L 即为异常。

火成岩中的基性岩含锌最富;酸性岩,特别是超基性岩含锌较少。粘土和黄土状亚粘土含锌量相对较富,而砂、亚砂土中的锌含量较少。

锌是人体中一种必需的微量元素,它对人和动植物生命有重要意义。人和动物体内很多重要的酶是含锌蛋白质,成年人每人每日需要量为 12～16 mg,儿童为 4～6 mg。锌的毒性很小,但食入过多的锌会引起恶心、呕吐、痉挛、下痢等中毒现象。

九、磷

磷在地壳中的克拉克值为 $1.2\times10^{-1}\%$。磷在水中主要以 $H_2PO_4^-$ 和 HPO_4^{2-} 的形式存在,$H_2PO_4^-$ 主要存在于酸性水中,HPO_4^{2-} 主要存在于中性和碱性水中。磷的主要来源是各种形式的磷酸钙(磷灰石)$Ca_5(PO_4)_3Cl$ 和 $Ca_5(PO_4)_3F$,它们广泛分布于火成岩和沉积岩中。由于磷的化合物的溶解度小并易被活有机物吸收,它在天然水中的含量是很低的。各种磷的化合物在水中的含量一般是 $n\times(0.01\sim0.1)$mg/L,仅在个别矿泉水中达到 $1\sim n\times10$ mg/L。水中磷的增高有时是污染的标志,因为磷的化合物是复杂有机物分解的产物。

磷参与人体各种代谢过程和能量转化,血浆中的磷酸盐还可以调节酸碱平衡。通常只在维生素 D 不足的情况下，体内才发生缺磷现象，引起佝偻病和骨质软化病。大剂量无机磷引起急性磷中毒，可出现昏迷、惊厥，最后致死。有机磷农药具有强烈臭味，是剧毒物质。饮用水中对硫磷的最高允许浓度为 0.003 mg/L，内吸磷为 0.03 mg/L。

十、砷

砷在地壳中的克拉克值为 $5\times10^{-4}\%$，与铁、硫共生。砷是热液型多金属矿床内经常遇到的矿物成分。

砷的常见矿物是毒砂，它属于中等稳定程度的硫化物类，在表生带的最初产物是臭葱石，相当稳定不易溶解，但在水的长期作用下，仍能起变化。雄黄 AsS 和雌黄 As_2S_3 在氧化带条件下转变为易溶解的和能继续氧化的化合物砷华 As_2O_3。

砷是多金属硫化物矿床氧化带水中经常存在的元素。在一些金属矽卡岩型矿床和石英一钨矿床的水中，曾发现有砷。我国某些多金属矿床内的地下水中，砷含量可达 $n\times0.001$～$n\times0.01$ mg/L，而在另一些矿床内则未发现砷。

砷在天然水中的分布不多，在岩石中的含量比较低。它可能以 $HAsO_4^{2-}$ 和 $HAsO_3^{-}$ 的形式在水中迁移。砷在水中已知的最高含量是 40 mg/L（前苏联的南其尔亚矿泉），高加索的某砷矿泉含量达 17 mg/L，在矿泉周围有雄黄和雌黄脉。

砷是有机体必需的一种生物元素，参与细胞代谢过程，并蓄积在人的肝脏、指甲、毛发和脊髓中。有人认为砷的毒性作用是麻痹细胞的氧化还原过程，因而引起心血管、新陈代谢、神经系统以及其他系统的功能与器质性病变。在人体代谢过程中砷每天达 0.5 mg 时不会发生毒害作用，但此剂量是对人体的最高限额。

十一、锂

锂在地壳中的克拉克值为 $6.5\times10^{-3}\%$。锂在天然水中的含量很少。海水中锂的含量是 0.1 mg/L。在莫斯科自流盆地古生代沉积物中，特别在高矿化度的水中，锂有相当高的含量（44 mg/L）。在天山北麓的冷泉和河水中，用光谱分析没有发现锂，在温泉水中，锂达 0.2 mg/L。某些矿泉水中含锂最多达 122 mg/L。世界上有些盐湖锂含量达到了工业开采浓度。

火成岩可能是天然水中锂的来源。在岩浆岩形成过程中，锂在各种酸性岩中聚集，特别是在岩浆结晶的最后阶段形成锂矿物，如锂辉石、锂云母等。锂在岩石中的这种富集是局部的。

锂盐，氯化锂曾被用作低钠食物时的调味剂而引起中毒，出现肌无力、反射亢进，震颤、视力模糊和昏睡等现象。钠的缺乏可加重锂中毒。

十二、锶

锶在地壳中的克拉克值为 $3.5\times10^{-2}\%$。锶在天然水中含量低是由于它的硫酸盐溶解度小，在 18 ℃时，1 L 水中可溶解 114 mg $SrSO_4$。锶的主要矿物一天青石 $SrSO_4$ 和菱锶矿 $SrCO_3$ 的溶解度很低（0.1 mg/L）。

在水迁移过程中，锶是钙的“伴侣”，但它的生物蓄积作用较差。水的化学成分对锶的迁移有影响。锶在氯化物型和重碳酸型水中迁移性能较好，在深层氯化物卤水中可见到它的高含量。在安哥拉—连斯克自流盆地的卤水中锶与钙同时蓄积，这也说明了它们的共生性。随着矿化度的增长，这两个元素的含量同时增长。在最大限度饱和的氯化钙型卤水中，锶的含量达到 6～8 g/L。淡水中的锶含量大大小于 1 mg/L，一般用 μg/L 表示。但也有水中锶含量高的地区，如在里海低地河水中的锶变化于 0.6～2.5 mg/L（平均含量 1 mg/L），在淡的或微咸的潜水中，它可达到 4.5 mg/L（平均 1.2 mg/L），并随矿化度的增加而增加。这些河水和潜水中锶含量之所以增高，是由于里海低地是海堆积低地，并在第三纪后多次被海水所淹没。

岩石是天然水中锶的来源。火成岩中它的最高含量与残余岩浆产物有关，首先是碱性岩（正长岩），其次是花岗岩。沉积岩中含石膏的岩石锶含量最高；在粘土—碳酸岩中锶含量亦较高；而在粘土中较少。在白云石中锶含量很少，因为在白云化过程中，它被镁溶液带走。

研究锶在天然水中的分布，对病理学和生物地球化学有特别的意义，对查明沉积相、对比地质剖面等都有重要作用。

锶在动物体内大部分集中于骨骼生长旺盛的地方。锶可引起骺板软骨增生和成骨活动旺盛。据动物实验，单纯锶多，会引起骨硬化性改变；锶多钙少，则形成佝偻病样改变。有些资料说明大骨节病、克山病发病地区的土壤与水中含锶多，使人注意到锶在发病中的作用。

十三、钡

钡在地壳中的克拉克值为 $5\times10^{-2}\%$。它在天然水中的含量比锶还少。正常条件下 $BaSO_4$ 在水中的溶解度只有 2.3 mg/L。钡的主要矿物重晶石 $BaSO_4$ 和毒重石 $BaCO_3$ 的溶解性能都很弱。布哈达尔梅河流域（阿尔泰）河水和潜水中钡的平均含量分别是 24～107 μg/L和 55～83 μg/L。钡的上述含量在淡水中明显是偏高的，这说明了这个地区有钡的工业开采矿山。

西伯利亚天然水中钡的含量是偏高的。它的最高含量是 2.64 mg/L，最低 0.1 μg/L，平均 5 μg/L。某些深层 C1-Na-Ca 卤水中，可遇到钡的高含量。

钡离子对人体有毒性。急性钡中毒的主要症状是恶心、呕吐、腹泻，有时伴有腹痛，全身无力，皮肤感觉异常和四肢麻痹。钡盐也可引起慢性疾病，例如局部蓄积而产生的组织损害或高血压。磷酸钡、氯化钡等可溶性钡盐毒性最大，不溶性的硫酸钡则几乎无毒，国外饮用水标准，有的规定钡的最大允许量为 1.0 mg/L。

十四、镍

镍在地壳中的克拉克值为 $8\times10^{-3}\%$。在基性和超基性岩石中，镍分布最广，但往往很分散；中性岩浆岩中镍含量较小。镍主要富集在与侵入岩有关的铜、镍矿床内和镍硅酸盐矿床内。

二价镍在表生条件下的活动性很强，在酸性和弱酸性水中镍能以 Ni^{2+} 形式迁移。镍的硫酸盐是极易溶解于水的，因此，镍的次生晕广泛分布。在一定条件下甚至可使矿体上方的镍全部淋失。镍的硫酸盐 $NiSO_4\cdot7H_2O$ 在水中的溶解度是 28 000 mg/L；镍的重碳酸盐 $Ni(HCO_3)_2$ 的溶解度是 136 mg/L。

镍在天然水中广泛分布。镍在地表水和地下水中的含量通常为 1～10 μg/L，但水中镍的存在取决于 pH 的大小。当水的 pH 为 6.8 时，镍就会从水溶液中以水硅酸盐或氢氧化物的形式沉淀出来。当 pH 大于 7 时，镍在水中的含量极微。

水中镍含量的相对增高，是与矿体直接有关的。受矿体影响的地下水中，镍含量可增高到 $n\times10\sim n\times10^3$ μg/L。例如哈萨克斯坦某地裂隙潜水中的镍达 1 100 μg/L，安徽某地镍矿区地下水中，镍的异常含量达 200 μg/L。

在微量金属元素中镍的毒性是较小的。很多镍化合物具有毒性，镍的氯化物也是有毒的，毒性最大的是羰基镍。

十五、钴

钴在地壳中的克拉克值为 3×10^{-3}%。钴的主要来源是超基性岩。钴常与镍共生，富集于热液矿床中，主要钴矿物有辉砷钴矿 CoAsS，砷钴矿 $CoAs_2$，硫钴矿 Co_3S_4 等。

在超基性岩的风化带中，钴氧化为 Co_2O_3，并与铁、锰的氢氧化物一同沉淀出来。

重碳酸钴的溶解度为 98 mg/L，比重碳酸镍的溶解度小。钴能够和镍一起呈硫酸盐状态迁移，钴的硫酸盐 $CoSO_4\cdot2H_2O$ 的溶解度为 247 mg/L。钴和镍不同，它不能形成硅酸盐。

在天然水中，钴比镍更少，这是它的迁移性能差和在岩石中的含量低所致。

钴是变价元素(Co^{2+}，Co^{3+})，它的活动性取决于介质的氧化一还原条件。实验证明，随着氧化电位的降低，钴的活动性增强。二价钴在真溶液中以氯化物、硫酸盐和重碳酸盐的形式迁移，Co^{2+} 在土壤中，很快变为与土壤中有机物牢固结合的 Co^{3+}。

据现有资料，河流中的钴含量为 $n\sim n\times0.1$ μg/L。在西伯利亚某铜一钴矿矿体水中钴为 368 μg/L。

火成岩中的超基性岩和基性岩中钴的含量最大，酸性岩中最少。沉积岩(粘土、页岩)中钴含量介于基性岩和酸性岩之间。砂岩、石灰岩、白云岩中钴含量最少。在有 H_2S 的还原条件下形成的沉积岩中，钴含量最富，在这类岩石中钴以难溶解的硫化物形式存在。

钴属于生物性强的元素。土壤中的钴含量少会引起植物缺钴，从而导致动物的贫血。

钴是维生素 B_{12} 的组成成分，是一种人体必需的微量元素，但过多会引起红细胞增多症和甲状腺肿大，人体因治疗口服钴时，可引起高胆固醇血症，口服大量钴会引起食欲减退，恶心呕吐、腹泻、耳鸣和神经性耳聋。

十六、银

银在地壳中的克拉克值为 1×10^{-5}%，在自然界常以自然银和硫化物形式存在。主要分布在热液多金属矿床中，最常潜藏于方铅矿中。

在表生带，银可形成具有一定溶解性的硫酸银 Ag_2SO_4。Ag_2SO_4 的溶解度为 7 900 mg/L；而 Ag_2CO_3 溶解度为 32 mg/L，AgCl 的溶解度为 1.5 mg/L，当 pH 为 7.5 时，银发生沉淀。

氧化带中的粘土和锰质细分散相的质点能吸附银。

银在地下水中分布较广，银的硫酸盐在中性、酸性以及弱碱性的水中，能够迁移很远的距离。当有碳酸盐，特别是氯化物存在时，其迁移能力显著减小。银可被 $FeSO_4$ 由溶液中沉淀下来。

在黄铁矿矿床地下水中，当 pH 低时，银的含量可达 200～260 mg/m³。由于铜的碳酸盐比银的碳酸盐难溶解，因而测定碳酸银可以帮助寻找黄铁矿型铜矿床。

在石英脉型金矿床的酸性及中性水中，银含量可达 20 mg/L，所以地下水中银含量的增高可以作为普查金矿床的标志。

在多金属矿床的地下水中，银的遇见率较高（>80%），银的含量可达 0.01 mg/L。银在水中比较稳定，受介质影响小，可作为多金属矿床较好的找矿标志。

十七、铍

铍在地壳中的克拉克值为 $6\times10^{-4}\%$。铍是伟晶岩的一种典型元素。铍也富集于某些矽卡岩型矿床和锡－钨矿床、某些金－石英脉和锰－铅－锌矿脉，以及含硅钡铍矿的石英－钠长石脉中，同时还富集于某些蚀变的凝灰岩、石灰岩和其他岩石中含绿柱石、硅铍石、蓝柱石、含铍皂石等矿物的脉岩和浸染体中。

在表生带中，大部分铍的矿物，如绿柱石、蓝柱石等都很稳定，不为化学风化所破坏，仅日光榴石和铍榴石组矿物可遭受化学变化，这是因为这类矿物含有二价硫的缘故。日光榴石的氧化作用，大致按下式进行：

$$Fe_4(BeSiO_4)_3S+H_2O+O_2\longrightarrow Be_2(SiO_4)+SiO_2+FeO(OH)\cdot nH_2O+Fe_2(SO_4)_3$$

可能由于此作用的结果，在含有日光榴石或铍榴石的接触交代及云英岩化矿床区的潜水及矿坑水（酸性水）中，铍的含量较高（约 0.2 mg/L，为背景含量的 100 倍左右）。此外，在绿柱石脉状矿体附近（不超过 150～200 m），也发现有铍的异常水晕。但在距矿体稍远处，水中就不再出现铍的增高含量。某些钨矿区的地下水中，铍含量可高达 0.01～0.04 mg/L。因而也可以作为寻找钨的标志。

水中微量铍被摄入人体后引起的毒理状况不清楚，但是吸入铍的粉尘后，会引起咳嗽、气喘、呼吸困难等症状，如直接接触金属尘埃或蒸气可使皮肤产生各型皮炎或鸡眼状溃疡，有剧痛，愈合缓慢，长期接触还可以引起贫血、颗粒性白血球减少等症状。

十八、汞

汞在地壳中的克拉克值为 $7\times10^{-6}\%$。汞通常形成中低温热液矿床，其主要矿物是辰砂。辰砂是一种相当稳定的矿物；汞的次生矿物的形成，必须经过水溶液阶段。在胶体体系中常吸附多量的汞，因此，在泥岩中其含量较高。

在许多金属矿床地下水中发现有汞。在汞矿体附近的中性或弱碱性水中，汞含量为 1～3 μg/L。如某些黄铁矿矿床的地下水中，当 pH 为 2.45 时，汞含量为 500～1 000 μg/L。

在碱性热水溶液中，由于汞以 Na_2HgS 复合盐的形式存在，因而在某些热泉附近，可以见到硫化汞的沉积物。

由于汞能生成一定的水分散晕，尤其是在干旱条件下，在形成的氯化汞的溶解度较大的情况下，可以用它作为水文地球化学找矿的标志。

天然水中含汞极少，水中所含的汞大多数来源于工业废水的污染。食盐电解厂、农药厂、制药厂、造船厂、木材防腐等工厂排出的工业废水中，都含有各种汞的化合物。汞和汞的化合物都有毒，其中升汞（即 $HgCl_2$）毒性最大。汞中毒主要作用于神经系统、心脏、肾脏和胃肠道等。汞可以在人体内蓄积，亦可蓄积在水生生物体内，故能随食物进入人体。

日本水俣地区，由于甲基汞化合物污染海水，引起所谓“水俣病”，是一种有机汞中毒性神经疾病，据说有数百人患病，百余人残废，数十人死亡。

十九、锑

锑在地壳中的克拉克值为$4\times10^{-5}\%$。锑矿床多为低温热液型，因此常与金、汞、白钨矿等共生。温泉中有时亦含锑，只有在接近地表的低温条件下，才能使锑富集。

在氧化带中锑矿物稳定程度中等。锑的氢氧化物含量在1 μg/L，发生沉淀时pH是3。在弱碱性溶液中，锑以络合物或胶体形式进行迁移。

在稀有金属矿床及多金属矿床地下水中通常含有锑。在我国南方某些多金属矿床地下水中，锑含量可达几千μg/L。在辉锑矿床地下水中，含量明显增高。

在氧化条件下，锑能形成比较明显的水分散晕，因此可以用它作为寻找锑矿床的直接标志和其他金属矿床的间接标志。

锑盐具有和无机砷相类似的毒性作用，主要是破坏物质代谢，损害肝脏，心脏及神经系统和对皮肤黏膜产生刺激，但其毒性比砷的缓和。

二十、铋

铋在地壳中的克拉克值为$5\times10^{-5}\%$。在酸性岩中，铋含量高，而在基性岩中，含量较低。铋在岩石圈上部具有明显的亲硫性，故能形成硫化物，但也表现出一定程度的亲石性，譬如能代替磷灰石中的钙离子等。

分布最广泛的铋矿物是辉铋矿Bi_2S_3，它是表生作用的产物，溶解度很小，不易转移，稳定性中等。

在天然水中，铋的迁移能力较弱，水中铋含量一般很低，小于1 μg/L。锑是石英—钨矿床水的代表性元素，这种水的铋含量为1～20 μg/L。如江西某钨锡矿区地下水中铋含量为1～5 μg/L。铋是钨矿的典型伴生元素，但由于它的迁移能力较弱，只在矿体附近才能发现，因此可以将水中铋的增高含量视为接近钨矿体的指示。

二十一、钒

钒在地壳中的克拉克值为$1.5\times10^{-2}\%$，通常在基性岩中含量较高。

钒在内生条件下常为三价，但在表生带则为五价，形成活动性很强的$(VO_4)^{3-}$离子。这种离子极易溶解和迁移，并在一定条件下形成相当广泛的水分散晕。但是，钒常常由于还原剂的存在、重金属阳离子的局部富集以及铁、铝等胶体的存在而以难溶的钒化合物沉淀。

在某些多金属矿床的氧化带中，虽然常有钒铅矿[$Pb_5(VO_4)_3Cl$]，但地下水中钒比钼少见。

地下水中钒含量一般为0.006～500 μg/L。

钒在天然水中分布是不均匀的，它的高含量不一定与矿化有关，但在稀有金属矿床地下水中最为常见，也存在于铜镍矿床地下水中。此外，在铬镍矿床分布区的地下水中也发现有钒的增高含量。

钒在水中比较稳定，不受水中有机物的污染和矿化程度的影响。一定量的钒对水的感官性状有影响，会使水呈黄色和具苦味。钒广泛存在于植物、动物和人的脂肪中，对脂肪代谢似有一定作用。

有人提出，钒能使心脏功能减弱并伴有间歇性血压降低，是由于钒能影响血管运动中枢和心脏内神经所致，但也有人持相反的观点，认为钒能降低血浆胆固醇的含量，有抗动脉粥样硬化的作用。钒属毒性较小的微量元素，能引起血液循环、呼吸器官（支气管炎、肺炎、肺硬化）、神经系统和代谢（氧化过程增强）方面的变化，以及皮炎和变态反应性病变。

二十二、钨

钨在地壳中的克拉克值为 $1\times10^{-4}\%$。钨在花岗岩和伟晶岩等酸性岩石中的含量较高。在表生作用下，钨酸盐矿物较稳定，但其中也有一定数量的钨进入溶液，硫化物氧化后形成的硫酸对分解原生的钨酸起一定作用，白钨矿比黑钨矿更易分解。白钨矿的溶解度在 6～30 mg/L，地下水中钨的主要来源是白钨矿的单纯溶解。

由于 H_2WO_4 在碱性和中性溶液内比较容易分解，因此，在这些介质中，钨主要呈阴离子 WO_4^{2-} 的形式迁移。含钠成分的水是钨酸盐离子迁移的最有利条件，因为在这种情况下，将形成易溶解的钨酸钠。

$$H_2WO_4+2NaHCO_3\longrightarrow Na_2WO_4+2H_2CO_3$$

钨酸钠的溶解度是非常大的（在 20 ℃时为 724 g/L）。因此，在碱性钠介质中钨容易迁移，并能形成最大浓度。

钨酸盐离子从水中的沉淀，主要是由于铁和锰的氢氧化物的吸附作用，以及含钨水与含钨元素沉淀剂的水及岩石的相互作用。在酸性介质中，当 pH 在 6～7 以下时，铁、锰氢氧化物能使钨酸盐阴离子沉淀。表生钨酸盐的形成是水中含有高含量钨元素沉淀剂的矿床的特征。这种水是酸性的，Ca 和 Zn 等含量较高的干旱地区的水。

此外，胶体吸附及蒸发浓缩是使钨从表生带水中沉淀的次要因素。

现有资料认为，深层水（尤其是碱性钠质水）是钨迁移的有利介质。在钨矿区的含氮热水中，钨的含量急剧增高。例如，在与钨有成因关系的花岗岩类岩石的含氮热水中，钨含量可达到 0.1～0.3 mg/L（背景值为 $n\times0.01$ mg/L）。

钨在水中的增高含量可以作为钨矿床的水文地球化学找矿标志，用来寻找不产生重砂晕和埋藏在还原条件下的隐伏钨矿床。

二十三、铬

铬在地壳中的克拉克值为 0.02%，在超基性岩中含量最高。在表生条件下铬以两种形式存在，一种是抗风化力强的铬尖晶石；另一种是 CrO_4^{2-} 铬离子的化合物，其溶解性较好，可在地表水及地下水中迁移。铬还以胶体形式进行搬运。

铬是金属矿床地下水中常见的元素，主要富集于橄榄岩分布区的地下水中，其异常含量多分布在与铬矿有关的超基性岩体内或其边缘。如在陕西的超基性岩体中的铬镍矿区地下水中，铬含量为 180～260 μg/L，其背景值为 80 μg/L。

铬是白色金属，本身无毒，但其离子有毒，属于毒性较小的金属，铬经常存在于动物和人的肝、肾、肺内。铬在水中大量的出现是由于工业废水污染所致。

铬不是人体所必需的，对人的生长发育、新陈代谢都没有益处。当水中铬的浓度为 1 mg/L时，水呈淡黄色，超过 1 mg/L 时，即有涩味。

三价铬的毒性远比六价的小。六价铬对人的消化系统和皮肤均有刺激和腐蚀作用。有人还认为铬有致癌作用。

二十四、锰

锰在地壳中的克拉克值为 $9\times10^{-2}\%$，在内生作用中，锰广泛分布。在表生条件下，锰极不稳定，Mn^{2+} 转为 Mn^{4+} 呈氧化物出现。锰矿物在氧化带迅速地被氧化，形成锰的氢氧化物溶胶，或形成其他锰盐类如碳酸盐或含水硅酸盐等。

氧化带中锰矿物在 H_2SO_4 和 $Fe_2(SO_4)_3$ 的作用下强烈地氧化。因此所形成的 $MnSO_4$ 在酸性溶液中溶解度大，并且很稳定。酸度愈高锰愈容易迁移。除酸度外，缺少游离氧、围岩与酸等不大起作用等也是锰迁移的有利条件。在这种情况下锰可以迁移很远的距离。锰的氢氧化物能吸附一系列与其离子半径相近的阳离子，如 Co，Ni，Cr，Ba，Li，Zn 和 Pb 等。

地下水中锰比较常见。在广东有的地下水中锰含量变化在 72～1 200 μg/L。北京附近的含锰灰岩地区的地下水中，锰含量高出其他地层水 2～3 倍。

锰是人体所必需的微量元素，成年人每日平均对锰的摄入量为 4 mg 左右。锰在水中不易被氧化。锰中毒主要作用于神经系统，引起"锰性癫狂"症。锰中毒还可以引起"化学性肺炎"、肺硬化和类似胆汁性肝硬化的病变。

第三节　地下水中的放射性组分

一、铀

铀是地壳中重要的元素，包括三个能释放 α 粒子的天然同位素——^{238}U，^{235}U 和 ^{234}U。

^{238}U 和 ^{235}U 是两个放射系的母元素，^{234}U 是 ^{238}U 的衰变产物。在平衡时 ^{234}U 与 ^{238}U 含量之比为 5.5×10^{-5}。铀在自然界分布很广，天然水、土壤、生物体内部都含有微量的铀，铀在地壳中的克拉克值为 $2.5\times10^{-4}\%$。在不同岩石中铀的克拉克值是不同的，酸性岩浆岩高于基性岩，沉积岩中的砂页岩又高于石灰岩类。在自然界中，铀以氧化物和含氧盐类形式存在。

铀的化学性质是由它的原子结构及其在元素周期表中的位置决定的。铀在元素周期表中属ⅥB 族，它与铬、钼、钨为同族，超铀元素的发现和研究使认识提高一步，即按照相近的化学性质，把铀和超铀元素当作一个新的族来看待，因该族首位元素是锕，就把整个族称为锕族。在该族元素的化学键构成中，不仅外层电子是价电子，而且 P 和 Q 层电子也是价电子。已确知铀有四个氧化态：正三价、正四价、正五价及正六价，铀最常见的氧化态为正六价。在自然界中，只见到四价和六价铀的化合物存在，铀的三价化合物只在实验室条件下才能得到。

铀的最高电价数为＋6，这决定了它具有化学上的两重性：一方面它属于稀土元素的锕系（5f 元素），容易与该系元素生成络合物；另一方面与 Mo 和 W 又同属于ⅥB 族（6d 元素），可生成与钼酸盐和钨酸盐相似的铀酸盐 MUO_4，所以，在表生带它更像ⅥB 族元素。铀具有亲石性，它的亲氧性强而亲硫性弱，能在地壳上部花岗岩圈聚集。

铀的化学性质是非常活泼的，在强酸介质中，($U\rightarrow U^{3+}$) 的氧化－还原电位为－1.8 V，而在强碱介质中 $[U\rightarrow U(OH)_3]$ 的氧化－还原电位为－2.17 V。金属铀能分解水，因此在表生带不能单独存在，但可以和其他元素生成不同的化合物及大量的天然矿物。自然界铀的化合物主要是四价和六价铀的化合物。

1. 四价铀

四价铀(U^{4+})的离子半径为0.93×10^{-10} m。这就决定了它的化学性质。离子半径与U^{4+}相近的还有钍(0.96×10^{-10} m)、镧(1.04×10^{-10} m)、铈(0.92×10^{-10} m)及钙(0.94×10^{-10} m),因此,可见到铀与这些元素的类质同像现象,有时铀还具有取代其他四价离子(如Zr^{4+},W^{4+}和Mo^{4+})的能力。

四价铀的离子电位z/r(z为离子电荷,r为离子半径,单位10^{-10} m)为4.3 V,因此,在戈尔德施密特表中,该离子位于阳离子类区,靠近两性氧化物(离子电位4.7～8.6 V)的边界,具有弱碱性,可生成UCl_4和$U(SO_4)_2$型的盐,与钍的性质接近。

四价铀只存在于强酸性介质中,当酸性减弱时,它将水解并生成$U(OH)^{3+}$和UO^{2+}。自然界中广泛分布的UO_2属难溶化合物,它易溶于强酸性介质中,其次是溶于碳酸盐介质中。在低温条件下,UO_2的水合物(水化物)逐渐变为U_3O_8。

四价铀的硅酸盐溶于强酸介质中,而在碱性介质中次之。四价铀化合物中的UCl_4和$U(SO_4)_2$易溶于水,所以在强酸性的硫酸和盐酸中是稳定的。但在自然界不存在强酸性的盐酸水,因此,四价铀在天然水溶液中的存在只限于强酸性的硫酸盐介质中。在酸性硫酸盐溶液中,除铀的简单硫酸盐外,还存在络合物。

氧化作用、特别是Fe^{3+}和中和作用限制了四价铀在天然酸性硫酸水中长距离迁移的可能性。但是,短距离的迁移是可能的。

由于四价铀络合物的不稳定性,它们在天然表生溶液中存在的可能性不大。四价铀于还原条件下的表生带内是稳定的,它在氧化环境中也可以保存于诸如钽酸盐、铌酸盐这类几乎不遭受风化的化合物中。铀在表生带中的主要地球化学转变,表现为其四价化合物变为六价化合物的氧化作用,这些化合物被天然水的局部溶解和淋滤,以及它们在水中的搬运和沉淀。铀在水中既可能以U^{6+}形式,也可能以U^{4+}形式沉淀。在这些转变过程中形成的铀的新化合物,产生铀在有利地球化学条件下的聚集,并往往形成后生富集铀矿床。

2. 六价铀

铀丢失六价电子的能力,使其高氧化物具酸性性质,而铀的高原子序数(离子较大)则决定了其碱性性质。这二者相结合就造成了六价铀的两性性质,它在酸性、中性和弱碱性介质中为弱碱性,而在强碱性介质中则为弱酸性。

U^{4+}在水溶液中易氧化成铀酰离子,其反应式如下:

$$U^{4+}+2H_2O\longrightarrow(U^{6+}O_2)^{2+}+4H_2+2e$$

不同的氧化剂也可实现这种反应。

铀酰离子为大离子,它的离子半径比表生带广泛分布的主要阳离子的半径大得多。所以,即使在铀含量很低的水中,它也以单独的铀酰矿物沉淀,而不能以类质同像的形式进入其他矿物的结晶格架中去。因此,铀是稀有的,但并不是分散的元素,它具有高度形成自身矿物的能力。

由于铀酰离子体积很大,容易被带负电荷的胶体(硅酸盐胶体、镁的氢氧化物、粘土矿物等)吸附。铀酰的某些性质又与一些两价的阳离子,如钙相似,比如它的氯化物和硫酸盐也是易溶的,而它的碳酸盐和磷酸盐则同样是难溶的。

六价铀的盐是 UO_3 的衍生物。由于 UO_3 的两性性质，铀在碱性介质中生成阴离子，已知铀酸盐、二铀酸盐和多铀酸盐都是 $H_mU_mO_q$ 酸的衍生物。所有的铀酸盐，其中包括铀酸钠均难溶于水，铀酸盐与三价砷的盐类一样具有强烈的毒性。

铀酸盐与ⅥB 族其他元素盐类（铬酸盐、钼酸盐、钨酸盐）的显著不同之处是它在水中的难溶性，这使一些研究者不把铀酸盐视为铀酸的盐类，而把它视为铀酰的化合物——复杂的氧化物。铀酸盐极易溶解于酸，并形成铀酰盐类。当 pH 为 3.8～6 时，$UO_2(OH)_2$ 沉淀。

实际上，铀酰不只在酸性介质中，而且在很多中性及碱性介质中都能强烈迁移，这说明铀酰参加了络合阴离子的组成。铀酰的硫酸盐 $UO_2SO_4 \cdot nH_2O$ 易溶于水。铀酰硫酸盐与碱金属硫酸盐形成复盐和络盐，其主要类型为 $M_2[UO_2(SO_4)_2]$ 和 $M_4[UO_2(SO_4)_3]$，式中的 M 可能为 K，Li，Cs，Rb，Mg 和 Fe^{2+}。所有的复盐和络盐均能很好地溶于水。大部分铀酰碳酸盐络合物也都很易溶于水。已知有两种主要的铀酰碳酸盐络合物 $[UO_2(CO_3)_2]^{2-}$ 和 $[UO_2 \cdot (CO_3)_3]^{4-}$。含碱金属及碱土金属元素的铀酰碳酸盐络合物的良好溶解度，决定了大多数六价铀在碳酸盐溶液中的溶解度，碱金属盐类在溶液中最为稳定，碱土金属盐类在碳酸盐溶液中的稳定性较差。

一般地讲，铀酰离子是相当强的络合生成剂，不但可以与无机物，并且可以和很多有机物生成络合物。此外，铀酰还能与卤族元素 F^- 和 Cl^- 以及 NO_3^- 等生成络合物，但对它们在自然界中的作用还研究的很不够。

铀酰的磷酸盐、砷酸盐、钒酸盐、钼酸盐类属于难溶于蒸馏水的化合物。但它们在碱性碳酸盐和酸性硫酸盐溶液中易被溶解。

此外，在大多数情况下，有机物质都具有很高的吸附铀的能力和使铀还原的特性。

铀的氧化—还原反应在表生带铀的迁移富集中有着极为重要的作用。六价铀的迁移能力大而四价铀的迁移能力小，这一点决定了铀在一种地球化学环境中分散，而在另一种地球化学环境中富集的特点。和其他元素一样，U^{4+} 在碱性介质中比在酸性介质中更易被氧化。

铀在氧化条件下容易迁移，而在还原条件下几乎不迁移，所以介质的氧化—还原环境对铀的迁移起着重要作用，凡能影响氧化—还原作用的因素，如地下水的氧化—还原电位（Eh）、酸碱条件（pH）、气体成分、岩石的吸附作用、微生物活动、温度、压力、水动力及自然地理条件等等因素，都对铀在水中的迁移有影响。

在地壳上部，铀在自由氧的作用下从其原生和次生矿物中转入地下水，因而在受地下水冲刷溶滤的铀矿化和铀矿床附近，常形成富含铀、镭、氡的水分散晕。在水分散晕内，铀含量可达 0.1～1 μg/L，很少达 50～100 μg/L。而在水交替强烈带正常地下水中的铀含量，一般为 0.1～1 μg/L，很少到 10 μg/L，在个别情况下达 100 μg/L。

天然水中的铀含量在很大程度上与气候带有一定关系，在较大的区域内，地下水的铀含量由潮湿气候区向干旱气区逐渐增高。

由于水、水生生物、植物等普遍含有微量的铀，人也经常从自然界中摄入微量的铀，因此可以认为微量铀对人的健康是无害的。但是摄入过量的铀，对人的健康有危害。一方面是铀金属及其化合物的毒性，铀中毒主要引起肾小管上皮肤细胞坏死，与汞、铬等能损伤肾脏的金属元素类似。硝酸铀为剧毒化合物，误服后可发生强烈的恶心、呕吐、腹泻，肾功能障碍、尿内有血以及因尿毒症而致死。另一方面是铀本身的放射性危害。放射线会导致人体内的原子和分子的电离和激发，在电离和激发过程中产生的非常活泼的强氧化剂（如 OH^-，

H_2O_2)与强还原剂(H,H_2等),都能引起机体内正常的氧化一还原过程的改变,影响机体内部的正常新陈代谢。放射线能引起人体疲劳、虚弱、恶心、眼痛、毛发脱落、斑疹性皮炎以及不育和早衰等病症。放射线辐射还会引起恶性肿瘤。天然铀放出的 α 粒子平均能量为 4.2 MeV,会使人的机体受到损伤。

根据我国放射性同位素在露天水源中最大容许浓度的规定($GBJ_{8\text{-}47}$),天然铀为 0.05 mg/L。

二、镭

在元素周期表中,镭属ⅡA 族,原子序数为 88,原子量为 226,属于铀系,在蜕变中它转变为惰性气体氡^{222}Rn。镭还有三种同位素,即同位素^{223}Ra属锕铀系,^{228}Ra和^{224}Ra属钍系。

按化学性质,镭是碱土金属的典型代表,与钡的性质极相近,较易溶于水,并生成 $Ra(OH)_2$溶液。镭的半衰期为 1 602 a。镭的单独矿物是不存在的,镭的硝酸盐、氯化物、硫化物、溴化物溶于水,而它的碳酸盐、硫酸盐、碘化物和草酸盐则不溶于水。镭为衰变产物,这就决定了它在自然条件下的独有特点,镭一般不参加矿物的晶格,它易进入结晶的毛细裂隙和微位错中,并从那里转入水中。镭在氯化物型以外的所有天然水中均不稳定,因而易被吸附到固相的表面上。它在自然界的水、土壤、植物中广泛存在,但其数量甚微。镭在天然水中的含量一般为 $n\times10^{-12}$ g/L 或更少。但水交替停滞带还原条件下的高矿化的 Cl-Na-Ca 型水(这种水中 SO_4^{2-} 很少或无),是富集镭的有利环境,水中镭一般大于 $n\times10^{-11}$ g/L,最高达 1×10^{-8} g/L。在氧化环境中,岩石被强烈破坏分解,水交替强烈,水中常含有 SO_4^{2-},这种地下水不富集镭。但铀矿床氧化带例外,在铀矿床氧化带水中,镭含量为($8\times10^{-12}\sim2\times10^{-9}$)g/L。

镭对人体的危害,主要表现在放射性危害方面,一克天然镭的放射性活度,约相当于三吨天然铀的放射性活度。用作公共水源的地面水标准的^{226}Ra的最大允许浓度,在 1968 年美国规定为 1.11×10^{-1} Bq/L,在 1960 年苏联规定为 2.45 Bq/L,我国规定($GBJ_{8\text{-}74}$)为 1.11×10^{-1} Bq/L。

三、氡

氡是铀和镭的衰变产物,是一种具有放射性的稀有气体。氡有三个天然同位素,^{222}Rn是镭放出的射气,属于^{238}U系,它是最重要的长寿射气同位素;钍射气^{220}Rn属于钍系;锕射气^{219}Rn属于锕铀系。氡的同位素均属惰性气体族。氡是镭的衰变产物,半衰期为 3.825 d,一个月的时间氡即可与镭达到放射性平衡。

随着温度的升高,水中氡的溶解度减小。氡自岩石进入地下水取决于岩石的射气作用,服从气体分压定律,而与水的化学成分无关。氡在岩石中以气体的形式存在于孔隙、裂隙及孔洞内,而不透水的岩层则是氡运动的障碍,所以当它沿裂隙上升时,往往贮存在不透水岩层的下面。

在自然界中,含量最高的氡水见于铀矿床氧化带中(氡浓度达 185 000 Bq/L);其次为次生富集镭的岩石(射气聚集体氡水,氡浓度达 7 400~11 100 Bq/L)。在具正常铀含量的酸性岩浆岩中,当水交替强烈,裂隙连通性好时,氡浓度可达 1 480 Bq/L;而沉积岩及变质岩则由于射气系数小,其水中氡浓度一般都不高,大多数情况下小于 185 Bq/L。在地壳深部,由于岩石射气系数降低，水交替停滞，不利于地下水富集氡，故氡浓度增高的水只能在“矿体”内或其附近见到。

当铀矿体附近的地下水流速增大(抽水)时，能引起水中氡浓度增高。一般不含矿地段的地下水则无此现象。因此抽水测氡方法可作为寻找矿体的手段之一。

根据中国医疗矿水标准草案规定，水中氡浓度达 74 Bq/L 以上者为氡水。氡水是一种很好的医疗用水。氡浴一方面可以调节心脏血管系统的功能，治疗高血压和某些心脏血管疾病；另一方面有催眠、镇静、镇痛的作用，对神经炎、神经属、关节炎等神经系统和运动系统的疾病也有良好的疗效。氡浴还可促进体内的新陈代谢，特别是对嘌呤体、蛋白、糖的代谢影响较为明显。氡对细胞的再生、尿酸代谢也有良好的影响。氡矿水也有一定的消炎作用。

表示氡浓度的单位为 Bq/L，曾用单位有爱曼和马赫：

1 爱曼＝3.7 Bq/L；

1 马赫＝3.64 爱曼。

四、钍

钍是锕族元素，在自然界有六个同位素：$^{234}Th(UX_1)$和$^{230}Th(Io)$是属于铀系的；$^{231}Th(UY)$和$^{227}Th(RdAc)$是属于锕铀系的；^{232}Th 和$^{238}Th(RdTh)$是属于钍系的。钍为亲石性元素，在化合物中为四价带正电的离子，与镧系元素近似，主要化合物为二氧化钍 ThO_2和氢氧化钍 $Th(OH)_4$。Th^{4+}可在水中存在，在弱酸中水解，形成放射性胶体。钍可组成配位数为 6 或 8 的化合物，以氟化物及硫酸盐化合物最稳定。钍的可溶化合物有硝酸盐 $Th(NO_3)_4$、氧化物及硫酸盐。

地球上钍的分布主要在地壳上部，特别是花岗岩圈和硅铝层中，其平均含量为 $8\times10^{-4}\%$。

钍与铀、锆、铌、钽、钛及其他元素组成共生组合。几乎所有的钍矿物中都含有稀土元素，主要为铈族。大部分钍矿物含铀。

钍元素只有四价，所以它的晶体化学性质近似 U^{4+}，钍在自然界中主要与其他元素形成类质同像置换。

天然水中钍的含量不像铀那样普遍，而且含量也往往很低。水中如有大量的钍出现，则是受到含钍工业废水的污染，或是由于钍矿的存在。钍是一种天然放射性元素，它对人体的危害主要表现在其放射性危害方面。

第四节 地下水中的主要气体成分

在地下水中，气体以自由状态和溶解状态存在。它们之间比例关系的变化取决于温度和压力。溶解于一定体积液体中气体的多少与气体的压力成正比(或与混合气体中的气体分压成正比)。地下水中主要的溶解气体有 O_2，N_2，CO_2，H_2S，H_2和碳氢化合物(甲烷和重碳氢化合物)及少量的惰性气体 Ar(氩)，Kr(氪)，He(氦)，Ne(氖)，Xe(氙)等，按气体的来源可分为以下几组：

(1) 空气来源的气体(由空气进入岩石圈的气体)：N_2，O_2，CO_2，Ne 和 Ar；

(2) 生物化学来源的气体(由微生物分解有机物质和矿物质所形成)：CH_4，CO_2，N_2，

H_2S,H_2,O_2和重碳氢化合物;

(3) 化学来源的气体(在正常或高温高压下,由水和岩石互相作用而形成):CO_2,H_2S,H_2,CH_4,CO,N_2,HCl,HF,SO_2,Cl_2和NH_3;

(4) 放射性和核反应来源的气体:He 和 Rn。

地下水中的气体具有很重要的水文地球化学意义,它们可以改变地下水的氧化还原性质和酸碱度,特别是对地下水的 Eh 值起着决定性的作用。水中的气体成分还往往对某些疾病具有医疗作用;有些气体成分则会腐蚀破坏建筑材料和建筑物。

一、氧

溶解于水中的氧称为"溶解氧"。氧在水中有比较大的溶解度,其溶解量与水的矿化度、埋藏深度、温度、大气压力及空气中氧的分压力有关。例如,在 15 ℃及 101 325 Pa(1 atm)的压力下,每升蒸馏水可溶解 10.06 mg 氧(列于表 2-3),而在海水中溶解氧的含量仅约为淡水的 80%。

表 2-3 在正常大气压下水中氧和二氧化碳的溶解度

温度/℃	氧(O_2)		二氧化碳(CO_2)	
	mg/L	cm^3/L	mg/L	cm^3/L
0	14.56	10.19	3 343	1 713
10	11.25	7.87	2 316	1 194
15	10.06	7.04	1 969	1 019
20	9.09	6.36	1 689	878

地下水中氧的主要来源为大气。因此在近地表的地下水中,其含量较大,愈往深处含量愈少。此外,水生植物的光合作用可放出氧,从而使水中含过饱和的溶解氧,如水源被有机质所污染,则由于有机物质的氧化,溶解氧被消耗而逐渐减少。当氧化进行得太快而水源并不能从空气中吸收充足的氧来补充氧的消耗时,水源的溶解氧不断减少,甚至接近于零。在这种情况下,厌氧细菌繁殖并活跃起来,有机物发生腐败作用,并使水源发生臭气。地下水往往含有少量的溶解氧,这主要是由于地下水在泥土中渗透时,溶解氧与土壤中的有机物起氧化作用而消耗。在地下水中溶解氧的含量一般变化于 1~15 mg/L。在各种氧化过程中,溶解氧逐渐被消耗。因此,随着深度增加,即离大气圈和光合作用圈愈远,氧在水中的含量愈低。虽然如此,在 1 000 m 深度的地下水中,仍然发现有氧。近来,在 2 000~3 000 m 和更深的卤水中,发现有高浓度的氧(达 200 cm^3/L)。在这种情况下,氧的含量明显高于它可能由空气中所能得到的溶解量,氧的分压大于它在空气中的分压。这种现象或许可用地下水中放射性元素的放射作用来解释。因为在这种地下水中,氧的绝对浓度与水中镭含量成正比。放射性元素的作用可使水或水中有机物质分解放出 OH^-、双氧水等,从而增加水中的含氧量。

溶解氧对一般金属有侵蚀作用,特别是在与二氧化碳共存时,对铁的侵蚀作用更为严重。氧在自来水管内使铁生锈的反应式如下:

$$2Fe+O_2 \longrightarrow 2FeO$$

$$4FeO+O_2 \longrightarrow 2F_2O_3$$

$$Fe_2O_3+3H_2O \longrightarrow 2Fe(OH)_3$$

地下水中溶解氧的含量在很大程度上决定着水的氧化一还原电位值，而电位值是影响风化壳中元素迁移的重要因素之一。

溶解氧对水生动物的生存，也有密切关系。清洁的地表水在正常情况下，所含溶解氧接近饱和状态。

二、氮

地下水中氮气(N_2)的主要来源为大气。但在封闭地质构造中的地下水循环十分困难，地下水动态处于停滞的情况下，去硝化作用将 NO_3^- 和 NO_2^- 分解并析出自由 N_2。

$$2HNO_3 \longrightarrow 2HNO_2 \longrightarrow 2HNO \longrightarrow N_2\uparrow$$

结晶岩地区一些构造破碎带的低矿化度含氮温泉中，经常含有少量氮气，这也可作为这类温泉水是由大气降水补给的证据之一。

溶解氮广泛分布于油气区的层状地下水和阿尔卑斯构造活化带的裂隙脉状热水中。在油气区的高温高压地下水中，氮的含量最高。例如，在前高加索侏罗系深度为 3 200 m 的含水层中，氮的含量为 1 210 mL/L，而在构造活化区的裂隙一脉状热水中，氮的含量为 10～15 mL/L。大气成因的 Ar/N 为 0.001 18。

三、硫化氢

硫化氢气体有一种特殊的臭鸡蛋味，对金属有腐蚀作用。在一般地下水中，很少发现有显著含量的硫化氢，但在一些页岩水中，H_2S 的含量却较高，例如硫化氢含量，在俄罗斯高加索马采斯塔矿泉为 242 mg/L，乌拉尔附近的卤水中总量达 1 000 mg/L，地下水中已知的最高含量为 3 500 mg/L；我国江西省黎川县洲湖温泉中为 3.06 mg/L，在某些石油产地的地下水中可达 2 000 mg/L。近年来发现保加利亚某油田地下水中的硫化氢最高含量达 10 000 mg/L。

天然水中的硫化氢，即可来自有机物，也可来自无机物。硫化氢是含硫蛋白质分解的产物之一。因此，在水体底层各种有机体的腐败过程中经常见到它。此外，在缺氧的条件下，脱硫酸菌使硫酸盐还原而生成硫化氢。这种厌氧菌在自己的生命过程中，能将硫酸盐还原成硫化氢，由于这种作用，在某些石油产地，硫化氢的浓度是很高的，可达 2 000 mg/L 或更高。在海洋深处水中的硫化氢，也可以用这种脱硫酸作用来解释，大量的硫化氢也可从火山喷发气体中析出。

在天然水中，硫化氢能以溶解气体及硫氢酸盐的离解形式存在。H_2S 按两级离解：

$$H_2S \rightleftharpoons H^+ + HS^- \rightleftharpoons 2H^+ + S^{2-}$$

pH 决定水中 H_2S 的存在形式的情况列于表 2-4。

在 pH$<$10 时，第二级离解数量很少，可以忽略，甚至当 pH=10，离子强度 $\mu=0.1$ 时，S^{2-} 离子的含量也是小于硫化氢总含量的 0.01%，pH$>$10 的水在自然界中是很罕见的。正如表 2-4 所指出，在酸性介质中主要是 H_2S，在碱性介质中主要为 HS^-。

硫化氢含量大于 2 mg/L 的地下水，称为硫化氢矿泉水。这种矿泉水的主要有效成分是游离的硫化氢气体。硫化氢矿泉水浴可治疗外伤溃疡、皮肤病，如牛皮癣、慢性等麻疹、神经性皮炎、疥疮等。如果把硫化氢矿泉水的温度调节在 38～39 ℃,则能镇静神经、降低血压、改善周围血液循环,对某些心血管病有很好的治疗作用。

表 2-4 水中 H_2S 的衍生物存在形式间的比例与 pH 的关系

存在形式		pH						
		4	5	6	7	8	9	10
H_2S	摩尔分数/%	99.8	98.8	78.3	43.9	7.3	0.8	0.09
HS		0.2	1.2	21.7	56.1	92.7	99.2	99.01

四、二氧化碳

地下水中 CO_2 的来源很复杂。它可能来自大气,也可能是土壤中生物化学作用的结果。空气中 CO_2,按体积只占 0.03%。这个分压力相当于在 1 L 蒸馏水中溶解 0.5 mg 的自由 CO_2 和大约 60 mg $CaCO_3$,即相当于 1 meq 的碳酸盐硬度。实际上在天然水中碳酸盐硬度可以多出几倍。地下水中 CO_2 的普遍来源是地面和地下的空气。由于微生物的作用,地下空气中的 CO_2 比地面增长好多倍。土壤和风化碎屑物空气中含 1%或更多的 CO_2,在地下 6 m 深处的空气中含 7%的 CO_2。溶解这么多的 CO_2 造成了地下水中 HCO_3^- 的高含量。此外,在火山或岩浆活动的地带,碳酸盐遇热分解,也能生成 CO_2:

$$CaCO_3 \xrightarrow{400\ ℃} CaO + CO_2$$

溶解于水中的二氧化碳称为游离二氧化碳,一般地下水中游离二氧化碳的含量多为 15～40 mg/L,最大时,一般也不超过 150 mg/L。含 CO_2 最多的水是矿泉水,例如外高加索的纳尔赞矿泉含 CO_2 1 926 mg/L;我国江西省崇仁县马鞍坪温泉含 CO_2 715 mg/L;江西省浔邬县横迳温泉含 CO_2 725 mg/L,冷泉含 CO_2 1193 mg/L,黑龙江省乌尼阿尔山矿泉含 CO_2 2199 mg/L。根据前苏联资料,深层地下水中 CO_2 可达 $n \times 10$ g/L。如高加索矿水区(KMB)1 300 m 深处的碳酸水中,CO_2 含量达 40 g/L。

含大量二氧化碳的水往往能使碳酸钙变为可溶性的重碳酸盐。

$$CaCO_3 + CO_2 + H_2O \rightleftharpoons Ca^{2+} + 2HCO_3^-$$

当水中含一定数量的 HCO_3^-,就必须有一定数量溶解于水的 CO_2 与之相平衡:

$$CO_2 + H_2O \rightleftharpoons H^+ + HCO_3^-$$

这部分与 HCO_3^- 相平衡的 CO_2,称为"平衡二氧化碳"。如果水中游离二氧化碳的含量高于平衡的需要时,则当该水与碳酸钙固体接触时,碳酸钙便被溶解,直到平衡为止。这种能与碳酸钙起反应的一部分游离二氧化碳称为"侵蚀性二氧化碳"。侵蚀性二氧化碳对混凝土和金属均有破坏作用。特别是侵蚀性二氧化碳与氧共同存在时,对铁管的侵蚀更为强烈。

根据中国医疗矿水标准规定,可溶性 CO_2 在 500 mg/L 以上者为碳酸矿水(国外规定碳酸矿水中可溶性 CO_2 含量为 750 mg/L)。碳酸水无色透明、稍有辣味,因富含碳酸气 CO_2,饮时清凉舒适解渴,可作饮料矿水。碳酸泉水温一般较低,常为冷泉。饮用碳酸矿水能增进食欲,改善肠消化功能,通便利尿。碳酸水浴对消除疲劳、改善体质,增进健康有很好的作用,是很受人们欢迎的一种矿泉疗法。此外,碳酸水浴对高血压病、某些冠心病以及外伤溃疡、妇科感染治疗都很有效。

五、甲烷

甲烷及重烃是由于有机物质分解时的各种生物化学作用而聚积在地下水中的。在正常的压力和温度下，甲烷的溶解度很小。因此，只有在地壳深部高温高压条件下，甲烷才能大量溶解于地下水中。在拗陷侧翼和山间盆地油气区的地下水中，甲烷和重烃含量最高，有时可达 10 000 cm^3/L。据我国四川省女基井资料，4 000 m 以下的卤水中，95%以上的气体是甲烷；4 500 m 以下 100%的气体为甲烷。当地下水中有硫酸盐时，甲烷能促使其还原，并在水中生成硫化氢：

$$Ca^{2+} + SO_4^{2-} + 2CH_4 \longrightarrow H_2S + Ca^{2+} + 2HCO_3^- + 2H_2O$$

而硫化氢是铀、钼、钒等元素的沉淀剂。

甲烷是强还原环境的标志之一，石油水常富含甲烷。

六、氢(H_2)

在地下水中，特别是在热水和碳酸水中，经常发现氢气。在阿尔卑斯褶皱带、现代火山区、石油构造和卤素建造的地下水中，也发现有大量的氢气。在石油构造地下水中溶解氢的含量多为 $n \sim n \times 10$ mL/L，少数达 $n \times 100$ mL/L，个别情况下，地下水中含有大于1 000 mL/L的溶解氢，例如在前高加索侏罗系深部含水层的水中，发现有 1 513 mL/L 的氢。

常温下有机物质分解生成的氢和高温下非生物成因(如火山作用)的氢，是地下水中氢的两个主要来源。氢的挥发性极强，其化学性质极为活泼。因此，在封闭条件差的地段中氢的浓度很低，只有在封闭条件好的地段，水中才有可能保存大量的氢。

思考题

1. 何谓硅质水和硅酸水？略述硅酸在各种天然水中的含量和存在形式。

2. Cl^- 为什么具有很强的迁移性能？它在地下水中的含量变化有什么规律？地下水中的 Cl^- 有哪些来源？

3. 水中碳酸平衡时的存在形式与水的 pH 有什么关系？是 pH 决定碳酸的存在形式吗？

4. 什么是硝化作用和去硝化作用？它们各在什么环境中进行？

5. 地下水按 pH 可分为几组？它们与哪些成分有关？

6. 地下水中的铁在何种介质中以什么形式迁移？

7. 何谓地下水中的微量元素？研究它有什么意义？

8. 简述氟的生物化学性质及各种地下水中的氟含量。

9. 简述地下水中的主要气体成分及其来源。

第三章　地下水中的有机物质及其地球化学意义

1950 年以前，人们对于地下水中的有机物质了解甚少，资料极其零星分散。由于 M. E. 阿里托夫斯基教授提出了石油形成的“水文地质”假说，1953 年苏联全苏水文地质工程地质研究所开始对地下水中的有机质进行研究、拟定了测定水中有机 C、有机 N 的专门方法，取得了水中有机质含量的新资料。

随着分析测试手段的迅速发展，出现了许多分析有机质的新方法。例如，对红外光谱法的应用，取得了有关地下水中有机质结构特征的资料；气相色谱与质谱的结合，高效液相色谱法的发展和应用，均为了解天然水中单个有机化合物的性质及其分布规律创造了前提。开展对单个有机化合物的研究，则为深入了解地下水中有机物质的成因及其在地球化学过程中的作用奠定了基础。所有这些，不仅扩大了我们对地下水中各种有机构成分的概念，而且有助于查明水溶性有机物质在主要水文地球化学过程中，即天然水中的无机物质（大量组分和某些微量组分）的形成过程中的作用。

目前，在有机地球化学和水文地质学的基础上，已经形成了一门新的边缘学科——有机水文地球化学。其主要任务是通过水中各种有机组分的定性、定量标志来研究地下水中有机物质的数量、成分、分布规律及其在地质、地球化学和其他过程中的作用。现代地质、地球化学和水文地质学中的很多理论和实际问题，如油气矿床的形成及其水文地球化学找矿方法、金属矿床水中各种元素的迁移和富集、某些类型矿水的形成及其医疗价值的评价、地下水的卫生防护及地下淡水的饮用与技术利用和环境污染等，都与有机水文地球化学有关。

美国及一些西欧国家或地区，非常重视环境污染及其对人体的危害，他们在这一领域的研究重点，是各种水体中有机污染物的成分及其分布规律。美国的研究发现，在对人类环境可能有影响的 50 000 个单个化合物中，约有 1 600 个化合物是引起癌的潜在病源体。而饮用水往往含有大量有机物质。目前，各国都在采取自然保护措施，以保持生态过程和人类活动之间的最优比例关系，保证天然水体系不受有机质污染，这对保障生态平衡具有特殊的意义。进入地下水的有机物质，除天然来源之外，还有工业废水的污染。来自食品业、制革业、纺织业、木材加工业、化学及石油加工业的工业废水以及未处理干净的排放到地表水中的废物，常常随地表水一起进入供日常生活饮用的潜水和承压含水层中。所有这些都可能是地下水的工业“污染源”。由于工业不断发展及各种生产用水量不断增长，水源保护规章遭到破坏，污水处理的专门方法不完善或缺乏，目前地下水的自然净化能力已不足以排除地下水中人为因素所造成的污染。例如，对美国伊利诺斯州地下水有机质的研究表明，有机质污染地下水比污染河水更严重。

目前，某些国家已提出，在评价地下水对工程建筑物的侵蚀性和确定饮用及工业用水的水质时，应考虑地下水中的有机质。有的国家已经禁止或严格限制农药的使用。地下水中有机质对人类环境的影响问题已引起愈来愈多人的重视。有的国家还规定了饮用水中的有机含量标准及对水中有机质采取监测管理的措施。

我国对地下水中有机质的研究还刚刚起步，主要在石油水文地质及环境水文地质方面，开展了一些工作，但这一问题的重要性已日益受到有关部门的重视。缺少对地下水中有机质的知识，往往使我们不能正确地解决与水文地球化学有关的许多问题，但限于本书的宗旨及篇幅，我们只将有机物质作为地下水中的一种重要的物质成分予以介绍，并简要涉及其分布及地球化学作用。

第一节　天然有机物质

地质体中的有机物质主要来源于各种生物有机质。其成因一是成岩过程中残存下来的稳定性较高的有机物，如氨基酸、脂肪酸、卟啉、嘌呤和嘧啶等；二是成岩过程中新产生的有机物，如烃类、腐殖酸和干酪根等。为石油、煤、泥炭、近代沉积物和古代沉积岩中有机物质提供母源有机质的生物，主要是各种细菌、真菌、浮游动物和植物、高等植物。它们的种类繁多，生活环境各异，但各种生物的细胞中原生质的元素组成基本上相似。原生质中约含有50多种元素，一般都含有O，C，H，N，P，S，Cl，Ca，Si，Na，K，Fe和Mg等，其中O约占65%，C约占20%，H约占10%，N约占3%，其余的元素总共约占2%。

一、有机物质的种类

天然有机物质主要由C，O，H，N等少数几种元素组成(表3-1)。碳有很突出的作用，碳的地壳丰度虽然不高，但碳是无机环境和有生命的生物之间相互作用的连接环节。有机化合物或有机物是含碳化合物，并且绝大多数都具有碳键。由于组成有机物的元素以碳、氢为主，所以可将有机化合物看成是碳氢化合物和它们的衍生物。

表3-1　部分有机质的主要化学组成(质量分数)　%

有机质	C	O	H
蛋白质	51	22	7
脂类化合物	69	18	10
碳水化合物	44	49	6
木质素	53	27	5
石油	79～89	—	9～15
泥炭	50～65	28～45	6～7
煤	65～91	2～28	4～6
近代沉积物中的有机质	56	30	8
沉积岩中的有机质	64	23	9

(据K. H. 魏德坡尔，1971)

在生物体和有机物中，C，O，H，N，S，P等又以各种复杂的有机化合物形式存在(表3-2)。但主要为蛋白质、糖(碳水化合物)、脂类化合物、核酸、木质素、色素及少量其他有机化合物。

表 3-2 自然界存在的有机物质

生命物质	中间分解产物	未污染天然水中一般见到的中间物和产物
蛋白质	多肽→$RCH(NH_2)COOH$→ 氨基酸 { $RCOOH$ $RCH_2OHCOOH$ RCH_2OH RCH_3 RCH_2NH_2 }	NH_4^+、CO_2、HS^-、CH_4、HPO_4^{2-}、肽、氨基酸、尿素、酚、吲哚、脂肪酸、硫醇
多核苷酸	核苷酸→嘌呤和嘧啶碱	
脂类物 脂肪、蜡、油	$RCH_2CH_2COOH+CH_2OHCHOHCH_2OH$→ 脂肪酸　　　　甘油 { RCH_2OH $RCOOH$ 短链酸 RCH_3 RH }	CO_2、CH_4、脂肪酸、醋酸、柠檬酸、乙醇酸、苹果酸、棕榈酸、硬脂酸、油酸、碳水化合物、烃类
烃类		
碳水化合物 纤维素、淀粉、半纤维素、木质素	$C_n(H_2O)_m$→{ 单糖、低聚糖、甲壳素 }{ 己糖、戊糖、葡糖胺 } $C_n(H_2O)_m$→不饱和芬香醇→多羟基羧酸	HPO_4^{2-}、CO_2、CH_4、葡萄糖、果糖、半乳糖、阿拉伯糖、核糖、木糖
叶啉和植物色素 叶绿素、绿化血红素、胡萝卜素、叶黄素	二氢叶吩→脱镁叶绿素→烃类	植烷、降植烷、类胡萝卜素、类异戊二烯、醇、酮、酸叶啉
中间物分解生成的复杂物质,例如	酚＋醌＋氨基化合物	→黑素、类黑精、黄素
	氨基化合物＋碳水化合物分解产物	→腐殖酸、富里酸、丹宁物质

(引自《水化学》)

(一) 蛋白质

蛋白质是生物体一切组织最基本的组成物质。生物的生长、发育、繁殖等生命活动都是在蛋白质作用下进行的。

蛋白质是由 20 种 α-氨基酸以酰胺键结合形成的高分子化合物,也是多聚酰胺,与多肽没有本质区别。一般将相对分子质量大于 6 000 的称为蛋白质,小于 6 000 的称为肽。组成蛋白质的主要元素有 C,H,O,N,S。蛋白质根据其组成又可分为单纯蛋白质和结合蛋白质两类。单纯蛋白质水解后能形成 α-氨基酸;结合蛋白质由单纯蛋白质和非蛋白质(辅基)组成，如糖蛋白质、脂蛋白质和核蛋白质等。蛋白质在酸、碱或酶的作用下水解，经一系列中间产物，最后生成各种 α-氨基酸。水解过程为：蛋白质→多肽→三肽→二肽→α-氨基酸。

（二）糖(碳水化合物)

糖是自然界分布最广的一类有机化合物，约占植物干重的 80%。

糖由 C，H 和 O 三种元素组成，分为单糖、低聚糖和多糖。单糖不能水解，一般含五个或六个碳原子，具链状和环状结构。低聚糖能水解成两个或两个以上分子的单糖，例如，蔗糖、麦芽糖等。多糖水解后生成许多分子的单糖。常见的碳水化合物有淀粉、纤维素、半纤维素、甲壳素(角质)。

糖极易被微生物降解，由大分子变为小分子。缺氧条件下糖酵解生成乳酸等；有氧条件下糖被氧化生成 CO_2 和 H_2O。

（三）脂类化合物

脂类是油脂和类脂的总称。油脂是一元脂肪酸的甘油三酯，如油和脂肪；类脂如磷脂、腊、萜族和甾族化合物。油脂和类脂在化学成分上和化学结构上虽有很大差别，但共同特性是不溶于水而溶于有机溶剂(乙醚、苯、氯仿和四氯化碳等)。

脂类是生物体的基础物质之一，各种生物都含不同数量的脂类。地质条件下脂类分解成脂肪酸(R-COOH)，因此，天然水、土壤、泥炭、沉积物和沉积岩中普遍分布的是脂肪酸；一部分脂类结合到沥青质、腐殖质和干酪根中。

（四）核酸

核酸属高分子化合物，存在于一切生物细胞中，是决定生命遗传的重要物质。

核酸分为两大类。一类是与蛋白质合成关系密切的核糖核酸(RNA)，主要分布在细胞质中；另一类是与生命遗传关系密切的脱氧核糖核酸(DNA)，主要集中在细胞核和线粒体内，叶绿体中有少量存在。所有细胞都同时含有这两类核酸，唯病毒例外。

核酸的基本结构单元是核苷酸，而核苷酸又由碱基、戊糖和磷酸组成。核酸是核蛋白质的辅基，核蛋白质水解成蛋白质和核酸，核酸再完全水解，得到下列产物：

RNA　　核酸、磷酸、腺嘌呤、鸟嘌呤、尿嘧啶、胞嘧啶

DNA　　脱氧核酸、磷酸、腺嘌呤、鸟嘌呤、胸腺嘧啶、胞嘧啶

地质体中的嘌呤和嘧啶都是有重要意义的生物标志化合物。20 世纪 80 年代以来，利用“聚合酶链反应”(PCR)的遗传工程复印技术，能极大限度地增加 DNA 片段的数量，使古人类和古生物进化及其生活环境的研究取得了重大进展。

（五）木质素

木质素是植物纤维中的一种复杂的芳香族高分子化合物，是高等植物的主要成分，它与纤维素、半纤维素一起组成植物的细胞壁。木质素约占木材干重的 30%。植物中的木质素由松柏醇、芥子醇和香豆醇等植物醇缩合与脱水而成。

木质素十分稳定，不易水解，也难以被动物消化吸收。但氧化后成为芳香酸和脂肪酸，经微生物分解后转化成腐殖质。一般认为木质素是煤成烃类的主要物源。

自然界的有机化合物虽然种类繁多，但从结构来看，都是由“母体”和“官能团”两部分组成。以乙醇为例，CH_3CH_2OH 中的“CH_3CH_2-”部分为母体，“—OH”为官能团。母体即碳链部分，常以 R 表示；官能团是连在母体上的活性基团，由决定一类化合物性质的原子或原子团构成。这样就可以根据母体和官能团对有机化合物进行分类。例如，按母体可将有机化合物分为：

(1) 开链化合物

碳原子之间互相连接成链状碳架。由于开链化合物的较高级衍生物是脂肪，所以又称其为脂肪族化合物。

(2) 碳环化合物

碳架具有环状结构。包括碳环族化合物和含有苯环的芳香族化合物。

(3) 杂环化合物

组成这类化合物的环除碳原子外，还有 N，O，S 等杂原子。

二、有机污染物

有机污染物包括耗氧的有机物(有机无毒物)和有机有毒物。

耗氧的有机物如：碳水化合物、蛋白质、脂肪等，属于自然生成的有机物，易于生物降解。它们进入水体后，在微生物的作用下，消耗水中的溶解氧，最终分解为简单的无机物质 CO_2 和 H_2O。使水中溶解氧严重不足甚至耗尽，使有机物厌氧发酵，产生 CH_4，H_2S 和 NH_3 等，水质恶化，水中生物的生存受到严重影响。实际工作中常用 COD(化学需氧量)、BOD(生物需氧量)和 TOC(总有机碳)来表示水中有机物的含量。

有机有毒污染物种类也很多，常见的有酚类化合物、有机农药、聚氯联苯、多环芳烃、表面活性剂等。它们大多属于人工合成的有机物，不易被生物降解，毒性大，具较强致畸、致突、致癌作用。

水体中常见的有机污染物包括以下种类：

1. 酚类化合物

根据酚类能否与水蒸气一起蒸出，分为挥发酚和不挥发酚。挥发酚通常是指沸点在 230 ℃以下的酚类，通常是一元酚。

酚类为原生质毒，属高毒物质。人体摄入一定量时，可出现急性中毒症状；长期饮用被酚污染的水，可引起头晕、出疹、瘙痒、贫血及各种神经系统症状。水中含低浓度(0.1～0.2 mg/L)酚类时，可使生长鱼的鱼肉有异味，高浓度(>5 mg/L)时则造成中毒死亡。含酚浓度高的废水不宜用于农田灌溉，否则，会使农作物枯死或减产。

酚类主要来自炼油、煤气洗涤、炼焦、造纸、合成氨、木材防腐和化工等废水。

2. 苯胺类化合物

苯胺类化合物微溶于水，易溶于乙醇、乙醚及丙酮。当暴露于空气中时，会因氧化而使色泽变深。苯胺及其衍生物可以通过吸入、食入或透过皮肤吸收而导致中毒，能通过形成高铁血红蛋白造成人体血液循环系统损害，可直接作用于肝细胞，引起中毒性损害。这类化合物进入肌体后易通过血脑屏障而与大量类脂质的神经系统发生作用，引起神经系统的损害。另外，还具有致癌和致突变的作用。苯胺类化合物一般在环境中有残留，因此分析环境样品中的苯胺类化合物是十分重要的。

这类化合物广泛应用于化工、印染和制药、合成药物、染料、杀虫剂、高分子材料、炸药等重要的工业原料生产中。

3. 硝酸苯类

常见硝酸苯类化合物有硝基苯、二硝基苯、二硝基甲苯、三硝基甲苯及二硝基氯苯。该类化合物均难溶于水，易溶于乙醇、乙醚及其他有机溶剂。

硝基苯类化合物进入水体后，可影响水的感官性状。人体可通过呼吸道吸入或皮肤吸收而产生毒性作用，硝基苯可引起神经系统症状、贫血和肝脏疾患。这类化合物主要存在于染料、炸药和造革等工业废水中。

4. 总有机卤化物(TOX)

总有机卤化物是指卤代烃、卤苯类化合物及其衍生物等全部有机卤化物中卤元素的总量。总有机卤化物是以卤元素的含量表示水体中有机卤化物总量的综合指标。

有机卤化物主要来自染料、制药、农药、油漆和有机合成等工业排放废水。

5. 可吸附有机卤素(AOX)

可吸附有机卤素是指在规定条件下，可被活性炭吸附的结合在有机化合物中的卤族元素(包括氟、氯和溴)的总量(以氯计)，是总有机卤化物的一部分。

6. 石油类

石油类来自工业废水和生活污水的污染。工业废水中石油类(各种烃类的混合物)主要来源有原油的开采、加工、运输以及各种炼制油的行业。石油类碳氢化合物漂浮于水面，并能在水层表面结成一层薄膜，隔绝空气，影响空气与水体界面氧的交换；分散于水中以及吸附于悬浮微粒上或以乳化状态存在于水中的油，它们被微生物氧化分解，将消耗水中的溶解氧，使水质恶化，影响水生生物存活。

7. 有机质

水体有机质是指水体底质中所含有机化合物的总称。一般水体中有机质主要来自动植物和微生物的残体，可分为两大类，一类是组成有机体的各种有机化合物，成为非腐殖物质，如蛋白质、糖类、有机酸等；另一类是称为腐殖质的特殊有机化合物。有机质对底质的物理化学性质有很大的影响，对水中污染物质的自净、降解、迁移、转化等过程起着重要作用。

受到有机物污染的水体会在底质的有机质中反映出来，会改变有机质的构成，影响底栖生物和微生物的生境，使水体的自净能力下降。

8. 挥发性和半挥发性有机污染物

在一般条件下，根据有机污染物的挥发速率可将其分为挥发性和半挥发性有机污染物。这两种有机物在水中的溶解度都很小，较易从溶解态转入气相。其挥发的速率依赖于有毒物质的性质和水体特征。它们不仅会破坏水生生态环境而且还会给周围的大气环境造成一定的危害。

挥发性有机物包括挥发性的醚类、酮类、硝基类有机物、卤化有机化合物、烃类等。半挥发性有机物包括有机氯农药、PCBs、有机磷农药、多环芳烃类、氯苯类、硝基苯类、苯胺类、苯酚类等。这类污染物来源于印染、制药、农药生产、化工等企业排放的废水。

9. 苯系物

苯系物通常包括苯、甲苯、乙苯，邻、间、对二甲苯，异丙苯、苯异烯八种化合物。除苯是已知的致癌物以外，其他七种化合物对人体和水生生物均有不同程度的毒性。苯系物的工业污染源主要是石油、化工、炼焦生产的废水。

10. 挥发性卤代烃

挥发性卤代烃主要指三卤甲烷（即三氯甲烷、一溴二氯甲烷、二溴一氯甲烷及三溴甲烷）及四氯甲烷等挥发性卤代烃。这些化合物沸点较低，易挥发，微溶于水，易溶于醇、苯、醚及石油醚等有机溶剂。各种卤代烃均有特殊气味并具有毒性，可通过皮肤接触、呼吸或饮水进入人体。

挥发性卤代烃广泛用于化工、医药及实验室，其废水排入环境，污染水体。

11. 氯苯类化合物

氯苯类化合物的物理化学性质稳定，不易分解。在水中的溶解度很小，易溶于有机溶剂中。这类化合物具有强烈气味，对人体的皮肤、结膜和呼吸器官产生刺激，进入人体内有蓄积作用，抑制神经中枢，严重中毒时，会损害肝脏和肾脏。

氯苯类化合物的主要污染来源是染料、制药、农药、油漆和有机合成等工业排放废水。

12. 甲醛

甲醛为具有刺激性臭味的无色可燃液体，易溶于水、醇和醚，其35%～40%的水溶液被称为“福尔马林”。甲醛的还原性很强，易与多种物质结合，且易于聚合。甲醛对人体的皮肤和黏膜具有刺激作用，进入人体后易对人的中枢神经系统及视网膜造成损害。含甲醛的废水排入水体后，能消耗水中的溶解氧，影响水的自净能力。

甲醛的主要污染来源于有机合成、化工、合成纤维、染料、木材加工及制漆等行业排放的废水。

13. 有机氯农药(六六六、滴滴涕)

有机氯农药的物理化学性质稳定，不易分解，残留期长，难溶于水，易溶于脂肪，并在其中蓄积。因此，有机氯农药及其降解产物对水环境污染会十分严重。

14. 有机磷农药

有机磷农药的特点是毒性剧烈，但在环境中较易分解，在水体中会随温度、pH 的增高，微生物的数量、光照等增加而加快降解速度。因此，有机磷农药成为农药中品种最多、使用范围最广的杀虫剂。有机磷农药生产厂排放的废水常含有较高浓度的有机磷农药原体和中间产物、降解产物等，当排入水体或渗入地下后，极易造成环境污染。有机磷农药大多不溶于水，而易溶于有机溶剂中。

15. 多环芳烃(PAH)

多环芳烃是石油、煤等燃料及木材，可燃气体在不完全燃烧或在高温处理条件下所产生的。排入大气中的悬浮粉尘经沉降和雨洗等途径到达地表，加之各类废水的排放引起地表水和地下水的污染。多环芳烃是环境中重要致癌物质之一。在多环芳烃化合物中许多种类具有致癌或致突变作用。如接触含多环芳烃较多的煤焦油和沥青的作业工人，可发生职业性致癌。致癌物有苯并芘，苯并蒽、蒽、二苯并蒽、二苯并芘等，还有多种是属助促癌剂如萤蒽、芘、苯并芘等。

16. 多氯联苯(PCBs)

多氯联苯体(PCBs)是一组化学稳定性极高的氯代烃类化合物。由于其在环境中不易降解,其进入生物体内也相当稳定,一旦通过食物链富集而侵入肌体就不易排泄,而易聚集在脂肪组织、肝和脑中,引起皮肤和肝脏损害,容易在生物体内蓄积产生中毒,人体摄入0.5～2 g/kg时即出现食欲不振、恶心、头晕、肝肿大等中毒现象。随着水体水分循环,PCBs污染已成为环境污染影响最具有代表性的物质,不仅污染地表水而且可污染海洋。

第二节　地下水中有机物质的来源

著名水文地球化学家 B. И. 维尔纳斯基指出:水与无机界各种物体,与水生生物、微生物和地面植物之间处于动态平衡中。根据 B. И. 维尔纳斯基指出的三种循环平衡,表明地下水中有机物的形成与各种天然物体中的有机物具有密切的关系。这里指的各种天然物体包括地表水和大气降水、海水和软泥溶液、岩石和孔隙溶液、表土和地面植物(图 3-1)。

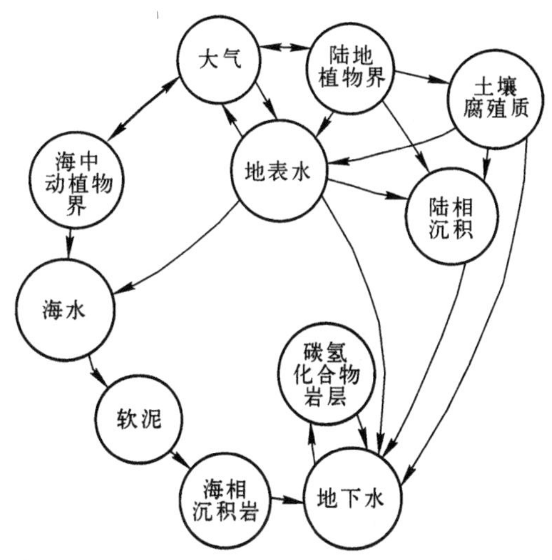

图 3-1　有机物循环图

(据 B. K. 基留辛《地下水中有机物的测定》)

分析土壤、岩石、软泥和各种类型天然水中有机物质的含量和成分表明,所有天然体中含有多种有机化合物,主要是有机酸(脂肪、环烷、氨基酸等),沥青(油、蜡、树脂、脂肪),酚、腐殖质等。在各种天然物体中,具有同类有机化合物这一特征说明这些物体之间物质迁移的密切联系性和这些有机物来源的共同性。

各种天然水所含有机物质几乎均属同类,甚至属同种,即蛋白质、脂肪、碳水化合物、有机酸、腐殖质和沥青质等。

土壤、岩石和天然水中有机物质的一般质量浓度为:

天然物体	质量浓度/mg·L^{-1}%
土壤	$n\times100^{-1}\sim1\times10^{1}$
海洋软泥	$n\times10^{-1}\sim1\times10^{1}$
岩石(平均值)	$n\times10^{-1}$
地下水	$n\times10^{-4}\sim1\times10^{-1}$
土壤溶液	$n\times10^{-4}\sim1\times10^{-1}$
孔隙溶液	$n\times10^{-3}\sim1\times10^{-1}$
软泥溶液	$n\times10^{-4}\sim1\times10^{-2}$
大陆地表水	$n\times10^{-4}\sim1\times10^{-3}$

海水(平均值) $n\times10^{-4}$

大气降水(平均值) $n\times10^{-4}$

在土壤和软泥中,有机物质含量最高,在各种不同类型的土壤中,平均含量为1%~10%,最高达73%。在某些海洋软泥中,有机质含量达10%,但平均含量低于土壤。在地下水和土壤溶液中,有机质含量最高可达$n\times10^{-1}$%,相当于有机质在岩石中的平均含量。有机质含量在油气地下水中最高(n g/L 或 $n\times10^{-1}$%),而在油气田以外的水中只有$n\times10^{-3}$%。大气降水和大洋水中有机质的含量最少($n\times10^{-4}$%)。沼泽水处于特殊的地位和环境,含有大量的腐殖有机质。

根据有机物质的数量特征,可以认为地下水中有机物质的主要来源是土壤(土壤溶液)和岩石。蛋白质、氨基酸、胺类、醛、醚、有机酸等与大气降水一起进入潜水或更深的地下水。在地表水向地下渗透过程中,进入地下水的有机物质还有脂肪、腐殖质、维生素、酵素和色素等。

进入地下水中的有机物质,除天然来源外,还有工业废水对地下水的污染,如饮食业、皮革业、纺织业、木材加工业、化学和石油化工业将大量未作处理的废水排放到地表水中,这些废水经常与地表水一同进入作为生产生活供水水源的潜水和承压含水层中而污染地下水。废水的有机物质成分种类繁多,其含量可达到很高的数值并对环境造成危害。

第三节 地下水中有机物质形成过程、形成条件和形成因素

在现代有机水文地球化学中,对水溶性有机物质形成过程研究得最少。因此,现在只能根据已有的原始物质和反应的最终产物来谈哪一种过程占优势,而很难考虑中间产物和某些有利于个别作用或反应进行的条件。

在地下水中,进行着各种物理一化学和生物化学过程。考虑到在生物化学过程中,有机物作为微生物的能量来源占有重要位置,可以认为地下水中微生物的活动是形成可溶有机物质的主要因素。

所有物质的改造都与其内部能量的变化有关。碳氢化合物在有机化合物中的能量水平最高,其次是酚、简单的脂肪和醛,而复杂的醚和有机酸的能量水平则较低,在大多数情况下,自由能的量随着碳原子数量的减少而降低。由简单的化合物组成复杂的化合物必须有外部的能量,这些能量可能来自微生物的活动、放射性衰变过程及地热等。

地下水中有机物质的含量和分布取决于自然地理和地质一水文地质条件(列于表3-3)。富含分散有机物质的岩石、高温高压、水交替缓慢、还原环境、含油气层的存在等有利于有机物质在水中富集。水的矿化度、化学成分和pH对其也有不同程度的影响。

影响有机物质转入地下水的重要过程如下:

(1) 生物化学过程:M.E. 阿里托夫斯基指出,微生物的地质作用表现在地表植物遗体,即纤维素、碳水化合物,蛋白质的需氧分解中,蛋白质的分解形成有机酸、氨基酸、氨基、硫醇、二氧化碳、硫化氢、氨。通过微生物对碳氢化合物的异化作用,形成各种酸和醇。纤维素细菌使纤维质变为脂肪酸(主要是醋酸和油脂酸)。

表 3-3　各种因素对地下水中有机物质形成的影响

条件和因素	影响因素	原　因
自然地理条件	潮湿地区的潜水中有机物质的含量比干旱地区的潜水中有机物质含量高	年平均气温低、潮湿、地表植物茂盛，潜水同地表水，包括沼泽水的联系密切
地下水埋藏深度	潜水和不深的层间水中有机物质的含量随深度的增加而减少。深层层间水中有机物质含量随深度的增加而增加(与潜水比较)	吸附、凝结、化学氧化、生物化学分解，有机物质由岩石转入水中
温　度	寒冷地区潜水中有机物质含量增加(年平均气温低)，深层层间水中有机物质含量随温度增加(>30 ℃)而增加，随温度增高有机物质的转化过程增强	微生物群的分解活动受阻，氧化作用减弱，有机物质由岩石中渗出和扩散析出的作用培养增强，破坏作用，化学反应速度增加，对生物化学过程的影响增强
地下水动力条件	水交替缓慢(困难)有利于在地下水中聚集有机物质	与岩石(石油层)接触的时间长
地下水的矿化度	石油产地边缘的地下水中，有机物质随矿化度增加而减少；水中有机物质的含量和矿化度同时增加	有机酸和其他石油组分溶解度的减少，矿物质及有机物质同时由岩石中淋滤和扩散析出
水的化学性质	在油田水中由碱性水到氯化钙型水有机物质减少	石油含氧组分的溶解度降低
pH	没有统一的性质	在碱性水中有机物质的中和，在高温酸性水中脂肪酸的挥发对生物化学过程的影响；在碱性介质中氨基酸脱氨基形成脂肪酸，在酸性介质中是氨基酸脱羧基形成氨基
氧化　还原环境	在氧化环境中有机物质减少，出现中间产物；在还原环境中有机物质还原并处于稳定状态，水中的有机物质有增加的趋势	有机物质氧化分解，氧化还原反应；有机物质还原，厌氧生物化学过程
岩石中分散有机物质的含量	水中有机物质随着透水和含水量水岩石中分散有机物质的增加而增加	由岩石中淋滤和扩散析出的有机物质
油气田	在与油气田有关的水中，有机物质总量和特殊组分的含量增加	石油组分的对流和分子扩散转移

(2) 化学反应：水解、缩聚作用、氢化作用、有机酸的脱羧基作用等引起可溶性有机物质的各种转化，最有趣的是有机羧经过氢化作用形成碳氢化合物。有机酸易与无机组分进行反应形成盐和络合物。在高温高压条件下，当溶液为碱性反应，且溶液中存在各种化学催化剂时，有机酸盐可还原为碳氢化合物。腐殖酸、环烷酸和脂肪酸在 75 ℃，(400～600)×10^8 Pa压力条件下为时七天的氢化实验中，形成了甲烷和环烷酸的碳氢化合物以及亚甲基和羧基的化合物。碳氢化合物特别是低分子烷可以通过羧酸的脱羧基作用，即由这些酸的盐中分离出 CO_2的方法得到。此外，各种化合物的水解作用也很重要，如脂肪分解为甘油和脂肪酸，蛋白质分解为氨基酸，蜡分解为酸类和醇类，纤维素分解为糖等。实验资料表明，复

杂的芳香族醚水解可形成酚、低分子有机酸和醇类。在地下水中，除了上述各种作用外，还有其他化学变化，例如低温催化反应、碳氢化合物的氧化、复杂氧化物的分裂等。

(3) 物理化学和物理作用：当地下水沿着含水和透水岩石渗透时，主要是渗滤析出(溶滤)有机物质，即运动的地下水从岩石的孔隙和裂隙中将有机物质带出。当地下水沿着隔水的顶底板(一般是粘土)渗透时，主要是有机物质的扩散析出，即水溶液在岩石中渗透，伴随着它们之间相互作用的物理化学过程，结果溶液中的有机组分被固相所吸收(吸附、离子交换等)，或相反，溶液富集(解析、溶解等)岩石中分散的有机物质。

在石油与水相互作用时，发生石油组分的溶解和扩散。因此有机物质除从油气层对流扩散外，还可沿含水层的上下在剖面上发生分子扩散作用。

然而，水与石油的相互作用并不是单向的。实验表明水和石油中有机物质互相交换的性质是复杂的。它们证实了关于石油碳氢化合物溶解或分散这类有机物质如香精油、树脂、高分子化合物等的性质。必须指出，天然状态下，地下水中有机物质的形成过程比它在实验室中的再现复杂的多。加强对有机物质在天然过程中的迁移、富集和转入地下水的物理一化学研究工作，能更快、更科学地解决一系列的地质理论问题，如石油、金属矿床的形成及有机质在元素迁移中的作用等。

第四节　不同类型地下水中有机物质的含量和成分

一、淡潜水和层间淡水中的有机物质

潜水中有机物质的含量与潜水的分带性有关。例如，在俄罗斯，水中有机物质的含量在北部和东北部地区约为 35 mg/L，而南部和西南地区约为 20～25 mg/L，这是因为北部和东北部的年平均气温较低、潮湿、地表植物繁茂，而且地表水(包括沼泽水)和潜水的关系密切。在这种条件下，地表植物的残骸不能完全分解，导致有机物质在潜水中富集。而在干燥气候条件下正相反，气候条件有利于动植物残骸的完全分解，使它们在潜水中的含量很低。在山区，切割的地形、活跃的地表水流和水交替条件不利于潜水富集有机物质。

水和土壤中不挥发的有机碳($C_{有机、不挥发}$)与有机氮($N_{有机}$)之比大致相同，变动于 10 左右。表明潜水中的有机物质与地表水中的有机物质和土壤中的腐殖质是相似的。

在潜水中分布着可用荧光法测定的腐殖质和树脂类，还有酚类、有机酸类、挥发和不挥发的化合物。现以某地区某砂岩的淡水泉为例，来说明潜水有机物质的定性成分。用活性炭从 1 000 L 水中吸附了 546 mg 有机物质，经定性分析测定所含有机物为：碳水化合物、嘌呤和嘧啶碱、氨基酸类、糖醛酸类、糖类、富里酸类、芳香族物质、卟啉类等。用红外区吸收光谱法分析确定了以下这些官能团：OH，CH 和 COC。研究潜水有机物的物理一化学性质表明，它的 90%是低分子物质，并以真溶液形式存在。

二、医疗矿泉水的有机物质

早在 20 世纪 40 年代，B. И. 维尔纳斯基就指出，矿水中的有机物质具有重要的医疗意义。只研究矿水的无机化学成分，而不考虑其有机组分，就不能全面正确地确定任何矿水的医疗效用。

研究结果表明，所有的矿水，如著名疗养地玛采斯塔、塔尔加、阿尔期曼的硫化氢水，高加索矿水区的碳酸水，西伯利亚疗养地的盐水和卤水，堪察加的热水等都或多或少地含有机物质，其含量由 n mg/L 到 100 mg/L 以上，总有机碳平均含量约为 30 mg/L。这与潜水中测得的总有机碳的数值(27 mg/L)近似。

矿水中各类有机物质含量之比表明，挥发性、中性及碱性化合物($C_{有机、挥发}$)构成了总有机物质的主要部分(平均为三分之二)。矿水中各类有机物质($C_{有机、不挥发}$，$C_{有机、挥发}$，$C_{有机酸}$)的比例(%)几乎与承压水排泄区的比例一致(矿水为 17、67 和 16；承压水排泄区为 16、69 和 15)。在有机化合物中，腐殖质和地沥青的数量最大，其含量最高可达 100 mg/L 以上，酚、环烷酸类和脂肪酸类也占重要地位。

研究表明，每种矿水的医疗性质可能在很大程度上决定于其中水溶性有机物质的特点。例如，在用红外光谱法研究阿尔期曼(土库曼)的硫化氢矿水时，发现在其碱性分馏的光谱中有较复杂的很强的羰基带和比较强的 $C=S$ 组谱线，这说明有较多的含硫有机化合物存在，可以推断，正是含硫有机化合物和水的矿物及气体成分共同决定着该矿水的医疗性质。

现将 Г. В. 布纳柯娃的一份资料列于表 3-4 中。

表 3-4　溶解在矿水中的有机物质的基本成分及其质量分数　%

有机物质	C	H	N	O
白腐酸类	40	8	8	44
正草木犀酸类	60	8	2	30
富里酸类	49	7	2	42
中性沥青类	85	11	4	—
酸性沥青类	79	9	12	—
环烷酸类	74	12	14	—

三、热水中的有机物质

根据水中有机物质的含量，没有理由将现代火山区热水和深层水分为特殊的类型。比较我们得到的各种类型热水的实际资料，表明水中可溶性有机物质的成分和含量没有实质性的区别(见表 3-5)。40 ℃以上的温泉和钻孔(火山影响以外)的热水，其有机物质的总量与其他承压水盆地的水中的有机物质总量实际上没有区别。同样，这些水的有机定性组分也没有区别，用 $C_{有机}$ 表示的各类有机物质的大致相同的比例证明了这一点。例如，不挥发化合物，约占热水有机物质总量的 10%(在其他水中占有机物质总量的 10%～20%)，挥发的中性和碱性化合物，约占热水有机物质总量的 55%(在其他水中占有机物质总量的 60%～70%)，挥发有机酸约占热水有机物质总量的 35%(在其他水中占有机物质总量的 10%～20%)。

E. Л. 倍柯娃研究了热矿水(马哈契卡拉 160 号水，$T_{水}>60$ ℃)的有机物质成分，指出在热水中所含的有机物质实际上与在达基斯坦第三系山麓潜水中的一样。在这些水中都测到了碳水化合物、氨基酸类、各种脂肪酸类、醣醛酸类、萜烯烯类、嘌呤类和嘧啶碱类等化合物。

表 3-5 $C_{有机}$在热水中的质量浓度 mg/L

取样地点	$C_{有机、不挥发}$		$C_{有机、挥发}$		$C_{有机、酸}$		$\sum C_{有机}$
	样品数	平均值	样品数	平均值	样品数	平均值	
承压水盆地							
承压区	319	4.1	29	34.0	127	10.4	48.5
排渠区	215	8.5	45	35.9	41	8.0	52.5
油田非生产层	68	13.0	14	12.0	22	35.0	60.0
泉和钻孔($T_{水}>40$ ℃)	81	4.3	8	25.2	53	16.7	46.2
堪察加热水							
泉	15	2.7	2	8.4	15	9.1	20.2
钻孔	4	0.9	2	42.2	4	14.3	58.4

对比评价现代火山区的热水有机物质表明，火山喷气孔最富含不挥发有机物质。同时它们含有最少量的挥发性脂肪酸(1～2 mg/L)，这很容易用水的低 pH 来解释，因为在这种情况下挥发性脂肪酸大部分都挥发掉了。含氮热水和含氮碳酸气热水，富集有机物的程度($\sum C_{有机}$为 35～40 mg/L)大致相同。堪察加的热水和冷水泉中 $C_{有机}$的含量(17～18 mg/L)没有明显的区别，但前者多含不挥发有机物质而后者多含挥发性有机物质。

根据上述资料可以推测，影响现代火山热水中有机物质形成的，不是深部因素而是外生因素，这也证明了关于这些水的溶滤成因观点。

四、油气田地下水中的有机物质

根据前苏联水文地质工程地质研究所多年来对前苏联 15 个不同油气田和含油气地区 1 500 个水样的研究，这些地区的地下水中有机物质总量的平均值资料列于表 3-6。

表 3-6 地下水中各类有机物质百分比

地下水类型	$\sum C_{有机}\times 2$ mg/L	$C_{有机、不挥发}$	$C_{有机、挥发}$	$C_{有机、酸}$
非油气田水				
潜水	55(381)	13	77	10
径流区	97(475)	8	71	21
排泄区	105(301)	16	69	15
油气田水				
气(冷)凝区	1 650(20)	7	32	61
气田	70(60)	22	15	63
油田				
油田边缘	740(391)	7	30	67
油田范围外的非生产层	220(114)	14	22	64
油层	1 201(108)	20	20	60

注：括号内是样品分析个数。

油气田水的特点是有机物质的含量(除含气层水外)比与油气田无关的水的有机物质含量高。此外这些水的重要特点是不管有机物质的含量多少，其成分中挥发性有机酸占大多数。而在油气田以外的水中这些酸类只占从属地位。因此油气田水与其他水的区别在于其增高的有机物质含量，其中大多是挥发性有机酸，首先是脂肪酸盐类(列于表 3-7)。

表 3-7 油田、气田和气凝田地下水中有机物质的含量

有机物质	油田									气田			气凝田		
	周围			以外			非生产层								
	n	含量/(mg/L)	N/%	n	含量/(mg/L)	N/%	n	含量/(mg/L)	N/%	n	含量/(mg/L)	N/%	n	含量/(mg/L)	N/%
$C_{有机、不挥发}$	343	$\frac{113\sim212}{26}$	100	86	$\frac{0.6\sim127}{15}$	100	68	$\frac{0.8\sim59}{13}$	100	57	$\frac{1.2\sim303}{7.6}$	100	10	$\frac{13.1\sim>100}{59}$	100
$C_{有机}$	28	$\frac{5.5\sim308}{95}$	100	15	$\frac{4.5\sim62}{25}$	100	14	$\frac{0.3\sim42}{12}$	100	1	5.5		5	$\frac{50\sim>800}{267}$	100
$N_{有机}$	157	$\frac{0.03\sim8.8}{1.2}$	100	36	$\frac{0.07\sim4.37}{0.6}$	100	29	$\frac{0.03\sim2}{0.6}$	100	37	$\frac{0.07\sim2.6}{0.7}$	100			
$C_{有机}/N_{有机}$	149	$\frac{2\sim319}{40}$		36	$\frac{0.5\sim145}{23}$		29	$\frac{1.9\sim76.3}{18}$		36	$\frac{2\sim114}{18}$				
耗氧量(mg/L)/$C_{有机}$	150	$\frac{0.02\sim3.1}{0.7}$		48	0.[illegible]6～2.4 / 0.7		1	0.5		34	$\frac{0.1\sim2.8}{1}$				
挥发有机酸	35	$\frac{6\sim3\,500}{510}$	82	16	$\frac{6\sim909}{196}$	69	22	$\frac{0.6\sim220}{93}$	63	8	$\frac{20\sim114}{44}$	75	5	$\frac{93\sim2\,175}{959}$	100
有机酸	20	$\frac{10\sim3\,300}{487}$	100	13	$\frac{9\sim786}{152}$	100	26	$\frac{4.5\sim495}{67}$	100	2	$\frac{34.8\sim54.6}{44.7}$	100	5	$\frac{128.4\sim2\,500}{1\,096}$	100

续表

有机物质	油田									气田			气凝田		
	周围			以外			非生产层								
	n	含量/(mg/L)	N/%	n	含量/(mg/L)	N/%	n	含量/(mg/L)	N/%	n	含量/(mg/L)	N/%	n	含量/(mg/L)	N/%
高分子酸	44	$\frac{0.05\sim0.72}{0.2}$	36	17	$\frac{0.05\sim2.1}{0.5}$	58	22	$\frac{0.03\sim0.08}{0.04}$	41	2	0.05	100	13	$\frac{0.05\sim0.21}{0.1}$	31
环烷酸类(浊度测定法)	91	$\frac{0.1\sim35}{4}$	66	38	$\frac{0.1\sim40}{6.6}$	58	30	$\frac{0.1\sim5}{1.4}$	66	30	$\frac{0.1\sim2.5}{0.5}$	66			
酚类	13	$\frac{0.5\sim8.6}{3}$	25	8	$\frac{0.1\sim1.0}{0.6}$	62	20	$\frac{0.1\sim4}{1}$	95	6	$\frac{1.25\sim3.3}{2.4}$	100			
荧类(发光)物质,%															
腐殖质	273	$\frac{2\sim94}{37}$	97	56	$\frac{8\sim76}{50}$	100	69	$\frac{27\sim76}{52}$	100	35	$\frac{21\sim69}{40}$	89	13	$\frac{26\sim97}{57}$	100
酸性树脂	273	$\frac{2\sim77}{24}$	81	56	$\frac{6\sim76}{22}$	87	69	$\frac{5\sim62}{19}$	81	35	$\frac{10\sim41}{19}$	77	13	$\frac{3\sim57}{26}$	100
中性树脂	273	$\frac{4\sim50}{13}$	53	56	$\frac{2\sim57}{13}$	57	69	$\frac{1\sim41}{13}$	64	35	$\frac{4\sim100}{16}$	43	13	$\frac{1\sim32}{16}$	100
石油碳氢化合物(沥青)	273	$\frac{7\sim60}{15}$	53	56	$\frac{3\sim48}{8}$	37	69	$\frac{12\sim57}{5}$	21	35	$\frac{11\sim100}{19}$	77	13	$\frac{15}{1}$	13

注:分子表示百分含量,而分母表示平均含量。n 为样品数,N 为普遍性。

油气田地下水中另一类最重要的有机物质是芳香族的碳氢化合物。业已确定在近油田水中有苯,而在“空”构造和非生产层的范围内没有苯,在水中除苯外还开始测定它的同系物。首先在同油田和凝气层接触的地下水中发现有甲苯。用气相色谱法分析水中的苯、甲苯、乙基苯和酸类的灵敏度达每升千分之几毫克。运用这种方法研究西土库曼、北高加索、孟哥什拉克、西西伯利亚的地下水结果表明,芳香族碳氢化合物之和的最大含量在水和石油接触带达到 14 mg/L。在所研究的水中,苯和它的同系物的含量见表 3-8。

表 3-8 地下水中苯和它的同系物含量

地下水	样品数 n	普遍性 N/%	$(\sum C_6-C_8)$/(mg/L)
油气田水			
边缘的	21	95	0.84～13.5
油田以外的	14	93	0.1～0.49
非含油地区的水	11	18	0.02～0.10

除芳香族碳氢化合物外,在油气田地下水中还有沥青类等其他碳氢化合物。与碳氢化合物和脂肪酸比较,环烷酸类和酚类在石油水中的意义最小。改进油气田的勘探方法已成为特别现实的问题。因此水文地质研究,其中包括测定地下水中芳香族化合物、有机酸、沥青质、有机碳等有机质,将是提高油气普查勘探工作效果的重要手段。

第五节 地下水中的有机物质在地球化学过程中的作用

水溶性有机物质通过改变水分子的结构而改变水分了的动力学性质。结构复杂、相对分于质量又大的有机分子会加强水分子的运动,即对水的结构起着加强调整的作用。水溶性有机物质进入水溶液可制约水分子之间的氢键作用,从而改变水的动力状态。极性分子的加入可增大水的粘滞性,非极性分子的加入可减少水的粘滞性,而水分子动力学性质的变化又影响着化学元素在水中的迁移。因此,深入研究这个问题有助于解决许多水文地质学、地球化学及地质学问题。

无论在石油及金属矿产调查,矿床成因与开采,环境保护,水资源评价,水体自净过程和防止有机污染等方面,都要研究地下水中有机物质的地球化学作用。

一、地下水中的有机物质在油气形成中的作用

大多数地质学家对石油的有机成因理论已基本达成共识,因为碳氢化合物是在水介质中迁移和积累的,所以对水溶性有机物质的研究是研究石油成因的重要内容之一。石油成因问题中最重要的争论是碳氢化合物的迁移问题。很多石油地质工作者认为碳氢化合物的迁移是以其溶解于水的状态进行的,并假设石油的碳氢化合物以溶解状态由母岩流向储油层,然后在温度和压力降低,以及水中盐分浓度变化的情况下,从水中析出。

1953 年 M. E. 阿里托夫斯基提出的水溶性有机物质和地下水在形成石油过程中所起

作用的学说，被称作石油形成的水文地质假说。这个假说的主要内容如下：

石油和天然气在地下水中形成，因为水是形成石油和天然气所必须进行的生物化学、化学和物理化学过程的最有利的介质。

形成石油和天然气的原始物质主要是地表植物的残骸。

在地下水中的各种不同的有机化合物中，在还原环境微生物的积极作用下，形成生物化学成因的石油和天然气分散组分。

由运动着的地下水经常带来的有机物质不断地形成天然石油的组分。在漫长的地质时代积累了工业浓度的石油。

M. E. 阿里托夫斯基认为，地下水中有机物质的补充来源，除地表植物外还有岩石，但是数量很少。他将大部分注意力放在海洋和地表植物中形成的现成碳氢化合物上。其关于地下水有机物质是大量的、多种多样的并经常进行着各种转变过程的观点得到证实。例如岩石圈 5 km 带内地下水中的有机物质“静储量”可以与各种自然体中的 $C_{有机}$ 数量相比而仅少于沉积岩中 $C_{有机}$ 的含量。

	$C_{有机}/10^{12}$ t
沉积岩	3 500
烟煤	5.0
地下水	2.5
大洋	2.0
泥炭	1.0
土壤	0.7
石油	0.2

如果考虑到地下水储量和所含有机物质的可恢复性，那么参加各种地球化学作用（其中包括油气形成作用）的有机物质的数量理应大大地增加。

因此，现代石油地质领域的知识，证实了关于水溶性有机物质在油气形成中起重大作用的这一认识。进一步沿着这个方向研究，将会为最终解决现代自然科学的这一最有兴趣的问题开辟出新的道路。

二、地下水中的水溶性有机物质对化学元素迁移和富集的影响

水溶性有机物质对化学元素的迁移和富集有着重要的作用。多年来，在研究有机物质对铁、铝、硅、铜、铅、锌、镍、铬、锰、汞、铀、钛、铌、碘、溴、硼等元素的迁移富集作用方面有了很大的进展。现在已经知道，有机物质能与许多元素形成络合物，能使元素更积极地从岩石中转入水中。例如，B. M. 帕捷列耶夫等，将 Cu，Pb 和 Zn 由固相转入有机酸溶液（柠檬酸、醋酸、甲酸）的速度和转入蒸馏水的速度作了比较，查明在有机酸溶液中比在蒸馏水中 Zn 的溶解最大加快了 25 倍，Cu 和 Pb 的溶解最大加快了 45 倍。Г. П. 邦达连柯实验研究了腐殖酸和富里酸对重金属的地球化学作用，在 pH＝6.5～10 的范围内 Cu，Pb 和 Zn 与该有机酸的络合物具有很高的稳定性。实验表明，矿物、岩石和月岩样品（阿波罗号样品）的溶解度在有机酸溶液中（柠檬酸、水杨酸、酒石酸等）比在水中增加 2～500 倍（对不同元素），而月尘的溶解度在有机酸溶液中比在水中增加 15～1 000 倍。显然，查明有机形式对化学元素迁移的影响，对应用水文地球化学方法普查金属矿床和研究成矿理论问题都有很重要的实

际意义。

在亚速夫—库班自流盆地进行了碘、溴和水溶性有机物质之间关系的研究。结果表明，碘呈碘—有机化合物和有机络合形式存在，有机碘及其络合物通过溶解迁移。在温度增高和水中富含能提高有机碘化合物溶解度的有机物质时，有机碘及其络合物的溶解性能增强。

在美国和加拿大，详细研究过有机化合物对元素在天然溶液中搬运及其性状的影响。研究了水溶有机物质在铝的地球化学中的作用。讨论了在有机物质存在的溶液中，使铝含量提高 10～1 000 倍的可能性；研究了简单有机分子在络合物形成过程中所起的重要作用。研究表明，在天然条件下，铝与有机酸呈络合物的形式能搬运很大的距离。

有的作者研究了有机物质对金属的迁移率及迁移能力的影响。在有机物质存在的情况下，金属呈碳酸盐、氢氧化物、硫化物形式沉淀的能力降低。B. 贝克尔还研究了腐殖酸对破坏矿物和金属迁移过程的影响。

三、铀和有机物质的关系

近年来的研究表明，国内外大多数砂岩型铀矿床的含矿主岩通常含有机物质或油气，部分砂岩型铀矿含矿主岩的油气二次还原作用明显；大多数砂岩型铀矿床的形成，都在不同程度上与微生物、有机物质或油气的地球化学行为有联系。如美国科罗拉多高原的格兰茨矿带，属含铀腐殖酸盐型，在该矿带内所有矿床的铀矿化都与有机物质的关系极为密切，是典型的铀、有机物质成矿作用形成的砂岩型铀矿床；美国怀俄明地区的泡德河盆地、谢利盆地的卷状铀矿床的形成与矿床主砂岩内的有机物质关系密切；美国南得克萨斯海岸平原卷型砂岩铀矿的形成，深部油气、硫化氢沿断层导入砂体还原沉淀铀起了关键作用；乌兹别克斯坦的中央克兹尔库姆地区的萨贝尔萨依和凯特缅奇两个层间氧化带砂岩型铀矿田的形成与相邻布哈拉席文油气盆地的油气流体渗入密切相关；我国新疆伊犁盆地南缘的 512 可地浸砂岩型铀矿床产在第 5 煤层与第 8 煤层之间，矿床的形成可能与矿床中的有机物质及煤成烃密切相关。

尹双金等(2005)对新疆吐哈盆地十红滩铀矿铀与有机碳相关性研究表明，铀的成矿富集与有机物质密切相关。该矿床 3 个典型氧化带样品的平均有机碳含量为 0.07%；9 个铀矿石或铀异常样品的平均有机碳含量为 0.93%，其中铀含量大于 100×10^{-6} 的 5 个铀矿石样品，平均含有机碳 1.12%；还原带未蚀变砂岩的 5 个样品平均有机碳含量为 0.35%。显示出过渡带铀的成矿富集与有机物质的密切关系。

有机物质对许多元素的溶解、迁移和沉淀都有重要影响，其中有机物质与铀的关系具有代表性，目前对这一问题的研究程度也比较高。

在表生带有水和有机物质的地方，也就是在土壤、风化壳含水层及地表水中，生物(主要是微生物)在氧存在的情况下，能分解有机物质使水饱含 CO_2 及富里酸等极易活动的化合物，从而提高了地下水富集的能力。但当有机物质在缺氧的条件下分解时，则产生还原性气体(H_2S、CH_4 和 H_2 等)，从而造成对铀沉淀成矿有利的条件。

1. 水溶性有机物质对铀在地下水中富集的影响

原生砂岩中的有机物质在矿前阶段(沉积物形成和成岩阶段)是铀的主要聚集剂和载体，在该阶段有机物质对铀主要表现为吸附作用。据向伟东(1999)、黎彤(1976)、王剑锋(1986)等人的研究成果，吐哈盆地十红滩地区含矿主岩未氧化岩石中的铀已有明显的预富集。这种原生砂岩中有机物质聚集的铀为铀成矿提供了部分矿质。当原生砂岩中的有机物质发生氧化时,其吸附聚集的铀进入溶液中迁移,参与成矿作用。

铀酰与溶解的腐殖质之间有较为强烈的络合。由于溶解腐殖质,特别是溶解富啡酸对铀的强烈络合作用,足以引起铀从岩石中活化,并形成铀酰富啡酸络合物迁移,提高了铀的活化和迁移能力。

有机物质分解演化所生成的各种有机酸(如腐殖酸、甲叉茂酸、富里酸和草酸等)可以同铀酰组成络合物。这些络合物稳定条件不同:腐殖酸铀酰、甲叉茂酸铀酰在弱碱弱酸性介质中是稳定的;富里酸铀酰在中性介质中是稳定的。水溶液的 pH 及 HCO_3^- 对呈 UO_2OH^+-有机络合形式迁移的铀起着重要的控制作用。HCO_3^- 离子含量高时,铀以无机形式迁移。只有当 HCO_3^- 含量低时,才以铀一有机络合物形式迁移。在 pH 小于 7 以下的弱酸性溶液中,UO_2OH^+-腐殖酸络合物较稳定,对铀呈有机形式迁移有利。在强氧化环境下的弱酸性介质中,铀呈 UO_2OH^+-腐殖酸络合物形式迁移。在中等氧化环境下的弱碱性介质中,铀以无机形式(碳酸铀酰)迁移。

2. 有机物质对铀的沉淀富集成矿作用

美国地质调查局 Charles S. Spirakis(1996)的研究成果表明,在卷状铀矿床所有的成因模式中,有机物质均起重要作用,甚至在还原剂是黄铁矿而不是有机物质的地方,也是有机物质首先将硫酸盐还原成硫化氢,才导致黄铁矿的形成。

据俄罗斯 M. Ф. 马克西莫娃(1993)资料,在岩石的固相组合中,褐煤可以作为直接的铀还原剂,与水溶液处于平衡状态的褐煤可使水溶液的氧化一还原电位(Eh)降低 −60~360 mV。

有机物质降低成矿溶液的 Eh 值,改变成矿地球化学环境。据前苏联学者的研究成果,氧化还原过渡带环境是厌氧细菌微生物中的还原硫酸盐菌、生成氢菌和甲烷菌最繁茂、最发育、最活跃的地带。在过渡带内的还原硫酸盐细菌催化下,有机物质将层间水中的硫酸根还原为 H_2S,其中一部分 H_2S 进而与 Fe^{2+} 生成黄铁矿。

在 512 可地浸砂岩型铀矿床的成矿过程中,煤成烃是铀的有效还原剂,对铀的还原沉淀富集成矿可能起到重要的作用。

实验证明,很多有机物质具有从稀溶液中沉淀、富集铀的能力。有机物质与铀结合的机理很复杂,有吸附作用、离子交换和铀有机化合物的形成;此外,铀的沉淀也可以是有机物质及与其有关的气体的还原作用的结果。但是,在研究铀同有机物质的共生联系时得知,如果当初认为铀的有机络合物及吸附作用有主导意义的话,那么现在多数研究者认为,有机物质和铀之间的氧化一还原反应具有主要意义。

在表生带,天然有机物质氧化强烈。在缺氧条件下,氧可由各种无机化合物 Fe_2O_3、SO_4^{2-}、NO_3^- 及 VO_4^{3-} 等提供。这时,它们还原成 Fe^{2+}、H_2S 及 V^{3+} 等。在自然界,广泛存在还原硫酸盐中硫的现象。这种硫以 SO_4^{2-} 离子形式存在于地下水中,这一还原反应,是在厌硫细菌的积极参与下进行的:

$$CH_4 + SO_4^{2-} \longrightarrow H_2S + CO_3^{2-} + H_2O$$

甲烷是天然有机物质的自然演化产物,它非常广泛地分布于地壳中。因此,在细菌的参与下,它使天然水所含硫酸盐中的硫还原成 H_2S 是很普遍的现象。围岩中的铁在 H_2S 的作用下，于有机物质堆积物周围形成黄铁矿即与此有关。在透水岩石和破碎带中，这种作用能扩展很大的范围，并改变岩石的原来面貌。这些作用的结果是产生强还原介质，铀在这种介质中还原并沉淀下来。黄铁矿同有机质共生的主要原因正是如此。

在沉积成岩阶段初期，即沉积物与沉积介质（海水或湖水）尚未隔离的情况下，由于埋藏在沉积物中的有机物质在缺氧条件下分解，产生了 H_2S，NH_4，CH_4 和 H_2 等还原性气体。这些还原性气体使淤泥水中的氧化－还原电位（Eh）低于底层水的氧化还原电位。因此，分散在淤泥水中的铀将被还原成四价而沉淀于淤泥中。结果使淤泥水中铀的浓度低于底层水中铀的浓度，因此在浓度差的驱使下铀从水体向淤泥水中扩散，直到沉积物与介质隔绝之前都可由这种方式在淤泥中富集铀，这种铀在淤泥中富集的方式可称为同生富集。

在泥炭固定铀的作用中，还原反应有重要意义。在泥炭中测定的铀的氧化还原电位值从－50～－100 mV；而当介质的 pH 为 6～7.8 时，经计算得出的 U^{4+} 沉淀的 Eh 为－70 mV，这就证明了在这种条件下 U^{6+} 还原为 U^{4+} 的可能性。

有机物质的重要组分——地沥青对铀的富集过程起着重要作用。在油气地区常遇到地沥青，因此认为它是石油氧化的产物。但是，在无油显示的沉积岩和变质岩中，也见到很多地沥青类物质。因此，它们也很可能由液、气态碳氢化合物凝固而成。含铀地沥青类物质称为地沥青、沥青岩、焦沥青、沥青铀钍矿及碳铀矿等。铀在地沥青中，既以独立矿物存在，如晶质铀矿、沥青铀矿及铀石，又以一般难辨认的细分散形式存在。同其他天然有机物质一样，地沥青储存铀的主要机理是 U^{6+} 还原成 U^{4+} 的过程，但是吸附过程也有显著意义。

在炭化过程中，有机物质的成分和性质的改变是同去掉其中的一些组分相联系的。在这一过程中，分离出活动组分，如 CO_2，H_2O，CH_4，NH_4，H_2S 及重碳氢化合物。这些产物迁移到渗透性岩石中，并由地下水搬运。

几乎所有组成有机物质和它的炭化产物的元素（N、C 及 S）都具有可变的原子价，并因此能够参与氧化－还原反应。因此，在水－岩石体系中，不仅在有机物质富集地段，而且在它周围相当大的范围内形成介质的还原环境。在这种情况下，决定电位的组分可以是被地下水搬运的有机物质的炭化和生物化学改造产物，硫化氢、氮的氧化物及氢等。这样，在有机物质直接或间接的影响范围内，使铀的还原沉淀成为可能。

四、水中微生物及作用

在地下水化学成分的变质过程中，微生物起着特别重要的作用。它们在水体自净过程中的作用，具有非常重要的意义。

微生物是肉眼看不到的有机体，包括细菌、放线菌——丝状微生物、无叶绿素植物——真菌、含叶绿素植物——藻类、原生动物和超微生物——比细菌构造简单，更微小，是在显微镜下都看不见的特种有机体。细菌可分为喜氧菌和厌氧菌。前者只生活和发育在有自由氧的环境中，氧被它们用于呼吸。后者生存在缺氧的或自由氧的进入受到限制的环境里，细菌从含氧有机物质（如碳水化合物）或矿物盐（如硝酸盐、硫酸盐等）中获得它们所必需的氧。

近年来的研究表明，微生物既能在不深的潜水中发育，也能在循环于 1 000 m 或更深的水中繁殖。微生物可以在很宽的温度范围内（零下几度到零上 85～90 ℃）生存。适合微生物生活的水的矿化度范围也是很大的。有能在盐水中生存的盐生细菌。但是高矿化度和过高的温度，会抑制细菌的活动性。

按微生物的数量、性质和生物化学特征，在地壳剖面上有三个互相区别的微生物带：深度 0.5～1.5 m 的上部土壤带是富含细菌的；土壤下面是风化带，该带岩石具有某种程度的通气性，细菌相当多，喜氧菌与厌氧菌共存，此带厚度有几十米，有时达几百米；最下面的深部带，细菌相对贫乏，并主要是厌氧菌。

开启构造的地下水，富含各种微生物群。在半开启构造的地下水中，主要发育着厌氧菌（如脱硫酸菌）。水文地质封闭构造的地下水大部分缺乏微生物。

微生物利用各种化合物中的碳以建造自己的机体，因此积极参与在自然界中碳化物的转化。在腐生菌作用下，蛋白质及其衍生物腐化产生氨、硫化氢，在尿细菌类的作用下，尿素按下列方程式水解：

$$CO(NH_2)_2 + 2H_2O = (NH_4)_2CO_3$$

这两种过程既可在好气条件下也可在厌气条件下进行。

在硝化过程中，氨盐氮被氧化为亚硝酸盐和硝酸盐。这个过程是在两类微生物作用下分两个阶段进行的。第一阶段的作用菌是亚硝化菌：

$$2NH_3 + 3O_2 \longrightarrow 2HNO_2 + 2H_2O + 661\,514.4\ \mathrm{J}$$

第二阶段把亚硝酸盐氧化为硝酸是由硝化菌进行的。

$$2HNO_2 + O_2 \longrightarrow 2HNO_3 + 180\,032.4\ \mathrm{J}$$

氧化进行得很慢。试验表明，在同样条件下，氧化 10 mg 氨氮成为亚硝酸盐需经历 15 天，而氧化 10 mg 亚硝酸盐成为硝酸盐需 40 天。温度对硝化作用的速度影响很大。这个过程的速度，在 9～26 ℃区间内变化很小，在 6 ℃时急剧变慢，而在零度以下硝化作用实际上完全停止。

去硝化过程：在自然界存在着去硝化菌，即将硝酸盐还原至气态氮的微生物。这种细菌属于兼性厌气菌。去硝化过程是在介质中存在无氮化合物（碳水化合物、纤维素、挥发酸盐等）时进行的。这些物质被由硝酸盐中释放出的氧氧化。

去硝化过程的原理可以用下式描述：

$$4KNO_3 + 5C_{有机} \longrightarrow 3K_2CO_3 + 2CO_2 + 2N_2$$

去硝化过程也可以在缺少有机物但有硫存在的情况下进行：

$$6KNO_3 + 5S + 2CaCO_3 = 3K_2SO_4 + 2CaSO_4 + 2CO_2 + 3N_2$$

这个过程是由微生物脱氮硫杆菌引起的。

生活于同一介质中的微生物之间的关系，有不相斥的或相斥的两种。第一种情况叫做共生，即由于一种微生物的活动，因而给另一种微生物的发展创造了有利条件。硝化过程可以作为共生的例子。如上所述，亚硝化菌氧化氨盐氮，在介质中积存亚硝酸盐，而亚硝酸盐是发展硝化菌的原材料：

$$NH_4^+ \longrightarrow NO_2^- \longrightarrow NO_3^-$$

第二种情况叫做抗生成拮抗，即在某些微生物种类之间产生对抗作用。在这种情况下，一种微生物的排泄产物对另一种微生物可能是有毒的。微生物抗生作用的机理可能是各种各样的。在一些情况下，进行着对食物和氧的竞争，而在另一些情况下，抗生菌产生大量酸，造成其他微生物不能生存的条件。通常是抗生菌分泌出（物质代谢的结果）专门的化学物质，这些物质在周围介质中积累，抑制其他微生物生长和繁殖，甚至有时将它们杀死。

正是由于微生物的上述各种作用，水体中的微生物群体积极参与水的净化过程，它们矿化有机物和氧化一还原无机物(例如使二价铁变成三价铁,使氨变成亚硝酸盐、硝酸盐,使硫化氢变为硫酸盐等等)。因此,污染水的有机物质又促使微生物大量生长,而微生物在其生命过程中又矿化有机物,从而净化被污染的水。水体微生物的抗生作用、直接的阳光作用和清洁水流对水的稀释作用,都有助于水体的自净过程。大量的腐生菌及其伴生菌都属于有益的微生物,它们在好气条件下使有机物质分解,其最终产物为二氧化碳和水;而在厌气条件下,也可将有机物质分解成比较简单的有机化合物——醇类挥发性脂肪酸、甲烷和二氧化碳。

最后应当强调指出,微生物的作用受有机物质的数量、温度、水的矿化度和成分以及水交潜强度等条件的控制。

思考题

1. 略述地下水中有机物质的主要来源及其分布规律。
2. 地下水中有机物质在油气形成中起什么作用?
3. 略述有机物质对铀迁移和沉淀的影响。
4. 略述沉积成岩阶段水中有机物质对铀富集成矿的影响。
5. 微生物的活动怎样对水体自净产生影响?

第四章　水及水中元素的同位素成分

第一节　概　述

一、同位素技术发展历史及现状

同位素技术是近代核技术的一部分，第二次世界大战后，作为原子能和平利用的一个重要方面，在自然科学、工程、农业、医学等各个领域都得到了广泛应用。同位素技术、电子计算机技术、遥感技术并称战后地质学、水文学研究中的三大新技术。

同位素应用于地下水研究，大致开始于 20 世纪 50 年代。初期主要是人工同位素示踪，利用中子、γ 射线源测定土壤含水量、密度、孔隙度等。60 年代，测量技术大大改进，已能测定超微量环境同位素成分，使该项学科迅速发展而得到普遍应用。目前，同位素水文地质学已成为当今水文地质学的主要发展方向之一。

国际上，国际原子能机构（International Atomic Energy Agency）下属的研究与实验处（Division of Research and Laboratories）（总部设在维也纳）下设同位素水文学组，对同位素水文地质学的研究和成果推广发挥了积极作用。该水文学组所做的两项主要工作是：

① 每四年组织一次国际同位素水文学会议（1983 年起，重点议题已转入同位素水文地质学方面）；

② 组织世界雨水同位素浓度监测网，定期出版各观测站降水的 D，T，^{18}O 数据。

除 IAEA 外，联合国教科文组织（UNESCO）发起的国际水文学十年（IHD）也大大促进了同位素、水文学的发展。此外，像国际宇宙化学与地球化学协会等著名的地学组织也非常重视同位素水文地质学的研究及成果应用。

国内起步不晚，20 世纪 50 年代末可作重水分析，60 年代末开始将同位素应用于深层地下水、热水、地震等领域。最近 20 多年来，我国同位素水文地质学有了长足的进步，已建立了许多专业同位素水文地质实验室，如中国地质大学、东华理工大学、中国科学院地质与地球物理研究所、贵阳地球化学研究所等。我国先后召开了一系列同位素水文地质学术会议，显示了同位素方法在热水普查勘探、工程勘察、环境保护、找矿及环境变迁研究等多方面得到了越来越广泛的应用。

二、同位素水文地质学的研究意义

自第二次世界大战以后，经过半个世纪的酝酿、探索和资料积累，特别是技术方法上的迅速发展和突破，同位素水文地质技术已在解决下列一系列问题中发挥了重要作用：

① 探讨各类水体的起源（各具同位素组成特点）；

② 研究雨水、地表水、地下水之间的关系（数量转化关系）；

③ 确定地下水的补给区(测同位素组成^{18}O、D等);

④ 判断水体的运动规律(测氚);

⑤ 提供古气候信息(地表水、地下水的同位素信息可反映古气候的变化,如冰川岩芯中的水同位素研究,可推论出更新世以来的全球气候变化特点);

⑥ 指示热源位置及温度;

⑦ 研究工程地质问题如坝基渗漏、矿坑水的形成;

⑧ 水体测年。

此外,同位素水文地质技术在研究地下水污染、热液矿床成因等方面都具有重要的理论与实际意义。

第二节　同位素基础知识

一、同位素及其分类

1. 定义

在门捷列夫周期表中,已知化学元素的各种原子,是由一定的基本粒子(核子)结合而成的,这些粒子的数量可用Z、N和A表示。Z表示元素的原子序数,它等于原子核中的质子数目或称核电荷数目;N表示原子核中的中子数目;A表示原子核中核子的总数,称为质量数。质量数为质子数目与中子数目的总和。A、N和Z之间的关系如下:

$$A = Z + N \tag{4-1}$$

在门捷列夫化学元素周期表中占有同一位置,其原子核中的质子数相等而中子数不同的某一种元素的原子称为同位素(Isotopes)。如:^{1}H,^{2}H,^{3}H(中子数不同因而具有质量差异)。

2. 分类

按同位素产生的条件,同位素分为:

① 天然同位素:^{3}H,^{14}C,^{18}O,D等(属宇宙起源的同位素);

② 人工同位素:人工氚、^{60}Co、^{82}Br(属人为制造的同位素)。

按核结构的稳定性,同位素分为:

① 稳定同位素:D,^{13}C,^{18}O等(不能自发改变原子性质的同位素);

② 放射性同位素:^{3}H,^{14}C,^{238}U等(可以自发衰变的同位素)。

按进入环境的方式,同位素分为:

① 人工施放同位素:专指在研究过程中通过有目的的人为投放而进入环境中的那部分人工同位素。如地下水流速、流向测定中常用^{131}I等。

② 环境同位素:自然环境中原本存在的天然同位素和在各种核反应过程中自然地进入天然环境的人工同位素的总称。

目前,自然界已发现有92种元素,其同位素大约有1 000种以上,但是在水文地质学中常用的是轻元素的同位素,主要有:氢同位素(^{1}H,^{2}H,^{3}H)、氧同位素(^{16}O,^{18}O)、碳同位素(^{12}C,^{13}C,^{14}C)、氮同位素(^{14}N,^{15}N)和硫同位素(^{32}S,^{34}S)等。氢、氧是组成水的元素,而碳、硫、氮是地下水中的常见元素。研究这些元素的同位素对查明地下水的成因有重要意义。近年来，某些重元素的同位素也受到人们的重视，如铀、镭、钍、锶等。

核素是指具有特定结构的原子核。在原子核模型提出以前，人们就发现存在着原子量不同，但化学性质完全相同的化学元素的变种。这些变种在元素周期表中落在同一位置上，因而命名为同位素。后来在以元素为主要研究对象的化学领域内，把拥有特定原子核组成的原子统称为同位素。这很容易引起概念上的混乱。因此，1947 年 T. D. Kohman 建议把具有特定结构的原子核叫做核素。质子数(Z)相同的核素叫同位素，中子数(N)相等的核素叫同中素、核子数或质量数(A)相同而质子数不同的核素叫同量异位素。目前，核素一词在核物理学领域已得到广泛使用，而在化学及水文地球化学领域里则仍然习惯于将“同位素”和“核素”通用。

实质上，同位素方法是应用物质在更深一个结构层次上(原子核层次)的活动规律来研究和追索物质世界运动过程的方法，它把传统的物理方法和化学方法(分子和原子层次)向前推进了一步。从这个意义上可以说，人工同位素水文地质方法是传统地下水示踪技术及水文物探方法的延伸，环境同位素方法则是传统水文地球化学方法的延伸。

二、同位素组成的表示方法和标准

1. 同位素组成及其表示方法

某物质中某元素的各种同位素的相对含量即为该物质中该元素的同位素组成。如水分子中氢元素有两种稳定同位素^{1}H 和^{2}H，这两种同位素在水中的相对含量即为水的氢同位素组成。

同位素组成的常用表示方法有以下四种：

1) 同位素丰度(Isotope abundance)

指在自然界或某种物质中某一元素的各种同位素所占的百分比。例如，氢在自然界的平均丰度为：^{1}H 为 99.984 4%，^{2}H 为 0.015 6%。自然界中^{18}O 的平均同位素丰度是 0.205%，它表示在十万个氧原子中，有 205 个^{18}O 原子。在这种情况下，^{18}O 好比溶质，所有其他氧同位素之和好比溶剂。

2) 同位素比值(Isotope Ratio)R

指研究对象中某元素的两种同位素含量之比：

$$R = \frac{C_A}{C_B} \tag{4-2}$$

式中，C——同位素含量；A——稀有同位素；B——常见的同位素。例如 D/H，^{18}O/^{16}O，有时也可相反，如^{32}S/^{34}S。这一表示方法的优点是：R 值易于测得，如海水 D/H$=155.76\times10^{-6}$，^{18}O/^{16}O$=1\,997\times10^{-6}$。

3) δ 值(千分偏差值)

指物质中两种同位素的比值相对于某一种标准比值的千分偏差，即：

$$\delta = [(R_{样}/R_{标})-1]\times 1\,000(‰) \tag{4-3}$$

式中，$R_{样}$——样品中的同位素比值；$R_{标}$——标准中的同位素比值。R 值一般以重同位素为分子，轻同位素为分母，如^{18}O/^{16}O。

用 δ 值来表示同位素的相对富集度的优点是，可以一目了然地看出样品中稀有同位素的多寡。当 δ 为正值($\delta>0‰$)时，表示样品比标准富含稀有同位素(即重同位素)；相反，当 δ 为负值($\delta>0‰$)时，表示样品比标准富含常见同位素(即轻同位素)。

如：北京中国地质大学自来水：$\delta^{18}O=-9.699‰$(SMOW)，说明与国际标准相比，富含^{16}O。

4) 放射性活度比(R_α)

指两种放射性同位素的放射性活度之比：

$$R_\alpha=\frac{A_{子}}{A_{母}} \tag{4-4}$$

式中，$A_{子}$——子核素的放射性活度；$A_{母}$——母核素的放射性活度。如：$^{234}U/^{238}U$。

2. 国际标准

为了准确地比较不同样品间同位素比值的变化，国际上通常采用经过严格选择的统一标准。O,H,S,C 国际标准如表 4-1 所示：

表 4-1　O,H,S,C 同位素国际标准

元素	标准	缩写	同位素组成
O	标准平均海水	SMOW	$^{18}O/^{16}O=(1\,993.4\pm2.5)\times10^{-6}$ $\delta^{18}O=0(‰)$
H	标准平均海水	SMOW	$D/^{1}H=(157.6\pm0.3)\times10^{-6}$ $\delta D=0(‰)$
S	美国亚利桑那州卡扬迪亚布洛峡谷陨硫铁	CDT	$^{34}S/^{32}S=0.045\,004\,5$ $\delta^{34}S=0(‰)$
C	美国南卡罗林纳州白垩系皮狄组的美洲似箭石	PDB	$^{13}C/^{12}C=1\,123.72\times10^{-5}$ $\delta^{3}C-0(‰)$

以上标准由 IAEA 和美国国家标准局(NBS)提供。例如，某水样测得其$^{18}O/^{16}O=1\,973.466\times10^{-6}$，则其 $\delta^{18}O$ 值经换算为：$\delta^{18}O=-10‰$(SMOW)，即该水样比标准富含 10‰的^{16}O。

三、同位素分馏与同位素效应

1. 同位素分馏

某元素的同位素由于质量的差异，使其在物理—化学过程中，以不同比例分配于不同物质或不同相之间的现象，称为同位素分馏。

例如，水蒸发时，$H_2{}^{16}O$ 较易进入气相(蒸汽)，使蒸汽相富^{16}O，而 $H_2{}^{18}O$ 较易残留水中，使水富含^{18}O，这表明，水在蒸发过程中会发生同位素的分馏。

原因：质量差异，导致物理性质(如蒸气压)和化学反应速度的差异。

2. 同位素分馏因子

两种物质间同位素的分馏程度一般用两种物质中同位素比值之商表示：

$$\alpha_{A-B} = (R_A/R_B) \qquad (4\text{-}5)$$

式中：α_{A-B}——A、B系统(物质)的同位素分馏系数；

R_A、R_B——A、B物质中重、轻同位素比，如D/^{1}H，$^{34}S/^{32}S$等。

例如，CO_2-H_2O系统中氧同位素交换反应$C^{16}O_2+H_2{}^{18}O \longrightarrow C^{16}O^{18}O+H_2{}^{16}O$，其同位素分馏系数为

$$\alpha_{CO_2\text{-}H_2O} = (^{18}O/^{16}O)CO_2/(^{18}O/^{16}O)H_2O$$

25 ℃时，$\alpha_{CO_2\text{-}H_2O}=1.040\,7$，说明反应后，$CO_2$比与其平衡的$H_2O$富含40.7‰的$^{18}O$。

200 ℃时，$\alpha_{ZnS\text{-}PbS}=1.003\,6$，说明闪锌矿与方铅矿达到平衡时，闪锌矿比方铅矿富集36‰的^{34}S。

同位素在分馏过程中的富集程度(‰)可以用以下公式求得：

$$\delta = (\alpha - 1) \times 1\,000‰$$

3. 同位素效应

当某元素的一种同位素被另一种同位素所取代，从而引起该元素物理一化学性质上的差异的现象，称之为同位素效应。它多种多样，包括热力学同位素效应、动力学同位素效应等，是造成同位素分馏的根本原因。例如，$C^{16}O_2$与$C^{16}O^{18}O$分子相比，扩散时，前者的扩散速度快于后者，引起同位素分馏。

从同位素地球化学角度分析，我们最感兴趣的是同位素物质在转化系统中分离的情况，也就是同位素分馏，因为它是导致自然界物质的同位素组成千变万化的直接原因。而同位素效应则是研究同位素分馏机理的理论基础。同位素效应可分为以下几种：

1) 热力学同位素效应　指与化学平衡和相平衡有关的同位素效应，它发生在处于热力平衡的系统中。产生热力学同位素效应的原因是各种同位素原子和分子能态的差异，这种差异能够在处于热力学平衡的系统中造成同位素分馏，典型例子是同位素交换反应。

2) 动力学同位素效应　指反应速度方面的同位素效应，包括物理作用、化学反应和生物化学作用的速度。反应速度方面的差别也是由同位素原子或分子质量和能态改变而引起的。

3) 其他物理一化学效应　如与蒸发和凝聚、结晶和溶解、吸附和解吸附等过程有关的同位素效应。

4) 生物学同位素效应　有生物参与的各种过程的同位素效应。它们与生命过程有关。许多生物学同位素效应实质上属于动力学效应。

四、自然条件下同位素的分离

在地壳中，元素的同位素成分变化(即分离)，由三种作用引起，即放射性蜕变、天然核反应和同位素分馏。

1. 元素的放射性蜕变

放射性元素蜕变是使同位素丰度发生变化的第一种作用。同位素往往是这些作用的产物，因此不同成因的同种元素具有不同的同位素成分。例如，铀矿物中铅的原子量接近于206.1，而许多钍矿物中的铅的原子量大约为207.9，可见它们的差异是很大的。

2. 天然核反应与宇宙射线

天然核反应是自然界一定能量的粒子(称核弹)射入某种同位素的核,使其发生变化形成一个或几个新核的过程。新核可能是放射性的或稳定的。自然界中最重要的“核弹”是来自宇宙空间的宇宙射线。原始宇宙射线为高能量粒子——电子和光子,它们来自太阳和外层空间。低能量宇宙射线主要为质子,也存在其他的轻核素。90%以上的宇宙射线被大气削弱,这些高速粒子与大气气体碰撞,通过散裂产生了以中子为主要成分的次级粒子。它们以近光速从空间射向地球,对地球大气圈、水圈及地表的作用可以造成各种宇宙成因的同位素,如^{14}C,^{3}H,^{10}Be,^{32}Si,^{36}Cl,^{26}Al等。

3. 同位素分馏

自然界中各种地质作用和地球化学作用,包括化学交换反应过程、不可逆反应、蒸发作用、扩散作用、吸附过程、生物化学反应等,都能引起同位素分馏。同位素分馏主要有以下几种类型:

1) 同位素交换反应

① 定义:在化学系统或物理系统中,物质的分子(化学分子式)未发生变化,但同位素却在物质分子间进行了交换,这种单纯的同位素交换叫做同位素交换反应。或者说,不同化合物之间、不同相之间或分子之间只发生同位素的再分配,而不发生化学变化的反应,称为同位素交换反应。周期表中序数为20(或质量数为40)的钙之前的元素,均能发生同位素交换反应,而产生不同程度的分馏。

② 原因:同位素交换反应是由同位素质量差异所致的热力学参数和分子能级差异引起,故又称“同位素热力学分馏”。

③ 特点:同位素交换反应是一种可逆反应;因同位素(同一元素)具有相同的化学性质,故不发生化学反应,是等体积置换;交换过程中伴随有同位素分子键的断开和重新键合。

④ 影响因素:温度对同位素交换反应有重大的影响。在一般情况下,温度与分馏系数呈反比关系:$\ln\alpha = A/T^2 + B/T + C$,即温度越低则分馏系数越大,而温度越高,分馏系数越小。在高温时同位素的分配在各相中趋于相等。可以认为在700~1 200 ℃的高温下(如岩浆作用),同位素不会产生显著的分馏。关于这一点,通过对岩浆的氧、碳、硫同位素成分的研究已经得到证明。

化学成分影响同位素交换反应。重同位素优先富集在化学键最强的分子中。如^{18}O的优先富集次序由大到小为:石英→斜长石→辉石→橄榄石,这是因为Si—O键强于Al—O键,Al—O键又强于Mg(Fe)—O键所致。由于同位素交换是经过溶解－再沉淀的机理来实现的,故会受盐效应、同离子效应等的影响。水中的盐分由于影响水分子的活度而影响同位素的分馏过程。因此,对高矿化度的水,要考虑含盐度对同位素分馏的影响。

2) 动力同位素分馏

由动力同位素效应(由反应速度差异引起的)引起的同位素分馏,称动力同位素分馏。一般规律是轻的同位素比重的同位素反应速度快(破坏重同位素分子所需能量更大),轻同位素优先富集于产物之中。

在自然界中,由生物化学作用引起的动力同位素分馏最为重要,如硫酸盐的细菌还原作用、有机物的氧化光合作用、根系的呼吸作用以及碳氢化合物的热裂化作用等。如:光合作用中，生物优先吸收^{12}C，^{16}O，^{1}H；有机质经细菌氧化成CO_2和H_2O时，轻同位素在产物中富集，硫酸盐被细菌还原时产物(H_2S)中富集^{32}S等。

此外，动力同位素分馏也可以在物理作用系统中进行，典型的例子是气体分子运动中的分馏作用。不同的同位素分子因质量不同，具有不同的运动速度，因而引起分馏。已知气体分子的平均运动速度与分子重量的平方根成反比。以CO_2为例，前述关系式如下：

$$\frac{V_{C^{16}O_2(44)}}{V_{C^{16}O^{18}O(46)}} = \sqrt{\frac{46}{44}} = 1.022$$

即不含^{18}O的CO_2分子比含^{18}O的CO_2分子的平均速度大22‰。从而在扩散时引起同位素分馏。气体通过固体(如多孔岩石)或液体通过固体扩散时也会产生可察觉的同位素分馏。

动力学效应一般比热力学效应大得多。对于氢同位素，这个差别更为显著，动力学效应约比热力学效应大十倍，这就是用电解水的方法制取重水的原理。

动力系统可分为封闭式和开启式两种。在封闭系统中，动力分馏情况和反应物的消耗程度有关。当反应物全部消耗完时，它们全部转化为产物，因此，没有净分馏。当反应物消耗不多时，可以出现非常明显的分馏。

3) 物理过程引起的同位素分馏

物理过程引起的同位素分馏指物质在溶解与结晶、蒸发与凝聚、吸附与解吸附等物理过程中所发生的同位素分馏。如：100 ℃时，H_2O的蒸气压为760 mmHg(10^5 Pa)，而D_2O的蒸气压仅为721.6 mmHg(9.5×10^4 Pa)，蒸发时显然H_2O更易进入气相，这种分馏作用是我们研究不同水体起源的基础。

第三节 氢氧稳定同位素

我们通常所讲的“水的同位素成分”，一般理解为组成水分子的氢和氧的同位素成分。前面已经讲过，天然水有9种同位素水分子，但其中较有意义的仅有4种：$H_2{}^{16}O$，$H_2{}^{17}O$，HDO，$H_2{}^{18}O$，据统计在10^6个水分子中有：320个HDO；420个$H_2{}^{17}O$；2 000个$H_2{}^{18}O$；997 260个$H_2{}^{16}O$，正是由于上述水分子质量上的差异，导致了它们在一系列物理一化学过程中的同位素分馏。

一、氢氧稳定同位素的分馏

1. 同位素交换反应

同位素交换反应由同位素的热力学效应(分子的质量差异、能级差异)引起。分为一般发生于地下深部高温条件下的水一岩同位素交换和水一气同位素交换两种：

1) 水一岩同位素交换反应

水一岩石相互作用时会发生水一岩同位素交换反应，如：

$$(1/2)Si^{18}O_2 + H_2{}^{16}O \longrightarrow (1/2)Si^{16}O_2 + H_2{}^{18}O$$

由于岩石的$\delta^{18}O$值比水大，因此水一岩同位素交换的结果是使水富含^{18}O($\delta^{18}O$增大)。岩石^{18}O贫化($\delta^{18}O$减小)，这种现象即我们通常所讲的“氧漂移”(Oxygen Shift)。一般在地下高温的条件下(>80 ℃)发生的水一岩作用，“氧漂移”现象比较明显。由于岩石中含氢很少，故水一岩反应一般不会引起氢的漂移。因此，在地下热水中，常常发现其 $\delta^{18}O$ 值高于当地大气降水，而 δD 值与降水 δD 值相近（图 4-1）。

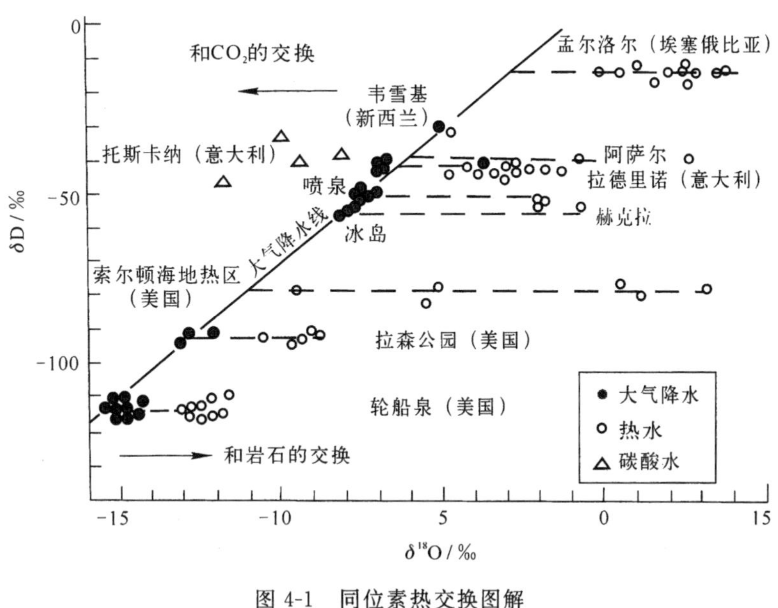

图 4-1　同位素热交换图解

（据 Fontes，1976）

水一岩同位素交换反应的交换程度（^{18}O 漂移幅度）取决于以下因素：

温度是影响同位素交换速度的主要因素，一般温度越高，交换反应的速度越快。交换的时间越长，交换的程度就越高（<60 ℃氧漂移很小）。如石英与水，在 15 kPa 的压力条件下，800 ℃时经 3 天，氧同位素交换即达到 100%（即 SiO_2-H_2O 达到同位素平衡）；而在400 ℃时，经 14 天，氧同位素交换仅 67%。

水及岩石的初始 ^{18}O 含量对水一岩同位素交换反应有重要影响。二者的 ^{18}O 含量差别越大，氧漂移越明显。如水与含 ^{18}O 高的低温海成碳酸盐作用时，^{18}O 漂移较明显；而水与含 ^{18}O 较低的高温热液形成的火山碳酸盐作用，则 ^{18}O 漂移较弱。

水与岩石接触的面积、时间也影响水一岩同位素交换反应。接触的面积越大，氧漂移越大。压力对水一岩同位素交换反应有影响。压力越大，交换速度越快。

2）水一气同位素交换反应

CO_2是水中常见气体，在低温条件下它与水发生如下反应：

$$(1/2)C^{16}O_2 + H_2{}^{18}O \longrightarrow C^{18}O_2 + H_2{}^{16}O$$

25 ℃时，$\alpha=1.0407$，即反应后水的 $\delta^{18}O$ 值比与之平衡的 CO_2 贫 40.7‰。和大量二氧化碳气体接触的某些地热水中 $\delta^{18}O$ 值降低，其同位素组成在 δD-$\delta^{18}O$ 图（图 4-1）上，以降水线为起点向左平移，这正是这种水一气同位素交换反应所致。

另外，在某些条件下，氢同位素之间可发生明显的交换反应。例如：

$$H_2O + HDS \longrightarrow HDO + H_2S$$

使地下水的 δD 值增大。

2. 物理过程中的同位素分馏

(1) 扩散作用引起的同位素动力分馏

同位素不同的分子，由于其质量不同，分子平均速度不同，因而在分子扩散中引起同位素分馏。已知气体分子的平动速度与分子质量的平方根成反比。例如，$H_2{}^{16}O$ 的分子量为18，其平动速度 $V_{H_2{}^{18}O}=\frac{1}{\sqrt{18}}=0.2357$；$H_2{}^{18}O$ 的分子量为 20，其平动速度 $V_{H_2{}^{18}O}=\frac{1}{\sqrt{20}}=0.2236$。由于二者的平动速度不同，所以在分子扩散过程中产生分馏。分子扩散分馏系数用轻同位素分子与重同位素分子的平动速度之比来表示。例如：$H_2{}^{16}D$-$HD^{16}O$ 系统的水分子扩散分馏系数为 1.027。而 $H_2{}^{16}O$-$H_2{}^{18}O$ 系统的水分子扩散分馏系数为 1.054。

(2) 蒸发和凝结过程引起的动力同位素分馏

对于氢氧稳定同位素来说，蒸发和凝结是引起同位素分馏的重要作用。这类作用可以是平衡过程，也可以是不平衡过程。由蒸发作用引起的同位素分馏是很复杂的，它受温度、湿度、蒸发速度及空气中同位素分子扩散作用等因素控制。通常，与液体的原始同位素组成相比，蒸发后其 $\delta^{18}O$ 值可增加几倍，δD 值增加几十倍。这种现象在干旱地区尤为明显，例如，在萨哈拉的 Sebkhas 地区 $\delta^{18}O$ 值可增加 30～40 倍，δD 值可增加 150 倍。一般说来，当温度升高时，在水面和水面附近同位素分馏将减弱。对于水的气、液、固三相来说，水蒸气总是富含轻同位素，而固相(冰)总是富含重同位素。

(3) 单向化学反应引起的动力同位素分馏

在不可逆的化学反应过程中，轻同位素常常在生成物中有选择性地富集，从而引起动力同位素分馏。例如在有机物被细菌所氧化成的 CO_2 和 H_2O 中，^{16}O 相对富集；水被植物吸收转移到植物的有机质中时，富集 ^{1}H 和 ^{16}O；当硫酸盐被细菌还原时，残余硫酸盐不但富含 ^{34}S，而且富含 ^{18}O，^{34}S 和 ^{18}O 的富集程度之比接近于 4∶1。应当指出，自然界中动力同位素分馏不仅取决于各个同位素分子的反应速度，而且和反应物的消耗程度有关。若反应物全部耗尽，则生成物的同位素组成与反应物的同位素组成相同。相反，如果反应物消耗很少，则可能产生非常明显的分馏。

二、天然水的氢、氧稳定同位素组成

1. 海水

现代海水的 D 和 ^{18}O 同位素的组成变化很小，在地质历史上变化也不大。据估算，如果世界上所有冰盖全部融化，海水的 $\delta^{18}O$ 值将变为 $-1‰$，δD 值将变为 $-10‰$。因此，至少自寒武纪以来，海水的氢氧同位素变化范围是：

$$\delta^{18}O=0\sim-1‰,\delta D=0\sim-10‰$$

在海面 500 m 深度以下，海水的 $\frac{D}{H}$ 和 $\frac{^{18}O}{^{16}O}$ 比值很均一，其 δ 值接近于零。但表层海水，由于蒸发作用影响，因而同位素组成变化较大。表层海水的 δD 和 $\delta^{18}O$ 值之间显示出一定的关系，即 $\delta D=M\delta^{18}O$，式中 M 随地区蒸发量与降雨量比值的增加而减少。据统计，以下海域的 M 值：北太平洋为 7.5；北大西洋为 6.5；红海为 6.0。一般含盐量高的海水，所含 D 和 ^{18}O 也较高。此外，赤道附近海域的表层海水，因强烈蒸发而富含重同位素，而在高纬度海域，由于受冰融水的影响，表层海水的D和^{18}O含量偏低。

2. 大气降水

大气降水是指最近参加过大气循环的水，包括雨、雪、冰川冰、汽、溪水、河水、湖水和大多数的低温地下水。大气降水的氢氧同位素组成变化范围很大，$\delta^{18}O$由0～－60‰，δD由＋10‰～－400‰。大气降水的D和^{18}O含量之间存在着线性关系，列于图4-2。1961年，Craig根据全球降水资料，经统计得到δD和$\delta^{18}O$关系如下：

$$\delta D = 8\delta^{18}O + 10$$

所有水和冰的同位素的组成基本上沿一条直线分布，也就是图4-2中的克雷格(Craig)线，通常称其为克雷格降水线。这个关系式可理解为：在平衡条件下的水和水汽之间δD的差值比$\delta^{18}O$的差值约大8倍。由于海洋水表层蒸发时的动力学分馏作用，这条直线并不经过表示平均海水同位值组成的原点($\delta D=0, \delta^{18}O=0$)。δD和$\delta^{18}O$之间的线性关系是由于水在蒸发和凝聚过程中产生的同位素分馏所造成的。比较新的资料证明，在蒸发时存在着D和^{18}O浓度变化的同步性，即氢和氧的重同位素同时增加。这个情况增强了分馏过程，因此蒸发对分馏同位素起主要作用。其他因素只有次要的意义，对它们的效果也研究得不够。

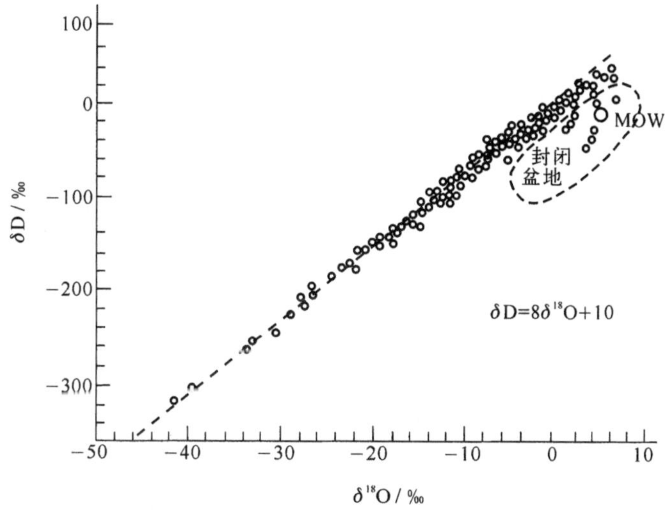

图4-2 大气降水δD-$\delta^{18}O$关系

(据Craig，1961)

大气降水主要来自由海水蒸发形成的蒸汽团。在蒸汽团向大陆运移的过程中，由于不断地凝结和形成降水而引起同位素分馏，其结果是使降水和蒸汽中的同位素随之不断地变化，在其他条件相同时，同位素分馏效应随温度的降低而加强，当相态发生快速转变时，可使含^{18}O水分子的扩散分馏明显增大等等。这些因素的影响，使降水中的同位素组成随着自然地理条件的不同呈现出有规律的变化。这些变化规律分别称之为温度效应、纬度效应、大陆效应、季节效应、降雨量效应和山体屏蔽效应。

(1) 温度效应：降水的氢氧同位素组成与地面或云层温度有关。温度升高，δ值随之增大，温度降低，δ值随之减少。丹斯加尔德(W. Dansguard，1964)经过多年研究指出，在中一高纬度的滨海地区，大气降水的年平均 δ 值与该区的地面年平均温度呈直线关系：

$$\delta^{18}O = 0.695t - 13.6(‰)$$

$$\delta D = 5.6t - 100(‰)$$

式中，t——地面年平均气温(℃)。由上式可知，气温变化 1 ℃，$\delta^{18}O$ 变化 0.7‰，δD 值变化 5.6‰。

(2) 纬度效应：大气降水中 D 和 ^{18}O 含量随纬度增加而减小，也就是说，大气降水的氢氧重同位素含量随年平均气温下降而减少。据统计，一般纬度效应约为 0.5‰/度(Yurtsever，1975)。我国由广州至北京，纬度差为 15.42 度，$\delta^{18}O$ 值差为 3.68‰，纬度效应大致为 0.24‰/度(郑淑蕙，1982)。

(3) 大陆效应：大气降水中 δD 和 $\delta^{18}O$ 值由海岸向大陆方向递减，称为“大陆效应”。海洋蒸汽团自海洋上空向大陆内部运动时，要经受多次的冷却和凝结，因此，大气降水中 ^{18}O 和 D 含量由沿海到大陆内部越来越少。

(4) 高度效应：在地形起伏较大的地区，大气降水中 ^{18}O 和 D 含量随海拔高度增加而下降的现象称为“高度效应”。同位素“高度效应”在数值上用“同位素高度梯度”来表示。实际上，同位素高度效应是同位素温度效应的反映。不同地区同位素高度梯度变化很大，这主要是由于不同地区气温高度梯度不一样造成的。

现有资料表明，$\delta^{18}O$ 及 δD 的高度梯度变化范围是：－0.15‰～－0.5‰/100 m 和 －1.2‰～－4‰/100 m。例如，瑞士伯尔尼斯奥伯兰特平均 $\delta^{18}O$ 梯度约为－0.2‰/100 m；在捷克和希腊也得到类似的结果；在气温较低的格陵兰，$\delta^{18}O$ 高度梯度－0.6‰/100 m。我国西藏东部和四川、贵州等地 δD 的高度梯度达－2.6‰/100 m，$\delta^{18}O$ 高度梯度为－0.31‰/100 m(中国科学院地球化学所，1981)。江西省庐山 $\delta^{18}O$ 的高度梯度约为－0.16‰/100 m。北京大学等单位测得喜马拉雅山区在 5 000～7 000 m，δD 的高度梯度达－9.3‰/100 m，这大大超过了常见值，说明海拔高度越大高度效应就越明显。

(5) 季节效应：气温、湿度、蒸发和降水的季节变化可导致大气降水中重同位素含量的变化。一般夏季 δ 值大，冬季 δ 值低。$\delta^{18}O$ 变化幅度为 5‰～20‰，δD 变化幅度为 20‰～50‰。直接受海洋气候影响的地区变化幅度较小。

(6) 降雨量效应：雨量的大小对降水的同位素组成也产生影响。通常雨量越大，δ 值越小。

(7) 山体屏蔽效应：一般指山体背风坡，沿着云团前进方向降水的 δ 值增高的现象。山体背风坡由于地形发生变化，云团由上升转为下降，气温升高，部分雨滴转变为蒸汽，结果云团蒸汽的重同位素含量增高。

3. 地下水

由大气降水补给的地下水，其同位素组成应该和大气降水一致。由于补给地下水的大气降水的同位素组成有季节变化，因此存在一个如何确定补给某一含水层的大气降水的平均同位素组成的问题。可以考虑用降水量加权平均，求得 δD 和 $\delta^{18}O$ 的年平均值。但实际上，不同季节的大气降水对地下水的补给作用是不相同的。例如，干旱季节的雨水一般达不到地下含水层，而主要消耗在蒸发和蒸腾上。因此，必须根据每个地区的气候及水文地质条件确定计算年平均 δD 和 $\delta^{18}O$ 的方法。

地下水在渗流过程中的同位素分馏是可以忽略的。有人曾从延伸 1 100 km 的砂岩含水层取样，测定氧同位素组成，其结果证明，尽管地下水的化学组成有很大改变，而 $\delta^{18}O$ 值并未发生明显的变化，在径流非常缓慢的自流盆地中，有时会观察到氢、氧重同位素含量随地下水流向而增加的现象，这是由于在自流水盆地的各个地段，大气降水和海洋沉积物内封存的海水的混合比例不同造成的。

蒸发过程不仅存在于地表水体，在埋深不大的潜水层表面，理论上也存在蒸发过程，但是这对地下水的氢氧同位素组成影响不大。地下水和岩石之间氢同位素交换的影响也是可以忽略的，但是在高温条件下，由于水和含氧岩石的氧同位素交换，可能使地下水的^{18}O含量增加。

第四节　硫的同位素成分

一、硫的同位素丰度和组成标准

自然界的硫有以下几个价态，即S^{2-}存在于硫化物、含硫盐和硫化氢中，S^{6+}存在于硫酸盐中，S^{4+}存在于火山喷气物SO_2中和S^0存在于自然硫中。在地壳及其表面的条件下，经过多次反应产生了硫同位素组成的某些分馏。它主要与交换反应有关，示于图4-3。

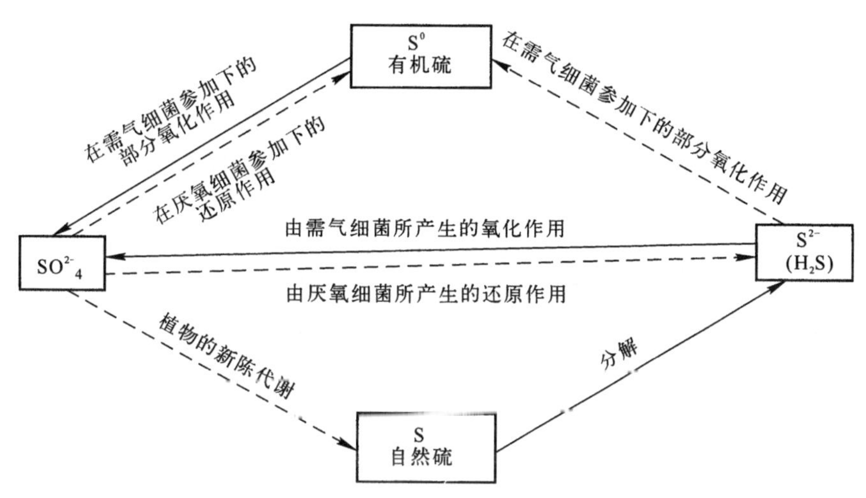

图4-3　有机物参加时硫的地球化学循环图

（据《简明地球化学手册》，1977）

天然硫由四个稳定的同位素组成，它们的平均丰度为：^{32}S—95.1%，^{33}S—0.74%，^{34}S—4.2%，^{35}S—9.016%。

近代的研究表明，天然物体中硫的同位素组成变化很大，这是由上面所指出的硫的地球化学性质所决定的。对硫同位素组成测定的大部分工作仅仅是测定天然硫的两个主要同位素，即^{32}S和^{34}S的比值。

硫的四个稳定同位素中，分布最广的是^{32}S和^{34}S。各种不同天然物体的$^{32}S/^{34}S$是互有区别的，这反映在不同来源硫的相对原子质量上。现已确定，陨石硫的$^{32}S/^{34}S$是很稳定的。据A.П.维诺格拉多夫的假说，上地幔的硫同位素成分与陨石硫的同位素成分是相近的。陨石硫的$^{32}S/^{34}S$很稳定，它等于22.22，因而以此作为区分地壳上部同位素的界限。在这里见到富含或缺少硫的轻同位素的次生硫。前苏联用锡霍特一阿林斯基陨石的陨硫铁的硫作为标准，它的$^{32}S/^{34}S$等于22.22。前已述及，国际上一般用迪亚布洛峡谷的陨石硫的同位素组成作为标准，$^{32}S/^{34}S$为22.22(即$^{34}S/^{32}S=0.0450045$)，$\delta^{34}S=0.00‰$。1962年美国生物地球化学学会上曾决定：为了简便起见，以陨石的$^{32}S/^{34}S$为22.22($\delta^{34}S=0.00‰$)为标准。此后上述比值的计算均与这一标准相比，即$\delta^{34}S$等于：

$$\delta^{34}S=\frac{^{34}S/^{32}S(\text{样品})-{}^{34}S/^{32}S(\text{标准})}{^{34}S/^{32}S(\text{标准})}\cdot 1\,000‰$$

$\delta^{34}S$大于零，表明标本样品比陨硫铁富含重同位素^{34}S，$\delta^{34}S$小于零，表明富含轻同位素^{32}S。

一般可以认为：$^{32}S/^{34}S$比值大于22.30的硫为生物成因，而小于22.18的为非生物成因。

二、硫同位素的分馏

在地壳中所遇到的元素都有不同程度的氧化现象。硫化氢被氧化成硫或硫酸盐，一般不引起明显的同位素分馏。因此，近地表H_2S氧化的产物(S,SO_2,SO_3)的同位素成分与原来硫化氢的同位素成分相似。黄铁矿变为硫酸盐的过程也没有明显的分馏作用，但在漫长的地质时期，如果黄铁矿和硫酸盐处于紧密接触状态，黄铁矿与硫酸盐之间可能进行同位素交换。

在由海水中结晶出石膏的过程中，没有见到硫同位素的分馏。实验证实，石膏由固相转入液相(溶解)同样没有硫同位素的分馏。研究自然物体硫同位素的比值表明，蒸发岩类和海洋水的硫酸盐比陨石和岩浆岩更富含同位素^{34}S。

在伴随着硫化物形成的生物还原硫酸盐的过程中，主要是析出硫的轻同位素，同时形成硫的重同位素成分的硫酸盐。硫化氢一般最富含硫的轻同位素，其富集程度反映形成时的局部条件的特点。根据A.П.维诺格拉多夫和B.A.格尔宁格的资料，生物成因的硫化氢及其变化产物的同位索，取决于还原过程的深度和去硫菌活动圈的剩余硫酸盐。无限数量的硫酸盐的缓慢还原过程能最大限度地分离硫的同位素，随着这个过程强度的增加，分馏作用的强度减小。也就是说过程进行得越慢，分馏系数越大。细菌还原硫酸盐的分馏作用最大是6%左右，最小实际上接近于零。经实验所得平均值为1%～3%。

当硫酸盐的数量有限时，介质中最初形成的硫化氢富含轻同位素，随着硫酸盐的消耗，硫化氢的硫同位素成分越来越重。所有被还原的硫化物——硫化氢、水陨硫铁、黄铁矿和自然硫一般都强烈富含^{32}S。

正如已指出的，硫酸盐的硫同位素成分比硫化物的重，但经常有例外。此外，原生硫化物中的^{34}S应与次生的有所不同。同样，应将石膏分为原生石膏和次生石膏。

解释天然水的同位素成分时，一般从下述前提出发，即如果水中的硫酸盐是来自溶解的石膏，水中硫的重同位素含量应大概等于石膏本身的重同位素含量，因为在溶解过程中见不到硫同位素的分馏。但是这种吻合仅在硫酸盐的细菌还原作用不明显的地方才能见到。当地下水中由于去硫作用积累了很多硫化氢，同时硫酸盐的数量也很多时，硫化氢才富集硫的轻同位素，而水中硫酸盐中硫的重同位素相应增加。

水中因硫化物氧化而形成的硫酸盐，很明显将具有硫的轻同位素成分。地表水和潜水与深层地下水混合，使深层水的硫酸盐中硫的重同位素减少。

三、地表水的硫同位素组成

海洋水硫酸盐的硫同位素成分经常用于解决成因问题。现代海洋硫酸盐的硫同位素成分是相当稳定的，未受河水影响的海洋水的 $\delta^{34}S$ 的平均值为＋20‰。但在漫长的地质时代海洋水的硫同位素成分曾大大地改变过。

根据间接的证据，前寒武纪海洋水中的硫酸盐曾富含 ^{34}S。下古生代硫酸盐的硫含 ^{34}S（到 30‰）最多。据推测，从寒武纪到志留纪的这一时期内，硫酸盐中的硫富含 ^{34}S。在二叠纪海水中的硫酸盐的硫变得最轻，蒸发岩的 $\delta^{34}S$ 平均为＋9‰到＋11.5‰。二叠纪以后 $\delta^{34}S$ 开始增加，到三叠纪它变动于＋17.5‰到＋21‰之间，上侏罗纪则由＋18‰到＋19‰。从第三纪到现在海水中的 $\delta^{34}S$ 几乎没有变化。

正如推测的那样，上述硫同位素成分的变动是出于在过去的地质时代，海洋水中细菌还原硫酸盐的作用、岩石的风化、火山活动等过程的强度发生过变化。

与海水相比，淡水和大气降水的硫酸盐中含有较多的 ^{32}S。因此，在强烈受河水影响的黑海湾、亚速海和里海，硫酸盐的同位素成分与大洋水有很大差别。例如黑海沿岸的 $\delta^{34}S=+18.9‰$。而整个黑海是＋19.3‰。亚速海岸刻赤城附近 $\delta^{34}S=+15.5‰$。与大洋隔绝的里海 $\delta^{34}S=+8.4‰$。里海切列金沿岸的同位素成分 $\delta^{34}S=+10.1‰$，很明显，这一部分海水受河水的影响较少。

对溶解于河水的硫酸盐，硫的同位素成分暂时还研究得不够。俄罗斯水化学研究所曾对俄罗斯欧洲部分的 53 条河流取了 200 个水样进行 $\delta^{34}S$ 测量。$\delta^{34}S$ 值由－5.3‰到＋17.2‰。53 条河流 $\delta^{34}S$ 的平均值为＋5.8‰。河水的硫酸盐中硫的稳定同位素的比例不仅沿河的长度变化，而且在同一过水断面上也有变化。例如在顿河的阿萨河口，$\delta^{34}S$ 由＋1.9‰变化到＋7.2‰。

很明显，河流的地理位置很少影响 $\delta^{34}S$ 的数值。虽然涅瓦河（＋5.6‰）和楚期干河（＋5.5‰）所处的地理分带不同，但它们的 $\delta^{34}S$ 几乎相等。影响河水硫酸盐硫同位素成分形成的主要因素是河流补给区的岩石成分、补给河流的潜水成分和在河流中进行的作用。

四、地下水的硫同位素组成

硫同位素成分的研究是比较困难和昂贵的，地下水中硫酸盐的同位素成分的资料目前还不多，而且多半是矿水和热水的资料。

P. Г. 潘金娜等研究了高加索矿泉水中硫酸盐和硫化物中的硫的分布。他们的出发点是，当层间水的硫酸盐源于溶滤硫酸盐时，它们的硫同位素成分应当是相似的。

在高加索矿泉区侏罗系沉积岩层间水中，总硫的同位素成分明显地区别于岩石中次生硫酸盐的同位素成分，而与在蒸发盐中的硫相似。可见原生硫酸盐古蒸发岩是水富集硫酸盐的主要来源，而粘土沉积中的次生硫酸盐只有次要意义。基斯洛沃茨克的矿泉水 $\delta^{34}S$ 介于＋11.4‰到＋12.0‰之间，即与沉积石膏和硬石膏的 $\delta^{34}S$ 平均值（由＋11.1‰到＋12.0‰）相近。皮亚蒂戈尔斯克侏罗系石膏的 $\delta^{34}S$ 为＋12.5‰。基斯洛沃茨克矿泉中 SO_4^{2-} 的高含量（1.52～1.76 g/L）和缺乏硫化氢，证明这些水没有经受次生变化。

玛采斯塔的水中硫酸盐很少（3.4～2 mg/L），但硫化氢很多。硫化氢的 $\delta^{34}S$ 由＋8.8‰到＋11.8‰，硫化氢这样异常地富集硫的重同位素，可能是因为细菌还原硫酸盐过程进行得很强烈，而且进入水中的硫酸盐有限。

P. Г. 潘金娜等研究了库比雪夫省谢尔盖硫化氢泉水的硫酸盐和硫化氢的硫同位素成分。补给这些泉的含水层集中在背斜的顶部，后者由含石膏的白云石和石灰石组成，上部有隔水层覆盖，并因此而形成缺氧的环境。硫化氢水的成分如下：H_2S 0.085$M2.7\frac{SO_{76}^{4}HCO_{21}^{3}}{Ca_{77}Mg_{21}}T8$。泉水硫酸盐的硫同位素成分 $\delta^{34}S$ 的变动是不大的(由+12.4‰～13.8‰)，比同地区二叠纪蒸发岩中硫酸盐的 $\delta^{34}S$ (由+8.2‰～10‰)要高，这表明水中硫酸盐所含 ^{34}S比蒸发盐多。水中硫酸盐的硫要重 2.8‰～4.2‰，这是水中细菌还原作用的结果。在这一还原过程中，轻的同位素^{32}S集中于 H_2S 内，而重的^{34}S集中于 SO_4^{2-} 内。泉水硫化氢的 $\delta^{34}S$ 变动于−29.8‰～−25.2‰。

第五节　碳的同位素成分

一、碳的同位素丰度和组成标准

碳是地壳中分布最广和最活跃的元素之一，它参加很多矿物和有机化合物——石油、天然气、煤等的组成。碳在岩石圈进行强烈的循环。它的同位素成分用来作为岩石、矿物和水形成的地质历史和成因的指标。许多分析表明，不同成因的碳，其同位素组成的差异很大。碳同位素的分离是在生物圈碳的循环过程中产生的，示于图 4-4。碳同位素交换系统如图 4-5 所示，它反映了地球碳循环中各部分的碳同位素组成。

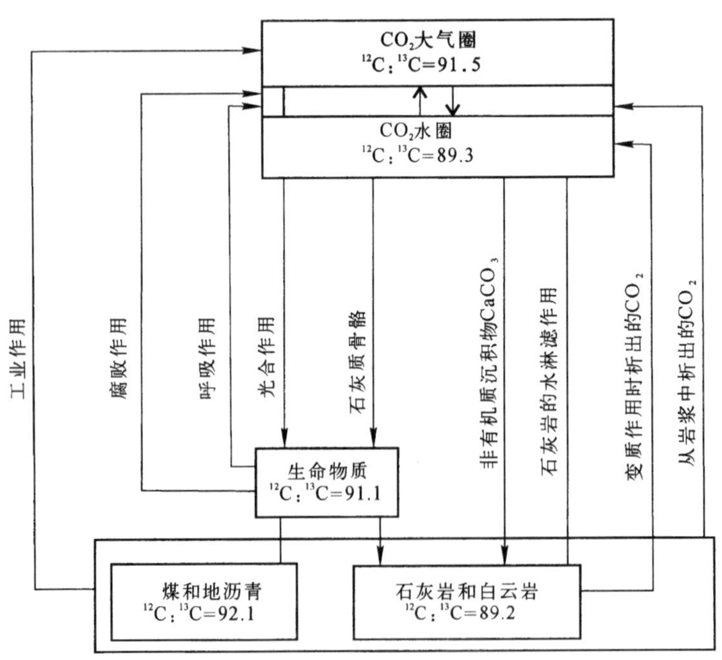

图 4-4　碳在自然界的地球化学循环系统

(据戈尔德施密特－维克曼)

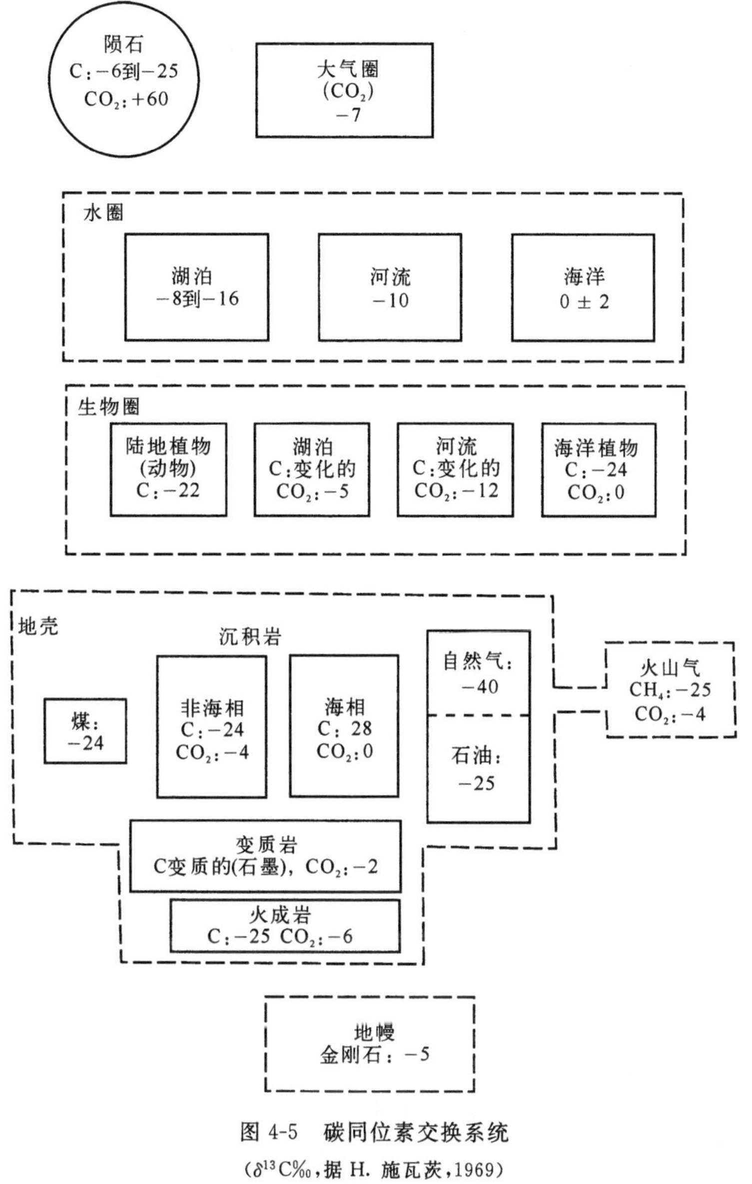

图 4-5 碳同位素交换系统

($\delta^{13}C$‰,据 H. 施瓦茨,1969)

碳有两个稳定同位素——^{12}C 和 ^{13}C。在放射性同位素中,特别有意义的是 ^{14}C。它的半衰期是 5 730 年。同位素 ^{14}C 被用来作为研究生物过程、生物化学过程和其他过程的指示剂。

碳是轻元素。它在自然界形成轻的或易活动的化合物,如 CO_2,CH_4,CO_3^{2-},HCO_3^- 等等。碳的地球化学历史是各式各样的,这就造成了在自然界区分同位素的有利条件。碳的稳定同位素的平均含量如下:^{12}C—93.892%和 ^{13}C—1.108%。在各种天然物体中碳同位素的含量一般用 $^{12}C/^{13}C$ 来表示,平均值为 89.25,这与石灰岩中碳同位素的平均含量相等。此外还用偏差 $\delta^{13}C$‰来表示:

$$\delta^{13}C=\frac{^{13}C/^{12}C(样品)-^{13}C/^{12}C(标准)}{^{13}C/^{12}C(标准)}\cdot 1\,000(‰)$$

碳同位素标准参见本章表 4-1,为美国南卡罗林纳州白垩系皮狄组的美洲似箭石

(PDB),其$^{13}C/^{12}C$ 的绝对值等于 1 123.72×10^{-5},将这个数字定为零($\delta^{13}C=0.00$)。再将样品与标准作比较时,$\delta^{13}C$ 正值表示^{13}C 富集,而 $\delta^{13}C$ 负值表示^{13}C 贫化。

用质谱仪分析同位素成分时,最好的化合物是 CO_2。准备试样时,要将被测物质中的碳转化为 CO_2。这就要保证原始碳和 CO_2 同位素成分完全相同,即在准备试样时不应有同位素分馏,也不应有杂质混入。

二、碳同位素分馏

在自然界中,碳同位素像其他轻元素一样在物理、化学和生物作用下产生分馏。一般地说,在碳的有机循环中,轻同位素比重同位素容易摄入有机物质中,而在碳的无机循环中,重同位素倾向于富集在无机盐中(如碳酸盐富含^{13}C)。上述两种碳循环都与大气二氧化碳有密切关系,而且是自然界中碳同位素分馏的两个最重要的过程。

1. 光合作用中的动力分馏

光合作用的结果可使有机物富含^{12}C。大气 CO_2 是光合作用中碳的唯一来源。用酶摄取和固定二氧化碳的实验表明,在光合作用中,植物中碳的分馏主要分两步进行:

第一步是植物优先吸收大气中的$^{12}CO_2$,并溶解于细胞质中。这一阶段的分馏变化范围很大;

第二步是$^{12}CO_2$ 优先固定在初级光合作用产物(已知为"磷酸甘油酸")中。这些初级产物最后变为碳氢化合物。如果溶解的 CO_2 全部固定则碳氢化合物与二氧化碳的碳同位素组成无差别。但在实际上,必定有一部分未参加反应的富集^{13}C 的溶解的二氧化碳被从植物中排除出去。排除得越多,第二步的分馏越大。

2. 微生物活动的碳同位素分馏

细菌的新陈代谢分解出富含^{12}C 的甲烷(CH_4)。生物成因的甲烷,在上部沉积层中形成大量储藏。这是碳同位素分馏的另一个重要过程。

3. 大气 CO_2 —溶解的 HCO_3^- —固态 CO_3^{2-}(碳酸盐)系统的碳同位素交换

在这一系统中,交换反应的结果使重碳酸盐和碳酸盐富含^{13}C。影响这个系统平衡条件的有交换的速度、海洋盐的成分、水的温度和其他条件。

二氧化碳的地球化学和水文地球化学作用是很大的,空气中的 CO_2 是生物合成作用及天然水中 HCO_3^- 和 CO_3^{2-} 的主要来源。地表水中 CO_2 的存在决定着碳酸系统的化学平衡。碳酸盐在 CO_2 的作用下溶解时,水中出现 HCO_3^- 和 CO_3^{2-},它们和 CO_2 之间存在动平衡。这是碳同位素分馏的重要作用之一。CO_2(空气)—HCO_3^-(水圈)—CO_3^{2-}(碳酸盐)同位素交换的每一个阶段都具有自己的热力学同位素效应。在化学平衡的碳酸盐系统中,有从空气中的碳酸向海水中的重碳酸和碳酸盐沉积中富集^{13}C 的明显趋势。因此,海成碳酸盐是自然界重碳最多的化合物。

空气中的 CO_2 和水圈中各种含碳化合物之间的相互作用,用以下交换反应表示。

$$\underset{\text{气}}{^{13}CO_2}+\underset{\text{溶液}}{^{12}CO_2}=K_0^{12}\underset{\text{气}}{CO_2}+\underset{\text{溶液}}{^{13}CO_2}$$

$$\underset{\text{气}}{^{13}CO_2}+\underset{\text{溶液}}{H^{12}CO_3^-}=K_1^{12}\underset{\text{气}}{CO_2}+\underset{\text{溶液}}{H^{13}CO_3^-}$$

$$^{13}CO_2 + {}^{12}CO_3^{2-} = K_2^{12}CO_2 + {}^{13}CO_3^{2-}$$

气　溶液　气　溶液

$$H^{13}CO_3^- + {}^{12}CO_3^{2-} = K_3 H^{12}CO_3^- + {}^{13}CO_3^{2-}$$

溶液　固相　溶液　固相

实验数据表明，第一个反应的分馏作用是不大的，平衡常数 $K_0 = 1.0009$。其他常数因实验测定的困难还没有准确地测出。有些研究者采用 $K_1 = 1.0077$，$K_2 = 1.012$，在 0 ℃时 $K_3 = 1.0042$，在 25 ℃时 $K_3 = 1.0038$。

很明显，具有准确的分离常数值，就可以计算出天然水中 HCO_3^- 离子的碳同位素成分。

三、大气圈中的碳同位素组成

海洋上空的大气 CO_2 很少受其他来源 CO_2 的影响，其 $\delta^{13}C$ 值变化范围较小，平均 $\delta^{13}C = -7‰$，克雷格认为可以把这一数值作为大气 CO_2 的平均值。沙漠和山区大气 CO_2 的 $\delta^{13}C$ 值接近于 $-7‰$，而在森林、草地、耕地等植被发育的地区，由于受到生物腐烂放出的 CO_2 的影响，大气 CO_2 的 $\delta^{13}C$ 值降低。工业城市上空的 CO_2 较海洋区上空的 CO_2 富集轻同位素，例如芝加哥城大气 CO_2 的平均 $\delta^{13}C = -8.3‰$，这与燃烧煤及石油等有关。在某些火山地区或地热区，来自火山喷发的或从热泉中逸出的 CO_2 的 $\delta^{13}C$ 值可能增大，例如美国黄石公园热矿泉附近气体中 CO_2 的 $\delta^{13}C$ 值 $= -6.35‰ \sim +1.06‰$。

土壤空气中的 CO_2 有三个来源：有机物的分解、植物根的呼吸作用和大气 CO_2。因为土壤中 CO_2 分压大大超过大气 CO_2 分压，所以大气来源的 CO_2 可以忽略不计。土壤 CO_2 的 $\delta^{13}C$ 值变化范围较大，由 $-18‰$ 至 $-28‰$。

四、地表水和地下水中的碳同位素组成

据现有资料海水中 HCO_3^- 的 $\delta^{13}C$ 平均值为 $-2‰$，它的界限由 $-1.3‰$ 到 $-2.9‰$。海成石灰岩 $\delta^{13}C$ 的平均值近于零。由于生态属性不同，活有机物质的同位素成分变化于 $-7‰$ 到 $-32‰$ 之间。地表植物 $\delta^{13}C$ 的平均值为 $-25.5‰$。

岩石圈中的碳酸有各种成因。它可能是岩浆成因、变质成因、化学成因和有机成因的。因有机质沉积物的氧化和分解，气态和液态碳氢化合物的氧化而生成的碳酸富含碳的轻同位素；因热变质作用，溶滤碳酸盐和 HCO_3^- 分解形成的碳酸则富含碳的重同位素。

饱含有机碳酸（平均 $\delta^{13}C = -25.5‰$）的潜水中重碳酸的重同位素成分由 $-12.9‰$ 到 $-17.6‰$；地表淡水中的 $\delta^{13}C$ 的平均值为 $-8.5‰$。

墨西哥海湾水的含盐度与石灰岩碳同位素之间的关系列于表 4-2。

表 4-2　墨西哥海湾海水含盐度与石灰岩的同位素成分

液相	$\delta^{13}C_{平均}$/‰	水的含盐度/‰
河口	−6.5	8
河三角洲	−3.6	14
泻湖	−3.2	18
边缘海湾	−1.0	34
陆棚（公海）	+0.5	36

由于地表淡水和潜水的碳同位素成分比海水的碳同位素成分轻，所以沉积物的碳同位素成分由海岸向公海方向逐渐加重。这个规律不仅对绘制古地理图有用，而且可以用于古水化学的研究。它能使我们按石灰岩中碳同位素成分更准确地判断古盆地的含盐度情况。

水中的去硫作用伴随着水化学成分的变质。SO_4^{2-} 离子浓度降低，出现 H_2S，CO_2 并可能析出方解石沉淀。这样形成的方解石广泛存在于硫矿床中。与自然硫共生的方解石的特点是异常富集碳的轻同位素，它与海成石灰岩相比在某种情况下要多 50‰～70‰。在脱硫菌的作用下其反应如下：

$$CH_4 + CaSO_4 \longrightarrow CaS + CO_2 + 2H_2O$$

$$CaS + CO_2 + H_2O \longrightarrow CaCO_3 \downarrow + H_2S \uparrow$$

其中，CH_4 为生物成因气体，富含 ^{12}C。

各种泉华中的次生方解石所含的轻同位素比海成石灰岩所含轻同位素几乎要多 10‰。石灰岩按如下形式溶解：

$$CaCO_3 + H_2O + CO_2 = Ca^{2+} + 2HCO_3^-$$

在这种情况下，碳酸（CO_2）有两种来源：大气（$\delta^{13}C$ 由 −6.5‰～−11‰）和土壤（$\delta^{13}C$ 由 −18‰～−28‰）。次生沉积的方解石同等程度地继承原始石灰岩和溶于水中碳酸的同位素成分。所研究样品中次生方解石 $\delta^{13}C$ 的极限值为 −2.8‰ 和 −14.4‰。很明显，次生方解石中相对轻的同位素成分较多，主要是由于较轻的土壤碳酸气起主要作用。这样次生方解石的碳主要是生物来源的。

这里应该补充，除火山活动地区外，非碳酸岩地区地下水中的 HCO_3^- 主要是生物来源的，因为空气中碳酸的含量很低（0.03%），所见到的 HCO_3^- 含量不可能由空气中的碳酸形成。这在没有碳酸盐的岩浆岩地区表现得很明显。

现代火山或不久前熄灭的火山活动区，分布着含碳酸气的地下水。这里的碳酸气有两个来源。它可来自碳酸盐的热变质作用，或在岩浆脱气时，与岩浆的挥发组分一起进入岩石圈。纯变质的或纯岩浆的（初生的）碳酸同位素资料可能还没有，因为不可能将它们区分开来。

所有分析过的热泉水的样品中的 CO_2，很可能是变质和岩浆混合成因的，与外生二氧化碳相区别叫做内生二氧化碳。

内生碳酸的碳富含同位素 ^{13}C。M. 加里其夫指出，内生碳酸气碳的重同位素来自地幔重碳。它的同位素成分（$\delta^{13}C = -7‰$）变化于 −3‰～−13‰，对碳质和石墨质陨石有代表性。

以上介绍了有关石灰岩、地表水和潜水的 HCO_3^-，以及外生和内生 CO_2 的碳同位素资料。自流水中 HCO_3^- 碳的同位素资料还较缺乏。

第六节　放射性同位素成分

目前，水中发现的放射性同位素主要有 ^3H，^{14}C，及 U，Th，Ra 的同位素。

一、氚的成因及其在天然水中的分布

氚（^3H 或 T）是氢的放射性同位素，于 1939 年被发现，其相对原子质量为 3.016 049，衰变时发射 β 射线，生成氦（^3He）。天然水中的氚是用液体闪烁计数方法测定的，一般用两种

单位来度量，即放射性单位和浓度单位。测量放射性的基本单位用贝可(Bq)表示。它的定义为任何放射性核素只要每秒衰变数为 1 就叫做 1 个贝可(Bq)。氚的浓度单位用氚单位表示，符号为 TU。1 TU 相当于 10^{18} 个氢原子中含有一个氚原子。

氚的类型有三种。即天然产生的氚，热核试验和原子能工业生成的氚。氚在大气圈中的形成是宇宙成因的两次核微粒相互作用的结果，主要是在宇宙射线的作用下质子和中子与氮和氧的核相互作用的结果。

$$^{14}N_7 + n(\text{中子}) \longrightarrow {}^{12}C_6 + {}^3H_1$$

$$^{16}O_8 + n(\text{中子}) \longrightarrow {}^{14}N_7 + {}^3H_1$$

$$^{14}N_7 + p(\text{质子}) \longrightarrow {}^{12}N_7 + {}^3H_1$$

$$^{16}O_8 + p(\text{质子}) \longrightarrow {}^{14}O_8 + {}^3H_1$$

1952—1962 年热核武器试验后向大气层抛出了大量人造同位素。这些人造同位素中的氚，在每次试验后，以一定的比例进入大气层，并成为水循环过程中的时间标志。例如 1952 年 11 月美国在低纬度地区进行的卡赛尔爆炸之后 14 天，纽约雨水中氚浓度为 1 240 TU。在此后的多次热核试验中，氚的浓度均大大超过天然背景值。天然氚的产率大约为 0.2 原子/($cm^2 \cdot s$)，这使大气降水中的氚含量达 10～20 TU。

大部分氚原子在同温层积累，形成氚标记水分子，逐渐扩散到对流层，并以大气降水的方式到达地面。因此，雨水、地表水和海水中都含有一定量的氚。

多年来积累的大量天然水的氚含量分布资料表明，北半球的大气降水中氚含量随纬度增加而增加(纬度效应，见图 4-6)，而且以每年春末夏初时最高(季节效应，见图 4-7)。这是

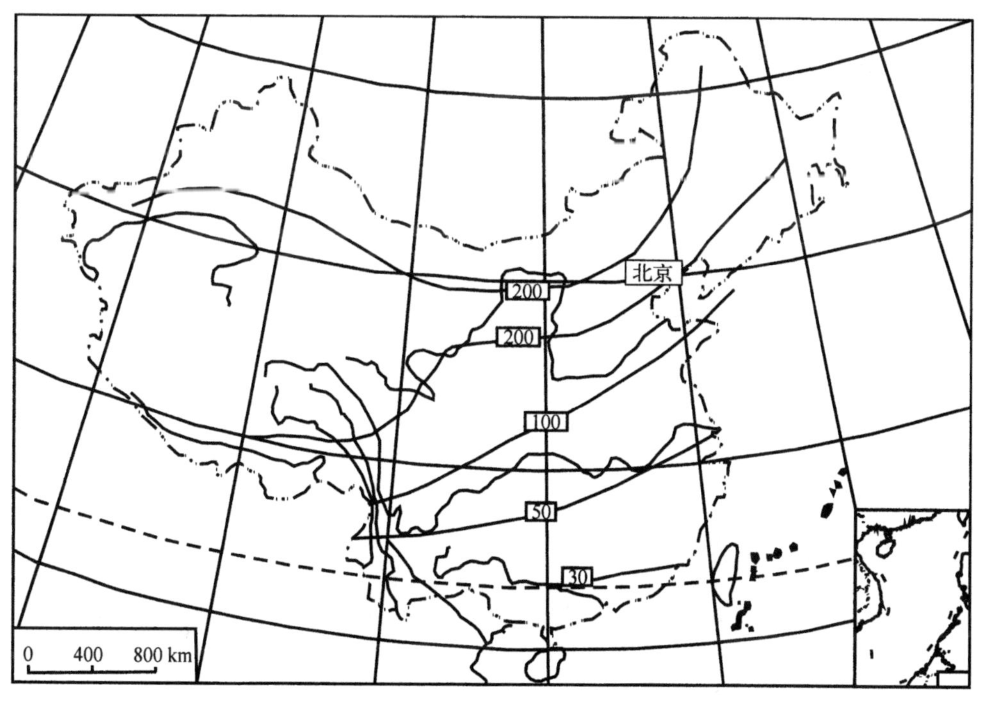

图 4-6　我国(1978 年 5 月)降水中氚含量(TU)的地理分布

(据卫克勤等，1980)

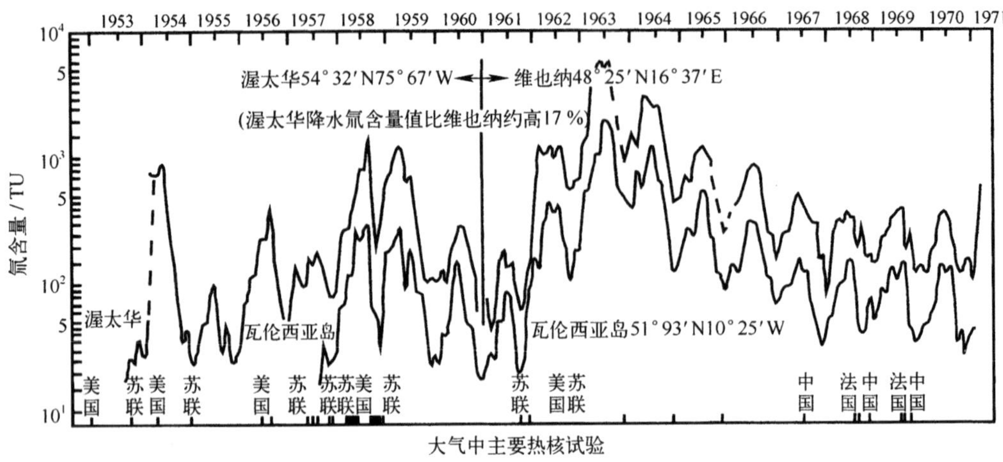

图 4-7 1953—1970 年加拿大渥太华、奥地利维也纳和爱尔兰瓦伦西亚岛降水的氚含量

(据 R. M. 布郎,1970,IAEA 采样网)

因为在同温层积累的氚,大多在春末夏初由北半球高纬度地区进入对流层,然后被大气降水带至地表的缘故。但在同一纬度上,大气降水中氚含量在内陆地区高于在沿海地区(海洋稀释效应)。

河水中氚的含量取决于流域范围内大气降水中氚的含量以及那里的地质、地理条件。一般说来,河水中的氚含量与当地的大气降水是相当的,但若在河水的补给量中,循环时间较长的地下径流占较大比重,则每年氚含量高峰值的出现时间会有些延迟。此外,发源于内陆的河流在临入海口处的氚含量一般比当地的大气降水中的氚含量高,列于表 4-3。

表 4-3 1978 年 5 月长江、黄河中、下游河水氚含量

(据贵阳地化所魏克勤等,1978 年)

河流名称	取样地点	河流氚含量(TU)	降水氚含量(TU)
长江	重庆储奇门渡口	113±7	68.3±4.7
	莲沱	90±5	—
	武汉汉阳门码头	74.1±2.9	46.1±1.8
	南京	65.1±2.1	—
黄河	兰州水文站	221±17	139±4
	济南洛山水文站	195±15	124±8

二、天然^{14}C的产生及其循环

自然界的放射性^{14}C是由于宇宙射线中的热中子轰击大气中的氮、氧核而产生的。在地球大气圈之外,宇宙射线的粒子能量很高,陨石粒暴露在宇宙射线之中,其中的^{14}C由核反应生成。宇宙射线通过地球表面区厚的大气层后,本身能量几乎耗尽,因此在地球表面的岩石中宇宙射线成因的^{14}C是极少的。另外,^{14}C半衰期与地球地质历史相比是短暂的,因此岩石中不可能保存有原始的^{14}C。可以说,地球上的天然^{14}C主要产生在大气圈上层,并通

过循环和交换过程将新形成的放射性^{14}C分布于对流层中，然后放射性^{14}C被氧化为$^{14}CO_2$而与大气中CO_2混合，并均匀地分布到整个大气圈中。通过光合作用，植物吸收了大气圈中含有^{14}C的二氧化碳。动物体中也吸收了含^{14}C的二氧化碳，它们与环境中的^{14}C浓度保持平衡。生物一旦死去，放射性^{14}C不能再行补充。尸体、植物残骸体分解作用又使$^{14}CO_2$返回大气圈，形成生物圈与大气圈的交换循环过程。^{14}C也能在雨水中变成一部分$H_2{}^{14}CO_3$。而大气中的大部分二氧化碳溶解在海水中，形成含^{14}C的碳酸盐和重碳酸盐。碳酸盐分解又释放出二氧化碳，后又被海洋生物吸收，二者又发生交换循环。这样就形成了大气圈－生物圈－水圈中的碳循环，发生“碳交换”。生物中的^{14}C存在量往往随着生物死亡，或因放射性衰变而随时间减少。这种现象就成为确定放射性碳同位素年龄的工作基础。例如，一块木头的年龄，关系到树木的砍伐或树木的死亡时间，可以通过比较其残留的^{14}C强度与大气二氧化碳“初始”强度来予以评价。由于可以认为“交换碳”在最近数万年内是恒定的，所以可采用放射性碳的半衰期作为^{14}C年龄测定的基本依据。

思考题

1. 何谓同位素、同位素分馏因子和同位素效应？
2. 自然条件下有哪些能引起同位素分离的作用？
3. 水的同位素组成主要用什么方法来研究？它的单位和标准是什么？
4. 略述天然水同位素组成的变化范围。
5. 略述氢氧同位素常用的表示方法及标准。
6. 硫同位素成分用什么标准来表示？略述地下水的硫同位素组成。
7. 什么过程能引起硫同位素的强烈分馏？在什么情况下能最大限度地分馏硫的同位素？
8. 自然界碳同位素成分的分馏过程有哪些？
9. 沉积物的碳同位素成分由海岸向海洋方向有什么变化规律？它与什么有关？
10. 次生方解石中碳的轻同位素来自哪里？有几种来源？
11. 略述硫的成因及其在天然水中的分布规律。
12. 略述天然^{14}C的产生及其循环。

第二篇　地下水中元素迁移及沉淀的影响因素和地下水化学成分的形成机理

在阐明了地下水化学成分的基础上，本篇介绍水文地球化学的基本理论。第五章从水和元素本身的内在特征和介质环境特征方面，阐述影响元素在地下水中迁移、沉淀的各种因素。第六章介绍地下水化学成分形成的各种作用、影响因素和不同类型地下水化学成分的形成规律。这两章所涉及的问题，是水文地球化学基本理论的重要组成部分。

第五章 元素在地下水中的迁移和沉淀

地下水的化学成分是相当复杂的。就存在于水中的化学元素而论，有近 80 种之多；就地下水中的物质组分来说，有无机物、有机物、气体、微生物和元素的同位素组分；就元素在水中的存在形式而言，可以是单一离子、分子、复阴离子、化合物和络合物、元素－有机络合物等形式；就水溶液的类型来讲，可以是真溶液、胶体溶液和悬浮液等。因此，地下水确实是一种成分十分复杂的多组分天然溶液。

溶液是由溶质和溶剂两部分物质所组成的。对地下水来说，水为溶剂，而溶解于水中的物质则为溶质。在地下水中，会发生一系列物理化学作用以及元素的迁移与再分配，并形成一定的化学组分，这种化学组分既与水中溶质的地球化学性质有关，也与水本身的溶剂性质有关。水是一种良好的溶剂，这取决于水分子的化学成分、结构及水分子间的排布，即与水的偶极性结构、氢键联结以及与由其决定的一系列特异性质密切相关。水分子的结构与性质已在第一章第一节进行了阐述，这为了解元素在水中的地球化学行为打下了基础。下面，我们就对元素在水中的存在形式，水溶液的类型，以及元素在地下水中的迁移、沉淀规律予以比较系统的讨论。

第一节 元素在水中的存在形式及水溶液的类型

一、元素在水中的存在形式

就元素在水中的存在形式而言，可以是单一离子、原子、分子、复阴离子、化合物和络合物、元素－有机络合物等形式。

当具有离子键的矿物同水相遇时，由于水分子的极性，矿物表面上的质点首先与水分子发生水合作用，因而矿物表面质点间的作用力比内部相邻点间的作用力弱，当溶液中质点运动的能量足以使质点脱离矿物表面时，矿物就发生溶解并使组成矿物的元素电离为离子(图 5-1)。分子化合物溶于水中，一般分解为分子。但分子偶极常数相当大时，由于水分子对这种极性分子的作用，分子可以进一步离解为离子。然而原子化合物(具共价键)溶于水中，只能分解为分子，而不能电离为离子。许多电离能力较弱的化合物，溶于水后也不全部电离为组成该化合物的离子，而是一部分呈离子，一部分呈溶解的分子形式。如在石膏的饱和溶液中，当温度为 5 ℃时，未电离的 $CaSO_4$ 分子比 Ca^{2+} 多 2.5 倍。

此外，溶于水中的元素随着它们离子性质的不同，可以呈不同的形式存在于水中。一般情况下，电价低的较大阳离子(碱金属和碱土金属)在水中同 H^+ 争夺 O^{2-} 的能力弱，在水中常常成为自由离子(水合离子)形式存在。相反，电价高的小阳离子(B^{3+}，C^{4+}，N^{5+}，Si^{4+}，

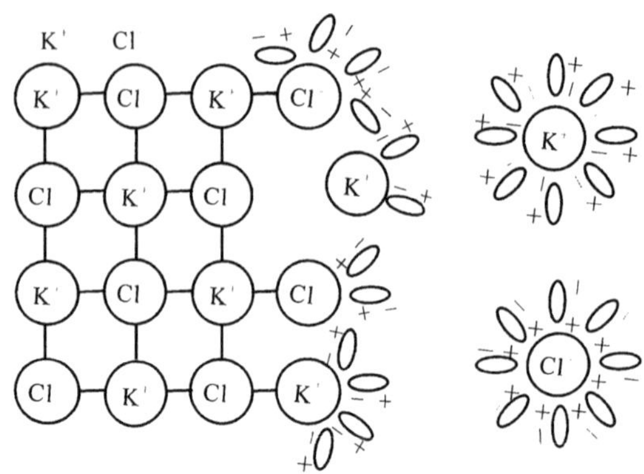

图 5-1 氯化钾(离子化合物)的溶解和电离示意图

P^{5+},S^{6+}等)争夺氧的能力较 H^+ 为强,经常从 OH^- 根中夺出 O^{2-} 并与之结合形成酸根(络离子):BO_3^{3-},CO_3^{2-},PO_4^{3-},SO_4^{2-}。介于这两类离子之间的其他元素(主要为两性元素),在水中存在的形式不是固定的,而是随溶液酸碱度的不同而不同,因为它们的离子争夺 O^{2-} 的能力比争夺 H^+ 的能力稍弱或接近,一般只在碱性溶液中(OH^- 浓度大,而 H^+ 浓度小)才能为络离子,而在酸性溶液中则呈 $Me^{x+}(OH)_x$ 分子或自由离子 Me^{x+} 形式存在。这种规律可用元素的离子电位很清楚地表示出来(见本章离子电位一节)。

上面讨论的是各类化合物溶于纯水的简单情况,从而可看出当化合物溶于水后,元素则是呈溶解分子、自由离子或络离子形式存在,并以这些形式进行迁移。

二、水溶液的类型

就水溶液的类型来讲,可以是真溶液、胶体溶液和悬浮液等。

1. 真溶液

凡是能溶解其他物质的物质,叫做溶剂;被溶解的物质(可以是固体、液体、气体)叫做溶质。由溶质、溶剂所组成的均一的、稳定的混合物叫真溶液(简称溶液)。在溶液里,溶质(分子或离子)的颗粒直径一般小于 10^{-9} m。在真溶液中元素可以呈溶解分子、自由离子或络离子形式存在并迁移。

许多元素,尤其是成矿元素,在地壳中的简单化合物都是很难溶解的。例如,Fe,Cu,Pb,Zn,Co,Ni,Mo 等的硫化物在水中的溶解度都是很低的,而 Fe,Cr,W,Sn,Nb,Ta,TR 等的简单氧化物和含氧盐也是很难溶解的。地壳中的水都不是纯水,它们含有各种阴、阳离子,其中包括一定量的硫。在这种情况下,如果金属和硫都是呈自由离子形式(Me^{x+} 和 S^{2-}),则立刻就会超过它们的硫化物的溶度积而迅速沉淀。因此,很难设想成矿元素是呈简单离子的形式在水中被搬运。

经过大量的研究工作,发现许多元素的络合物比简单化合物在溶液中的溶解度明显增大,稳定性也增高。在天然水中,绝大多数金属都与阴离子呈氢氧基络合物、聚合离子以及络合物状态存在。因此,目前一致认为络合物的形成在热液及表生成矿溶液中长途搬运大量金属元素,特别是对一些不易迁移的重金属元素的搬运起了决定性的作用。这些元素呈络离子形式在溶液中迁移。

络离子是由带正电荷的高价中心阳离子和一定数目的配位体(阴离子或中心离子)结合而成的一种复杂离子团。含有络离子的化合物称为络合物,如 $Na_2[SnF_6]$。其结构如图 5-2 所示。

Sn^{4+} 为络离子的形成体,即中心阳离子,其周围配置着 6 个配位体 F^-,构成络合物的内界,络合物的外界上为两个 Na^+ 离子,使络合物呈电中性。

络离子的形成与中心阳离子的离子电位有关,可用元素的离子电位(Z/r)来量度形成络离子的难易程度:

具中等离子电位的元素易形成络阴离子,如 U,Th,W,Sn,Nb,Ta 等;

离子电位低的碱金属及碱土金属不形成络合物;

离子电位极高的元素形成各种酸性络阴离子,如 SO_4^{2-},PO_4^{3-},CO_3^{2-} 等。

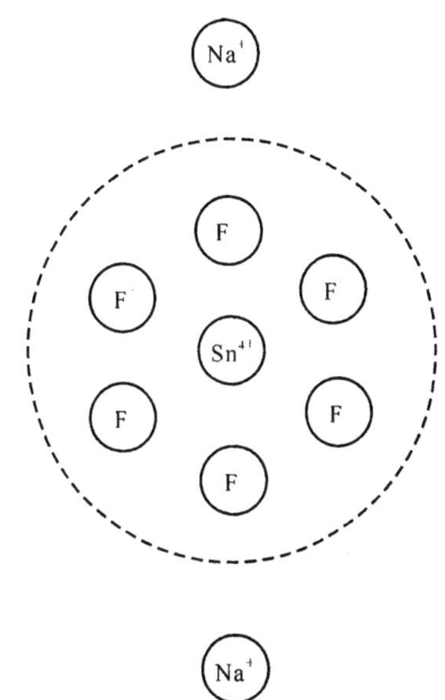

图 5-2 络合物结构图

(据南京大学《地球化学》,1979)

络合物愈稳定,它的迁移能力愈强。当介质条件改变时,络合物就被分解和破坏,呈难溶的化合物沉淀下来。

络合物的稳定性一般以不稳定常数 $K_{不}$ 表示,并作为衡量元素迁移难易的标准。络合物的电离常数即为络合物的不稳定常数。$K_{不}$ 愈大,络合物愈不稳定,愈易分解,愈不易迁移。由于不同元素的络合物具有不同的 $K_{不}$,所以引起了相似元素的分离和元素空间的分带性。如 $K_{不}[Th(CO_3)_2]^{2-} \gg K_{不}[U(CO_3)_3]^{2-}$,所以 U 的迁移能力远较 Th 强。

2. 胶体溶液

大部分化学元素能形成胶体溶液——溶胶,并以胶体形式迁移。在湿润气候地区富含有机物质的酸性水是胶体迁移的有利条件。水中所含的大部分锰、砷、锆、钼、钛、钒、铬、钍呈胶体状态迁移,铀、铅、锌、镍、钴、锡也部分呈胶体状态迁移。

胶体是一种物质的极细微粒(分散质或分散相)分散在另一种物质(分散媒或分散介质)中形成的不均匀的细分散系。胶体溶液介于粗分散系(悬浮液)和离子分散系(真溶液)之间。胶体质点的大小介于 $10^{-9} \sim 10^{-7}$ m。当分散媒≫分散质时为胶溶体,反之则为胶凝体。

1) 胶体的主要性质

① 比表面积大。单位体积或单位质量所具有的表面积称为比表面积。由于胶体质点具有特别大的表面积,因此它具有极大的表面能、特殊的表面电力以及吸附能力等。

② 胶体质点带有一定的电荷(有人认为胶体质点带有电荷的原因,是由于这些质点的成分与物质的理想成分不相符合,例如氢氧化铁的胶体质点不是理想的$[Fe(OH)_3]_n$,而有时为$[Fe(OH)_3] \cdot Fe^{3+}$——正胶体,有时为 $Fe(OH)_3(OH)_m^{m-}$——负胶体)。胶体质点带有电荷决定着胶体的以下特性:第一,同种胶体质点在水溶液中由于相同电荷的排斥不易凝聚和沉淀,这有利于元素的迁移;第二,当胶体质点的电荷被中和时,胶体质点就会发生凝聚和沉淀(有两种情况可使胶体质点中和:正负两种胶体相遇,或遇到含电解质的溶液。例如许多大陆上的胶体一旦进入海洋,就会被海水的电介质所凝聚而发生沉淀);第三,胶体质点

具有从介质中吸附各种元素离子的性能，尤其重要的是当这些离子在溶液中浓度很低，未达饱和程度时，也能被胶体质点吸附而沉淀下来。这对许多稀有元素的集中意义甚大。

2）胶体的形成　通过物理风化可使矿物机械破碎磨细而形成分散系；或由于急剧的化学反应，溶液过饱和并形成许多结晶中心，但来不及结晶，也能形成粒径介于 $10^{-9}\sim10^{-7}$ m 的微粒。

3）胶体的吸附作用　胶体吸附的现象很普遍，特别是在表生带。不同胶体常有选择性地吸附一定的离子，如褐铁矿能选择性地吸附 V，As，P，U，Mo，Co，Ni；锰土吸附 Li，Cu，Ni，Co，Zn，U，Ba，W，Ti 等；腐殖质胶体吸附 Mo，V，U，Co，Ni 等元素。

这里需要注意的是：吸附作用对于形成次生扩散晕有重要作用；一些元素极易富集于氢氧化铁和氢氧化锰胶粒上。吸附作用服从质量作用定律，水中阳离子浓度越大，吸附作用越强；高价阳离子被吸附的能力强，被吸附的能力顺序是 $R^{3+}>R^{2+}>R^{+}$；在同价离子中，被吸附的能力随原子量和离子半径的增加而增加。

吸附有两种类型，一种是介质中离子简单地被胶粒吸附。另一种是在一定条件下，胶粒中已被吸附的离子和溶液中的离子相互交换，称为离子交换。

3. 悬浮溶液

铁、锰、稀有元素及部分粘土矿物除形成胶体外，基本上以悬浮物的形式存在于水中。悬浮液的质点大于 10^{-7} m，是粗分散系。悬浮物有无机悬浮物（如伊利石、高岭石、绿泥石、滑石、石英、长石和角闪石等）和有机悬浮物。悬浮溶液是一种不稳定的溶液，颗粒物质最终要沉淀下去，它是一种不稳定的成分。

第二节　影响元素在水中迁移的内在因素

元素之所以发生迁移，当然是由各种不同因素所促成。根据 A. E. 费尔斯曼的意见，可把这些因素分为两大类：内在因素和外在因素。所谓内在因素，就是指元素本身的特性和内部结构；所谓外在因素，就是指元素所处的热力环境（地球化学环境）。这里应该指出，内因跟外因是相互联系的，内因只有在某种外界条件下才能体现出来。迁移是内因和外因统一作用的结果，而不是某种因素孤立作用的产物。

元素同其他元素构成化合物的能力、形成不同价离子的能力、产生可溶性化合物或气态化合物的能力、被胶体吸附的性能等都影响元素在水中的迁移能力，元素的所有这些化学性质和物理化学性质同其原子结构，首先同其外部电子层的结构有密切的关系，也就是说，影响元素在水中迁移的内在因素主要是其矿物的化学键类型、电负性、原子和离子的大小、原子价、离子势等一系列的地球化学参数。

一、化学键类型与矿物晶格结构

矿物晶格结构及其物理和化学性质决定于原子之间化学键的类型。

1. 化学键

分子中原子间的化学结合力叫化学键。按其结合性质的不同，主要可分为离子键、共价键及金属键三种，在液体分子间以及分子型晶体间还存在一种较弱的作用力，称为分子键或范德华引力。

1) 离子键 当电离能很小的金属原子和电子亲和能很大的非金属原子互相接近时，在它们中间发生电子转移，前者给出电子形成阳离子，后者得到电子形成阴离子，相互间的静电引力使彼此结合。这种结合力称“离子键”。从周期表上看，两端的元素之间最容易形成离子键，也就是惰性气体型的阳离子和阴离子之间往往形成离子键。

由于离子键相当牢固，因此由离子键形成的晶体(例如 NaCl)，配位数高，硬度大，熔点高，熔融或溶解后形成不同的离子，故能导电。

2) 共价键 当相互作用的原子彼此差别不很大时，两个原子的电子云部分地互相叠合或穿透，即当两个原子共有电子对时，就形成“共价键”(或称原子键、同极键)。这时不发生电子从一个原子向另一个原子的传递，而是价电子形成电子对，处于两个原子的作用圈中。如果两个原子相同，或在化学性质上彼此差别很小，则电子对同等程度地属于两个原子。这种共价键称为非极性共价键，是气体分子(H_2，O_2，F_2等)所特有的。

化学性质彼此不同的原子的相互作用，在地壳中分布较广。由于形成的电子对被某一原子强烈吸引而更靠近该原子，但又不到产生离子的程度，在这种情况下就产生另一种共价键，这种共价键就称为极性键(CO_2，H_2O 等)。极性键是离子键与非极性键之间的中间键型。

共价键中还有一种被称为“配价键”。在配价键中，共用电子对不是由两个原子平均分担，而是由其中一个原子给出一对电子和另一个原子共用。配价键是形成络离子的作用力之一。这种配价实际上就是离子键同共价键之间的过渡性键，这种键往往表现于络离子内的中心阳离子同配位阴离子之间的作用力或结合力。

3) 金属键 金属元素的原子易于失去外层电子而呈正离子，它与自由电子间的引力称为“金属键”。这种自由电子不属于单个阳离子所有，而是在晶体中呈“云雾状”自由流动，把正离子胶合在一起。由于自由电子可以移动，故金属键没有饱和性和方向性，金属晶体一般按紧密堆积规则排列，高配位，密度大，不透明，光泽强，导电、导热性强。

4) 分子键 分子键是分子偶极间的作用力。在电子绕核旋转的过程中，某些电子轨道对原子核产生瞬时相对位移，这时分子内正负电核的重心不相重合，便产生了瞬时偶极，因而导致相邻两个分子间产生了一种吸引力，称为色散力。这种色散力往往发生于非极性分子之间。这种吸引力是比较广泛的。另外，极性分子与非极性分子之间以及极性分子相互之间都可以产生偶极。分子键是四种键中最弱的一种，所以分子键晶格的结合力很小，熔点低，硬度小，易于升华。

2. 矿物的晶格结构

化学键的不同类型决定着晶格结构的差别，晶格结构可分为四种基本类型：分子晶格、配位离子晶格、配位原子晶格和从分子型向配位型过渡的晶格(或称中间型晶格)，示于图 5-3。

1) 分子晶格 单独的分子处在分子晶格的各个结点上。在分子内原子之间的键是共价键、极性键，但在各个分子之间是由较弱的分子间力联结的。为了破坏分子晶格，只需要耗费较小的能量。所以具有分子晶格的物质较易转变成液态和气态。CO_2，HCl，H_2O，H_2及大多数有机化合物的晶格就是按分子晶格排列的。

2) 配位离子晶格 单独的离子处在配位离子晶格的各个结点上，在离子之间由坚固的

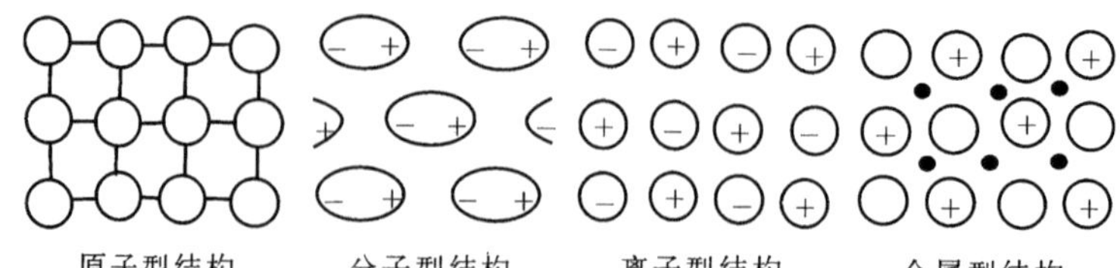

图 5-3 固体物质的基本结构

（据 A. N. 别列尔曼《后生地球化学》）

静电键（离子键）所联结，这种键要比分子间力牢固得多。所以配位离子晶格的化合物是稳固的，为了破坏它，就必须耗费较大的能量。具有离子晶格的物质，其熔化温度和沸腾温度通常是高的。其中许多物质易溶于水，并在水中溶解成离子。这些就决定着它们在水迁移过程中的重要作用，NaCl 及碱金属的其他卤化物即典型的离子晶格物质。

3）配位原子晶格和金属晶格　在配位原子晶格的各个结点上是彼此牢固地联结（共价键）着的单个原子。这些物质也有高的熔化温度和沸腾温度。金刚石可作为原子晶格的例子。

金属的晶格不仅同原子晶格而且同离子晶格均有相似的特点，但同原子晶格更为接近。联系松懈的电子是金属晶格所特有的。

4）从分子型向配位型过渡的晶格　在天然化合物中，这种中间类型的晶格分布最广，这种晶格既具有分子晶格也具有配位晶格所固有的特征。

3. 电负性

元素的电负性是指中性原子接受电子的能力。根据电负性的大小，可以判断相互作用的原子之间究竟属何种键性，从而决定元素在自然界的存在形式。原子的电负性愈小，愈易放出电子，因而是愈强的还原剂，反之原子的电负性愈大，其氧化能力则愈强。

原子相互作用时，它们的外层电子发生重新分配，原子对这些电子吸引能力的大小称为“电负性”。电负性可用 JeV 或相对单位计量。电负性愈高，元素吸引电子的能力，即接受电子的能力愈强；电负性愈低，元素愈难接受电子。因此，当电负性相差较大的元素相互作用时，电负性高者形成阴离子，而电负性低者形成阳离子，它们之间形成典型的离子键：如果两种相互作用的元素的电负性相近，则它们对于参加相互作用的电子的吸引能力接近，因而形成共价键。例如，碱金属的卤化物具有典型的离子晶格（Na 0.9，Cl 0.3），而重金属的硫化物则为原子之间带有共价键的过渡型晶格（有关元素 S，Fe，Ni，Pb 的电负性分别为 2.5，1.7，1.8，1.6）。

碱金属卤化物的离子晶格在水溶液中容易解离成离子，而重金属硫化物的中间型晶格并不解离。

金刚石晶格各个原子的电负性值相等。而且相当大（2.5），这就决定了其化学键是共价的、非极性的特点以及不存在离子化作用。各个原子相似的而又小的电负性值则导致金属晶格（金属，合金）的形成。

铀的电负性值为：$U^{4+}=1.4$；$U^{6+}=1.9$，电负性与 U^{4+} 相似的元素有：Hf（1.4），Cr^{2+}（1.4），Th^{4+}（1.4），Ta^{3+}（1.3），Mn^{2+}（1.4），V^{3+}（1.4），Se（1.3），Zr（1.5）；电负性与 U^{6+} 相似的元素有：As（2.0），Cu^{2+}（1.8），Cu^{2+}（2.0），S（1.8），V^{5+}（1.9），Fe^{3+}（1.8），Ge（1.8），W^{6+}（2.0）；因此，铀（U^{4+}，U^{6+}）与上述元素在地球化学过程中有某些相似性。

二、原子价

金属的原子价愈高，形成的化合物愈难溶解，在表生过程中的迁移能力也就愈低，一价碱金属的化合物通常是易溶的（$NaCl$，Na_2SO_4 等）；二价的碱土金属则形成较难溶解的化合物（$CaSO_4$，$CaCO_3$）；三价金属，如 Al，Fe 的化合物更难溶解。阴离子也有同样的规律性：三价阴离子 PO_4^{3-} 产生的化合物，比二价阴离子 SO_4^{2-} 和一价阴离子 Cl^- 产生的化合物更难溶解。所有这些规律性，对晶格结点为离子（离子晶格）的矿物是符合实际的。

同一种化学元素不同价的离子具有不同的化学性质和迁移能力，就像不同的元素一样。在风化壳中三价铁的行为同铝、铬相似，其特征是迁移能力低；二价铁则具有较高的迁移能力，它在化学性质上与三价铁不同，而与钙及其他二价元素更为相似。三价钒同五价钒，二价硫同六价硫，四价铀同六价铀等在地壳中的性能也均有显著差别。

在工作中能较熟练地掌握原子价和变价的规律性，对于了解元素的分布、迁移和富集规律有很大益处。简单地说，在还原条件下各种离子处于低价态，而在氧化条件下各种离子处于高价态；在酸性条件下处于低价态，而在碱性条件下处于高价态（在 Eh 相同时，酸性条件是还原环境，而碱性条件则是氧化环境）。

三、离子和原子的半径

原子或离子在晶格中所形成的电磁场作用范围之大小，即为原子半径或离子半径。B. M. 哥尔德施密特假定：大多数离子呈球形，并且离子在晶格中的性能就像是不可压缩的球体。在此条件下，离子半径并不是某种离子的真正半径，而是其有效半径，即该离子作用圈的半径，其他离子的作用不会传播到此范围内来。

离子半径，大小通常在 1×10^{-10} m 左右。已经查明，同一元素不同价的离子，其半径是不同的。例如，负二价硫的半径等于 1.90×10^{-10} m，而六价硫的半径却等于 0.29×10^{-10} m。

阴离子半径通常大于阳离子半径。复杂离子（例如 SO_4^{2-}，CO_3^{2-}，PO_4^{3-}，UO_2^{2+} 等）的离子半径也可以测出。这些比较大的离子，往往不呈球形，因而应该说它们的半径不止一个，而是有几个。同一元素，其阳离子半径随原子价的增加而减少（Fe^{2+} 的半径是 0.80×10^{-10} m；Fe^{3+} 是 0.67×10^{-10} m）。

离子不可能孤立存在，它必然受其周围与之相互作用的异性离子的影响而改变其大小。又因为不同异性离子的作用是有差异的，影响的程度又不同，因此在我们利用不同人所测定的离子半径值时必须注意，它是配位数相同、静电条件相同、环境条件一致情况下的一个常数。应用时要注意取值一致，不要把不同人的测值混用。地球化学研究中通常引用的原子半径值是其配位数为 6 时的数值。

离子半径的大小是决定元素地球化学性质的重要因素之一。正确地利用离子半径这个地球化学参数，需要以同类型离子为前提，即在考虑离子的最外层电子的排布状态相同的条件下，以离子半径来衡量不同元素的相似和差异可能要准确些。例如，Ni 是亲硫性很强的元素，Mg 是典型的亲石元素，两者具有不同的离子类型。虽然 Ni^{2+} 的 $r=0.78$，Mg^{2+} 的 $r=0.78$，但是它们的地球化学性质并不相同。而 Fe，Co，Ni 则属于同一离子类型，而且离子半径相近，因此地球化学性质相似。

离子半径列于表 5-1，原子半径列于表 5-2。

表5-1 离子半径（据A. И. 别列尔曼《后生地球化学》）

10^{-10} m

周期	族 I A	II A	IIIB	IVB	VB	VIB	VIIB	VIII			I B	II B	IIIA	IVA	VA	VIA	VIIA	O
1																	H 1−1.36 2+0.00	He 0 1.22
2	Li 1+0.68	Be 2+0.34											B 3+(0.20)	C 4+0.20 4+(0.15) 4−(2.60)	N 3+ 5+0.15 3−1.48	O 2−1.36	F 1−1.33	Ne 0 1.60
3	Na 1+0.98	Mg 2+0.74											Al 3+0.57	Si 4+0.39	P 3+ 5+0.35 3−1.86	S 2−1.82 6+(0.29)	Cl 1−1.81 7+(0.26)	Ar 0 1.92
4	K 1+1.33	Ca 2+1.04	Sc 3+0.83	Ti 2+0.78 3+0.69 4+0.64	V 2+0.72 3+0.67 4+0 .61 5+0.40	Cr 2+0.83 3+0.64 6+0.35	Mn 2+0.91 3+0.70 4+0.52 7+(0.46)	Fe 2+0.80 3+0.67	Co 2+0.78 3+0.64	Ni 2+0.74	Cu 1+0.98 2+0.80	Zn 2+0.83	Ga 3+0.62	Ge 2+0.65 4+0.44	As 3+0.69 5+(0.47) 3−1.91	Se 2−1.93 4+0.69 6+ 0.35	Br 1+1.96 7+(0.39)	Kr 0 1.98
5	Rb 1+1.49	Sr 2+1.20	Y 3+0.97	Zr 4+0.82	Nb 4+0.67 5+0.66	Mo 4+0.68 6+0.65	Tc	Ru 4+0.62	Rh 3+0.75 4+0.60	Pd 4+0.64	Ag 1+1.13	Cd 2+0.99	In 3+0.92	Sn 2+1.02 4+0.67	Sb 3+0.90 5+0.62 3−2.08	Te 2−2.11 4+0.89 6+(0.56)	I 1−2.20 7+(0.50)	Xe 0 2.18
6	Cs 1+1.65	Ba 2+1.38	La 3+1.04 4+0.90	Hf 4+0.82	Ta 5+(0.66)	W 4+0.68 6+0.65	Re 6+0.52	Os 4+0.65	Ir 4+0.65	Pt 4+0.64	Au 1+(1.37)	Hg 2+1.12	Tl 1+1.49 3+1.05	Pb 2+1.26 4+0.76	Bi 3+1.20 5+(0.74) 3−2.13	Po	At	Rn
7	Fr	Ra 2+1.44	Ac 2+1.44															

镧系元素	Ce 3+1.02 4+0.88	Pr 3+1.00	Nd 3+0.99	Pm 3+(0.98)	Sm 3+(0.97)	Eu 3+0.97	Gd 3+0.94	Tb 3+0.89	Dy 3+0.88	Ho 3+0.85	Er 3+0.85	Tu 3+0.85	Yb 3+0.81	Lu 3+0.80
锕系元素	Th 3+1.08 4+0.95	Pa 3+1.06 4+0.91	U 3+1.04 4+0.89	Np 3+1.01 4+0.86	Pu 3+1.00 4+0.85	Am	Cm	Bk	Cf	Es	Fm	Md	No	Lr

注：1.括号中者为计算值；2.对于惰性气体为原子半径；3.表中主、副族按中国习惯标注。

表5-2 离子半径（据A. И. 别列尔曼《后生地球化学》）

10^{-10} m

周期	族																	
	I A	II A	III B	IV B	V B	VI B	VII B	VIII			I B	II B	III A	IV A	V A	VI A	VII A	
1																	H 0.46	He 1.22
2	Li 1.55	Be 1.13											B 0.91	C 0.77	N 0.71	O	F	Ne 1.60
3	Na 1.89	Mg 1.60											Al 1.43	Si 1.34	P 1.3	S	Cl	Ar 1.92
4	K 2.36	Ca 1.97	Sc 1.64	Ti 1.46	V 1.34	Cr 1.27	Mn 1.30	Fe 1.26	Co 1.25	Ni 1.24	Cu 1.28	Zn 1.39	Ga 1.39	Ge 1.39	As 1.48	Se 1.60	Br	Kr 1.98
5	Rb 2.48	Sr 2.15	Y 1.81	Zr 1.60	Nb 1.45	Mo 1.39	Tc 1.36	Ru 1.34	Rh 1.34	Pd 1.37	Ag 1.44	Cd 1.56	In 1.66	Sn 1.58	Sb 1.61	Te 1.7	I	Xe 2.18
6	Cs 2.68	Ba 2.21	La 1.87	Hf 1.59	Ta 1.46	W 1.40	Re 1.37	Os 1.35	Ir 1.35	Pt 1.38	Au 1.44	Hg 1.60	Tl 1.71	Pb 1.75	Bi 1.82	Po	At	Rn
7	Fr 2.80	Ra 2.35	Ac 2.03															

镧系元素	Ce 1.83	Pr 1.82	Nd 1.82	Pm	Sm 1.81	Eu 2.02	Gd 1.79	Tb 1.77	Dy 1.77	Ho 1.76	Er 1.75	Tu 1.74	Yb 1.93	Lu 1.74
锕系元素	Th 1.80	Pa 1.62	U 1.53	Np 1.50	Pu 1.62	Am	Cm	Bk	Cf	Es	Fm	Md	No	Lr

注：表中主、副族按中国习惯标注。

四、离子电位(离子势)

离子电位在数值上可表示为以原子价单位表示的离子电荷 Z(阳离子)与以 10^{-10} m 表示的离子半径 r 之比：

$$\frac{Z}{r} \text{即} \frac{\text{原子价(离子电荷)}}{\text{离子半径}}$$

图 5-4 中所列元素，按其离子电位可划分为三组：

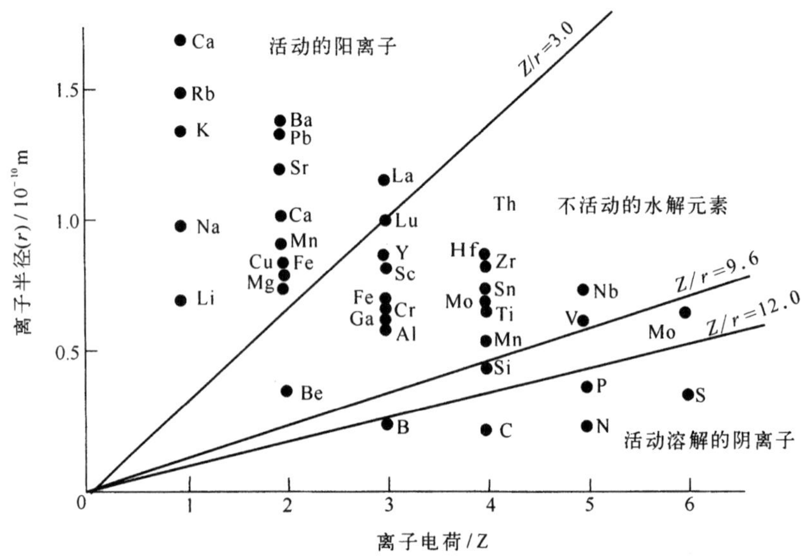

图 5-4　根据元素的离子电位(Z/r)进行元素分组

(据 A. A. 莱文森《找矿地球化学入门》)

(1) 离子电位低的元素($Z/r<3$)：Na，K，Ca，Mg，Sr，Fe^{2+} 和 Mn^{2+}，在风化和迁移过程中它们进入真溶液，是活动的元素；

(2) 离子电位中等的元素($Z/r=3\sim12$)：Al，Fe^{3+}，Ti 和 Mn^{4+}，它们在水解过程中沉淀，由此得名“水解元素”，并富集于风化残余产物(包括红土和铝矿)中；

(3) 离子电位高的元素($Z/r>12$)，它们在风化过程中形成极易溶解的含氧络阴离子，而且是很活跃的。

图 5-4 中虚线表示离子电位为 9.5 的线，这是铝土矿中富集的那些元素的上界。

在两价状态是活动的，而在三价、四价状态是不活动的各种离子，如铁和锰，其离子电位一般是有益的指标。U^{4+} 的离子电位为 3.8，属中等，与水作用较强，常因水解而形成氢氧化物沉淀。U^{6+} 的离子电位值较高为 7.4，极易形成易溶的含氧络离子$(UO_2)^{2+}$ 在水中迁移。

五、元素化合物的溶解度

岩石和矿物在天然水中的溶解度，一方面决定于组成这些矿物的元素的离子半径、原子价、极化度、化学键类型及其他物理一化学性质；另一方面溶解度也同外界条件(外因)——水的温度、压力、浓度、pH、Eh 等有密切关系。

具有离子键型的矿物，通常比共价键矿物更易溶解。例如，在一系列硫酸盐中，各种阳离子与阴离子 SO_4^{2-} 之间的化学键是离子键，这些盐就比共价键构成的硫化物的溶解度大。氟化银 AgF 具有离子晶格，就比较容易溶解，而原子之间的键为共价键的 AgCl 就难以溶解。

离子键矿物的溶解度，随离子半径的增大及原子价的减小而增加：Na_3PO_4，Na_2SO_4，Na_2CO_3 是易溶性的，而 $Ca_3(PO_4)_2$，$CaSO_4$，$CaCO_3$ 是难溶性的。

根据元素化合物在蒸馏水中的溶解度，可将元素的化合物划分为下列几类：

(1) 极容易溶解的和极容易带出的　溶解度可达每升几百克或几十克。属于这一类的有 K^+，Na^+，Cs^+，Rb^+ 的卤化物，硫酸盐、硼酸盐和硅酸盐。

(2) 溶解的(可带出的)　属此类的有 Ca^{2+}，Mg^{2+}，Ni^{2+}，Zn^{2+}，Co^{2+}，Fe^{2+}，Mn^{2+} 的卤化物，硫酸盐和重碳酸盐类。

(3) 难溶解的(带出弱的)　属此类的有 Sr^{2+} 的硫酸盐，Ba^{2+}，Sr^{2+}，Zn^{2+}，Ag^+ 的碳酸盐和 SiO_2。

(4) 最难溶解的(活动性小的)　属此类的有 Pb^{2+} 的碳酸盐，Zn^{2+} 和 Ca^{2+}，Mn^{2+} 的硅酸盐，Cu^{2+} 的碳酸盐。

(5) 不溶解的(稳定的)　属此类的有 Fe^{3+}，Mn^{4+}，Ti^{3+} 和 Co^{3+} 的氢氧化物。

第三节　元素在地下水中迁移的一般特征

世界是物质的，物质永远处在运动的状态。地壳中元素互相结合组成的各种矿物、岩石、土壤和生物有机质等等，只是在一定的物理化学条件下元素相对稳定的暂时存在形式。随着地壳的运动和介质环境的变化，这些已存在的矿物、岩石……就会失去稳定性而发生分解，组成它们的元素就会重新活动发生转移，并在新的条件下组成新的岩石、矿物暂时固定下来。然后，又重新活动转移等等。元素的这种由一种存在形式转变为另一种存在形式，并伴随着一定的空间位移的运动过程，谓之“元素的迁移”。元素的迁移总是寓于各种地质作用之中，成为各种地质作用有机的组成部分。元素的迁移可以通过不同的物质运动形式而实现，根据物质的运动形式，可以把地壳中元素的迁移分为以下类型：

第一类：化学与物理化学迁移

　　硅酸盐熔体迁移；

　　水及水溶液迁移；

　　气体迁移。

第二类：生物或生物地球化学迁移

第三类：机械迁移

　　水的机械迁移。

　　空气的机械迁移；

　　重力的机械迁移。

在每个化学元素的历史中，既出现生物迁移阶段，也出现物理—化学迁移阶段和机械迁移阶段。所有这些迁移阶段彼此密切相关并相互制约，这些阶段构成元素迁移过程的统一性。然而对于不同的元素各个阶段的作用是不一样的。

地下水是元素在地壳中迁移的重要介质，研究元素在地下水中的迁移是水文地球化学的重要内容之一。本节着重介绍弥散作用、标型元素和元素的水迁移环境、元素的水迁移强度。

一、弥散作用

1. 弥散作用概述

地下水中元素迁移的方式可分为两类：一类是元素在岩石—气—水系统中相的转移，即元素从固相、气相转移至地下水中，或从地下水中转移至固相、气相。另一类是元素在地下水系统中的迁移，如分子扩散作用，水流对流作用，均可使元素在地下水中发生不同程度的位移。这后一类作用可统称为弥散。

当多孔介质中两种流体相接触时，某种物质从含量较高的流体向含量较低的流体迁移，在两种流体分界面处形成一个过渡混合带，混合带不断发展扩大，趋向于成为均质的混合物质，这种现象就称为弥散。形成弥散现象的作用称为弥散作用，主要包括渗透分散和分子扩散作用。弥散现象仅沿流体运动方向发生，称为纵向弥散。若沿垂直运动方向发生，则称为横向弥散。弥散现象往往是由于几种作用同时综合影响形成的。

1）分子扩散迁移

分子扩散是分子布朗运动的一种现象，可以由温度差、压力差和浓度差而产生。在一个系统中，当压力、温度相同而某种组分的浓度不均时，在浓度梯度的作用下，发生分子的定向扩散，使系统中任一点的每一种组分的浓度（或活度）趋向相等，以达到热动力平衡的状态。纯分子扩散可用费克定律来描述（详见第六章）。

分子扩散作用不仅在液体静止时存在，在运动状态下也同样存在。不但有沿运动方向的纵向扩散，还有垂直于运动方向的横向扩散。

分子扩散作用在地层中进行得很慢，在粘性土层中更慢。尤其是当浓度梯度不太大时，这种扩散实际上是极为缓慢的。例如据 Ф. М. 鲍契维尔〔Бочевер〕等的资料，在废渣库和垃圾坑基底建立防护幕（用粘土或捣实的亚粘土组成），可以通过观测防护幕外地下水中污染物的浓度，来研究由分子扩散引起的物质迁移。当幕的厚度为 1～2 m，要使幕的上下相对浓度 $\overline{C}=0.01$ 时，需要经过 5 ～25 a，$\overline{C}=0.001$ 时，也需经过 4～14 a。这里，

$$\overline{C}=\frac{C}{C_0}$$

其中 C_0——幕上方污水中污染物的浓度；C——幕下方的水中同一污染物的浓度。由此可见，元素在地下水中由于分子扩散作用而导致迁移的速度是很缓慢的，迁移的距离是有限的。因此，如果研究近期（小于 100～200 a）的元素迁移问题，分子扩散所引起的作用是不大的，甚至可以忽略。但当研究以地质历史时期来衡量的元素迁移问题，则分子扩散对地下水元素迁移的作用则是不可忽视的。

2）对流迁移

物质在静止的地下水中，只有分子扩散迁移，而在运动的地下水中，它可以随着水流一起较快地迁移到很远的地方。物质随运动介质的迁移称为对流迁移，这常常是自然界引起物质迁移的主要方式。

物质对流迁移的数量与物质的浓度和介质的运动速度有关，可用下式表示：

$$I_k = C \cdot V \tag{5-1}$$

式中，I_k——物质对流迁移量；

C——物质在地下水（液体）中的浓度或活度；

V——运动介质（地下水）的流动速度。

地下水在多孔介质中渗流时，实际速度的分布是极其复杂的，而且是很不均匀的。在同一段时间内，在流速大的地方物质迁移得远，在流速小的地方迁移得近。此外还有分子扩散作用的影响，这就使地下水中物质浓度的分布形成一个由高到低的不均匀的过渡混合带，即弥散带。弥散带形成机制中的渗流机制称为渗透分散。

2. 迁移方式的判别

元素在地下水中的迁移方式有分子扩散和对流两种，统称为弥散。弥散系数由两部分组成：

$$D_L = D_{KL} + D_m \tag{5-2}$$

式中，D_L——纵向弥散系数：

D_{KL}——由于渗透分散而引起的纵向弥散，亦称机械弥散系数或对流弥散系数；

D_m——分子扩散系数。

这些系数均为张量，具有 $L^2 \cdot T^{-1}$ 的量纲。

对流和分子扩散在迁移中所起的作用可以用贝克莱特数（Peclet number）Pe 来判别。

$$Pe = \frac{V \cdot d}{D_m} \tag{5-3}$$

式中，V——渗流速度，LT^{-1}；

d——表示多孔介质特征的系数，在圆球形介质中做试验时，可取球粒直径，L；

D_m——分子扩散系数，$L^2 \cdot T^{-1}$。

在一定的水—岩系统中，分子扩散系数一般近于常数。介质一定时，d 也近于常数。则贝克莱特数 Pe 与渗流速度 V 近于成正比。当流速很小时，Pe 也很小，说明以分子扩散为主，对流可以忽略不计；当 V 很大时，Pe 也大，则以对流迁移为主，分子扩散作用相对很小，可以忽略不计。当 $Pe < n \times 10^{-2}$（$n < 5$）时，以分子扩散占优势，$Pe > 10$ 时，以对流占优势，$n \times 10^{-2} < Pe < 10$ 时，物质迁移具有混合性质。

3. 元素在地下水中迁移的基本方程

元素呈某种物质的形态在地下水中迁移时，既有对流迁移，同时又有分子扩散和渗透分散。在迁移过程中，还可能发生相转移。因此物质在地下水中的浓度是不断变化的，是空间和时间的函数，可记为 $C(x,y,z,t)$。考虑到以上情况，应用费克定律、达西定律和质量守恒原理，可以导出物质在地下水中迁移的基本微分方程，称为溶质运移方程式或弥散方程。假定溶质运移时溶液的粘度和密度不变的方程形式为：

$$n\frac{\partial C}{\partial t} = D\left(\frac{\partial^2 C}{\partial x^2} + \frac{\partial^2 C}{\partial y^2} + \frac{\partial^2 C}{\partial z^2}\right) - \left(V_x\frac{\partial C}{\partial x} + V_y\frac{\partial C}{\partial y} + V_z\frac{\partial C}{\partial z}\right) \pm W \tag{5-4}$$

方程式左端$\frac{\partial C}{\partial t}$是指空间任一点$(x,y,z)$处物质浓度随时间的变化率。$n$ 为有效孔隙度，由于是在多孔介质中渗流，故应乘以有效孔隙度 n。

方程式右端第一项 $D\left(\frac{\partial^2 C}{\partial x^2} + \frac{\partial^2 C}{\partial y^2} + \frac{\partial C}{\partial z^2}\right)$，是指由于弥散引起该点的物质浓度的变化量，

称为弥散量。其中 D 为弥散系数，是表征分子扩散和渗透分散共同作用的特征系数，它相当于浓度梯度为 1 时，通过单位介质断面的弥散量。

方程式右端第二项 $-\left(V_x\frac{\partial C}{\partial x}+V_y+\frac{\partial C}{\partial y}+V_z\frac{\partial C}{\partial z}\right)$ 指由于地下水渗流引起物质浓度的变化量，称为对流项，其中 V 为地下水渗流速度。

方程式右端第三项 $\pm W$ 是代表在渗流迁移过程中，元素的相间转移项。当元素从固相转入地下水中时，该项称为“源”，W 取正号；当元素从地下水中转入固相时，即被岩石吸附或沉淀时，该项称为“汇”，W 取负号，该项称为源汇项。

这个方程式说明浓度随时间的变化，是由弥散、对流和相间转移的变化而引起的。它是一个有两个未知数 C 和 V(取决于 h)的二阶三维偏微分方程。它的解是相当复杂的。为了便于实际应用，常做一些合理的简化，可以得出实用的近似解，用以计算元素迁移时浓度的空间分布规律和随时间的变化规律。

二、标型元素和元素的水迁移环境

各种元素在地壳中的迁移能力是不同的，有的迁移能力强，称活跃迁移元素，如构成卤化物、碱金属化合物的元素；有的迁移能力弱，称微活跃迁移元素和不活跃迁移元素，如铂族元素和构成高价氧化物(ZrO_2，TiO_2等)的元素，除元素的化学性质外，环境条件是决定元素迁移能力的重要因素。而元素在水中的迁移环境在很大程度上决定于某些标型元素。

1. 空气迁移元素、水迁移元素

周期表中的大部分化学元素都属于活跃的迁移元素，活跃的迁移元素按其主要的迁移方式来说，又可分为两大组：空气迁移元素和水迁移元素。

通过气相进行迁移的元素，属于空气迁移元素，如 O，H，N，Cl。

以简单的或复杂的离子或分子状态而主要通过土壤水、潜水和地表水进行迁移的元素都属于水迁移元素。大部分元素都属于水迁移元素，特别是 Na，Mg，Al，Si，P，S，Ca，K，Mn，Fe，Co，Ni，V，Sr 等等。

空气迁移元素也能随水溶液迁移(如水中和盐类中的氧与氢，$Ca(HCO_3)_2$ 中的碳，各种硝酸盐和铵盐中的氮)，但是这些元素以形成挥发性化合物在空气中迁移为特征。而水迁移元素在空气中一般不能迁移，或者迁移极微弱。

空气迁移元素——O，C，N，H 在所有景观中都起着主导作用，它们的迁移和聚积是景观存在的必要条件。这些元素是组成生命机体和天然水的主要成分，O，H，C 和 N 占活质平均组成的 98.3%。

水迁移元素也是有机体的组成部分之一，它在有机体中起着很重要的作用。然而，植物中水迁移元素的数量是不多的，总共也超不过 10%～15%。

2. 标型元素及元素的水迁移环境

其迁移决定着后生过程的地球化学特点的化学元素、离子和化合物称为标型元素、标型离子及标型化合物。其标型程度取决于元素的克拉克值和迁移能力。

根据克拉克值的大小，列于表 5-3 中的全部元素可划分成两大组：主要元素组和次要元素组。主要元素组具有高克拉克值，它们构成岩石的主体(Si，Al，Fe，Ca，Mg，Na，K，C，P，

Cl,Ti),并决定着其他元素的迁移条件(氧化一还原,酸一碱性等)。这一组中的某些元素可作为标型元素。

表 5-3　整个岩石圈和主要岩石类型中化学元素的平均含量(%)(按 A. И. 维诺格拉多夫)

元素	超基性岩(纯橄榄岩等)	基性岩(玄武岩)	中性岩(闪长岩,安山岩)	酸性岩(花岗岩,花岗闪长岩)	沉积岩(粘土,页岩)	岩石圈的平均组成(两份酸性岩加一份基性岩)
1	2	3	4	5	6	7
H						
Li	5×10^{-5}	1.5×10^{-3}	2×10^{-3}	4×10^{-3}	6×10^{-3}	3.2×10^{-3}
Be	2×10^{-5}	4×10^{-5}	1.8×10^{-4}	5.5×10^{-4}	3×10^{-4}	3.8×10^{-4}
B	1×10^{-4}	5×10^{-4}	1.5×10^{-3}	1.5×10^{-3}	1×10^{-2}	1.2×10^{-3}
C	1×10^{-2}	1×10^{-2}	2×10^{-2}	3×10^{-2}	1.0	2.3×10^{-3}
N	6×10^{-4}	1.8×10^{-3}	2.2×10^{-3}	2×10^{-3}	6×10^{-2}	1.9×10^{-3}
O	42.5	43.5	46.0	48.7	52.8	47.0
F	1×10^{-2}	3.7×10^{-2}	5×10^{-2}	8×10^{-2}	5×10^{-2}	6.6×10^{-2}
Na	5.7×10^{-1}	1.49	3.0	2.77	0.66	2.50
Mg	25.9	4.50	2.18	0.56	1.34	1.87
Al	0.45	8.76	8.85	7.70	10.45	8.05
Si	19.0	24.0	26.0	32.3	23.8	29.5
P	0.7×10^{-2}	1.4×10^{-1}	1.6×10^{-1}	7×10^{-2}	7.7×10^{-2}	9.3×10^{-2}
S	1×10^{-2}	3×10^{-2}	2×10^{-2}	4×10^{-2}	3×10^{-1}	4.7×10^{-2}
Cl	5×10^{-3}	5×10^{-3}	1×10^{-2}	24×10^{-2}	1.6×10^{-2}	1.7×10^{-2}
K	3×10^{-2}	8.3×10^{-1}	2.3	3.34	2.28	2.50
Ca	0.70	6.72	4.65	1.58	2.53	2.96
Sc	5×10^{-4}	1.4×10^{-3}	2.5×10^{-4}	3×10^{-4}	1×10^{-3}	1×10^{-3}
Ti	3×10^{-2}	9×10^{-1}	8×10^{-1}	2.3×10^{-1}	4.5×10^{-1}	4.5×10^{-1}
V	4×10^{-3}	2×10^{-2}	1×10^{-2}	4×10^{-3}	1.3×10^{-2}	9×10^{-3}
Cr	2×10^{-1}	2×10^{-2}	5×10^{-3}	2.5×10^{-3}	1×10^{-2}	8.8×10^{-3}
Mn	1.5×10^{-1}	2×10^{-1}	1.2×10^{-1}	6×10^{-2}	6.7×10^{-2}	1×10^{-1}
Fe	9.85	8.56	5.85	2.70	3.33	4.65
Co	2×10^{-2}	4.5×10^{-3}	1×10^{-3}	5×10^{-4}	2×10^{-3}	1.8×10^{-3}
Ni	2×10^{-1}	1.6×10^{-2}	5.5×10^{-3}	8×10^{-4}	9.5×10^{-3}	5.8×10^{-3}
Cu	2×10^{-3}	1×10^{-2}	3.5×10^{-3}	2×10^{-3}	5.7×10^{-3}	4.7×10^{-3}
Zn	3×10^{-3}	1.3×10^{-2}	7.2×10^{-3}	6×10^{-3}	8×10^{-3}	8.3×10^{-3}

续表

元素	超基性岩（纯橄榄岩等）	基性岩（玄武岩）	中性岩（闪长岩，安山岩）	酸性岩（花岗岩，花岗闪长岩）	沉积岩（粘土，页岩）	岩石圈的平均组成（两份酸性岩加一份基性岩）
Ga	2×10^{-4}	1.8×10^{-3}	2×10^{-3}	2×10^{-3}	3×10^{-3}	1.9×10^{-3}
Ge	1×10^{-4}	1.5×10^{-4}	1.5×10^{-4}	1.4×10^{-4}	2×10^{-4}	1.4×10^{-4}
As	5×10^{-5}	2×10^{-4}	2.4×10^{-4}	1.5×10^{-4}	6.6×10^{-4}	1.7×10^{-4}
Se	5×10^{-6}	5×10^{-6}	5×10^{-6}	5×10^{-6}	6×10^{-5}	5×10^{-6}
Br	5×10^{-5}	3×10^{-4}	4.5×10^{-4}	1.7×10^{-4}	6×10^{-4}	2.1×10^{-4}
Rb	2×10^{-4}	4.5×10^{-3}	1×10^{-2}	2×10^{-2}	2×10^{-2}	1.5×10^{-2}
Sr	1×10^{-3}	4.4×10^{-2}	8×10^{-2}	3×10^{-2}	4.5×10^{-2}	3.4×10^{-2}
Y		2×10^{-3}		3.4×10^{-3}	3×10^{-3}	2.9×10^{-3}
Zr	3×10^{-3}	1×10^{-2}	2.6×10^{-2}	2×10^{-2}	2×10^{-2}	1.7×10^{-2}
Nb	1×10^{-4}	2×10^{-3}	2×10^{-3}	2×10^{-3}	2×10^{-3}	2×10^{-3}
Mo	2×10^{-5}	1.4×10^{-4}	9×10^{-5}	1×10^{-4}	2×10^{-4}	1.1×10^{-4}
Ru						
Rh						
Pd	1.2×10^{-5}	1.9×10^{-6}		1×10^{-6}		1.9×10^{-6}
Ag	5×10^{-6}	1×10^{-5}	7×10^{-6}	5×10^{-6}	1×10^{-5}	7×10^{-6}
Cd	5×10^{-6}	1.9×10^{-5}		1×10^{-5}	3×10^{-5}	1.3×10^{-5}
In	1.3×10^{-6}	2.2×10^{-5}		2.6×10^{-5}	5×10^{-6}	2.5×10^{-5}
Sn	5×10^{-5}	1.5×10^{-4}		3×10^{-4}	1×10^{-3}	2.5×10^{-4}
Sb	1×10^{-5}	1×10^{-4}	2×10^{-5}	2.6×10^{-5}	2×10^{-4}	5×10^{-5}
Te	1×10^{-7}	1×10^{-7}	1×10^{-7}	1×10^{-7}	1×10^{-6}	1×10^{-7}
I	1×10^{-6}	5×10^{-5}	3×10^{-5}	4×10^{-5}	1×10^{-2}	4×10^{-5}
Cs	1×10^{-5}	1×10^{-4}		5×10^{-4}	1.2×10^{-3}	3.7×10^{-4}
Ba	1×10^{-4}	3×10^{-2}	6.5×10^{-2}	8.3×10^{-2}	8×10^{-2}	6.5×10^{-2}
La		2.7×10^{-3}		6×10^{-3}	4×10^{-3}	2.9×10^{-3}
Ce		4.5×10^{-4}		1×10^{-2}	5×10^{-3}	7×10^{-3}
Pr		4×10^{-4}		1.2×10^{-3}	5×10^{-4}	9×10^{-4}
Nd		2×10^{-3}		4.6×10^{-3}	2.3×10^{-3}	3.7×10^{-3}
Pm						
Sm		5×10^{-4}		9×10^{-4}	6.5×10^{-4}	8×10^{-4}
Eu	1×10^{-6}	1×10^{-4}		1.5×10^{-4}	1×10^{-4}	1.3×10^{-4}
Gd		5×10^{-4}		9×10^{-4}	6.5×10^{-4}	8×10^{-4}

续表

元素	超基性岩（纯橄榄岩等）	基性岩（玄武岩）	中性岩（闪长岩，安山岩）	酸性岩（花岗岩，花岗闪长岩）	沉积岩（粘土，页岩）	岩石圈的平均组成（两份酸性岩加一份基性岩）
Tb		8×10^{-5}		2.5×10^{-4}	9×10^{-5}	4.3×10^{-4}
Dy	5×10^{-6}	2×10^{-4}		6.7×10^{-4}	4.5×10^{-4}	5×10^{-4}
Ho		1×10^{-4}		2×10^{-4}	1×10^{-4}	1.7×10^{-4}
Er		2×10^{-4}		4×10^{-4}	2.5×10^{-4}	3.3×10^{-4}
Tu		2×10^{-5}		3×10^{-5}	2.5×10^{-5}	2.7×10^{-5}
Yb		2×10^{-4}		4×10^{-4}	3×10^{-4}	3.3×10^{-5}
Lu		6×10^{-5}		1×10^{-4}	7×10^{-5}	8×10^{-5}
Hf	1×10^{-5}	1×10^{-4}	1×10^{-4}	1×10^{-4}	6×10^{-4}	1×10^{-4}
Ta	1.8×10^{-6}	4.8×10^{-5}	7×10^{-5}	3.5×10^{-4}	3.5×10^{-4}	2.5×10^{-4}
W	1×10^{-5}	1×10^{-4}	1×10^{-4}	1.5×10^{-4}	2×10^{-4}	1.3×10^{-4}
Re		6.1×10^{-8}		6.7×10^{-8}		7×10^{-3}
Os						
Ir				6.3×10^{-7}		
Pt	2×10^{-5}	1×10^{-5}				
Au	5×10^{-7}	4×10^{-7}		4.5×10^{-7}	1×10^{-7}	4.3×10^{-7}
Hg	1×10^{-6}	9×10^{-5}		8×10^{-6}	4×10^{-5}	8.3×10^{-6}
Tl	1×10^{-6}	2×10^{-6}	5×10^{-5}	1.5×10^{-4}	1×10^{-4}	1×10^{-4}
Pb	1×10^{-5}	8×10^{-4}	1.5×10^{-3}	2×10^{-3}	2×10^{-3}	1.6×10^{-3}
Bi	1×10^{-7}	7×10^{-7}	1×10^{-6}	1×10^{-6}	1×10^{-6}	9×10^{-7}
Po						
Rn						
Ra						
Ac						
Th	5×10^{-7}	3×10^{-4}	7×10^{-4}	1.8×10^{-3}	1.1×10^{-3}	1.3×10^{-3}
Pa						
U	3×10^{-7}	5×10^{-5}	1.8×10^{-4}	3.5×10^{-4}	3.2×10^{-4}	2.5×10^{-4}

具有低克拉克值的元素属于次要元素组。由于克拉克值低，这些元素不能决定环境的物理化学条件，因而不能作为标型元素。例如，在岩石圈中钠的克拉克值达2.5%，它在水中和岩石中的高含量决定着岩盐层的存在和二氧化硅的迁移等等。因此，Na是许多表生过程的标型元素。周期表中Na的同族元素——Rb，Li，Cs，在岩石中仅分别含万分之几、十万分之几和百万分之几。正是这样低的克拉克值决定了这些元素在建立环境的物理一化学条

件中作用不大。

但不是全部的主要元素都是标型元素。只有其中那些在该条件下强烈迁移,同时又能以某种程度富集的主要元素才是标型元素。后者标示出该表生过程的地球化学特点。

标型元素可分为空气迁移的和水迁移的两个基本组。

1) 空气迁移的标型元素和标型化合物　它们是以气态迁移的,其中有氧、二氧化碳、硫化氢、甲烷等。这些气体对后生过程的影响很大。在许多情况下,它们决定着某些过程的地球化学特点。

气体主要是影响表生过程的氧化一还原条件,根据空气迁移元素的组成,区分出表生带三种基本的氧化一还原环境:氧化环境;无硫化氢的还原(潜育)环境;硫化氢还原环境。

后两种环境的差别,由硫化氢的含量所决定,而不取决于氧化一还原电位值。在同样低的电位下,由于 H_2S 的含量不同,可以是第二种环境,也可以是第三种环境。

① 氧化环境　其特征是水中存在自由氧或其他强氧化剂,Fe,Mn,Cu,V,S 及其他许多元素均处于高度氧化状态(Fe^{3+},Mn^{4+},Cu^{2+},V^{5+},S^{6+} 等),岩体染成红、棕、黄色,Eh 一般大于 0.15 V(至 0.6 V,0.7 V);在酸性条件下 Eh 超过+0.4 V,+0.5 V,标型元素是氧。

② 无硫化氢的还原(潜育)环境　其特征是水中不含自由氧和其他强氧化剂或只含少量的氧;局部地区的水中含有大量二氧化碳和甲烷;没有或只有少量的硫化氢;Fe,Mn 处于低价态(Fe^{2+},Mn^{2+})易移动;在酸性环境中 Eh 低于+0.4 V,+0.5 V,在碱性环境中则低于+0.15 V;岩体呈淡绿色、灰色和灰蓝色;标型气体是二氧化碳,有的地方还有甲烷。

③ 硫化氢还原环境　其特征是水中不含自由氧和其他强氧化剂,但含有大量的硫化氢,局部地方有甲烷及其他碳氢化合物;铁和其他许多金属不移动;这种环境主要表现于碱性条件(pH>7),Eh 常低于零,局部达−0.5 V,−0.6 V;标型化合物是硫化氢和部分碳氢化合物。

2) 水迁移的标型元素和标型化合物　它们是以真溶液或胶体溶液的形式迁移的元素和化合物。属于这类的有 Cl^-,SO_4^{2-},HCO_3^-,Ca^{2+},Mg^{2+},Na^+ 等。水迁移元素对表生过程也有重大影响,并在许多情况下决定着表生过程的特点。

水迁移环境有许多种,其中每一种环境均为以某些标型离子和标型化合物为特征。水迁移的标型元素在很大程度上决定着天然水的酸碱条件及其浓集程度。

根据水迁移元素的组成,水迁移环境有以下主要类型:

① 强酸型(pH<4)　标型离子是 H^+,局部为 SO_4^{2-},Fe^{3+},Al^{3+},Zn^{2+},Cu^{2+} 等。为硫化矿床(多金属矿床)氧化带地下水。

② 酸型(pH<6.5 但>4)　标型离子是 H^+,有机酸阴离子。

③ 中性和弱碱性重碳酸钙型(pH=6.5～8)　标型离子是 Ca^{2+},HCO_3^-。

④ 中性和弱碱性氯化物一硫酸盐型　标型离子是 Na^+,Cl^-,SO_4^{2-}。

⑤ 中性和弱碱性石膏型　标型离子是 Ca^{2+},SO_4^{2-}。

⑥ 碱性苏打型(pH>8.5)　标型离子和标型化合物是 HCO_3^-,OH^-,Na^+,和 SiO_2。

三、元素的水迁移强度

把所有的元素分为活跃、微活跃和不活跃的,这仅仅是极粗略的分类,因为同一组中的各种元素都具有不同的迁移强度。元素在天然水中的含量并不能完全表明该元素在天然水中的迁移强度，主要是因为各元素的克拉克值不同。为了鉴别表生带各种环境中化学元素的行为，迁移强度的数量指标极其重要。但目前还不能掌握空气迁移元素的各种迁移强度的数值，在表生作用中，元素的迁移几乎都与水圈有直接或间接的关系。因此，对水迁移元素的迁移强度研究得较好。A. И. 彼列尔曼曾建议用水迁移系数(K_x)来表示元素的迁移强度。

水迁移系数(K_x)是元素在地表水或地下水干涸残渣中的含量与其在该区域岩石中含量的比值。K_x值愈大，说明元素从风化壳被带出的能力愈强。

K_x可用下式表示：

$$K_x = \frac{m_x}{a \cdot n_x} \times 100 \tag{5-5}$$

式中，m_x——元素 X 在水中的质量浓度，mg/L；

n_x——元素 X 在岩石中的质量分数，%；

a——干涸残渣在水中的质量浓度，mg/L；

$\frac{m_x}{a}$——元素在干涸残渣中的含量。

根据 K_x就能建立在各种过程中的元素迁移序列，列于表 5-4。表 5-4 左半边表示温带硅酸盐岩体风化壳的元素迁移系列：在风化过程中，Cl 和 S(成 SO_4^{2-} 形态)流失最强烈；其

表 5-4 表生带氧化和硫化氢还原环境中元素的迁移系列(据别列尔曼《后生地球化学》，1968)

迁移强度	Ⅰ 氧化环境 K_x 100	10	1	0.1	0.01	迁移的可比性（弱 ←→；强 →）	Ⅱ 还原性环境 (H_2S) K_x 100	10	1	0.1	0.01
很强	S,Cl,B,Br					Cl,Br,I	Cl,R Br,I				
强		Ca,Na,Mg,F,Sr,Zn,U,Mo,Se				Ca,Na,Mg,F,Sr；Zn,U	Ca,Na,Mg,F,Sr				
中			Si,K,Mg,P,Ba,Rb,Ni,Cu,Li,Ca,Cs,As,Tl,Rn			Si,K,P；Ni,Cu；Co			Si,K,P,Rb,Li,Cs,Tl,Ra		
弱，很弱				Al,Fe,Ti,Zr,Y,Nb,TR,Th,Be,Ta,Sn,Hf,Pd,Ru,Rh,Os,Pt		Al,Ti,Zr,Hf；Nb,Ta,Sn				Al,Ti,Zr,V,Zn,Ni,Cs,Ti,Nb,Co,Se,Be,Ta,Sn,U,Mo,Hf,Se,Pb,Ru,Rh,Os	

次是 Ca,Mg,Na,F,Sr 组成“易流失元素”组(K_x值从 1 至 10～20)；流失较弱的“移动元素”组是 Cu,Ni,Co,Mn,P,硅酸盐中的 SiO_2(K_x 值从 1～2 至 0.1)；最后是最难移动的元素如 Fe,Al,Ti,Zr,Hf,Pt——“惰性和实际上不移动元素”组($K_x<0.1$)。

分析这些系列表明，在风化过程中元素以不同的速度进入水中；它们以整组(如 Si,Ni,Co,Cu)迁移；在风化壳的风化过程中应该聚积最难移动的元素(Fe,Al,Ti,Zr 等)。

表 5-4 右边展示了硫化氢强还原环境中的迁移系列。在这种条件下，所有形成不溶性硫化物的金属元素均属于第四组(惰性元素组)。

将两个系列进行比较，便引出“迁移相对性”的概念，即同一元素在不同环境中迁移强度的差别。例如，在硫化物矿床氧化带和湿润气候区的风化壳中，锌强烈地迁移，其水迁移系数超过 1($K_x=n$)；相反，在还原条件下，锌形成不溶性硫化物(ZnS)，其水迁移系数小于 0.1($K_x=n\times0.01$)。

我们把同一元素在不同环境中的水迁移系数之比称为相对性系数(C)。对于 Zn 来说，它接近于 100($C_{Zn}=n/n\times0.01=100$)。元素的迁移相对性系数越高，就越有可能形成该元素的富集，即容易形成矿床。

第四节　元素在水中迁移的某些化学规律

一、复分解反应(离子交换反应)

反应物之间的离子相互交换而形成反应产物的反应称为复分解反应。碱、酸、盐之间的反应都属于复分解反应，酸碱中和反应也是一种复分解反应。例如在天然条件下重碳酸一钠型水与硫酸一钙型水相遇时生成次生方解石和硫酸一钠型水：

$$CaSO_4+2NaHCO_3 \longrightarrow CaCO_3\downarrow+Na_2SO_4+H_2O+CO_2\uparrow$$

地壳中常见的复分解反应有下列两种类型：

1. 中和反应

复分解反应所生成的最弱的电离物之一是水。生成水的最常见的反应是酸和碱的 $H^++OH^-\rightarrow H_2O$,就是中和作用。例如，含有 H_2SO_4 的硫化矿床氧化带酸性水，遇到石灰岩时就会发生中和反应生成石膏和水之间的反应都属于复分解反应，酸碱中和反应也是一种复分解反应。例如在天然条件下：

$$H_2SO_4+CaCO_3\longrightarrow CaSO_4+CO_2\uparrow+H_2O$$

2. 水解

物质与水的复分解反应称为水解。这是由于水的一种(或两种)离子和物质的离子相互交换而成弱电离或难溶解产物所致。例如，在硫化矿床氧化带中，溶解于水的 $Fe_2(SO_4)_3$通过水解而呈 $Fe(OH)_3$胶体形式析出；

$$Fe_2(SO_4)_3+6H_2O\longrightarrow Fe(OH)_3+3H_2SO_4$$

复分解反应，同其他类型化学反应一样，受质量作用定律支配。复分解反应总是向着形成弱电离、难溶解和挥发性的化合物的方向进行。因为，在固定温度下，形成上述化合物，就会减少溶液中通过化学反应形成的物质(分子或离子)的浓度，使反应得以继续朝这个方向进行。

二、溶度积对元素迁移的影响

如果难溶性盐类的溶液与该盐的沉淀呈平衡状态，那么，这种溶液就是饱和的。氟化钙的沉淀反应可作为这种情况的例子：

$$Ca^{2+}+2F^{-}\rightleftharpoons CaF_{2固}\downarrow$$

根据质量作用定律可以写出：

$$\frac{[Ca^{2+}][F^{-}]^2}{[CaF_2]_{固}}=K_1$$

或者表示为$[Ca^{2+}][F^{-}]^2=K_1[CaF_2]_{固}$，但 CaF_2 作为固相物质，其浓度是固定不变的。因此，可以写成：

$$[Ca^{2+}][F^{-}]^2=K_1$$

这就是说，某种矿物的离子在其饱和溶液中的摩尔浓度的乘积是个常数，这个常数叫做溶度积(K_{sp})。对一定的矿物来说，其溶度积在一定温度与一定压力下是不变的。例如，CaF_2的饱和溶度积在 25 ℃时为 $10^{-9.8}$，亦即$[Ca^{2+}][F^{-}]^2=10^{-9.8}$。因此，在 CaF_2 的饱和溶液中 Ca^{2+} 与 F^{-} 离子的浓度虽然可以改变，但 Ca^{2+} 的摩尔浓度与 F^{-} 的摩尔浓度的平方之积在 25 ℃时是不变的。假定 Ca^{2+} 在水中的浓度为 10^{-2} mol/L(0.40 g/L)，那么在该溶液中 F^{-} 的浓度则为 $10^{-3.9}$ mol/L。

$$[F^{-}]=\sqrt{\frac{10^{-9.8}}{10^{-2}}}=10^{-3.9}$$

当 Ca^{2+} 的浓度减少为原来的 1/4 时，F^{-} 的浓度则增加两倍，依此类推。

从溶度积的规则可以预测，当向某种盐的溶液中加入一种与该盐具有共同离子的较易溶解的盐类时，必然会降低前一种盐的溶解度。例如，当向 CaF_2 溶液中加入石膏 $CaSO_4$ 溶液时，氟化钙的溶解度便降低。在硫化物矿床氧化带中，铅矾 $PbSO_4$ 的溶解度特别低，这也是同溶液中富含硫酸盐（$CuSO_4$，$ZnSO_4$ 等）所引起的同离子效应有关。在其他硫酸盐被淋滤后，铅钒的溶解度就可提高。

浓度积规则在数量上不适用于易溶的化合物，它只能应用于在水中的溶解度小于 0.01 mol/L(大约<1 g/L)的矿物。自然界中大多数矿物的溶解度都很小，因此在地球化学中溶度积规则具有很重要的意义。

三、天然水中离子强度对元素迁移的影响

在多数情况下，在天然水中由于离子的相互作用而产生电场，这就减弱了各种离子浓度在化学反应中实际上能起的作用，使之大大小于相应离子浓度的作用。实际参与化学反应的物质浓度，称为有效浓度或活度(α)。为了得出活度，需要对浓度乘上一个系数，这个系数就叫活度系数(f)，所以 $\alpha=fc$(式中 c 是摩尔浓度)。只有在极稀的溶液中活度系数才等于 1，亦即活度等于摩尔浓度。决定活度系数大小的电场强度，一般由溶液的离子强度(μ)得出。

溶液中所有离子对任一离子的活度影响的总效应，称为溶液的离子强度。其值等于每种离子的摩尔浓度 C 与其电荷数 Z(价数)平方的乘积之和的一半。

$$\mu = \frac{C_1Z_1^2 + C_2Z_2^2 + \cdots + C_nZ_n^2}{2} \tag{5-6}$$

式中，$C_1, C_2, \cdots, C_n$——不同离子的摩尔浓度；

$Z_1, Z_2, \cdots, Z_n$——各离子的电荷。

已经确定，对于具有相同离子强度的溶液来说，具有相同电荷的离子的活度系数是相同的，列于表 5-5。这一定律在 μ 值达 0.02 之前得到严格遵守，而在 μ 达到 0.2 时仍可利用。

表 5-5 溶液具有不同离子强度时的离子活度因子

溶液离子强度	活度系数(f)		
	一价离子	二价离子	三价离子
0.000	1	1	1
0.001	0.96	0.87	0.72
0.002	0.95	0.81	0.63
0.005	0.92	0.72	0.48
0.01	0.89	0.63	0.35
0.05	0.81	0.43	0.15
0.1	0.76	0.34	0.084
0.2	0.70	0.24	0.041
0.5	0.62	0.15	0.014

天然水的离子强度是在一个相当大的范围内变化着，从小于 0.001(超淡水)到 6 甚至 6 以上(盐水)。A. И. 别列尔曼曾根据离子强度把所有的天然水划分为三种类型：

第一种类型的水服从理想溶液的定律，在其中离子的活度系数等于或接近于 1，因此活度等于摩尔浓度。这是一种矿化度极低的超淡水，总矿化度一般小于 100～50 mg/L。超淡水是未饱和的溶液，对于绝大多数化合物来说，在这种水中都未达到它们的溶度积。元素自这种水中的析出，不是通过形成难溶化合物的途径，而是由于胶体吸附和生物吸收等所致。

第二种类型的水不服从理想溶液定律，而对之可以采用离子强度法则。在这些水中活度低于浓度。这种类型的水本身可划分为两个亚类：

第一亚类为弱矿化度的重碳酸钙和重碳酸钠水，其总矿化度一般不超过 0.5 g/L。本亚类的水对多数元素来说都是未饱和的。元素从这种水中转入固相，主要不是通过简单盐类的沉淀，而是由于吸附，形成凝胶等作用。

第二亚类的水是中等矿化的水，常为硬水，其矿化度达 4～6 g/L。许多元素和离子，尤其是 Ca^{2+}，HCO_3^-，Fe 和 SiO_2 等在这种水中是饱和的。元素自这种水中的析出，很大程度上是与形成难溶化合物有关，而形成难溶化合物则是遵照溶度积法则。形成的化合物具有离子类型晶格，如 $CaCO_3$ 和 $CaSO_4 \cdot 2H_2O$。这一亚类的水是应用离子强度法则的主要对象。

第三类型是高矿化度的水，其矿化度超过 4～6 g/L。随着水的矿化度的增大，水中离子的活度系数不断地降低。因此，难溶矿物在这种与矿物没有共同离子的高矿化度水中的溶解度也必然随之增大。因为在非理想溶液中化合物的溶度积是由离子的活度决定的，只要温度条件相同，某一定化合物的溶度积在不同矿化程度的溶液中都是相同的，然而为了保持相同的活度乘积，在高矿化水中就要具有比弱矿化水中高得多的离子浓度，即需要溶解更多的物质，溶液才能达到饱和程度。例如，$CaSO_4$ 在水中的溶解度大致等于 2 g/L，而在 0.1 mol NaCl 溶液中它的溶解度则增为 3.3 g/L，当 NaCl 在溶液中的浓度达到 130 g/L 时，石膏在其中的溶解度就增高到 7.48 g/L。在溶液中其他盐类浓度增大可以提高另一种化合物溶解度的现象，称之为盐效应。第三种类型水的最大特征就是其中出现了盐效应，结果许多金属在其中的迁移能力都被大大加强。

四、天然水中元素浓度对矿物形成的作用

元素在地壳中的克拉克值对元素的迁移影响很大，如 Si，Al，Fe，Mg 等元素，它们构成多种多样的矿物，在各种地质作用中均很活跃。由溶度积的规则可以得出结论：在其他条件相同时，克拉克值高的元素能充分供应水以高浓度的离子，并有较大的可能形成矿物。因此，稀有的阴离子大都与主要的阳离子（Ca^{2+}，Mg^{2+} 等）结合，而稀有的阳离子（UO_2^{2+}，Li^+，Rb^+ 等）大都与主要阴离子（PO_4^{3-}，CO_3^{2-}，SO_4^{2-} 等）相结合。元素的低克拉克值便决定了该元素在天然水中的低浓度。由于不能达到溶度积，因而不能形成沉淀。所以在表生带中广泛分布着硫酸盐（硫的克拉克值为 0.05%），而溶解度同它接近的硒酸盐却是稀有的（硒的克拉克值为 $6\times10^{-5}\%$）。当然，离子在溶液中的浓度不仅决定于克拉克值，而且也决定于元素的化学性质，但是克拉克值的作用是非常明显的。稀有元素的低克拉克值与其在天然水中相应的低含量，是限制其矿物种类数目的原因之一，也是自然界中缺乏在化学试验室已经得到并在地壳热力学条件下很稳定的许多化合物的原因之一。

五、酸碱反应和 pH 的作用

在硫化矿床氧化过程中形成的 pH 低的强酸性介质中，许多金属都变成活动的，而且其活动程度是随着 pH 的增大而减小。同样，在通常是酸性的排水良好的土壤中，元素的活动性更大，而排水性差或干旱区的土壤，则一般具有较高的 pH，所以金属的活动性一般减小，至少许多主要金属是这样。因此 pH 是控制许多介质中元素活动性的基本因素之一。

地下水多呈现弱酸性、中性和弱碱性反应，pH 一般变化于 5～9。pH 超过 9 的水很少见，但沙漠地区有些泉水中，可以见到 pH 为 11.7 的水。河水的 pH 变化范围为 6.5～8.5。天然水中低于 4.5 的 pH，通常是由于硫化物氧化造成的。这种水应当看做是可能有硫化矿床存在的最可靠的标志。

多数元素的溶解度及其化合物的稳定性，对于水介质的 pH 极其敏感。只有少数元素如 Na，K，Rb 等碱金属和 Ca，Mg，Sr 等碱土金属，以及形成酸根的一些元素（如 N 和 Cl），在任何 pH 的情况下一般都是溶解的。多数金属元素只在酸性介质中才溶解，并有在 pH 增高时以氢氧化物（或碱式盐）形式沉淀的趋势。这些元素以氢氧化物沉淀时的 pH，称为水解的 pH，相关数据列于表 5-6。

水解的 pH 取决于金属离子浓度，但这里我们注意的是低浓度。如果是直接靠近黄铁矿氧化矿床的地方，则溶液呈极酸性反应（pH＝1），氧化铁将留在溶液中，但当 pH 达到 2 时，它就可能沉淀。另一些元素则是在较高的 pH 下才沉淀，如 pH＝5.3 时铜会发生沉淀，pH＝7 时锌沉淀。pH 显然是决定溶液中元素活动的一个重要因素。综合考虑 pH 和其他

因素的共同作用，可以解释为什么元素的活动性在碱性环境中（如灰岩分布区）比在酸性环境中差，也可以解释河流沉积物中微量元素的堆积机理。当酸性地下水被 pH 高的水冲淡中和，或与围岩反应时，其 pH 增高并达到水解时的相应值，微量元素则沉定。pH 还可以解释一些元素（如 Fe 与 Zn）的分离，它们虽位于同一矿床之中，但在后生环境中却生成截然不同的分散晕。

表 5-6　稀释溶液（0. 025～0. 002 5 mol）中某些元素水解（氢氧化物沉淀）的 pH

元素	pH	元素	pH	元素	pH	元素	pH
Fe^{3+}	2.0	Al^{3+}	4.1	Cd^{2+}	6.7	Pb^{3+}	7.1
Zr^{4+}	2.0	U^{6+}	4.2	Ni^{2+}	6.7	Hg^{2+}	7.3
Sn^{2+}	2.0	Cr^{3+}	5.3	Co^{2+}	6.8	Ce^{3+}	7.4
Ce^{+}	2.7	Cu^{2+}	5.3	Y^{3+}	6.8	La^{3+}	8.4
Hg^{+}	3.4	Fe^{2+}	5.5	Sm^{3+}	6.8	Ag^{+}	7.5～8.0
In^{3+}	3.4	Be^{2+}	5.7	Zn^{2+}	7.0	Mn^{2+}	8.5～8.8
Th^{4+}	3.5	Pb^{2+}	6.0	Nd^{3+}	7.0	Mg^{2+}	10.5

另外，pH 对粘土的吸附性能也有影响。如蒙脱石在酸性介质中对金属的吸附比在碱性介质中少得多。这是出于氢离子比金属能更优先被吸附（或交换）。

但是，在应用天然水 pH 当作某元素迁移因素的评价条件时，一定要具体情况具体分析，区别对待。要考虑元素氢氧化物溶解度、克拉克值及其在天然水中的浓度。对于很多稀有元素来说，它们在天然水中的含量极微（量级为 10^{-6} g/L），pH 在其氢氧化合物沉淀中的作用不大。

络离子的形成强烈地改变了很多金属的沉淀条件，因而特别要求谨慎地应用像氢氧化物沉淀 pH 这样的物理化学特性。例如 $UO_2(OH)_2$ 沉淀的 pH 为 3.8～6.0（与铀在溶液中的浓度有关），这似乎排除了铀在 pH 高于 6 的中性与碱性水中移动的可能性，但是由于形成了可溶性碳酸络合物 $[UO_2(CO_3)_2]^{4-}$ 与 $[UO_2(CO_3)_2(H_2O)_2]^{2-}$，铀在 pH 高于 6 的水中也是容易迁移的。对大多数金属来说，络合离子的形成提高了其氢氧化物沉淀的 pH，一般也提高了溶解度。

六、氧化还原反应

氧化还原反应是元素迁移过程中一类重要的化学反应，对地壳中元素的活动影响很大。氧化还原反应引起离（原）子电荷的变化，并大大改变离子的溶解度及其他化学性质。溶解度增大时元素分散；溶解度减小时，则元素迁移能力锐减并可能形成矿床。

1. 氧化还原反应和氧化还原电位

凡是伴随着电子得失（或价态变化）的化学反应称为氧化还原反应。原子（或离子）失去电子则被氧化，得到电子则被还原，在反应过程中氧化和还原同时发生，因为某一原子（离子）失去的电子被该系统中的另一氧化剂获得。例如，当 Fe^{2+} 与 V^{5+} 在天然溶液中相遇时，就会发生如下氧化还原反应：

$$Fe^{2+} - e \longrightarrow Fe^{3+} \quad 氧化$$

$$V^{5+} + e \longrightarrow V^{4+} \quad 还原$$

$$Fe^{2+} + V^{5+} \longrightarrow Fe^{3+} + V^{4+} \quad 氧化还原$$

这是因为当 Fe^{2+} 和 V^{5+} 相遇时，它们之间产生了电位差，使电子从 Fe^{2+} 自动地向 V^{5+} 转移。此种电位差决定了氧化还原的方向。但是要了解两种离子间的电位差，首先必须确定每一种离子的氧化反应的电位（常称氧化还原电位，或简称氧化电位，用符号 E 或 Eh 表示）。一种离子氧化时反应的氧化电位可以表示为：

$$\mathrm{Eh} = \mathrm{Eh}_0 + \frac{RT}{Fn}\mathrm{In}\frac{C_{氧化态}}{C_{还原态}} \tag{5-7}$$

或者

$$\mathrm{Eh} = \mathrm{Eh}_0 + \frac{2.303RT}{Fn}\lg\frac{C_{氧化态}}{C_{还原态}} \tag{5-8}$$

式中，Eh——在所研究条件下的氧化还原电位；

Eh_0——在标准条件（温度为 25 ℃，离子浓度均为 1 mol/L，压力为 10^5 Pa）下的氧化还原电位；

F——法拉第常数，为 96.485 kJ/V；

R——气体常数，8.320 26 J/℃ · mol。

T——热力学温度（$273+t$℃）；

n——参加反应的电子数；

$C_{氧化态}$——氧化态离子的浓度，mol/L；

$C_{还原态}$——还原态离子的浓度，mol/L。

在 10^5 Pa（1 个大气压）、25 ℃的条件下，将 R，F 和 T 的数值代入式（5-8）中则得：

$$\mathrm{Eh} = \mathrm{Eh}_0 + \frac{0.059}{n}\lg\frac{C_{氧化态}}{C_{还原态}} \tag{5-9}$$

为了便于对各种反应的氧化电位进行比较，通常以氢极反应 $\frac{1}{2}H_2 \longrightarrow H^+ + e$ 作为标准，并规定其电位在 pH=0、压力为 1 大气压时为零伏。各种反应的氧化电位值都分布在 0.00 V 两侧。

溶液的 pH 对 Eh 的影响具有很重要的意义。Eh 和 pH 之间存在下列关系：

$$\mathrm{Eh} = \mathrm{Eh}_0 - 0.059\mathrm{pH} \tag{5-10}$$

这就是说 Eh 随 pH 的增大而降低，pH 每增大 1 个单位，Eh 下降约为 0.06 V，因而在介质的氧化电位相同时，同一氧化反应在碱性溶液中比在酸性环境中容易进行，即在碱性条件下的氧化作用可在比酸性条件更低的 Eh 下进行。所以在草原、荒漠及碳酸盐岩层中看到的氧化作用，是在比森林带和冰沼地带所特有的酸性水更低的 Eh 条件下进行的。同氧化还原环境之间的分界相对应的 Eh，主要随 pH 而改变。例如，酸性溶液中 $Fe^{2+} \longrightarrow Fe^{3+} + e$ 的 Eh_0 为 0.77 V，而在 pH>8 的碱性溶液中 $Fe(OH)_2 + OH^- \longrightarrow Fe(OH)_3 + e$ 的 $\mathrm{Eh}_0 = -0.56$ V。因而低价铁的盐类在酸性溶液中比较稳定，只是缓慢地被空气所氧化，但在碱性溶液中则迅速被氧化成三价并发生沉淀。

现将某些具有地球化学意义的氧化反应，在酸性和碱性溶液中进行时的 Eh_0 分别列于表 5-7 和表 5-8。

表 5-7 在酸性水溶液中的氧化反应的 Eh_0

反 应	Eh_0/V
$H_2Te \longrightarrow Te^0 + 2H^+ + 2e$	−0.72
$U^{3+} \longrightarrow U^{4+} + e$	−0.61
$AsH_3 \longrightarrow As^0 + 3H^+ + 3e$	−0.60
$Fe^0 \longrightarrow Fe^{2+} + 2e$	−0.44
$H_2Se \longrightarrow Se^0 + 2H^+ + 2e$	−0.40
$H_2PO_3 + H_2O \longrightarrow H_3PO_4 + 2H^+ + 2e$	−0.276
$V^{2+} \longrightarrow V^{3+} + e$	−0.255
$Sn \longrightarrow Sn^{2+} + 2e$	−0.136
$Pb \longrightarrow Pb^{2+} + 2e$	−0.126
$H_2 \longrightarrow 2H^+ + 2e$	0.00
$Ti^{3+} + H_2O \longrightarrow TiO^{2+} + 2H^+ + e$	+0.1
$H_2S \longrightarrow S + 2H^+ + e$	+0.141
$Sn^{2+} \longrightarrow Sn^{4+} + 2e$	+0.15
$Cu^+ \longrightarrow Cu^{2+} + e$	+0.167
$H_2SO_4 + H_2O \longrightarrow SO_4^{2-} + 4H^+ + 2e$	+0.17
$U^{4+} + 2H_2O \longrightarrow UO_2^{2+} + 4H^+ + 2e$	+0.334(HCl 介质中)
$Cu \longrightarrow Cu^{2+} + 2e$	+0.337
$V^{3+} + H_2O \longrightarrow UO^{2+} + 2H^+ + e$	+0.361
$U^{4+} + 2H_2O \longrightarrow UO_2^{2+} + 4H^+ + 2e$	+0.407(H_2SO_4 介质中)
$ReO_2 + 2H_2O \longrightarrow ReO_4^- + 4H^+ + 3e$	+0.51
$Mo^{5+} \longrightarrow Mo^{6+} + e$	+0.53
$Te + 2H_2O \longrightarrow TeO_2 + 4H^+ + 4e$	+0.53
$Fe^{2+} \longrightarrow Fe^{3+} + e$	+0.771
$2Hg \longrightarrow Hg^{2+} + 2e$	+0.789
$Ag \longrightarrow Ag^+ + e$	+0.799
$VO_2 + 3H_2O \longrightarrow V(OH)_4^+ + 2H^+ + e$	+1.00
$TeO_2 + 4H_2O \longrightarrow H_6TeO_6 + 2H^+ + 2e$	+1.02
$2Br^- \longrightarrow Br_2 + 2e$	+1.07
$2H_2O \longrightarrow O_2 + 4H^+ + 4e$	+1.229
$Tl^+ \longrightarrow Tl^{3+} + 2e$	+1.25
$Mn + 2H_2O \longrightarrow MnO_2 + 4H^+ + 2e$	+1.23
$2Cr + 7H_2O \longrightarrow Cr_2O_7^{2-} + 14H^+ + 6e$	+1.33
$2Cl^- \longrightarrow Cl_2 + 2e$	+1.36

续表

反　应	Eh_0/V
$Pb^{2+}+2H_2O \longrightarrow PbO_2+4H^++2e$	+1.45
$Au \longrightarrow Au^{3+}+3e$	+1.51
$Mn^{2+}+4H_2O \longrightarrow MnO_4^-+8H^++5e$	+1.52
$Ce^{3+} \longrightarrow Ce^{4+}+e$	+1.61
$Pb^{2+} \longrightarrow Pb^{4+}+2e$	+1.69
$Au \longrightarrow Au^++e$	+1.70
$Ni^{2+}+2H_2O \longrightarrow NiO_2+4H^++2e$	+1.75
$Co^{2+} \longrightarrow Co^{3+}+e$	+1.82
$O_2+H_2O \longrightarrow O_3+2H^++2e$	+2.07

表 5-8　在碱性水溶液中的氧化反应的 Eh_0

反　应	Eh_0/V
$Ca+2(OH^-) \longrightarrow Ca(OH)_2+2e$	−3.03
$U(OH)_3+(OH^-) \longrightarrow U(OH)_4+e$	−2.20
$Te^{2-} \longrightarrow Te+2e$	−1.14
$HPO_3^{2-}+3(OH^-) \longrightarrow PO_4^{3-}+2H_2O+2e$	−1.12
$SO_3^{2-}+2(OH^-) \longrightarrow SO_4^{2-}+2H_2O+2e$	−0.93
$Se^{2-} \longrightarrow Se+2e$	−0.92
$Sn(OH)_3^-+3(OH^-) \longrightarrow Sn(OH)_6^{2-}+2e$	−0.91
$PH_3 \longrightarrow P+3H^++3e$	−0.89
$H_2+2(OH^-) \longrightarrow 2H_2O+2e$	−0.828
$AsO_2^-+4(OH^-) \longrightarrow AsO_4^{3-}+2H_2O+2e$	−0.67
$Sb+4(OH^-) \longrightarrow Sb(OH)_4^-+3e$	−0.66
$VO(OH)_2+OH^- \longrightarrow VO_3^-+H_2O+e$	−0.64
$ReO_2+4(OH^-) \longrightarrow ReO_4^-+2H_2O+3e$	−0.594
$Te+6(OH^-) \longrightarrow TeO_3^{2-}+3H_2O+4e$	−0.57
$Fe(OH)_2+OH^- \longrightarrow Fe(OH)_3+e$	−0.56
$U(OH)_4+2(OH^-) \longrightarrow UO_2(OH)_2+2H_2O+2e$	−0.49
$S^{2-} \longrightarrow S+2e$	−0.48
$Se+6(OH^-) \longrightarrow SeO_3^{2-}+3H_2O+4e$	−0.37
$2Cu+2(OH^-) \longrightarrow Cu_2O+H_2O+2e$	−0.358
$Cr(OH)_3+5(OH^-) \longrightarrow CrO_4^{2-}+4H_2O+3e$	−0.13
$Cu_2O+2(OH^-)+H_2O \longrightarrow 2Cu(OH)_2+2e$	−0.08
$Tl(OH)+2(OH^-) \longrightarrow Tl(OH)_3+2e$	−0.05
$Mn(OH)_2+2(OH^-) \longrightarrow MnO_2+2H_2O+2e$	−0.05

续表

反　应	Eh_0/V
$NO_2^- + 2(OH^-) \longrightarrow NO_3^- + H_2O + 2e$	+0.01
$SeO_3^{2-} + 2(OH^-) \longrightarrow SeO_4^{2-} + H_2O + 2e$	+0.05
$Hg + 2(OH^-) \longrightarrow HgO$(斜方)$+ H_2O + 2e$	+0.098
$Mn(OH)_2 + OH^- \longrightarrow Mn(OH)_3 + e$	+0.1
$Co(OH)_2 + OH^- \longrightarrow Co(OH)_3 + e$	+0.17
PbO(斜方)$+ 2(OH^-) \longrightarrow PbO_2 + H_2O + 2e$	+0.248
$I^- + 6(OH^-) \longrightarrow IO_3^- + 3H_2O + 5e$	+0.26
$TeO_3^{2-} + 2(OH^-) \longrightarrow TeO_4^{2-} + H_2O + 2e$	+0.401
$4(OH^-) \longrightarrow O_2 + 2H_2O + 4e$	+0.401
$Ni(OH)_2 + 2(OH^-) \longrightarrow NiO_2 + 2H_2O + 2e$	+0.49
$MnO_2 + 4(OH^-) \longrightarrow MnO_4^{2-} + 2H_2O + 2e$	+0.60
$3(OH^-) \longrightarrow HO_2^- + H_2O + 2e$	+0.88
$O_2 + 2(OH^-) \longrightarrow O_3 + H_2O + 2e$	+1.24

上列各反应是按氧化电位递增顺序排列的，也就是按氧化能力递增顺序排列的。Eh_0 较高（位置较下）的反应中的高价离子将使 Eh 较低（位置较上）的反应中的低价离子氧化，同时自身被还原，而且两个反应的 Eh_0 相差愈大则反应愈强烈。现仍以 Fe^{2+} 与 V^{5+} 之间的反应为例说明：

从表 5-7 查得：

$$Fe^{2+} \longrightarrow Fe^{3+} + e \quad Eh_0 = 0.77\ V$$

$V^{4+}(VO_2) \longrightarrow V^{5+}[V(OH)_4^+] + e \quad Eh_0 = 1.00\ V$ 因而 Fe^{2+} 与 V^{5+} 相遇就将发生下列氧化还原反应：

$$Fe^{2+} + V^{5+} \longrightarrow Fe^{3+} + V^{4+}$$

2. 环境和介质的氧化还原电位

在地球化学中，人们不仅需要知道不同元素不同价态离子间发生的氧化还原反应，而且更需要回答各种地质环境或介质的氧化或还原性能的问题。自然环境使某种元素（原子或离子）发生氧化或还原的能力可用一个量来度量，这个量就叫做环境和介质的氧化还原电位。它可以通过实验方法被测定，在各种环境（例如海水、沼泽腐殖土、土壤等）中插入一个铂的惰性电极，并测定铂电极与氢电极之间的电位差，就可得出该介质的氧化还原电位。实际工作中，一般是测定铂电极与甘汞电极之间的电位差，可以很方便地计算出铂电极与氢电极之间的电位差。因为通过分析化学手册，可以查出不同温度条件下，甘汞电极与氢电极之间的电位差。例如，已测得海水的 Eh 变化于+0.3 V（充分含氧的水）到−0.6 V（含有机质的底部沉积物中的水）之间。

知道了环境的 Eh，就可根据下列各种离子氧化反应的 Eh_0，来判断这种环境中各种离子应该处于什么样的价态。例如，已知某天然水的 Eh 为+0.5 V，现在要回答在这种环境中溶解的铁离子主要处于何种价态。如果溶液是酸性的，则由表 5-7 可知，$Fe^{2+} \longrightarrow Fe^{3+} + e$ 反应的 Eh 为 0.771 V，由于反应的氧化电位高于环境的氧化电位，所以在此环境中 Fe^{2+} 不能氧化为 Fe^{3+}，溶液中铁离子的主要存在形式应当是 Fe^{2+}。

如果离子的浓度对它所在溶液的电位值有影响，则该离子称为电活性离子。假若该离子的影响具有决定意义，则称为控制电位离子(或控制电位元素)。在天然水中，自由氧、硫化氢、三价和二价铁、二价和四价锰、三价和五价钒等变价元素以及有机化合物等，都可以是控制电位的组分。

3. 地下水中 Eh 的变化范围

天然介质的氧化电位值的范围决定着可能发生的氧化还原反应。理论上，在酸性水中发生的氧化还原反应限制在下列两个反应的氧化电位之间：

$$H_2O \longrightarrow \frac{1}{2}O_2 + 2H^+ + 2e \tag{5-11}$$

$Eh_0 = 1.23$ V

$$2H^+ + 2e \longrightarrow H_2 \tag{5-12}$$

$Eh_0 = 0.00$ V

Eh_0 高于 1.23 V 的任一氧化反应中的高价离子使水分解并放出氧，Eh_0 低于 0.00 V 的任一氧化反应中的低价离子将使水分解并放出氢。这两个反应的氧化电位控制着自然条件下多数的氧化还原反应。这两个反应都包含氢离子。pH=7 时，式(5-11)中的 Eh_0 为 0.82 V，而式(5-12)中的 Eh_0 为 −0.41 V。因而在接近中性的纯水介质中可能发生的氧化还原反应的 Eh_0 值介于 −0.41 V 和 +0.82 V 之间。

地下水是一种复杂的溶液，其中溶解有多种多样的组分，按照它们的电化学性质，可划分为氧化剂和还原剂两类，氧化剂组分主要是溶解 O_2，还有 SO_4^{2-}，NO_3^-，Fe^{3+} 等变价离子的氧化态物质，它们具有掠取电子氧化其他物质的能力；还原剂组分主要是 H_2S，还有 CH_4，HO_2^-，细菌及腐殖质、变价离子的还原态物质等，它们具有放出电子还原其他物质的能力。所以说地下水本身是一种天然的氧化还原体系，不同的水文地质单元，甚至同一单元的不同部位，水中氧化剂和还原剂的浓度比是不相同的，因而水溶液也就具有不同的氧化还原性能。地下水的 Eh 变化范围很大，由地表附近的 +0.55 V 到地下 3 km 深处的 −0.48 V。含氧地下水的 Eh 大部分高于 +0.3 V，有时降到 +0.2 V，当 pH 为 6.6～8.5 时 Eh 不高于 +0.52 V，在黄铁矿氧化带的酸性水中(pH=2)测到了最高的 Eh+0.55 V。含碳氢化合物气体的沉积岩中水的 Eh 具有低的负值，由 −0.03 V 到 −0.48 V。不仅含碳氢化合物气体而且含 H_2S 及其离解物的水，Eh 由零到 −0.38 V，经常稍高于 −0.2 V。A. И. 盖尔曼诺夫指出，正高电位的含氧水在个别地带，可渗透到地下水位以下很深的地方(由含水层的补给区算起达 200～300 m，有时达 900～1 000 m)。有机物及其产物的生物化学氧化可在更深的地带进行，具这一反应的地下水 Eh 由 +0.3～−0.2 V，经常低于零。

过去的一些书上多次提到过的地下水 Eh 随深度增加而降低的规律，并不是在所有的情况下都正确。资料证明，表生带最强的还原条件是在缺氧而有机质强烈分解的地段。这在地表见有自然铜的土和沼泽地，以及在层间氧化带尖灭处的还原垒内均可见到。有时，在某些构造的深部有比地表更高的 Eh。

4. 氧化还原环境及其对元素迁移的影响

氧化还原电位与水中气体成分有密切关系，与水中游离氧的数量成正比，与 H_2S 的数量成反比。根据水中自由氧、H_2S，Eh 值可将水文地球化学环境划分为：氧化环境、氧化还原环境及还原环境，列于表 5-9。

表 5-9 氧化还原环境简表

环境	O_2 含量/(mg/L)	H_2S 含量/(mg/L)	pH	Eh/V
氧化环境	≥3.5～13 或更高	0	<4(可达 2)	>0.4 可达 0.85
			4～6.5	>0.4 可达 0.7
			6.5～8.5	0.25～0.1
氧化还原环境	<3.5	0～7	5.5～7	<0.4
	>0		6.5～8.5	0.25～0
还原环境	0	>7～100 至 2 000	>7	0～−0.15 或更低

地壳内的化学元素中，分布最广而又以各种不同氧化程度出现的元素是 Fe，因此可以根据 Fe 的变化来判断介质环境。这主要是根据介质环境中 Fe^{2+} 和 Fe^{3+} 的数量是否相等来考虑的。若在介质环境中有可能将 Fe^{2+} 氧化为 Fe^{3+} 的 V^{5+}，Cr^{6+} 离子存在，或者是 MnO_2 存在的弱碱性介质，则此环境为氧化环境。若无 Fe^{3+} 而只有 Fe^{2+}，且与 Fe^{2+} 的化合物一起存在的还有 V^{4+} 或 V^{3+} 的化合物，或者有 Mo^{4+}，Cr^{3+}，U^{4+} 等的化合物，则此环境为还原环境。由于铁在地壳中的克拉克值高(4.65%)，而且三价铁的许多矿物(褐铁矿、水针铁矿等)带有红、褐和浅黄色调，而二价铁的矿物(菱铁矿、蓝铁矿等)则带有白、蓝和浅绿色调，因而使我们有可能按照铁的不同价的化合物对表生带的氧化还原环境进行分类。Fe^{3+} 化合物为主的环境，通常被认为是氧化的，这种环境可以从岩石的红色和褐色看出；而 Fe^{2+} 化合物为主的环境是还原的，这由浅绿和灰蓝的色调可以看出。

通常，元素的搬运形式和元素的沉淀形式不同。元素从搬运形式变为沉淀形式，需要从可溶化合物转变为不溶的化合物。在大多数情况下，这种转变是和氧化或还原作用有联系的。

由于氧化作用，钒酸、砷酸、铬酸、钸酸和部分硫酸及磷酸所形成的金属盐便集中在表生带，成为褐铅矿、彩钼铅矿、钼钨钙矿、臭葱石、蓝铜晒矿、绿蹄铁矿等。

易挥发元素氧化时，氢生成水，并且还参与很多矿物的组成；氮被氧化后，集中生成硝酸盐(硝石矿床)；硫的挥发性化合物被氧化后，集中成硫酸盐(石膏、重晶石)。

大多数元素的高氧化态比低氧化态具有更强的水解性能，如 Fe，Mn，Co，Ni，Ti 和 Tb 等。在地表条件下氧化时，这些元素便水解、沉淀而集中。

Cr，U，Mo 以及部分 V 等则相反，氧化程度较高的化合物比氧化程度较低的化合物难水解，因为它们生成不易水解的络阴离子，如 UO_2^{2-}。因此，这些元素将由于还原反应而集中于自然界，它们的矿床形成于还原介质中。S，Se，Te 也以还原形式集中，也就是与金属化合形成硫化物、硒化物及碲化物而集中。

第五节　地球化学垒——元素地下水中沉淀的特殊环境

表生带中在短距离内元素迁移条件明显更替,并导致化学元素沉淀浓集的地段称为地球化学垒。元素大量浓集的地段称为地球化学巨垒,如有用矿产地;浓集少量元素的地段称为地球化学微垒,如土壤淀积层。在地球化学垒中,元素的浓集是由不同原因引起的。根据地球化学垒的形成原因,可将其分为三个基本类型:机械的、物理一化学的和生物的地球化学垒。

一、机械垒

机械垒产生于水或空气运动速度改变的地段。Au,Sn,Zr,Ti,Th 以及其他元素的冲积矿床的形成与这种垒有关系。此外,在矿床周围形成机械晕,机械垒起了重要作用。

二、物理一化学垒

这一种垒是由于物理化学条件,特别是由于酸、碱与氧化还原条件的急剧改变而形成的。表生带物理一化学垒的主要类型有:氧化垒、还原硫化氢垒、潜育垒、硫酸盐与碳酸盐垒、碱性垒、酸性垒、蒸发垒、吸附垒、热动力垒等。

元素在物理一化学垒中的富集,一方面与垒的类型有关,另一方面取决于进入垒的水的成分。在这两个因素综合的基础上,可建立反映元素富集类型的系列,每种富集类型用代表垒型和进入垒的水型的代号来表示。

在天然条件下,各种地球化学过程无论在空间上和时间上都发生过多次的混合和重合。因此,当两种或几种互相作用的地球化学过程叠加而形成地球化学垒时,可把它称为复合垒。例如,先是氢氧化铁和氢氧化锰凝胶体的沉淀,而后这些沉淀物又吸附了某些元素,因而形成了氧化一吸附综合垒(复合垒)。

地球化学垒的概念是研究地球化学异常形成过程的基础,因而它对研究矿床成因和矿床普查方法是很重要的。

1. 氧化垒(A)

一般发育在还原条件被氧化条件急剧更替的地段。当潜育水或硫化氢水与氧化环境相遇时便形成氧化垒。有时弱氧化的较为贫氧的水与强氧化介质相遇时也可能形成这种氧化垒。

多数氧化垒具有铁染现象,许多氧化垒中还同时见有铁染和锰染。单独见有锰染的情况较少,单质硫的堆积更少。根据以上情况可把氧化垒划分为四种地球化学垒型:铁型、铁一锰型、锰型和硫型。

形成氧化垒的自然地理和地质条件是极其多样的。例如,在断裂带中可形成氧化垒,当深部潜育水沿断裂带上升到与含氧水接触的部位,即可有氧化垒出现,在此可见到 Fe,Mn 的沉淀。断裂带中常见的这种色染现象,如在地下水的出口处(泉)发育着的黑色或褐色的

Mn,Fe 质薄膜,经常被用来作为断裂带存在的证据。

$$Fe^{2+}(\text{潜育水中})\xrightarrow{O_2}Fe^{3+}(\text{铁质薄膜})$$

$$Mn^{2+}(\text{潜育水中})\xrightarrow{O_2}Mn^{4+}(\text{锰质薄膜})$$

在氧化垒区,在构造上升时渗透到地下水中的氧是氧化作用的营力。由于地下水中硫化氢被氧化,可能形成硫黄矿床。在油田区,在石油碳氢化合物影响下,生物还原作用使硫酸盐还原形成 H_2S,H_2S 进一步迁移并在近地表条件下氧化而形成硫矿床:

$$2H_2S+O_2\longrightarrow 2H_2O+S(\text{硫矿})$$

2. 还原硫化氢(硫化物)垒(B)

当含氧水或潜育水在它们的径流途径中,遇到含硫化氢或硫化物的环境时,便会形成硫化氢(硫化物)垒。

硫化物垒具有重要的实际意义,因为在硫化物垒中可形成 Cu,U,Se 等元素的矿体。还见有含 Fe,Cu,Zn,Pb,Co,Ni 等不溶解硫化物的地球化学异常。

在硫化物矿床表生带中,硫酸水由氧化带渗入,与原生硫化物作用:

$$MeS+H_2SO_4\longrightarrow MeSO_4+H_2S$$

这样,在氧化带的下部便形成硫化氢垒,由氧化带中带来的许多金属在此沉淀。这一带所形成的次生富集硫化物矿体,局部可成为矿床的主要部分。有时金属元素可在无硫化氢参加的情况下沉淀,但一定得有硫化物的参加,所以该垒也可称为硫化物垒。某些情况下,硫化氢垒是硫化物垒的一种形式。假如含硫化镍、铬、铜等的矿体位于地形高处时,则这些矿体的氧化将导致含多金属的硫酸潜水的形成。这种潜水向盆地运移时,可能遇到具有潜育介质的泥炭沼泽,这就为细菌还原 SO_4^{2-} 并产生 H_2S 创造了条件。结果在沼泽的边缘地带形成硫化氢垒,并使被潜水带来的金属在这里沉淀富集。这样便形成了与矿化分离的地球化学异常,这种异常可作为普查矿床的重要找矿标志。所以,在温湿气候区的地质调查中,对沼泽、湖、河沉积物中的硫化物堆积,应该特别注意,因为它可能与剥蚀区的硫化物矿化的氧化有关。

铀在含氧水中有较高的迁移能力,在这种水中铀的含量经常达到 $n\times10^{-5}\sim n\times10^{-4}$ g/L。如果在石油流经的道路上有含氧水的话,那么在水一石油接触带则产生还原垒。水中游离氧被氧化有机质的细菌所消耗,氧化作用的进一步发展是靠硫酸盐、硝酸盐、氢氧化铁及其他化合物中的氧。脱硫细菌强烈活动的结果,使水中出现很多 CO_2 与 H_2S。水中 CO_2 使碳酸岩发生溶解,形成了空洞与缝合柱形节理,在其相邻地段沉积了次生方解石,有的地方沉积了硅酸(石灰岩硅化)。在水与石油接触带,硫化氢水中发育的还原环境决定着后生黄铁矿的形成和 U^{6+} 转变为 U^{4+} 的沉淀。卷状铀矿体是分布在楔形氧化带的还原硫化氢垒上,因为铀矿体是自含氧水中沉淀而形成的。这种垒明显的特点是褐铁矿化砂岩被灰色黄铁矿砂岩所代替。

对富硫化氢和贫硫化氢情况下还原硫化氢垒上金属沉淀的研究表明:如果矿石含有多种金属硫化物,那么介质中则含有过量的硫化氢;如果矿石是单金属的或者只含有两三种金属,那么就可以说还原垒上硫化氢是贫乏的,或者进入垒的溶液具有单一金属的特点。

3. 潜育垒(C)

当氧化环境被潜育环境替换时,或在弱潜育介质与强潜育介质接触时形成潜育垒。在潜育垒上 Cu，Ag，Mo，U，Se 和其他一些元素能产生沉淀。

潜育垒的形成条件有如下两种：一种是在沼泽的边缘地带，富含氧的地表水和潜水与沼泽土壤的潜育介质接触地段，由于水中自由氧消耗所以形成潜育垒。另一种是在含水层中，在含氧环境与无氧环境的界面上形成潜育垒。

在地质剖面中线状延伸的深蓝色的、灰色的、杂色的岩层便是后生潜育化的特征，在这种地层中深蓝色的地段与褐色地段互相交替。潜育层中的蓝色和绿色是由二价铁的化合物引起的。有些地方由于活动铁的完全淋失，潜育层呈雪白色。

潜育垒还原介质的来源常为有机物质，但有时元素氢也可造成潜育环境。已知氢气有多种来源，所以氢垒有可能是潜育垒中分布最广泛的一种。

4. 碱性垒(D)

碱性垒产生在酸性介质在短距离内变为碱性介质或 pH 急剧增高的地段。在这里主要富集那些在酸性和弱酸性水中能很好地迁移的阳离子元素：Fe，Ca，Mg，Ba，Sr，Zn，Cu，Ni，Co，Pb 和其他一些金属。当强酸性介质变为弱酸性时，碱性垒可以出现在酸性条件中，当弱碱性介质变为强碱性时，碱性垒可以出现在碱性条件中。

当 pH 小于 3～4 的强酸性水进入碱性垒时，形成强酸碱性垒。这种条件对灰岩中硫化矿物氧化带，具有代表性。黄铁矿和其他双硫化矿物氧化时，生成硫酸溶液。这种溶液携带有 Fe，Cu，Zn，Co 等金属，当其与灰岩相互作用时，即产生碱性垒，在垒区形成金属氢氧化物和碳酸盐。在碳酸盐中，可分出绿色和蓝色的铜的碳酸盐——孔雀石和蓝铜矿。在干旱景观中，沿着许多硫化物矿床氧化带的边缘可见到这种碱性垒。硫化物(黄铁矿、黄铜矿等)氧化时形成的硫酸溶液在这里不仅被灰岩中和，而且也被草原土壤的碱性介质或松散沉积物中的碳酸盐所中和。结果在碱性垒中，铁发生沉淀(垒区常被铁化土壤所渲染)、孔雀石、蓝铜矿、菱锌矿和其他铜和锌的碳酸盐产生沉淀。

当 pH 为 4～6.5 的酸性和弱酸性溶液进入碱性垒时形成弱酸碱性垒。在温湿景观中的硅酸盐和碳酸盐岩石的接触带，也可以形成相似的垒。这里土壤中有机残骸的分解有利于形成酸性水，超基性岩中的 Mg，Ni，Co 易溶于其中(Ni 和 Co 与有机酸形成有机络合物)，在其与灰岩的接触带上产生碱性垒并使金属沉淀。例如，俄罗斯乌拉尔某镍矿就是这样形成的。由该地区蛇纹岩体中排出的酸性水中含有大量的 Ni，在与石灰岩的接触处，这些水便明显地改变了成分，pH 升高，Ni 由溶液中沉淀下来，在接触带的岩溶洞穴中便形成了 Ni 矿体。

5. 酸性垒(E)

当中性和碱性条件转变为弱酸性和酸性条件或 pH 急剧降低时，便产生酸性地球化学垒。此时，在中性和碱性介质中易迁移的阴离子元素和络合物元素(如 Si，Ge，Ir，Sc，Bi，Zr，Mo 等)的迁移强度减弱。对某些元素来说，在酸化作用下易于进行还原反应，即酸性垒具有还原某些物质的能力。因此，在个别情况下，U，Se，V，Cr 等在氧化环境迁移的元素，在还原酸性垒中产生沉淀。

当强碱性条件被弱碱性条件替换时，酸性垒可在“碱性区间”内形成；当弱酸性介质转变为酸性介质时，酸性垒可在“酸性区间”内形成。在景观中与碱性垒相比，酸性垒研究得极差，它们的分布也可能较少。硅在酸性水中的溶解不如在碱性与中性水中多。因此，碱性硅质水同酸性环境相遇时,便有利于硅的沉淀与岩石的硅质化。冲积砂层中硅化木的形成和在石油水与碱性硅质水的接触带的灰岩硅化等现象,都是酸性垒的例证。

6. 蒸发垒(F)

蒸发垒产生于地下水强烈蒸发的地段,易溶盐与难溶盐由水中沉淀出来。岩石与盐土中的石膏层、盐土的盐壳、在地下水露头处的斜坡上的某些盐华等就是这样形成的。在沙漠、干旱草原和干旱热带草原地区,蒸发垒最为典型,在黑土草原和森林草原景观中,蒸发垒也有分布。

在潜水位稳定的情况下,盐渍地具有几个元素蒸发富集的分层。在最深部沉淀溶解度最低的盐类——碳酸盐,上面一些为石膏,最上层是易溶盐类氯化物和硫酸盐的堆积。因此,在盐渍地的土壤剖面中形成了盐的分带(由下而上):碳酸盐、硫酸盐(石膏)和氯化物—硫酸盐的蒸发垒,每一个垒中都有相应元素的共生沉淀。在碳酸盐蒸发垒中沉淀某些元素难溶的碳酸盐,它们在中性和碱性介质中是弱迁移的,这些元素是 Pb,Mn,Bi,Ni,Cu,Ag,有时还包括 Zn 和 Mo。碳酸盐蒸发垒一般位于 100～120 cm 的深度。在石膏垒中沉淀的有 Sr 和 Mo。在上部氯化物—硫酸垒中富集的有 Mo,Cu,Zn 和一系列其他元素。

在干旱景观地区排泄深层水的断裂带中,广泛见有盐化作用。如果沿断裂有大量水的排泄,那里便形成沼泽、河流、湖泊。如果地下水缓慢地排泄出地表,并且来得及蒸发,则在断层的表面形成盐化景观,这里的土壤属于盐渍型。断层盐渍地的主要特征是线性分布的狭长盐化带。在分水岭和小丘的斜坡上分布的盐渍土也往往与断层有关,因为当潜水位很深时土壤的盐化是不可能的。在断层盐渍地区,无碳酸岩的石膏层是深部有硫化物分布的证据。

7. 吸附垒(G)

吸附垒形成于富含吸附剂的岩石与地下水接触处。最广泛分布的吸附剂是有机物、粘土矿物、锰的氢氧化物,它们都带负电荷。因此,在吸附垒中主要富集了阳离子元素,其中主要是金属。氢氧化铁、氢氧化铝带正电荷,可以吸附 Cl,S,V,P,As 等阴离子元素。氢氧化铁常含有机物和二氧化硅的混合物,因此它们也可能吸附阳离子元素。在带负电的吸附剂的景观中,富含阳离子的酸性水对形成吸附垒有很大作用。

8. 热动力垒(H)

在温度和压力发生变化的地段所形成的垒属于热动力垒。目前对富含 CO_2 气体的水的减压现象研究得比较多。

碳酸水在地壳中有广泛的分布,在这种水中,许多金属易于溶解形成重碳酸盐:$Ca(HCO_3)_2$,$Fe(HCO_3)_2$,$Pb(HCO_3)_2$ 等等。确切地说,在水中存在金属离子和 HCO_3^-,当这种水在地表出露时,由于压力降低因而 CO_2 脱出,并且重碳酸盐转变为难溶的碳酸盐沉淀。例如,在前苏联研究过查依林矿床古新统粘土中的在热动力垒中堆积的白铅矿和氢氧化锰异常。该处的 Pb—Mn 异常集中在新构造断裂带内。该处在深部泥盆系含矿灰岩中,进行着硫化矿物的氧化并产生 H_2SO_4,硫酸与灰岩互相作用并导致大量 CO_2 进入地下水中。因而 Pb 和 Mn 得以呈 $Pb(HCO_3)_2$ 和 $Mn(HCO_3)_2$ 的形式迁移。富含这些金属的地下水沿断层上升,进入近地表的地段,压力降低,CO_2 脱出,这里便形成热动力垒。在垒区内形成 Pb 和 Mn 的沉淀:

$$Pb(HCO_3)_2 \longrightarrow PbCO_3 + H_2O + CO_2$$

$$2Mn(HCO_3)_2 + 2O_2 + nH_2O \longrightarrow 2MnO_3 \cdot nH_2O + 4CO_2 + 2H_2O$$

9. 硫酸盐和碳酸盐垒(I)

硫酸盐和碳酸盐垒产生于硫酸盐与碳酸盐水同另一种含大量Ca,Sr,Ba的水相遇的地方。深层氯化物卤水同硫酸钠质或重碳酸钠质水的接触处的沉淀垒可以作为这种垒的例子。

例如,在自流水盆地凹陷断层处,深层含有大量Ca^{2+},Ba^{2+},Sr^{2+}的氯化物卤水沿断层上升,遇到浅部的SO_4^{2-}型或HCO_3^-,CO_3^{2-}型水时会发生如下反应:

$$\left|\begin{matrix} Ca^{2+} \\ Ba^{2+} \\ Sr^{2+} \end{matrix}\right| \text{的氯化物卤水} + SO_4^{2-}\text{渗透水} \longrightarrow \left|\begin{matrix} CaSO_4 & \text{后生石膏} \\ BaSO_4 & \text{重晶石} \\ SrSO_4 & \text{天青石} \end{matrix}\right|$$

$$\left|\begin{matrix} Ca^{2+} \\ Sr^{2+} \end{matrix}\right| \text{的氯化物卤水} + CO_3^{2-}\text{渗透水} \longrightarrow \left|\begin{matrix} CaCO_3 \\ SrCO_3 \end{matrix}\right| \downarrow$$

在这个沉淀过程中有时会伴有SiO_2(石英)的沉淀。

三、生物垒

生物垒是生物累积作用的表现。例如,大陆植被首先将空气迁移元素C,O,H,N,其次将水迁移元素浓集于其组织中,经地质作用形成煤,就是典型的生物垒。土壤腐殖层也属于生物垒,有些地方的腐殖质层中积累了其他成矿元素。此外,将不同元素累积于其机体中的微生物群也是一种特殊的生物垒。

思考题

1. 元素以哪些形式溶于水中?
2. 什么是胶体和胶体溶液?胶体的主要性质是什么?
3. 何谓弥散作用?怎样判别元素在地下水中的迁移方式?
4. 什么是标型元素?其标型程度取决于什么因素?
5. 空气迁移标型元素有什么特征?根据它可区分哪几种氧化一还原环境?
6. 什么是水迁移系数和迁移强度差异性系数?
7. 什么叫化学键?按其结合性质可分为哪几类?
8. 什么是离子电位?按离子电位可将元素划分为几组?
9. 什么是溶度积?它对元素的迁移有什么影响?
10. 什么是溶液的离子强度?根据离子强度天然水可分成几个类型?
11. 什么叫氧化一还原反应?pH对Eh有何影响?
12. 什么是环境的氧化一还原电位?怎样测定它?什么叫控制电位离子(元素)?
13. 地下水中Eh的变化范围是什么?为什么?
14. 什么是地球化学垒?根据地球化学垒的形成原因可划分出几种地球化学垒的基本类型?

第六章 地下水化学成分的形成及其影响因素

目前地下水按其成因可分为以下几类：

溶滤水：大气起源，其成分取决于大气水与岩石的相互作用。

沉积水（同生水或后生水）：埋藏于封闭的地质构造中，其化学成分在一定程度上反映了古海（湖）水和沉积物的特点，并与成岩作用及其本身的变质作用有关。

再生水：当岩石受热时（特别是在岩浆源附近）由结合状态的水（结构水、结晶水、沸石水等）转变为自由状态的水而进入现代地下水圈。

在谈到再生水时常常会使人想到"初生水"。"初生水"理论是Э. 鸠斯于1902年在捷克著名的碳酸水温泉区卡尔斯巴德（现称卡尔络维一代里）提出的。鸠斯把"初生水"理解为直接由岩浆分逸出来，首次流出地表而进入自然界水圈总循环的水。这个概念随后得到广泛的承认，结果使人们往往误将现代火山作用地区的高温水与"初生水"混为一谈。美国热水专家D. E. 怀特研究了活火山区热水的同位素成分，对这些地区地表水和大气降水的同位素成分进行了研究与对比，并得出结论：活火山区或不久前熄灭的火山地区的热水是由大气降水生成的，初生水（岩浆水）如有混入，其水量也不可能超过百分之几。

地下水化学成分的复杂性，决定于其起源、水动力条件及存在的环境，不同起源的地下水，其原始成分不同。例如，起源于大气降水或地表水的渗入水，其成分在一定程度上反映大气降水或地表水的成分，即为低矿化度的 HCO_3^- 型水，并含有大气中的 O_2、N_2 等气体，而"封存水"（沉积成因）则为富含氯离子的高矿化度水，其中钙的比例也较现代海水为大，并往往富含 H_2S 气体，Br、I 等微量元素的含量一般也较高。

第一节 地下水化学成分形成过程中的几个主要作用

各种起源的地下水，在其发展过程中与周围介质不断地相互作用，其成分也不断地变化。目前认为，地下水化学成分的主要形成作用有溶滤作用、阳离子吸附交替作用、氧化作用、还原作用（包括生物化学作用）、混合作用、浓缩作用、脱碳酸作用等。

一、溶滤作用

岩石中某些组分进入水中的过程，称为溶滤作用。对矿物而言，溶滤是指不破坏其结晶格架，而有一部分元素进入水中的过程。此外，如水经过含可溶性盐类的岩石时，仅将其可溶解部分带走，也可称为溶滤。溶解则是指物质全部溶于水的作用。通常所谓的溶滤作用也包括溶解作用。

可溶岩石和包含可溶矿物的岩石直接在水的渗流过程中溶解，也可以在不运动的孔隙水中，由于浓度不同引起盐的扩散转移而间接地溶解。在固体物质溶解过程中，表面积大小、溶剂的性质、溶剂与固体的接触时间、被溶物体的特性及温度具有重要的意义。

在非移动的情况下，盐矿床及盐岩的溶解速度主要取决于 K^+，Na^+，Mg^{2+} 等离子的扩散系数，因此溶解过程是很慢的。在这种情况下，当溶解盐岩的水有强烈的紊流运动时，盐层的溶解将明显地加快。水化学成分的主要组分（Na^+，Ca^{2+}，Mg^{2+}，Cl^-，SO_4^{2-}，HCO_3^-，CO_3^{2-}，SiO_3^{2-}）根据其成分的不同而有不同的溶解度，因此不同矿化程度的水具有自己特殊的化学成分。这样，对于淡水和超淡水，具有代表性的阴离子是 SiO_3^{2-}，HCO_3^-，这些阴离子与 Ca^{2+}，Mg^{2+} 组成溶解性弱的盐。随着矿化度的增加，硫酸根的作用增强，硫酸根对中等和稍高矿化度的水具有代表性。在高矿化度水中，氯离子占首位，它与主要阳离子形成易溶盐。

在被地下水破坏的金属矿床中，造成了特殊的水文地球化学环境。金属矿物与地下水的电化学作用使某些矿物发生电化学溶解，并使这些矿物中的重金属在水中富集。

大气降水溶解和溶滤岩石及其他在风化作用、成壤作用及生物化学作用下产生的衍生物。大气降水在降落过程中吸收了大气中的 O_2 和部分 CO_2，当进入地下后又吸收土壤中因有机物质氧化而产生的 CO_2。因此，大气降水不仅可以溶解 NaCl，$CaSO_4$ 等易溶物质，而且可以溶解较难溶解的 $CaCO_3$。

$$CaCO_3 + CO_2 + H_2O \rightarrow Ca(HCO_3)_2$$

这样就形成重碳酸－钙型水，重碳酸－钙－镁型水，其矿化度可达每升几百毫克。

在火成岩地区，溶滤富含正长石（含 K^+，Na^+）火成岩的结果是形成低矿化度的碱性重碳酸－钠型水或弱酸性硅酸和硅酸－重碳酸盐型水，其矿化度一般为 50～200 mg/L。而重碳酸、硅酸－重碳酸盐型含氮热水矿化度可达 200 mg/L 以上。

$$K_2Al_2Si_6O_{16} + 2H_2O + CO_2 \rightarrow K_2CO_3 + H_2Al_2Si_2O_8 \cdot H_2O + 4SiO_2$$

$$Na_2Al_2Si_6O_{16} + 2H_2O + CO_2 \rightarrow Na_2CO_3 + H_2Al_2Si_2O_8 \cdot H_2O + 4SiO_2$$

$$Na_2CO_3 + CO_2 + H_2O \rightarrow 2NaHCO_3$$

如江西崇仁马鞍坪地区某下降泉为碳酸－重碳酸－钠型，矿化度为 43.28 mg/L，pH＝6.3。而江西花岗岩地区的温泉水化学成分大都是重碳酸－钠（钾）型或硅酸－重碳酸钠型。据统计，$Na^+ + K^+$ 含量占阳离子总量（毫克当量）的 63%～91%，HCO_3^- 占阴离子总量的 40%以上，SiO_2 含量多在 40～100 mg/L。

应该注意的是，在这类火成岩地区，经常会出现一些硫酸－钠型水或碳酸－硫酸－钠型水，而碱性碳酸－钠水的分布较少。这是因为碱性碳酸盐的化合性能特别强，碱性碳酸盐能与硫酸钙、硫酸镁起作用，形成溶解度小的 $CaCO_3$ 和 $MgCO_3$，这种情况下化学反应向生成碱金属的硫酸盐方向进行：

$$CaSO_4 + Na_2CO_3 \rightarrow Na_2SO_4 + CaCO_3 \downarrow$$

反应结果，碳酸－钠型水变成硫酸－钠型水或碳酸－硫酸－钠型水。例如江西省铜鼓县古桥温泉为 CO_3-SO_4-Na 型水，南丰县石嘴温泉为 SO_4-Na 型水。

溶滤水矿化度的另一个来源是硫酸盐类（$CaSO_4$，$MgSO_4$，$NaSO_4$，$FeSO_4$），其中分布最广的是硫酸钙，它一般以分散状态分布在岩石中，在沉积岩中有时呈石膏层和硬石膏存在。地下水溶解石膏和硬石膏后，便形成矿化度较高的硫酸－钙型水，石膏在 25～50℃时的溶解度不高于 2 g/L(SO_4^{2-} ：1.4 g/L,Ca^{2+} ：0.6 g/L)。因此,溶滤作用形成的硫酸一钙型水的矿化度在 1.5～2.5g/L。当硫酸一钙型水中溶有氯化钠,成为硫酸一氯化钙型水时,矿化度可达到 2.5～5 g/L。当水中氯化物超过硫酸盐成为氯化物一硫酸一钙型水时,矿化度可达 5～20 g/L。在缺少氯化物的硫酸盐型水中,如果其矿化度高于 2～2.5 g/L,那么它的形成不仅是由于硫酸盐的溶滤,而且必定有硫化物的氧化。矿化度不太高的(3～10 g/L)氯化物型水,其形成是由于溶滤很少被冲刷的海相沉积岩。在不太大的面积上,地下水溶滤盐矿床就会形成高矿化的氯化物水。

溶滤作用除受岩性条件影响外,还与地形有关。在切割剧烈的山区,由于地下水的径流、排泄条件良好,水交替强烈,因此溶滤作用不断地进行,地下水多为重碳酸盐型;而在地势平坦或低洼的地区,由于地下水流速缓慢或处于停滞状态,溶滤作用进行得不充分,岩层中保留了部分易溶盐,同时由于水分的蒸发,也伴随有一定数量盐分的积累,因此其矿化度比山区地下水矿化度高。

二、阳离子交替吸附作用

被水溶解的物质,在水中以离子状态存在,并分为带负电荷的阴离子和带正电荷的阳离子两种。岩石颗粒的表面往往带负电荷,因此能吸附某些阳离子。当某种成分的地下水与岩石颗粒接触时,水中某些阳离子被岩石颗粒表面吸附,以代替原被吸附的阳离子,而原被吸附的阳离子则进入水中,改变了地下水的化学成分。这种作用称为阳离子交替吸附作用。

阳离子交替的强度取决于很多因素,其中主要因素是岩石的粒度、交换阳离子的性质、介质的 pH 和水中电解质的浓度。一般岩石粒度越细,它的交换性能越强。因此,在粘土和粘土岩中,阳离子交替对水化学成分的影响是明显的。

不同阳离子的吸附能不同。在其他条件相同情况下,吸附能的大小取决于它们的离子价,离子价越高吸附能越强,并易留在岩石上。如果阳离子的电价相同,吸附能随原子量的增加而增长。离子吸附能强弱的顺序如下:

$$H^+ > Fe^{3+} > Al^{3+} > Ba^{2+} > Ca^{2+} > Mg^{2+} > K^+ > Na^+$$

由上可见,Ca^{2+} 的吸附能大于 Na^+,因此,在自然界中常可见到地下水中的 Ca^{2+} 交替吸附在含 Na^+ 的岩石颗粒表面上。

$$Ca^{2+}(\text{水中}) + 2Na^+(\text{吸附}) = 2Na^+(\text{水中}) + Ca^{2+}(\text{吸附})$$

$$Ca(HCO_3)_2 + 2Na^+(\text{吸附}) = 2NaHCO_3 + Ca^{2+}(\text{吸附})$$

阳离子交替吸附作用在含水层中广泛进行,并且对改变地下水化学成分及地下水性质有着重大的意义。这种作用使硬度大的地下水变为硬度小的软水,形成弱矿化度的钠水(矿化度 0.5～2 g/L),如 SO_4-Na 型、HCO_3-Na 型以及一些其他过渡型水。

然而,离子交替吸附作用并不单决定于离子的性质。在吸附交替过程中,水中电解质浓度也起着重要作用,浓度大的离子比浓度小的离子易被吸附。因此,如果钠的浓度相当大,吸附综合体中的部分钙离子将被钠离子排挤出去,水中的 Na^+ 与岩石颗粒表面的 Ca^{2+} 就发生交替吸附的现象:

$$2Na^+(\text{水中}) + Ca^{2+}(\text{吸附}) = Ca^{2+}(\text{水中}) + 2Na^+(\text{吸附})$$

当增加 Na^+ 浓度时,平衡向右移动,当 Na^+ 浓度减小或 Ca^{2+} 浓度增加时,则平衡向左移动。

在阳离子交替反应中,氢离子有着特殊的作用。它的交替能量不仅高于一价离子,还高于二价和三价离子。介质的 pH 影响阳离子的吸附数量。水中氢离子越多,对其他阳离子进入胶状综合体的阻力越强。增加与土壤处于平衡状态溶液的 pH,土壤的交替性能增强。当介质的 pH 由 6 增加到 11 时,交换容量能增加 1～2 倍。

在岩石中必须区分两种类型的阳离子:一种容易转入水中并能参加反应的离子(交替的阳离子),另一种牢固地结合在矿物结晶格架内,只有在风化过程中结晶格架破坏时才勉强地转入水中的离子(不交替的阳离子)。在岩石中交替的阳离子有不同的来源:岩石风化时阳离子由不交替状态转为交替状态;沉积在盆地中的陆源物质由盆地地下水中吸附阳离子,以及岩石从渗流经过的地下水中吸附阳离子。在后两种情况下,进行着交替反应并有部分原来包含在岩石中的交替阳离子转入地下水。为了判断岩石吸附综合体的性质,需要知道它们形成历史的最后阶段。

天然水中主要是进行阳离子交替,而不是阴离子交替。这是由于岩石和土壤的胶体成分主要是由 SiO_2,Al_2O_3和其他带负电的胶粒所组成的,它们吸附带正电的阳离子。除阳离子吸附外,在某些情况下也能发生阴离子的吸附作用(例如砖红壤),但是这种过程进行范围有限,而且研究得很少。

火成岩本身没有吸附综合体,但在它的风化产物中可以有足够数量的交替阳离子。其性质首先决定于母岩中的斜长石成分。斜长石成分因其中钠长石或钙长石的分子多少而异。当斜长石中钠长石的分子占多数时,其风化产物含交替的钠;当斜长石主要由钙长石的分子组成时,其风化产物主要含交替的钙。因此可以预测基性岩的风化壳主要含可交替的镁离子。此外,岩石吸附综合体的成分也与自然地理条件和岩石风化的阶段有关。

如果沉积物在水介质中沉积,则沉积盆地中水中阳离子成分对形成吸附综合体有决定性的意义。淡水盆地的沉积岩经常含有交替的钙离子,海水盆地的沉积物含交替的钠离子。因此,吸附的基本成分可以区分为大陆型或海洋型两种:大陆型表现为吸附钙多于吸附钠,海洋型则相反,基本上是吸附钠多于吸附钙。

岩石吸附综合体的性质直接取决于母岩和形成原始沉积的条件,但并不总能长期保存,它会被循环于岩石中的水所破坏。为了判断吸附综合体所产生的变化,需要注意进入该岩层水的阳离子成分。在达到平衡以前岩石的吸附综合体和水都在变化。

下面举例说明因交替反应引起的水的变质。

如果含硫酸钙或硫酸镁的大陆水,渗入经过含交替钠的海成粘土岩,将进行下列反应:

$$\underset{\text{水中}}{CaSO_4} + \underset{\text{吸附综合体}}{2Na^+} = \underset{\text{水中}}{Na_2SO_4} + \underset{\text{吸附综合体}}{Ca^{2+}}$$

$$\underset{\text{水中}}{MgSO_4} + \underset{\text{吸附综合体}}{2Na^+} = \underset{\text{水中}}{Na_2SO_4} + \underset{\text{吸附综合体}}{Mg^{2+}}$$

反应结果表明,阳离子钠从吸附综合体转入水中,水由硫酸一钙(镁)型变质为硫酸一钠型,而粘土吸附综合体由标准的海水钠型,转变为标准的大陆镁一钙型。

硫酸一钠型水很少有原生的,一般由其他成分的水变质而成。重碳酸一钠型水,也有相似的来源,其形成可用下列反应式表示:

$$\underset{\text{水中}}{CaSO_4} + \underset{\text{吸附综合体}}{2Na^+} = \underset{\text{水中}}{Na_2SO_4} + \underset{\text{吸附综合体}}{Ca^{2+}}$$

三、氧化作用

黄铁矿是地下水富集硫酸盐的一个重要来源。在金属矿床中，可以看到大量的黄铁矿和其他硫化矿物。含氧的大气降水渗入地下使黄铁矿氧化，同时形成游离硫酸和硫酸亚铁：

$$2FeS_2 + 7O_2 + 2H_2O \rightarrow 2FeSO_4 + 2H_2SO_4$$

硫酸亚铁在 O_2 和 H_2O 的作用下再继续氧化，生成硫酸铁和针铁矿：

$$12FeSO_4 + 3O_2 + 6H_2O \rightarrow 4Fe_2(SO_4)_3 + 2Fe_2O_3 \cdot 3H_2O$$

黄铁矿氧化时产生的游离硫酸能溶解碳酸钙，同时产生硫酸钙和游离碳酸：

$$CaCO_3 + H_2SO_4 \rightarrow CaSO_4 + CO_2\uparrow + H_2O$$

这些过程常发生在硫化矿床和煤田的氧化带中。在煤田中，黄铁矿是分布极广的分散状矿物，这些地方往往形成含大量游离硫酸和硫酸盐酸性水。

在沼泽地区，往往也能生成硫酸盐型水和酸性水。在这些地区存在有机酸，在一定的条件下（如疏干时），保存在泥炭层和沼泽土中的硫化物能发生氧化。

矿坑水中所含的硫酸盐可达 10～15 g/L，在某些硫化矿床的风化层水中，所含硫酸盐可达到 10～15 g/L，在干旱及半干旱地区其干涸残渣达 15～20 g/L。在承压水中，这种情况是不存在的，因为水中的氧含量有限，随着水向深处的运动，其中所含氧逐渐被消耗。

四、还原作用（生物化学作用）

在岩石含有机物质（淤泥及石油产物）的情况下，碳氢化合物可以同硫酸盐发生作用，使硫酸盐还原：

$$CH_4 + CaSO_4 \rightarrow CaS + CO_2 + 2H_2O$$

$$CH_4 + MgSO_4 \rightarrow MgS + CO_2 + 2H_2O$$

$$CH_4 + Na_2SO_4 \rightarrow Na_2S + CO_2 + 2H_2O$$

生成的硫化钙、硫化镁、硫化钠、二氧化碳和水进一步相互作用，形成了这些金属的碳酸盐和硫化氢。

$$CaS + CO_2 + H_2O \rightarrow \underset{\text{次生方解石}}{CaCO_3\downarrow} + H_2S\uparrow$$

$$MgS + CO_2 + H_2O \rightarrow MgCO_3\downarrow + H_2S\uparrow$$

$$Na_2S + CO_2 + H_2O \rightarrow Na_2CO_3 + H_2S\uparrow$$

反应后，溶解度小的碱土金属碳酸盐从水中沉淀出来，水中则失去硫酸盐而富集了硫化氢气体。

脱硫细菌作用也会造成同样的结果，这种作用按以下反应式进行：

$$RSO_4 + C + 2H_2O \rightarrow RS + CO_2 + 2H_2O$$

$$RS + CO_2 + H_2O \rightarrow RCO_3 + H_2S\uparrow$$

式中 R 为 Ca、Mg、Na 等；C 代表脱硫细菌。

这些细菌是依靠硫酸盐中的氧而生存的厌氧细菌。在油田水中，上述脱硫作用进行得特别强烈，所以油田水最终成分的特点是没有硫酸盐而往往有很多的硫化氢。在含有机物的承压水中，广泛地进行着这种作用。这种细菌在深达 1 000～1 500 m 的地方仍然存在。在温度为 40～50 ℃时，此反应进行条件最有利；在高温时此作用过程减弱直至消失。

还原硫酸盐的过程也可以在不深的地方进行，一般是在小河床淤积的潜水层中，这种情况下，必须有有机物质（淤泥）的存在。

硫酸盐的还原过程在水中引起硫酸盐的减少和硫化氢气体的产生。这种情况下，水的化学性质和成分发生很大变化，水中不含硫酸盐，重碳酸含量增加并出现硫化氢。

五、水的混合作用

两种或数种不同化学成分或矿化度的地下水相混合时所形成的地下水，其化学成分与混合前的地下水都有所不同。这种作用称为混合作用。

水的混合作用在自然界是很普遍的现象。这一作用进行速度较快，并往往涉及相当大量相互作用的水。例如，在滨海地区受海水补给的地下水，与大气降水补给的地下水相混合后，其化学成分较前有所改变就是混合作用常见的例子。

A. H. 奥吉尔维在研究苏联高加索基斯洛沃茨克纳尔赞水污染原因时，第一个解决了关于地下水的混合问题。他提出了数学分析方法，说明当两种不同的水（淡水和矿化水）混合时产生一系列的中间型水，其成分变化服从直线方程式：$y=ax+b$，可用图解法表示（见图 6-1）。

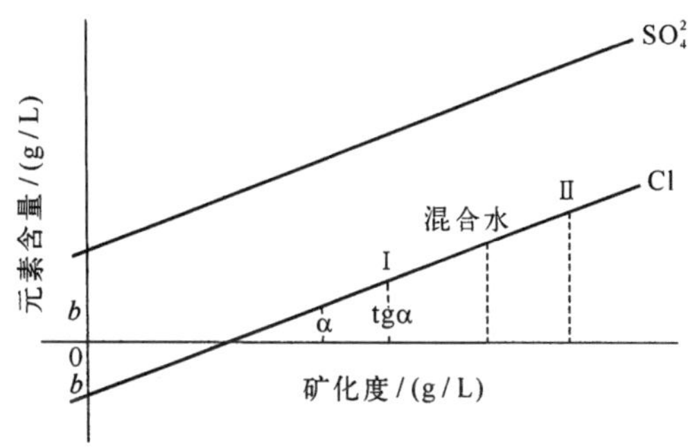

图 6-1　水的混合作用图解

（据 A. M. 奥弗琴尼柯夫《矿水》）

在上述直线方程中：

a——直线倾角的正切（$a=\mathrm{tg}\alpha$）；b——直线在纵坐标上的截距；x——混合水的矿化度；y——混合水某一组分的含量。

a、b 两种水以不同比例混合时，对于某两种固定的组分（其中之一可以是矿化度）是常数。

公式推导如下：

取某矿泉水 A 升，其矿化度为 P(g/L)，某一组分的含量为 S(g/L)；取某淡水 B 升，其矿化度为 P'(g/L)，其同一组分的含量为 S'(g/L)。

假设这两种水混合后，其矿化度为 X(g/L)，同一组分的含量为 Y(g/L)，则

$$AP+BP'=X(A+B)=AX+BX$$
$$AS+BS'=Y(A+B)=AY+BY$$

两式两边均除以 B 得：

求矿化度公式：

$$\frac{A}{B}=\frac{X-P'}{P-X} \tag{6-1}$$

求某一组分公式：

$$\frac{A}{B}=\frac{Y-S'}{S-Y} \tag{6-2}$$

由式(6-1)和(6-2)得

$$\frac{X-P'}{P-X}=\frac{Y-S'}{S-Y}$$

展开得

$$XS-XY-P'S+P'Y=PY-PS'-XY+XS'$$

化简整理得

$$Y=\frac{S-S'}{P-P'}X+\frac{PS'-P'S}{P-P'}$$

令

$$Y=\frac{S-S'}{P-P'}=a \qquad \frac{PS'-P'S}{P-P'}=b$$

最后得到：

$$Y=aX+b \tag{6-3}$$

上述方程也可以用于分析混合水的温度。现举例说明：

例 1　钻孔在 70 m 深处遇到了涌水量为 $Q_{冷}=2$ L/s 的冷水，水温 $T_{冷}=10$ ℃。在钻到 250 m 深时，钻孔涌水量突然增加到 $Q_{混}=3$ L/s，水温 $T_{混}=25$ ℃，冷水和热水的静水位大致相同，求 250 m 处所遇到的水的温度是多少？

解：按式(6-1)进行计算，即

$$\frac{A}{B}=\frac{X-P'}{P-X}$$

式中，A——所求热水的涌水量 $Q_{热}$，即

$$A=Q_{混}-Q_{冷}=3\text{ L/s}-2\text{L/s}=1\text{ L/s};$$

B——70 m 处冷水的涌水量，$Q_{冷}=2$ L/s；

X——混合水的温度 $T_{混}=25$ ℃；

P'——冷水的温度 $T_{冷}=10$ ℃；

P——250 m 深处热水温度 $T_{热}$。

将各数值代入式(6-1)，得

$$\frac{Q_{热}}{Q_{冷}}=\frac{T_{混}-T_{冷}}{T_{热}-T_{混}}=\frac{1}{2}=\frac{25-10}{T_{热}-25}$$

$$T_{热}=30+25=55\text{ ℃}$$

即在 250 m 深处所遇热水的水温为 55 ℃。

例 2　钻孔在 35 m 处遇到了 $Q_{淡}=0.41$ L/s，$T_{淡}=10$ ℃的淡水，钻进至 300 m 深处涌水量增加到 $Q_{混}=1$ L/s，水温 $T_{混}=25$ ℃，两个含水层的静水位相差很小。水的化学成分见表 6-1。求矿水的涌水量 $Q_{矿}$、水温 $T_{矿}$ 及其化学成分(干涸残渣，Na^+，Cl^-，HCO_3^-)。

表 6-1　淡水及混合水化学成分表　mg/L

水的类型	干涸残渣/(mg/L)	Na^+	Ca^{2+}	Mg^{2+}	SO_4^{2-}	Cl^-	HCO_3^-
淡水	943	351	20	4	58	86	790
混合水	6 355	2 460	75	98	26	1 671	4 029

解：

① 求矿水的涌水量 $Q_{矿}$

$$Q_{矿} = Q_{混} - Q_{淡} = 1\ L/s - 0.41\ L/s = 0.59\ L/s$$

② 求矿水的水温 $T_{矿}$

应用式(6-1)：

$$\frac{Q_{矿}}{Q_{淡}} = \frac{T_{混} - T_{淡}}{T_{矿} - T_{混}}$$

将已知值代入得

$$\frac{0.59}{0.41} = \frac{25 - 10}{T_{矿} - 25}$$

$$0.59(T_{矿} - 25) = 0.41 \times 15 = 6.15$$

$$T_{矿} = \frac{6.15}{0.59} + 25 = 10.4 + 25 = 35.4\ ℃$$

③ 求矿水的干涸残渣

按公式：

$$\frac{A}{B} = \frac{X - P'}{P - X}$$

将数值代入

$$\frac{0.59}{0.41} = \frac{6\ 355 - 943}{P - 6\ 355}$$

由此可求出：$P = 10\ 120$ mg/L。即矿水的干涸残渣为 10 120 mg/L。

④ 求矿水的 Na^+ 含量

将已知数据 $A = 0.59$ L/s，$B = 0.41$ L/s，$S' = 351$ mg/L，$Y = 2\ 460$ mg/L 代入式(6-2)。

$$\frac{0.59}{0.41} = \frac{2\ 460 - 351}{S - 2\ 490}$$

$$S = 3\ 956\ mg/L$$

矿水的 Na^+ 含量为 3 956 mg/L。

例 3　有一河旁钻孔在深部遇到矿水，矿化度为 3 450 mg/L，抽水时有河水混入，总涌水量 6.8 L/s。已知河水矿化度为 50 mg/L，混合水矿化度 2 450 mg/L，求河水混入的数量。

解：

设河水数量为 B，将已知数据代入式(6-1)：

$$\frac{6.8 - B}{B} = \frac{2\ 450 - 50}{3\ 450 - 2\ 450}$$

$$6.8 - B = 2.4B$$

$$B = 2\ L/s$$

即河水混入量为 2 L/s。

此外，还可以根据式(6-3)进行一系列计算，以解决其他一些实际问题。

研究混合作用的实验表明，关于水的混合严格遵守直线方程的结论，仅在一定的范围内才正确，甚至对于混合组分之一是弱矿化的水也是这样。从相互混合的水中沉淀出盐，可能是这一作用偏离直线定律的原因。在天然水混合时，一种水的组分 P_1 与另一种水的组分 P_2 相互作用，结果形成另一组分 P_3 的水并析出固体沉淀 T_B。这类作用表示为：

$$P_1 + P_2 \rightarrow P_3 + T_B \downarrow$$

上述相互作用的性质决定于混合水的化学成分和矿化度。在含有对抗盐（如 $NaHCO_3$ 和 $CaCl_2$ 或 $NaSO_4$ 和 $CaCl_2$）的水互相混合时，强烈地析出沉淀物：

$$CaCl_2 + 2NaHCO_3 \rightarrow 2NaCl + CaCO_3 \downarrow + H_2O + CO_2 \uparrow$$

$$CaCl_2 + Na_2SO_4 + 2H_2O \rightarrow 2NaCl + CaSO_4 \cdot 2H_2O \downarrow$$

反应结果形成与原来水成分不同的新水。

用这个反应有可能解释在某些承压水盆地发现的 Cl-Na 水分带的成因。这一反应形成的水中氯化钠的含量有时达 99%。

水的混合伴随着 Ca，Mg，Fe 的碳酸盐、以及石膏和二氧化硅的析出。有时地质剖面中的次生石灰石化和次生石膏化即与这种现象有关。

六、脱碳酸作用

碳酸盐类在水中的溶解度，决定于水中所含 CO_2 的数量，当温度升高或压力减小时，水中溶解的 CO_2 含量就会减少，这时水中的 HCO_3^- 便与 Fe^{2+}，Mg^{2+}，Ca^{2+} 结合产生沉淀。CO_2 逸出使水中 HCO_3^-，Fe^{2+}，Ca^{2+}，Mg^{2+} 的含量减少的作用，称为脱碳酸作用。

$$Fe(HCO_3)_2 \xrightarrow[\Delta]{} FeCO_3 \downarrow + CO_2 \uparrow + H_2O$$

$$Ca(HCO_3)_2 \xrightarrow[\Delta]{} CaCO_3 \downarrow + CO_2 \uparrow + H_2O$$

$$Mg(HCO_3)_2 \xrightarrow[\Delta]{} MgCO_3 \downarrow + CO_2 \uparrow + H_2O$$

例如江西省崇仁县马鞍坪温泉，由于水中 CO_2 大量逸出（脱碳酸作用），在泉口附近有大量黄褐色的泉华，其主要成分为 $CaCO_3$（94.74%～95.13%），其次为 SiO_2（1.44%～3.46%），Fe_2O_3（1.98%～0.68%），Al_2O_3（0.74%～0.53%），MgO(0.83%～0.10%)和 MnO(0.27%～0.10%)。

七、浓缩作用

当水蒸发时，水中盐分含量不减，其浓度（矿化度）相对增大，这种作用称为浓缩作用。在干旱或半干旱地区，蒸发量大大超过降雨量，地下和地表径流差，水的主要排泄方式是蒸发。在水的蒸发浓缩过程中，首先从水中沉淀出难溶于水的 $CaCO_3$，$MgCO_3$，以后沉淀出 $CaSO_4$，因此地下水高度浓缩的地区多形成氯化物水。

第二节　影响地下水化学成分形成的基本因素

影响地下水化学成分形成的因素，应理解为能制约和引起地下水化学成分和矿化度变化的各种原因。这些因素可分为主要的和次要的，直接的和间接的。例如，构造运动是间接因素，因为在它的作用下由隔水的粘土中向含水层挤压出水，从而引起含水层水化学成分的变化。岩石则是直接因素，它的溶解可以直接在水中富集离子和分子。

A. E. 霍奇柯夫、Г. Ю. 瓦鲁柯尼斯认为将这些因素分为以下两组更为正确：

① 与原子、分子、离子内部性质表现有关的因素；

② 与外部介质影响有关的因素。

我们认为这样的划分在地球化学领域更适用，而从水文地质观点，按作用性质划分地下水成分形成因素的方法更为合理，因为这些因素同样制约着地下水储量的形成。

根据这一观点，影响地下水化学成分形成的基本因素可分为七类：自然地理因素；地质因素；水文地质因素；物理化学因素；物理因素；生物因素；人为因素。

下面分别说明各类因素在地下水化学成分形成中的作用。

一、自然地理因素

这组因素有地形、水系、气候、风化过程、土壤覆盖层和植被。关于植被将在生物因素中论述。

（一）地形

地形影响水交替条件，而水交替条件又影响水化学成分和矿化度。地形的切割程度决定地表径流大小和地下水排泄程度。地形切割越剧烈，水的交替就越强烈，也越有利于淡水的形成。

地形因素的作用在山区表现更明显，切割的地形造成了具有独立水动态的地形单元，这里的水化学成分与岩石成分的关系密切。在这种条件下，采用水化学方法寻找金属矿床可以取得良好的效果。

在平原及丘陵地区，潜水矿化度及化学成分具有多样性。溺谷、草原浅盆地、老的浅沟等地形因素在这里具有重要意义。

在干燥气候区，地形是影响天然水化学成分形成的主导因素之一。如果闭流洼地汇集了地表水，同时又排泄地下水，则由于强烈的蒸发作用形成盐湖和自行沉淀的盐湖（过饱和盐湖）。如果闭流洼地的底高于潜水位，同时又积蓄了地表水，那么当洼地底部的岩石渗透性较好时，洼地下面就形成淡水或微咸水的透镜体。

不久前被海水覆盖过的地区，地形对孔隙水中的盐分起再分配的作用，这些孔隙水是在海水退后被保存在岩石中的。不仅是大、中地形，而且微地形对盐的再分配都有影响。正地形是脱盐地区，负地形是盐渍化地区，而且还伴随着阳离子交替和各种不同成分的水相互之间的混合作用。

（二）水文网（水文因素）

在地下水化学成分的形成方面，水文网的密度、侵蚀切割程度、河湖水的化学成分和动态、它们和地下水的相互关系等都具有重要意义。密集的水文网有利于含水层的水交替、盐分的带出以及淡潜水的形成。在水文网稀疏的条件下，地下水径流受阻，从而使潜水矿化度增高。

按气候和水文地质条件的相互作用性质，地表水和潜水间的相互关系有几种类型。在中等潮湿和过分潮湿的地区，河谷和湖泊盆地一年大部分时间排泄潜水，只在洪水期才补给潜水。在湿度不足的地区，河流几乎全年都补给潜水，并且在洪水期这种补给的规模增大。另一种分布在山区、岩溶区、冲积锥地区的类型，是河水经常补给地下水。有些干旱地区的河流汛期水位特高，而枯水位特低甚至完全干涸。这些河流或者将洪水泄入闭流湖，或者补给地下含水层。低矿化度的洪水使淹没地区潜水的矿化度降低，并改变它的化学成分。在干旱草原和沙漠区，洪水初期的矿化度可能大大高于其末期的矿化度。

如果河水的一部分或全部补充含水层的储量，它就是形成地下水化学成分的直接因素。任何河流的水化学都有它自己的特性，这些特性反映了河流补给区的气候、地质和水文地质条件，在河水的平均成分中，HCO_3^-在阴离子中一般占主要地位，SO_4^{2-}一般占第二位，有时也占首位。在河水的阳离子成分中一般起主要作用的是Ca^{2+}。以Cl^-和Na^+为主要成分的河流水极为罕见。

地球上大部分河流的水均为低矿化度(200 mg/L以下)或中等矿化度(200～500 mg/L)，这是因为集水区内的水交替强烈及岩石冲刷较好的缘故，河流在这里起排水沟的作用。这也正是大多数河流都是重碳酸一钙型水的原因。任何例外的情况都会引起人们的注意，它们或者是由于河流补给区内有溶解性好的岩石，或者是因为河水主要受离子成分很不相同的地下水的补给。

关于海水对形成地下水化学成分的影响，海一般是地下水(包括承压水)的排泄区。在海侵时期海水淹没已充满水的岩石，成为地下水形成的主要直接因素。正如实验所表明，如果盐水的埋藏高于淡水，由于重力分异作用，孔隙介质中的淡水完全可能被较重的盐水挤出。地壳下降引起的大规模海侵，伴随着巨厚沉积层的形成，并在其中保存了海水。这样就形成了沉积成因的地下水。小规模海侵时所形成的沉积物厚度较小，其中同样含有海水。海水退后，在被海水覆盖过的地区，地表以下第一个含水层将是海水成因的潜水。

(三) 气候

气候首先决定于气象，气象决定着潜水和深层地下水的动态。作用于天然水成分的主要气象要素是大气降水、温度和蒸发。

1. 大气降水

大气降水能使地下水的储量、矿化度和化学成分发生明显的变化。但不是所有的大气降水都参加对地下水储量的补充，在这方面最有效的是最大降雨量，它的一部分渗入土壤达到潜水位。

形成地表水和地下水的第一个阶段是在大气中实现的。在所有天然水中，矿化度和所有化学成分随着时间和空间变化最大最快的是大气降水。虽然如此，降水的成分还是代表了地区的一般特性，并反映了它的地理景观类型。大气降水的矿化度低于潜水的矿化度。大气降水的平均矿化度在俄罗斯北方是10 mg/L，向南增加到30 mg/L，在南方达至约60 mg/L，在沙漠和半沙漠地区平均矿化度应该还要高。

大气降水与地表水、地下水的本质区别不仅在矿化度，而且还在于主要离子的特征和有机物质的含量，它比别的水富含SO_4^{2-}，而且$SO_4^{2-}>HCO_3^->Cl^-$的关系更为常见。在大气降水中，生物成因的 K^+，NH_4^+，NO_3^- 占很大的比重，有时可浓集到 20%～25%当量。如果低矿化度的地下水和地表水中 Na^+/K^+ 一般为 10～25，那么在大气降水中则降至 1.5～2.0。钾离子的这种相对富集，不只是由于生物因素的作用，而且是由于在大气中缺少阻止钾迁移的因素。当然，在大气中也不是所有的钾都是生物成因的。

大气中 K^+，NH_4^+，NO_3^- 的来源是含动植物成因残骸的灰尘。土壤和植物是这种灰尘的供应者。

潜水的化学成分经常与该区大气降水的化学成分相似。在有地区性大气灰尘补给的地区都可以观察到这种相似性，它们的区别是矿化度的数值和生物组分的含量不同。这种相似性并不是由于潜水的离子成分是由降水所携带的盐分而形成的，而是由于潜水和降水有同一个盐的补给来源——当地的土壤和岩石。

在富含矿物质的降水的作用下，可以暂时形成与当地含水层的岩石成分完全不同的化学类型的水。这是因为尘埃气流（凝结中心）是从其他自然地理条件不同的地区迁移来的缘故。海岸潜水中的氯含量的增高可能与海洋成因的降水有关。

2. 气温

在年温度变动带，土壤和岩石随着气温的变化而冻结和解冻，从而影响到潜水的矿化度、化学成分和补给条件。水温的变化会引起天然水中盐溶解性能的变化，关于这一点将在物理因素中阐述。这里只介绍一种气象因素，即气温对于天然水，首先是地表水化学成分的影响。

出自盐湖的水化学成分明显地记录了季节温度的变化。在水的温度由 40℃降低到 7℃时，Na_2SO_4 的溶解度大约降为 1/7，而 Na_2CO_3 降为 1/9。因此，从秋天开始，从硫酸湖中结晶出芒硝，从苏打湖中结晶出苏打，同时伴随着盐湖水化学成分的根本变质作用。类似现象可以发生在矿化度大大高于海水的盐湖中，因为这些含易溶盐类 NaCl，Na_2SO_4，Na_2CO_3，$MgCl_2$ 等的水，当浓度为每升几十克或几百克时即达到饱和状态。

气温的影响也可以反映在地表淡水的成分上。在这里，变质作用的完成是由于温度升高时 $Ca(HCO_3)_2$ 分解而析出碳酸钙。因此，夏天气候炎热时，被晒得热透了的浅水池中可以发生方解石的沉淀。

气温对潜水影响的深度不大，仅达到年常温带。在多年冻土区，液相水矿化度的增加具有特殊的意义。活动层解冻后，由固相变来的水和上部融化的水一起进入未曾冻结的潜水，使其矿化度剧烈降低。

在结冰过程中水的化学成分发生变质。在冰和正在冻结的水之间进行着盐的再分配。盐析入到冰中是有选择的。冰结晶的同时析出难溶化合物，而在水中保存了在低温条件下最易溶的化合物，其中包括氯化钙、氯化镁和氯化钠。

在冰融化时，Ca 和 Mg 的碳酸盐及 Ca 和 Na 的硫酸盐不完全转入水中。淡的重碳酸钙型水在冻结和融化过程中，经过重碳酸镁型水阶段，最后将形成重碳酸钠型水。咸海水在冻结时由于硫酸钠结晶并从水中析出，水中的氯化钙成分将大大增加。

3. 蒸发

蒸发是形成地表水及潜水化学成分和矿化度的重要因素之一。在总蒸发量与总降水量比值最大的沙漠、半沙漠和干旱草原地区，这一因素起的作用最大。在蒸发影响下盐化的地表水体析出盐(形成矿物),开始析出溶解度小的盐,然后析出溶解度大的盐。由于这个作用,重碳酸盐型水也因此先变质为硫酸盐型水,然后变为硫酸－氯化物型水,最后成为氯化物水。

潜水的蒸发过程比较复杂,基本上有两种形式:毛细蒸发和土石内部(岩石内部)的蒸发。第一种蒸发形式是在潜水的埋藏深度不大于毛细上升高度时,水沿着毛细管上升,使土壤富含盐而形成盐渍土。这种蒸发使潜水位下降,矿化度并不增加。但大气降水在下渗过程中能由土壤中淋滤出部分盐,把盐带入含水层并引起潜水矿化度增高。土石内部蒸发是指水分子脱离潜水面扩散到空气中。在沙漠地带潜水的蒸发在任何埋深情况下都能进行。但是,蒸发影响潜水埋藏深度一般小于 2～2.5 m。

在干旱地带,蒸发过程引起潜水中盐分的逐渐浓集,这是已研究清楚的现象。例如,在封闭的山间洼地中形成的潜水。

(四) 风化作用

岩石的化学和生物风化对形成天然水的化学成分有重要意义。

化学风化的主要作用营力是大气降水,溶解在水中的碳酸能加强其溶解作用。空气中的氧在化学风化过程中也起着巨大的作用。

岩石的化学风化包括下列比较简单的过程:溶解、水解、水合、氧化等。这些过程都是放热的,即在反应进行时放出热量。溶解过程在某些沉积岩,如石灰岩、白云岩和含石膏的岩石风化时起很大作用。岩浆岩的溶解性是一个复杂的问题,因为在与水作用时,实际上不可能在水解过程中划分出简单的溶解过程。岩浆岩风化的结果产生三种形式的产物:残余层、次生沉积物、可溶盐。最后一种恰好形成了现代岩浆岩风化壳水的离子成分。

化学风化有两种:碳酸风化和硫酸风化。对于形成天然水化学成分最有代表性的是碳酸风化和它的主要营力——碳酸,这种风化形式的强度决定于水中侵蚀性 CO_2 的浓度。碳酸风化的实质用下列反应式表示:

$$CaCO_3 + CO_2 + H_2O \rightleftharpoons Ca(HCO_3)_2 \rightarrow Ca^{2+} + 2HCO_3^-$$

$$RSiO_3 + CO_2 + nH_2O \rightleftharpoons RCO_3 + SiO_2 + nH_2O$$

从以上两个反应式中可以看出,如果钙硅酸盐经受碳酸风化后形成难溶解的 $CaCO_3$,那么在碳酸风化的进一步作用下,还会形成钙的易溶化合物。

硫化物(如 FeS_2)氧化时形成的硫酸,是硫酸风化的主要营力。硫酸风化作用按下式进行:

$$CaCO_3 + H_2SO_4 \longrightarrow CaSO_4 + CO_2 + H_2O$$

$$RSiO_3 + H_2SO_4 \longrightarrow RSO_4 + SiO_2 + H_2O$$

在岩石中不是经常有硫化物,因此,硫酸风化只出现在有相应条件的地方。特别是在硫化矿床的氧化地段,含溶解氧的地下水与矿物接触时,将硫化物氧化形成明显的硫酸盐型水。这类水的特点是酸性强和重金属(Fe,Al,Cu 等)含量高。

生长在岩石和矿物上的生物,它们的生命活动产物和有机残骸分解产物等,对岩石、矿物的机械破坏和化学变化所起的作用称生物风化作用。生物风化的重要营力是植物。在降雨量大于蒸发量和温度相当高的地方,风化作用进行的特别强烈,有机物质浓集并分解出大量能促使原生矿物结晶格架改变的有机酸。腐殖酸对天然水化学成分的形成有重大意义。

它们和二氧化碳一起赋予水具侵蚀岩石的能力，使水不仅能侵蚀碳酸盐，而且能侵蚀岩浆岩。这意味着天然水的成分不仅受简单的水解和溶解等无机反应所制约，而且受更复杂的过程所制约。

(五) 土壤

土壤使水富含离子、气体和有机物质。土壤从两方面影响水化学成分的形成：一方面土壤可以增加渗入其中大气降水的矿化度；另一方面，使已经具有一定化学成分的潜水在与土壤相互作用时变质。影响程度决定于土壤的类型。如果水经过缺盐的泥炭－苔原或沼泽土，则水富含有机物质而只含很少量的离子。在灰化土和亚砂质土壤中，也可看到大致相似的情况。黑土和栗色土给水以大量的盐分。盐渍土对渗透水的矿化度影响特别大。在水经过土壤渗透过程中，由于氧对有机物质的氧化作用，溶解气体也发生着变化。此时氧含量降低，而二氧化碳的含量相应增加。分解出来的碳酸成为形成重碳酸离子的来源：

$$CO_2 + H_2O \longrightarrow H_2CO_3 \longrightarrow H^+ + HCO_3^-$$

在潜水与土壤相互作用时，除了盐的溶滤外，水的成分也在离子交换、成矿作用、矿物交代等作用的影响下发生变质。变质作用的强度取决于土壤类型和土壤中所含胶体的数量。这些胶体具有吸附离子和被吸附的子交替水中离子的能力。

土壤吸附综合体有多种。中纬度地区的土壤，如黑土，吸附综合体的成分中一般钙占首位，镁占第二位，其他阳离子的量较少；高纬度地区土壤经过强烈溶滤的，在它的吸附综合体中与 Na^+，Ca^{2+} 和 Mg^{2+} 同时存在的还有氢离子。

在地下水由当地水补给的地区，土壤覆盖是潜水形成的主导因素之一，土壤渗透性能对于潜水储量的补充具有实际意义，而土壤中所含的可溶盐类则对潜水的化学成分有重要意义。对于地表水，土壤覆盖更为重要。据 В. И. 维尔纳斯基(1933—1936 年)的说法，土壤溶液决定了所有生物圈地表水的性质，其中包括“河水盐分的主要组分”。

现代自然地理条件对上层地下水，主要是潜水的形成有影响。受影响的岩层厚度在各地区是不一样的，它不仅决定于自然地理因素的性质，还决定于当地的地质构造、水文地质条件和其他情况。地下水矿化度的变化幅度随深度的增加而减小。在同一气候区，这种变化幅度是不同的，它主要决定于含水层的岩石成分。

二、地质因素和水文地质因素

这组因素有：1. 地质构造；2. 构造运动；3. 地静压力；4. 地貌；5. 岩石的矿物成分；6. 岩石的离子一盐类综合体：7. 表生矿物的形成作用；8. 岩浆作用；9. 水动力因素。

(一) 地质构造

地质构造是间接因素，它的类型决定地下水动力性质，而后者则直接影响地下水化学成分和矿化度。H. K. 依格纳托维奇建议按水文地质特征，包括构造的开启程度、通水性、冲刷和排泄程度进行地质构造分类。他认为封闭构造的水主要是古老的高矿化度的 Cl-Na-Ca 型卤水。在开启的地质构造中则相反，水是比较年轻的重碳酸和重碳酸－硫酸盐型水。中间类型的构造中有过渡型水。在各种地质构造上由于近代火山的活动，形成热碳酸水和纳尔赞型水(俄罗斯高加索的一种冷矿泉水)，其成分为：

$$CO^{2}_{1.9}\,M_{2.5}\,\frac{HCO^{3}_{59}\,SO^{4}_{29}\,Cl_{12}}{Ca_{60}\,Mg_{23}\,Na_{16}}$$

解释地下水化学成分时，应注意岩层的层理、产状和互层特征。在有隔水层的情况下，不同成分沉积的互层，形成含不同成分水的独立含水层，在没有隔水层的情况下形成混合成分的水。

（二）构造运动

构造运动分为三种类型：振荡运动，褶皱运动，断裂运动。它们对地下水化学成分的影响各不相同。振荡运动表现为垂直的上升和下降，一般正向运动（上升）变化为负向运动（下降），但是地壳的任何一部分，在振荡运动的背景下都可以观察到或者是下降，或者是上升的趋势。

有些广阔的区域长期处于下降阶段（东西伯利亚地台，近黑海低地等），给同生和渗透成因的古海卤水造成了特别好的埋藏和保存条件。在这种地质构造下降过程中，构造内含水层的水力坡度减小，从而使水的运动速度变慢。

在漫长的地质时代中持续进行的垂直正向构造运动有可能使盆地最深的部分也成为水强烈交替带，从而使承压水盆地含水层中的水逐渐淡化。在冲刷地质构造的初期形成水化学垂直分带，这种分带在循环影响到最低层位，并从其中将盐带出后就可能消失。例如根据Б. И. 库德林的计算，德聂泊尔－顿聂茨承压盆地的淡化始于中新世，到现在共进行了500～750次水交替，从而在赛诺曼－阿尔必层中积存了淡水。

褶皱构造运动加强了地下水的迁移，并在淡水、盐水和卤水带之间建立了动力平衡。在承压盆地的一些地段，由于褶皱构造运动卤水可能被淡水压到很深的地方；相反，在地质构造的另一些部分，由于卤水由下层涌入上层，卤水的界限可以升得很高，从而形成很复杂的水化学剖面。后者当地质构造中存在尚未冷凝的岩浆源时将更为复杂。

断裂运动使岩石发生破坏并形成裂隙。发育很深并且规模巨大的构造断裂具有特殊的水文地球化学意义。沿着这些深大断裂从深部涌出热的、有时带气体的矿水，甚至卤水，深层水涌入上部含水层，形成所谓的水化学异常。地下水既可以沿着年轻的构造断裂循环，也可以沿着在阿尔卑斯造山运动期重新复活的老断裂循环。构造破碎带的水反映了深部的情况，它的化学成分和气体成分一般与其他类型的地下水不同。

（三）地静压力

地静压力（矿山压力）的影响，是在上覆岩层重量作用下，粘土隔水层中的结合水（岩石溶液）被挤入含水层，使这些含水层地下水的化学成分发生重大的变化。在适当的条件下，地静压力成为地下水化学成分形成的主导因素。

由土力学知道，在静止的条件下，外部负荷或上覆岩层的重量完全分布在不同深度的含水岩层的矿物骨架上。充满含水层的水只受静水压力的作用，并不承受上覆岩石的重量。在产生补充负荷时平衡被破坏，部分负荷由岩石骨架承担，部分传递给孔隙中的水。在补充负荷的作用下，含水层中的地层压力增大并超过静水压力，产生过剩压力，孔隙水被挤压到起排泄作用的透水性更好的岩层中去，并沿着它被排走，而沉积物则开始被压实。随着孔隙水的被挤出，沉积物被压实到所有增加的负荷不再向矿物骨架上增加为止。水的损失在新的沉积物沉积后马上开始，直到岩石完全固结，只剩下一些物理和化学结合水时为止。

在海相沉积层压实形成沉积水时，地静压力有特殊的意义。交替置换和排泄沉积水的过程，取决于一系列因素，而主要的是含水沉积综合体的岩石成分。当水的压力不能克服岩石的水平和垂直阻力时，在漫长的地质时期内水将成为封存水。

研究孔隙溶液有两重目的：第一是说明它们在活动水成因中的作用；第二是确定留在岩石中的孔隙溶液本身在压实阶段的变质作用。为了分离出岩石溶液，一般用两种方法：压榨法和替换法。用压榨法取出岩石溶液的仪器的压力区间是很宽的，由 $n\times0.1\sim98\,066.5\ N/cm^2$（$0\sim1\ kgf/cm^2$）。根据 П. А. 克留柯夫从天然土石中挤压溶液的试验证明，软泥沉积物在形成初期所吸收的水分，在重力或构造力的作用下几乎能全部被压出。

对于粘土中孔隙溶液的迁移，最好的条件是承压水盆地中垂直剖面为粘土、碳酸岩和砂岩互层的情况。为了与溶滤水相区别，把从粘土中压榨出来的水称为压榨水。

（四）地貌

这个因素对地下水的化学成分和矿化度的影响被一系列情况所复杂化，但大体上仍然有一定的规律性，在盆地的隆起部分（山麓、分水岭、个别高地），岩石被强烈冲刷，水经常是弱矿化度重碳酸盐型。随着含水层岩石成分的不同，大部分属于 $HCO_3^- < Ca^{2+} + Mg^{2+} < HCO_3^- + SO_4^{2-}$ 型，少数属 $HCO_3^- > Ca^{2+} + Mg^{2+}$ 型。在盆地的低洼部分，水的运动变慢，矿化度增高，出现硫酸盐和氯化物，乃至改变水型。在低洼地、封闭盆地和各种低地中，高处带来的盐分在这里使水进一步矿化，在干旱气候区甚至形成卤水。

局部地形的切割，对潜水的埋藏深度和矿化度有很大影响，这在山间洼地看得很清楚。由山区流来的大量的重碳酸盐型淡水，渗入盆边山麓冲积锥顶部的粗碎屑沉积物中。在冲积锥的边缘，顶部含水层尖灭，并有很多泉水涌出。水在冲积锥中循环时，矿化度多少有些增高，但仍是淡水。冲积锥以下分布着倾斜平原，在这里潜水已接近地面。随着向洼地中心运动，水的矿化度增加并达到微咸水的程度。在山间低地部分，由于蒸发浓缩的影响潜水变成盐水，在这里形成典型的大陆盐渍化潜水。

（五）岩石的矿物成分和化学特征

岩石的矿物成分和化学特征，是形成地下水矿化度和化学成分的主导因素。在沉积岩含水层中，水中离子的富集与被淋滤岩石中的可溶矿物有直接的关系。此时含水层的状况很重要。矿物成分相同时，疏松和多裂隙的岩石要比致密完整的岩石析出的离子多。此外，在含胶体的细粒岩石介质中。水循环缓慢、阳离子吸附交替、成岩作用和其他伴随的现象使化学成分的形成变得复杂。这种情况下，水中离子共生组合的成因问题不能简单地用对比水和围岩化学成分的方法来解决。

在单矿物岩石中，水的化学成分与岩石的化学成分和可溶性相对应；在多矿物岩石中，水的化学成分主要反映了易溶矿物的成分；当矿物的溶解性能差别很大时，溶解度低的矿物对水的化学成分可以完全没有影响。

决定天然水化学成分最主要的可溶矿物有石盐、石膏、方解石、白云石。一些易溶矿物，如芒硝、白钠镁矾、钙芒硝等，它们的分布有局限性。埋藏在深部的岩盐使水富含氯化钠，并使水的矿化度迅速增高，高矿化度的氯化钠水和卤水在很多地区都可见到，它们是由溶滤盐而成的，其分布与含盐相的分布一致。

地壳内石膏相的存在是形成硫酸钙型水的原因，这些水的矿化度决定于石膏的溶解度，一般为2～3 g/L。在高浓度氯化钠溶液中石膏的溶解度可增加到6～7 g/L，很少遇到SO_4^{2-}和Ca^{2+}占主要成分的水，因为石膏层常与含盐层伴生。

(六) 岩石的离子—盐类综合体

为了说明岩石对地下水化学成分形成的影响，不能仅限于对岩石矿物水浸出液的研究(浸泡试验)。为此，A. H. 布涅耶夫引用了岩石的离子—盐类综合体这个概念。

离子—盐类综合体是岩石的可溶部分，它为地下水成分的形成提供了物质来源。岩石的离子—盐类综合体可以包括以下各种组分：

1. 溶液

在地下水圈中存在于岩石内的天然水溶液。沉积岩中都有这种溶液，但其含量变化很大，由低于1%至20%～30%或更高。

2. 易溶于水的组分

(1) 易溶盐类：NaCl，Na_2SO_4，Na_2CO_3，钾盐等，一般情况下在沉积物中不多见；

(2) 易于交换的吸附状阳离子(Na^+或Ca^{2+})，在沉积岩中经常存在。

3. 难溶的组分

(1) 难溶盐类。如当洗蚀作用长期进行时，能渐渐转入溶液的石膏$CaSO_4 \cdot 2H_2O$，硬石膏$CaSO_4$，碳酸钙，碳酸镁等。这些组分转入溶液的速度取决于具体条件(如对碳酸盐来说，取决于当地水中CO_2的含量)。

(2) 难溶的硫化物。只有当介质的氧化—还原电位改变后才转入溶液，如黄铁矿(FeS_2)氧化后才能转入溶液。

4. 参与生物化学作用的组分

(1) 在一定条件下能起作用的微生物；

(2) 有机物质；

(3) 某些无机物质：硫酸盐、硝酸盐、硫化物、铁等。

应该指出，上述各种组分的活动性很不一样。岩石与水相互作用时，水的化学成分逐渐改变，岩石的离子—盐类综合体也发生变化。在渗入水进入以前，岩层本来充满着古代沉积水或于成岩作用后期进入岩石的其他起源的水，这些水被渗入水排挤出去，随后岩石被溶滤。在一定的条件下岩石可能被全部溶解。因而岩石的离子—盐类综合体在风化带或构造深部可能很不相同。但不同的岩石长期受到侵蚀时，在其中可能形成成分相似的水。

(七) 表生矿物的形成作用

在沉积物中，水成矿物的形成作用经常成为天然水变质的因素，这是成因水文地球化学的一个重要课题。

在水溶液的某种过饱和情况下，盐开始结晶，溶剂加热蒸发时，矿物的析出顺序决定于平衡系统的两个主要因素：溶液的成分和结晶时的浓度。形成的沉淀物逐渐地完成某些成岩变质改造并转变为致密物质。盐的结晶过程和成岩过程，都伴随着水溶液化学成分的相应改变(变质)。

先来研究海水和大陆盐湖在结晶影响下的变质作用。据万特－高夫的资料，在实验室条件下，从海水中可以析出 11 种矿物，而卤水在天然蒸发时结晶形成的矿物品种较少。

盆地在海洋存在的阶段，方解石 $CaCO_3$ 是首先析出的矿物之一。泻湖阶段一般以石膏 $CaSO_4 \cdot 2H_2O$ 的沉淀开始。然后析出石盐 NaCl。在蒸发过程中与它一起析出的泻利盐 $MgSO_4 \cdot 7H_2O$ 而后被六水泻盐所代替。当卤水进一步浓缩时，开始析出光卤石 $MgCl_2 \cdot KCl \cdot 6H_2O$ 和六水泻盐。

经上述各阶段，海水发生了根本的变质。在海水浓集和盐类沉淀过程中，它的离子－盐成分经历着重要变化。在方解石和石膏沉淀阶段，钙离子、重碳酸根和硫酸盐的主要部分从水中析出，而残留溶液中的氯化钠、氯化镁含量增加。在石盐沉淀阶段析出沉淀物的数量最多，水溶液高度浓集并从氯化钠型变质为氯化镁型，在最后的水氯镁石 $MgCl_2 \cdot 6H_2O$ 阶段开始时，母液的主要成分是氯化镁，并含硫酸镁、氯化钾和石盐等杂质。

大陆闭流湖水在矿物形成时的变质过程，由于其原始成分不同而按另外的方式进行。一般情况下，这里最终将形成 Cl-Mg-Na 型水，有时甚至形成氯化镁型卤水。

现在来研究上部水化学带。在干旱带的潜水中，由于强烈的蒸发，矿物的形成成为改变水化学成分的主导因素之一。

在潜水由补给区向排泄区运动时，离子成分的变化与盐渍化水域相似。这里该过程由于水与围岩的相互作用(溶滤、阳离子吸附交替、交代、成岩作用等)而比较复杂，同时在土壤中积累着盐分。

现以干旱地区山间盆地为例来研究潜水的变质作用，由山区高地流来的重碳酸－钙淡水形成潜水流，由盆地边缘流向盆地中心。因为地下水运动速度小，一般以每年几十米计，地下水中盐类的富集，主要不是由于对岩石的溶滤，而是由于水分子在土石内部的蒸发和植物对水分的蒸腾。

在矿化度增加过程中，首先进入碳酸钙饱和阶段并析出 $CaCO_3$ 沉淀，然后是石膏沉积阶段，个别离子含量也相应改变。分析干燥气候区很多潜水化学成分的资料可以看出，个别组分相对含量在总矿化度增长过程中的变化服从于一定的规律。这些规律取决于水的原始成分和岩石性质，而且每一个地区都有自己的特点。每一个这样地区潜水矿化度的变化都有一定的阶段，在这些阶段中这种或那种离子增长的比例关系遭到破坏。变质过程的方向一般是 $HCO_3^- \rightarrow SO_4^{2-} \rightarrow Cl^-$，即开始由重碳酸盐型水变质成硫酸盐型水，最后变质为氯化物型水。

如果硫酸钙型水与白云岩相通，则发生下列反应：

$$CaSO_4(\text{水中}) + CaCO_3 \cdot MgCO_3 \rightarrow 2CaCO_3 \downarrow + MgSO_4(\text{水中})$$

反应结果使水中镁增加而钙减少，从而使水富集硫酸镁。白云岩和石膏互层的地区，是上述过程进行的最有利环境。

石膏和苏打水作用能产生方解石交代石膏的作用，将重碳酸－钠型水变质为硫酸－钠型水：

$$Na_2CO_3 + CaSO_4 \cdot 2H_2O \rightarrow CaCO_3 \downarrow + Na_2SO_4 + 2H_2O$$

石膏与镁水作用能产生方解石交代石膏的反应，并使碳酸－镁型水变质为硫酸－镁型水：

$$MgCO_3 + CaSO_4 \cdot 2H_2O \rightarrow CaCO_3 \downarrow + MgSO_4 + 2H_2O$$

(八) 岩浆作用

岩浆作用使地下水化学成分发生巨大变化，不仅使它富集一般的离子，而且还使它富集特殊的岩浆组分。关于“初生”因素的意义，可以通过对火山地区现代热水的研究来确定。据B.B.依万诺夫的意见，现代热水的化学成分是各种各样的。与酸性和极酸性的高矿化溶液并存的还有碱性弱矿化水。大部分高温碳酸热水的特征性组分是氯化物，它对所有深循环地下水都有代表性。在火山区的热水中硅酸、砷、氟、硼、硫化氢和其他组分的浓度很高。关于现代热水离子一盐类成分的成因问题还有争论。一些研究者推测，热水的化分成分主要取决于岩浆的喷气，例如这些水的主要成分氯就是岩浆成因的。另外一些研究者(A.M.奥弗琴尼柯夫、B.B.依万诺夫等)认为，火山地区热水化学成分的成因可以用岩石的溶滤过程来解释，这样，火山沉积岩就有特殊意义。按他们的意见，火山水来源于大气降水，但是由于温度高和富含气体CO_2，H_2等而具有很强的侵蚀性。

(九) 水动力因素

水动力因素对地下水储量的形成起首要作用，但对地下水的化学成分形成和矿化度的影响则比较复杂，研究程度比较低。这一因素对地表水体矿化度的影响是很明显的，如湖水矿化度不同的主要原因就是它们的水交替强度，即水动力条件不同。

潜水处于气象因素的直接作用之下，其特点是活动性强，动态不稳定。

由于含水层的渗透性不同，潜水的运动速度也不同，有的地方甚至呈停滞状态。这就可能使同一潜水流在不同部位具有不同的矿化度。在冲积层的两个相距很近的钻孔中，水的矿化度经常是不同的，因为一个孔处在水交替迅速的粗粒物质地段，而另一个孔则处在透水性能很低的细粒物质地段。

在潜水矿化度的形成上，溶滤和溶解作用仍然具有首要意义，因此，潜水成分和矿化度的区别，首先取决于含水岩层的岩性特征。即在含盐和石膏的易溶岩石中形成硫酸一氯化物型盐水，在难溶岩石(花岗岩、砂岩、页岩、石灰岩、白云岩等)中形成重碳酸盐型淡水。对于这个基本规律，水动力因素也有明显的影响。如果有强烈的水交替，过去干旱时期在沉积层上遗留下来的盐、石膏等沉积物就不能保存很长时间。

水交替强度与气候因素有关，并在很大程度上取决于潜水、土壤覆盖层和植被的分带性。此外，在干旱时期进行着潜水的盐化；在潮湿时期潜水则脱盐。在这两种情况下，潜水的化学成分都发生变质。在它们之中出现的离子(盐)组合，可以看做是水中进行化学反应的指示剂。例如在脱盐作用的最后阶段，可以形成 $HCO_3^- > Ca^{2+} + Mg^{2+}$ 型的苏打水。

对于深层地下水化学成分的形成，动力因素的作用是一般含水层越深，水的动态、矿化度和化学成分越稳定。随着深度的增加蒸发量降低。蒸发仅对最上层的潜水具有现实意义。很明显，如果含水层的水只通过溶解岩石形成它的离子一盐类成分，而缺乏其他来源，那么，在难溶岩石中，就是水运动得很慢也只能形成低矿化度的水。运动的加速或减慢，在这里只引起矿化度的减少或增加。

岩石中包含有易溶矿物(石盐、芒硝、石膏)时易形成高矿化度的水。在地下水运动缓慢的情况下，可形成卤水。当水的渗透速度加快，出于水交替多次重复，水的矿化度日益降低，化学成分改变，直到岩石和水之间出现新的平衡为止。这类岩层的脱盐过程是在很长的地质时期内完成的，在这里，最重要的因素是水交替的速度。

H. K. 依格纳托维奇提出了三个有代表性的水交替带：水积极交替带、水迟缓交替带和水停滞带。它们都有各自的水化学指标。在水积极交替带（水强烈或自由交替带）主要是淡水，下一带是微咸水，再下面是盐水和卤水。按照 H. K. 依格纳托维奇的意见，形成高浓度卤水的最有利环境，是在具有停滞的水动力和水化学动态，并且沉降最深的盐化岩石地段。

评论动力因素对地下水矿化度形成的作用，必须注意含水层埋藏的介质特征。地下水的矿化度与动力因素的直接从属关系并非在所有的情况下都是正确的，它以含水层中存在原生可溶盐为前提。在停滞的条件下，盐类不会重新形成，而是在液相和固相之间进行再分配，过去形成的高矿化度水则能避免淡化而得到很好的保存。

三、物理化学因素

这组因素有元素的化学性质、酸一碱条件、氧化一还原条件、盐的溶解性能、扩散作用、渗透作用、重力分异作用、水的混合作用和阳离子吸附交替作用。其中酸一碱条件、氧化一还原条件，在本书第五章“元素在水中迁移的某些化学规律”一节中曾作了叙述。盐的溶解性能、水的混合作用和阳离子吸附交替作用在本章“地下水化学成分形成过程中的几个主要作用”一节中已叙述过。因此，本节对这几个问题不再重述。

（一）扩散作用

扩散是相互接触的物质之间自发进行的互相混合（溶解）过程，它受物质微粒的热运动制约，过程进行的方向是使全系统溶液达到一致。含水层和岩石中盐的扩散混合乃是离子在盐浓度差的影响下，在孔隙溶液中的运动，孔隙溶液在这种情况下可以是不动的。对于粘土类岩石，由于它的渗透性很小，互相渗透是很困难的或不可能的，因此扩散过程（扩散溶滤和扩散盐化）具有特殊的意义。

扩散理论是 1885 年由费克提出的，他指出扩散动力学与热传导动力学相似。

根据费克第一定律：

$$\mathrm{d}Q = -DS\frac{\mathrm{d}c}{\mathrm{d}h}\mathrm{d}t$$

式中，$\mathrm{d}Q$——在 $\mathrm{d}t$ 时间内扩散物质的数量；

S——扩散所经过的面积；

D——扩散系数，用在浓度梯度 $\mathrm{d}c/\mathrm{d}h=1$ 时单位时间经过单位面积的扩散物质量表示。

绝对单位系统扩散系数用每秒平方厘米来表示。对于水文地球化学计算，它用每昼夜平方厘米表示更方便。式中负号表示物质扩散向浓度减少的方向进行。

浓度随时间的变化用费克第二定律来确定：

$$\frac{\mathrm{d}c}{\mathrm{d}h} = D\frac{\mathrm{d}^2S}{\mathrm{d}h^2}$$

已知离子扩散系数，利用上述方程就能计算出在 c 和 h 一定的条件下，单位时间盐的扩散数量。因此，在这个领域里，确定扩散系数是任何计算的基础。

由费克定律可以看出，溶解速度与浓度差成正比；但现在证明费克定律是近似的，而扩散的实际速度（包括溶解速度）是与化学势的差成正比的。

对流可以分为自由的和被迫的两种。引起物质扩散流的浓度差或温度差是自由对流的原因。如果运动由任何外力，例如压力梯度引起，称为被迫对流。在被迫条件下，盐的扩散移动是更为有效的。离子的扩散系数用实验方法确定。据实验，阿拉里斯粘土中（在岩石的湿度为24%和孔隙度为40.4%时），氯离子的平均扩散系数等于 0.36×10^{-5} cm^2/s。契干斯粘土在湿度为25%和孔隙度为42%时，扩散系数则为 0.28×10^{-5} cm^2/s。

在盐化不均匀的岩层中，扩散过程引起盐的再分配，并伴随着渗透、阳离子交替和新矿物的组成等过程，这可能是水的矿化度和化学成分改变的原因。需要注意到，扩散速度与浓度梯度成正比，并逐渐变慢，当浓度均匀后扩散停止，因此扩散作用的影响距离是有限的。只有在被迫对流的条件下，扩散作用才能成为物质迁移的重要因素。

岩石中盐的扩散过程，由于向相反方向同时进行的渗滤和毛细渗滤过程而变慢并复杂化。在封闭地质构造中，地下水的运动速度很小或等于零，扩散作用甚至在长期地质过程中都未能明显反应到水的反应历程上来。在停滞的条件下，经常发现被较薄的粘土层隔开的、成分和矿化度都不同的含水层。这表明，在自然条件下，通过扩散而淋滤盐是有限的。在漫长的地质时代，如果在盐层上面覆盖着不运动的卤水，甚至在卤水的上面还有淡水层，盐层也将被保存下来。

很明显，在实际不透水的粘土类岩石中，在一般的水力梯度下，直接的渗透和直接的渗透溶滤都是不可能的。但是，如果粘土类岩石的裂隙发育或含有透水的砂质夹层，就可能产生盐的扩散移动，在强烈交替带甚至会脱盐。

С. И. 斯米尔诺夫认为，我们对扩散在地下水矿化度和化学成分形成中的作用认识还很不够。根据他的理论研究，这个因素在盐化和脱盐过程中不仅起主导作用，而且还决定着地下水含盐性在地壳垂直剖面上的分布。换句话说，即决定了水化学分带的类型。但他的计算是没有实验基础的理论推导，因此只是一种推测，还需要实验证明。

（二）渗透作用

渗透是与溶剂浓度变化直接联系着的一种现象。当两种不同浓度的溶液隔着半渗透膜相接触，而半渗透膜只容许溶剂分子通过，却阻碍溶质微粒通过时，就会产生这种现象。大部分生物组织具有相似的半渗透性质。在渗透过程中，溶剂通过半透膜向使两种溶液的浓度平衡方向扩散。

渗透力决定于孔隙溶液中的电解质，在电解质浓度很高时能达到每平方厘米几十或几千牛顿。在弱盐化岩石中，一般为10～20 N/cm^2 或更小。水的渗透移动可看作是水分子向水浓度低的方向扩散（由低盐化向高盐化的岩层或岩石部分）。这种移动过程与盐的扩散移动过程方向相反。

研究表明，在溶解于水中的物质浓度梯度大的情况下，在粘土中，渗透作用的速度比重力渗透速度大得多。

有时谈到热渗透作用和毛细渗透作用。前者是水由于温度差的影响在薄膜中的运动；后者是在毛细裂隙中，由于与水－矿物界面的距离不同产生的浓度差而引起的移动。

为了说明高矿化度地下水的形成，有时则引用称作卡尔任斯基渗透效应的概念。其含义是，在天然溶液经过孔隙介质运动时，溶质在一定条件下落后于溶剂。因此，当溶液通过粗过滤器时溶质和溶剂是溶合在一起的，而在通过细过滤器时，溶质和溶剂的移动在某种程度上互不相关，并且速度也不相同。

渗透效应引起溶质对溶剂的滞后，结果只有一部分物质发生移动，其余部分或留在过滤层中，或被不通过该过滤层的液体所吸收。渗透效应的数值取决于渗透介质的孔隙度和被渗透物质的性质、水合离子的半径、扩散系数和溶液浓度。致密的岩石可以通过少量的溶剂。随着温度的增高渗透效应减少；加大压力引起渗透速度的增加，同时被阻留物质的数量也增加；溶液的浓度愈低，渗透效应愈大。

某些水文地质工作者推测，沿着地下水流动方向，在岩石对溶质变得更难渗透的地方，由于上述渗透效应的作用，溶质的浓度应该增加。他们用渗透效应来解释在亚粘土、粘土层中地下水的矿化度较大，而在砂层中矿化度较小的现象。

П. А. 克留柯夫在研究岩石压榨水成分实验资料的基础上，认为上述见解是不正确的。如果观察到了这种渗透效应，那么存留在土石中的溶液应比提出液更浓。但是，在从粘土压榨出溶液的实验中，对氯化钠的平衡计算表明，留下的溶液比提出溶液的浓度更低。在压出溶液过程中浓度降的效应，作为在天然条件下改变天然溶液成分的一个因素是有意义的。

（三）重力分异作用

重力分异作用包括在重力影响下进行的地球物质按密度的分层。大气圈空气的密度由上到下增加，洋、海、湖中水的矿化度随深度增加，以及地壳构造的一系列特点都是重力分异的结果。在含水层之间有水文地质联系的承压水盆地也产生类似的分异。矿化程度不同的地下水力图占据与其相对密度相应的高度位置，这是常观察到的地下水矿化度向结晶基底方向增长的原因之一。

М. Г. 瓦略什柯的实验直观地表现了孔隙介质中不同浓度水流动的机理。在空隙介质中，重的卤水向下运动，轻的水向上流动。不同密度的溶液，在很大程度上表现为不混合的液体。当液体按密度分布时（密度大的在下面，密度小的在上面）则达到平衡。不透水粘土夹层的存在不会改变现象的实质，但是达到平衡的速度较慢。

很多研究者都承认不同相对密度地下水对流的可能性。但是在很厚的粘土层中，重力水在重力作用下的移动是很困难的，或者是不可能的。因此，甚至在封闭的承压水盆地，如果含水层之间有粘土隔水层时，也能观察到低矿化度的卤水在高矿化度卤水之下的现象。

四、物理因素

物理因素包括温度、压力、土石内部的蒸发、时间和空间。

（一）温度的变化

温度的变化改变着水作为溶剂的性质，水的溶解能力随着温度的增加而改变（见表6-2）。某些水型只能在一定的热力条件下形成和存在。随着温度升高，碳酸钙、碳酸镁从水中析出。当溶液温度为 0 ℃并含 0.03%CO_2时，$CaCO_3$的溶解度等于 0.08 g/L，而在 30 ℃时则为 0.052 g/L。在水中含饱和 CO_2时，随着温度由 13 ℃增加到 100 ℃，$MgCO_3$的溶解度由 28.4 g/L 减少到零。重碳酸钙、重碳酸镁在水溶液沸腾时可按下式全部分解：

$$Ca(HCO_3)_2 \rightarrow CaCO_3 \downarrow + CO_2 \uparrow + H_2O$$
$$Mg(HCO_3)_2 \rightarrow MgCO_3 \downarrow + CO_2 \uparrow + H_2O$$

表 6-2 Na_2CO_3 和 Na_2SO_4 在水中溶解度的变化

盐	温度/℃						
	0	10	20	30	40	50	60
Na_2CO_3(g/100 g 水)	7.0	12.5	21.5	40.8	50.0	—	46.6
Na_2SO_4(g/100 g 水)	5.0	9.0	19.2	41.0	48.0	46.8	45.3

因此,随着水向深部高温地带的流动,溶解的重碳酸钙、重碳酸镁在一般情况下将逐步分解,除非具备有利于它们在水中稳定存在的环境。这一过程在地球化学性质不活泼的岩石发育区和地下水循环深度较大的地区可以见到。天山弱矿化热水按阳离子成分是钠型水,但在它的补给区却广泛分布着重碳酸一钙型水。在深部高温条件下,重碳酸一钙型水是不稳定的,它变质为硅酸一重碳酸一钠型水,同时形成方解石。

温度对硅酸的溶解度同样有很大影响。在硅酸水系统中,在温度 0～200 ℃范围内温度与溶解度间的关系具有直线性质。温度系数等于 4(mg/L)/℃,即在 200 ℃时硅酸的溶解度为 800 mg/L。在一般条件下硅酸的溶解度很低。

由于 Na_2CO_3和 Na_2SO_4的溶解度在温度变化不大的情况下也会强烈地改变,因此,秋天在相应化学类型的盐湖中,进行着苏打或芒硝($Na_2SO_4 \cdot 10H_2O$)的沉淀。

由表 6-3 可明显地看出,在氯化物中溶解度最大的是氯化钙,溶解度最小的是氯化钠。温度增高对 NaCl 溶解度的影响,总是比对其他氯化物弱。在 0～200 ℃区间内,如果 NaCl 的溶解度增加 20%,那么 $MgCl_2$增加 66%,KCl 和 $CaCl_2$则增加一倍。

表 6-3 氯化物溶解度与温度的关系

温度/℃	盐的溶解度(质量分数/%)			
	NaCl	KCl	$MgCl_2$	$CaCl_2$
0	26.3	21.9	34.6	37.3
30	26.5	27.2	35.9	52.5
60	27.1	31.4	38.0	57.8
100	28.2	35.9	42.2	61.3
200	31.5	44.9	57.5	75.5
300	37.5	54.0	67.8	80.0
400		46.6	63.4	
500		55.0	73.1	

(二) 压力

随着温度和深度的增加,压力也随之变化。如果岩石圈上部岩石的平均密度等于 2.79

的话，每加深 1 km，压力增加 2 736.0554 N/cm^2；如果水的平均密度为 1.00，那么在 1 km 深处的静水压力将达到 980 665 N/cm^2。压力比温度对水溶解性能的影响小，但在深处要注意这个因素，因为水的溶解能力，在深处有很大的增加。

按热力学计算，压力增加 980 665 N/cm^2 (10 kgf/cm^2)时，盐类的溶解度按以下数字增加(%)：$CaCO_3$ −7.5，硬石膏 $CaSO_4$ −7.7，石膏 $CaSO_4 \cdot H_2O$ −5.7，萤石 CaF_2 −3.3。

В. И. 马尼欣在压力为 500，1 000，2 000，3 000 kgf/m^2 和温度为 30，40，50℃条件下，对无水石膏溶解度测定的结果列于表 6-4。

表 6-4 不同压力、温度条件下 $CaSO_4$ 在水中的溶解度(g/100 g 溶液)

(据 В. И. 马尼欣)

压力/(×9.806 65 N/cm^2)	温度/℃		
	30	40	50
1	0.25	0.22	0.19
500	0.38	0.37	0.45
1 000	0.84	0.70	1.00
2 000	1.44	1.30	1.70
3 000	1.90	2.10	3.00

由表 6-4 看出，$CaSO_4$ 的溶解度在所研究温度条件下，随着压力的增加而迅速地增大。在 50 ℃时，随着压力的增加，增大更快。更有趣的是，$CaSO_4$ 的溶解度与温度的关系在不同的压力下是不一样的。如果在正常大气压下，随着温度的升高，这种盐的溶解度是降低的，而在 29 419.19 N/cm^2 压力下，却观察到相反的关系：当温度由 30 ℃增加到 50 ℃时，$CaSO_4$ 的溶解度由 1.9 g/100 g 增加到 3.0 g/100 g。这就是说，深部溶液的平衡条件与地表完全不同。

Н. И. 希塔洛夫研究了高温(300～600 ℃)和高压(1 000～4 000)×9.806 65 N/cm^2 下，二氧化硅的溶解度并得出结论：在类似条件下，二氧化硅转入溶液的数值达每升几克。

当饱和了某些成分的水从深部向上运动时，会有盐从水中析出并使水的矿化度降低。这种情况下，溶解度的降低对地下水成分的变质有较大影响，但这并不是由于压力降低，而是由于气体逸出引起。在损失二氧化碳的情况下，原来在溶液中以元素形式存在的一系列矿物开始沉淀。

(三) 土石内的蒸发

在干旱气候条件下，蒸发过程是形成地表水和潜水矿化度及化学成分的主要因素。观察证实了在自然界存在着土石内部(孔隙内部)的蒸发。B. H. 库宁提出了一系列证据，证实了在荒漠地区埋藏在任何深度的潜水面上，都存在蒸发。问题的实质是，在多深和什么条件下，这个过程才具有实际意义。对于运动强烈的地下水来说，孔隙内部的蒸发不能成为增加其矿化度的主要因素。

关于在深处是否存在地下蒸发，还是个有争论的问题。在这方面暂时还没有任何具体资料。20 世纪初，美国地质学者米尔斯和维里斯曾提出用地下蒸发来解释高矿化度石油水的假说。关于因蒸发而增加地下水矿化度的可能性，曾被一些有名的学者，如 В. И. 维尔纳斯基院士和著名的油水文地质学家 В. А. 苏林所承认。

М. Е. 阿里托夫斯基对地下蒸发假说作了某些修正。他认为，所指的因素是作用于深处几百万年静止不动的高矿化水。因为高矿化水和卤水分布广泛，地下蒸发不应是只有局部意义的因素，而应是具有区域性意义的因素。

水被蒸发应产生自由的气相。按 М. Е. 阿里托夫斯基的意见，在含水层深处应有不断形成的气泡：出现的新气泡代替上升到表面的带有水汽的气泡。气泡是由各种气体，主要是生物化学成因的气体形成的。М. Е. 阿里托夫斯基没有说明气泡形成的机理，也没有指出什么样的气体能够在由巨大压力统治着，因而强烈地增加了气体的溶解度的地下深处，形成自由的气相。因此，地下蒸发的假说，根据是不足的。应当设想，在特殊条件下（油气田）地下蒸发对增加地下水的矿化度起着一定的作用。

（四）时间

时间是地下水形成的重要因素之一，因为引起地下水成分变化的构造运动、矿物的形成和其他过程，要在漫长的地质时期中完成。在从前被海水浸泡过、或者含有固相盐的地质构造的脱盐作用中，时间因素有着重大意义。盐的带出在地质时代进程中是可以察觉到的。近里海低地的阿布什隆和哈赞斯基沉积层的潜水，直到现在还带有海洋覆盖的痕迹就可以说明这个问题。含有海盐的沉积层在脱盐作用的最后阶段，以有时出现 HCO_3-Na 型水为特征。

（五）循环路程的长度或空间

可以用下面的话来表示这个因素的意义：在其他条件相同的情况下，水运动的路程越长，含盐越富。但是，在坚硬难溶岩石发育地区，即使在循环路程很长的情况下，水也能保持低的矿化度。可以按水中的氦含量来判断水在地下停留的时间。从水化学观点来看，短的循环路程具有特殊的意义。在循环的头一段短路程范围内研究水，能看到水的成分与岩石类型之间的紧密联系，并可查明进入水中微量元素的来源。

为了查明空间因素在形成水化学类型中所起的作用，往往采用对任意一个承压含水层取样，并将距补给区不同距离（相距几公里）钻孔水样的成分，与补给区水的成分进行比较的方法，但结果往往会发现矿化度和化学成分的变化难以解释。这是由于只注意了空间因素，而忽视了时间因素的缘故。承压水盆地的水循环是用数百万年或数千万年计的，在这个时期内，补给区水的成分和补给区的位置，可能已经发生了不止一次的变化。因此要按不同的成因类型来比较水的成分。如果注意到了时间因素，并在古水文地质分析的基础上进行这样的对比，那就正确了。

五、生物因素

该因素包括植物和微生物的作用。这些因素一方面引起地下水的生物变质作用，另一方面在某些情况下使水富集微量元素。

(一) 植物

在干旱气候条件下，植物是形成潜水化学成分的重要因素。植物蒸腾大量的水分，引起潜水位降低、潜水矿化度增加和化学成分的改变。植物有选择性地吸收离子，能改变水的pH和化学类型。植物的这种选择能力，是指有些植物品种能从溶液中吸收并在体内大量积累某些固定的化学元素。植物中与潜水联系最密切的有莎草、芦苇、香蒲和一系列的乔木和灌木。它们都有发育良好的根系，有时可深入地下达20～30 m。

属于积盐种的植物有盐生植物，它对氯离子有着较好的选择性能。

植物对土壤的酸碱度有影响，例如针叶林由于其有机残骸的酸性，能增加土壤的酸性(针叶树提取液的pH为4)。阔叶林和草木植物正相反，有利于土壤溶液中碱的聚存。阔叶林与针叶林的交替，伴随着潜水pH的改变。

植物根在放出CO_2的同时土壤的pH降低，并促使很多矿物质转入溶液。在土壤溶液和潜水中，HCO_3^-的浓度决定于土壤中CO_2的含量。在发育着茂密的亚热带植物的长江流域的岩溶水中，重碳酸离子的浓度达到300～400 mg/L甚至500 mg/L。

大家知道，有些植物的灰分含大量的Fe，Mn，Cu和其他微量元素，在研究岩石、土壤、地下水和地表水的化学成分同植物外貌、种属、分布和灰分中的化学元素成分关系的基础上，制定了寻找地下水和有用矿产的地植物学方法。

在潮湿气候条件下，植物的生长期能够引起水交替缓慢的薄含水层的水化学成分的某些变化。

(二) 微生物

在地下水化学成分的变质过程中，微生物起着特别重要的作用。研究表明，微生物既能在不深的潜水中发育，也能在循环于1 000 m或更深的水中繁殖。微生物可以在很宽的温度范围内(由零下几度到85～90 ℃)生存。适合微生物生活的水的矿化度，其范围也是很大的，有能在盐水中生存的盐生细菌。但是高矿化度和过高的温度，会抑制细菌的活动性。

细菌可分为喜氧菌和厌氧菌。前者只生活和发育在有自由氧的环境中，氧被它们用于呼吸。后者生存在缺氧的、或自由氧的进入受到限制的环境里，细菌从含氧有机物质(如碳水化合物)或矿物盐(如硝酸盐、硫酸盐等)中获得它们所必需的氧。

地表、河流、湖泊及不深的海具有充氧条件。厌氧细菌在滞流水域——沼泽、湖泊、溺谷、深海的底部和低于包气带的沉积岩中活动。

在地下石油层中，有各种不同的细菌组。其中有脱硫菌、造氨菌、脱硝菌、硝化菌和很多其他细菌。脱硫菌是厌氧的，它的生命过程与还原硫酸盐生成硫化氢有关。脱硫作用的结果是硫酸根离子从水中消失，形成硫化氢和碳酸气，水化学类型发生变化。研究表明，脱硫细菌广泛地分布在油气构造水中，在非油气构造水中很少遇到脱硫菌。

造氨菌是分解含蛋白质成分的有机物质并生产氨的细菌。硝化菌则将氨氧化为亚硝酸和硝酸。反应按下式进行：

$$NH_4 + 2O_2 \rightarrow NO_2^- + 2H_2O$$

$$2NO_2^- + O_2 \rightarrow 2NO_3^-$$

脱硝菌分解亚硝酸和硝酸析出自由氮：

$$2HNO_3 \rightarrow 2HNO_2 \rightarrow 2HNO \rightarrow N_2$$

按微生物的数量、性质和生物化学特征，在地壳剖面上有三个互相区别的微生物带：深度 0.5～1.5 m 的上部土壤带是最富含细菌的；土壤下面是风化带，该带岩石具有某种程度的通气性，细菌相当多，喜氧菌与厌氧菌并存，此带厚度有几十米，有时达几百米；最下面的深部带，细菌相对贫乏，并主要是厌氧菌。

开启构造的地下水，富含各种微生物群。在半开启构造的水中，主要发育着厌氧菌(例如脱硫菌)。水文地质封闭构造的地下水大部分缺乏微生物。

最后要强调指出，在形成任何天然水的过程中，生物化学因素起着这样或那样的作用。对微生物来说，它的作用是受有机物质的数量、温度、水的矿化度和成分以及水交替强度等因素控制。

六、人为因素

人为因素包括地下水的开采、工业废水向地下的排放、矿床的开采、水工建筑、灌溉和引水等与人类经济活动有关的因素。

(一) 开采地下水对地下水化学成分的影响

开采地下水可使地下水化学成分发生各种变化。在一些情况下能增加水的总矿化度或个别组分的含量，在另一些情况下则使它们减少；有时还改变水的化学类型，甚至使地下水发生污染。观察表明，地下水化学成分的变化，一般是在其影响因素发生变化之后七年或更长时间才发生。

在长期开采苏联欧洲部分中央区潜水经验的基础上，H. A. 普罗特尼柯夫总结了某些资料得出了一些结论。厚度为 15～30 m 的冰水沉积和古河流冲积的砂一卵石层中的含水层，在强烈开采一百多年的过程中，开采区含水层的矿化度由每升 145 mg 增加到 502 mg。SO_4^{2-} 含量由每升 5～8 mg 增加到 140 mg，硬度由每升 2.2 mgN 增加到 7.7 mgN(N 表示当量)。这些现象是由于充气带氧化作用的加强而引起的，充气带的厚度随潜水位下降而加厚，而氧化作用使不溶解的硫化物转化为可溶硫酸盐，并被水所溶滤。

开采在天然条件下流入海中或盐湖的淡水，有可能产生反向运动，使盐水由海或盐湖进入含水层。这种现象在地下水集水建筑物离海或盐湖很近，并由于开采使地下水位低于地表盐水位时很容易发生。在苏联欧洲部分的南部，发现了地下淡水被盐水盐化的现象。例如，经过五年的开采，某些离海洋 500～800 m 的石灰岩含水层，水的矿化度由 0.3～1.0 g/L 增加到 1.8～2.2 g/L。

在近里海低地的溺谷、中亚的沙漠和半沙漠地区，以及其他有复杂矿化潜水的地方，可见到开采时由于同一含水层其他部位盐水的侵入，使地下淡水的矿化度增加的现象。在有水力联系的含水层之间，因矿化水由其他含水层的侵入也会发生类似的现象。这种现象，有时因开采钻孔的事故而出现。

开采地下水时，在集水建筑物周围形成降落漏斗，漏斗范围内的压力低于其周围地段。因此，流向集水建筑物的地下水是从高压带进入低压带。由于减压，从水中逸出部分游离 CO_2，并析出铁和碱土金属的碳酸盐沉淀，从而导致被采出水的化学成分变质。

沿承压水盆地地下水承压水面发育的区域性大降落漏斗，其直径有时达几十公里，可以把它看作是一个特殊的排泄“窗口”。下部含水层的水可能被吸入这个“窗口”。有的文献中描述了由于吸入下部含水层的盐水而引起地下水矿化度增高的情况。

开采地下水时，强烈抽取地下水会引起承压水位的降低，从而减少了作用于隔水层和上覆岩层的静水压力。这种情况下，在隔水粘土层和含水层之间的接触带，由于从粘土中压榨出水因而使粘土压实，而压榨水进入含水层则引起地下水化学成分的改变。

中国、美国、俄罗斯的一些地方的地表沉降是大量抽水引起地下水压力降低的结果。根据美国资料，在地下水压力降低时，从粘土沉积物中吸出大量水，从而粘土被压实。根据他们的计算，在休斯敦－哥尔维尔松地区的地质条件下，大约有 1/6 的水是由粘土中来的。

(二) 工业污染对地下水化学成分的影响

在人类活动的影响下，破坏了莫斯科地下水的天然水文地质状态。经受变化的主要是潜水层，但同时变化的还有上、中、下石炭系含水层。更深含水层的天然动态，还没有受到人为作用的影响。

在莫斯科地区，观察到地下水位逐渐降低的过程。在世界其他一些城市(伦敦、巴黎、柏林、东京等)也可见到上述现象。城市生活给地下水化学成分留下了自己的痕迹，一般是增加了地下水的矿化度、硬度和有机化合物的污染。莫斯科地区地下水的成分中，增加了氯、硫酸盐、碳酸、氮的化合物和各种稀有元素含量，也增加了离子成分和 pH 的多样性。在城市地区，与中性水同时存在的，还有强酸性和强碱性水，以及完全不同化学类型的水(按阴、阳离子)。随着深度的增加，人为作用对地下水化学成分的影响减少。人为作用暂时尚未触及泥盆系深层水，但它上面的所有含水层(C_1，C_2，C_3)和潜水的化学成分，都越来越强烈地变动着。

莫斯科潜水大量污染的一个主要原因是补给区往往与分布区相重合。潜水的矿化度由边缘向中心方向平均增加了 4 倍，局部地区氯含量增加到 10 000 倍，钠和钾总计增加到 300 倍，硫酸盐增加到 165 倍等。

特别危险的是向地下排放被化学污染的废水。这些废水进入地下供水源，改变了水的质量，并使之多年不适于作饮用水。地下水的污染经常是在多年后才发现，而且有时离污染源甚远。

含水层受到污染的程度，决定于顶板岩石和围岩的渗透性、工业废水的化学成分和其他因素。天然水本身在运动中具有惊人的自然净化能力，甚至被污染了的地表水流由于自然充气，在经过一定的路程之后，也能将有害的物质全部排除而成为合格的饮用水。但是，水体的自然净化能力，对于克服进入水中有害物质的影响，通常在数量上还是不够的，所以水在其全部路程中往往还是污染的。

在孔隙介质中，自然净化的过程完成得较快。在这种情况下，污染组分的稳定性和被含水岩石胶体颗粒吸附的能力有重大意义。特别有害的是长寿命的放射性元素，例如锶-90。

现在工业废水的排放问题，具有特别重要的意义。某些工业生产，由于没有合理的处理有害废水的方法而受到限制。

(三) 水工建筑对地下水化学成分的影响

水工建筑破坏地下水的天然动态。由于水更强烈的循环和不同成分水的混合，经常产生有侵蚀性的其他成分的水。例如位于卡玛河中的卡木斯克水电站，在人为工程活动的影响下，改变了地下水中$CaSO_4$的饱和度。现在所有含水层的水由水库得到补给，并向下游水道排泄，含水层所处的位置越高，在其中进行的水交替越强烈，它的水化学成分经受的变化也越大。

1957年(卡玛水库充满水后三年)水坝地区内上部含水层中$CaSO_4$普遍都不饱和，到1963年不饱和数值进一步增长。由于河水的淋滤，水坝下面大部分是对石膏有强侵蚀性的水。

为了说明问题，现引证一些资料如下：

表 6-5　卡木斯克水电站地区地下水矿化度变化(据 Ë. B. 巴萨霍夫《普通水文地球化学》)

钻孔	取样日期	矿化度/(g/L)	钻孔	取样日期	矿化度/(g/L)
212	1957年11月	3.60	178	1957年11月	11.4
	1963年4月	1.15		1963年5月	6.06
199	1957年11月	2.56	372	1957年10月	71.0
	1963年5月	1.00		1963年5月	59.6

(四) 人工灌溉对地下水化学成分的影响

对于中亚和南哈萨克斯坦的绿洲，人为因素对天然水化学成分的形成具有重大意义。在那里大规模地进行着灌溉。很多低洼地区，灌溉对改变土壤和潜水中盐的成分的影响如此之大，以致成为影响水化学成分形成的主导因素。

此外，化学毒品的污染对于潜水和埋藏更深的地下水具有极大的危险性，其中包括为保护植物而大量应用的滴滴涕(DDT)。

第三节　潜水化学成分的形成

在潜水化学成分形成过程中，气候条件起着决定性的作用。在不同的气候条件下，潜水化学成分的形成作用也很不相同。

一、在潮湿气候区

在潮湿气候区，土壤被矿化度很低的大气降水强烈淋滤。水的矿化度虽然很低，但总是分解成离子H^+和OH^-，这些离子和土壤及粘土复合体中的复杂盐类(铝铁硅酸盐)相互作用，即阳离子吸附交替作用。在潮湿气候条件下，这种作用分布得很广泛。K. K. 格德洛依茨把这一作用写成下列物理化学反应式：

$$(Si \cdot Al \cdot FeO)M + H^+ + OH^- \rightleftharpoons (Si,Al,FeO)H + M^+ + OH^-$$

式中M为金属Al，Fe。

这一反应证明，如果水中除了H^+以外还有其他溶解的离子，则由于铝铁硅酸盐的固体胶体质点具有吸附性能，它将以自己的阳离子交换水中的游离氢离子。虽然由于纯水中游离氢离子的浓度非常低，而使这一作用进行得极慢，但在气候足够潮湿的条件下，这一作用仍在不断地进行着。所以，土壤和土的复杂盐类便渐渐变成铝铁硅酸。如果水的酸度因土壤中的碳酸和有机酸而增高时，这一变化就会加速。在气候潮湿地带，某些土壤中的 pH 小于 4。在上述作用下形成的灰化土和红土是特有的酸性土，水进一步和这种酸性土作用形成含铁酸性水，其矿化度是很低的，仅有 50～100 mg/L。

二、在温暖潮湿气候区

在温暖潮湿气候区，大气降水渗入缺乏易溶盐类但富含钙镁盐类，尤其是富有吸附性钙镁离子的黑色土壤时，形成重碳酸钙、重碳酸镁型水，这种水的矿化度较低，一般在 0.5～1 g/L。

三、在干旱气候区

在干燥的气候条件下，由于水被强烈蒸发，在土壤中堆积起来的不仅是那些难溶盐类($MgCO_3$，$CaCO_3$)，而且还有易溶盐类($CaSO_4$，$MgSO_4$，Na_2SO_4，NaCl)。大量集中 NaCl 使土地盐渍化，当渗入水溶滤盐渍地时，首先溶解其中的易溶盐(NaCl，Na_2SO_4，Na_2CO_3，$CaSO_4$)，这使潜水富含这种盐类，再进一步蒸发时，水的矿化度增高，这就形成了大陆盐渍化潜水。

水中盐的增多，引起水中含盐成分很强的变质作用，在水中按次序沉淀 $CaCO_3$，$MgCO_3$，$CaSO_4$。最后保留在水中的是溶解度最大的氯化物盐类，随浓度增加，水最后变为盐水，在这种情况下水的矿化度达到 5～30 g/L。

第四节 承压水盆地地下水化学成分的形成过程

一、概述

在大陆淡水沉积、泻湖沉积和海洋沉积中，能形成不同类型的承压水。在这种情况下，地下水的化学成分形成时，上述各种作用可能都参加，也可能只有个别的作用参加。

在陆相沉积中，地下水化学成分的形成取决于含水层的物质成分和生成类型。在山前倾斜平原，有很厚的砂－粘土沉积，这里主要是进行溶滤作用。这种作用在冲刷程度很好的岩层中(对溶于水的盐类)显然进行得很弱，因此形成矿化度很低的重碳酸钙型水。

在泻湖相沉积层中含有大量的盐和石膏，因此形成高矿化度的硫酸－钙型水，硫酸－钙－镁型水，硫酸－钙－钠型水，硫酸钠－钙－镁型水，还有硫酸－钠型水。硫酸－钙型水的干涸残渣是 1.5～2.5 g/L，硫酸－氯化物型水的干涸残渣达 3～5 g/L，氯化物－硫酸型水的干涸残渣达 5～20 g/L。这种情况下，只有在冲刷程度很高的岩石露头处才能形成淡水。由此可见，地下水化学成分的形成过程是一个很复杂的过程。

在海相沉积层中，地下水化学成分的形成过程也是很复杂的，是陆相成因类型水和海相成因类型水相互作用的过程，即渗透水排挤沉积水(大部分水文地质工作者认为是海水的封存水)，并同时进行以前所述各种化学反应及混合作用(渗入水和沉积水之间的混合作用)。因此，在封闭地质构造中的承压含水层中，可以同时存在沉积水和渗入的大气水。

在海洋沉积和泻湖沉积层中形成的地下水的化学成分有相似之处，因为在海相沉积岩层中，起初形成封存水，以后形成渗入水。因此，研究承压水的化学成分形成时，先从海成封存水开始。

二、海成封存水化学成分的形成

饱含海水的海相沉积物，沉积在凹地底部，并继续沉积不同成分的物质，在成岩过程中，海水从这些岩石中被排挤出去，渗入底部并被长期封存起来。在这种情况下，海水与岩石之间相互作用，使水发生变质，经变质后水的成分与海水的成分有所不同。

海成封存水可分为两种类型：

同生水：与岩石的沉积作用同时生成。

外生水(或后生水)：海水流到早已沉积好的海底岩层或海岸一带的岩层中。

大洋及与大洋相连的海水的标准含盐量是3.5%，此值在地球的海洋中是基本不变的。海水所含盐的主要成分是 NaCl，其次是 $MgCl_2$，$MgSO_4$，$CaSO_4$ 和少量 $Ca(HCO_3)_2$。外陆封闭或近封闭的海和泻湖，有较淡的或者更浓的含盐量(由于海水的干涸)。

在蒸发作用下，海水盐分浓度加大，随之而来的是海水所含盐成分的变化。首先是碳酸钙、镁离子的沉淀，而后是 $CaSO_4$ 沉淀，在这种情况下，相对地增加了氯化物的含量。当水干涸到它原来体积的1/10时，开始沉淀 NaCl 和 $MgSO_4$，而 $MgCl_2$ 和 KCl 在水中的含量相对增加。在进一步的浓缩作用下，开始沉淀 $MgCl_2$ 和 KCl，这使水中各种盐类之间的化学反应更加复杂化，并与由陆地带来的近海沉积物之间产生离子交替反应。

海水中盐类之间的化学反应之一是：

$$2Ca(HCO_3)_2 + MgCl_2 \rightarrow Ca \cdot Mg(CO_3)_2 \downarrow + CaCl_2 + CO_2 \uparrow + 2H_2O$$

这个反应的结果是生成白云石，并在水中出现一般海水所缺少的 $CaCl_2$。

吸附物质的离子交替反应如下：

由陆地带来的粘土物质与海水之间(或是在海进的情况下)的反应：

$$2NaCl + Ca^{2+}(\text{吸附}) \rightarrow CaCl_2 + 2Na^{+}(\text{吸附})$$

海退时离子交替过程向相反的方向进行：

$$CaSO_4 + 2Na^{+}(\text{吸附}) \rightarrow Na_2SO_4 + Ca^{2+}(\text{吸附})$$

$$Ca(HCO_3)_2 + 2Na^{+}(\text{吸附}) \rightarrow NaHCO_3 + Ca^{2+}(\text{吸附})$$

由此可看出，水的化学成分由于离子交替作用而改变。

海水中随着氯化物的沉淀而使 Br 和 I 的浓度增加。在正常海水中 Br 为 65 mg/L，I 为 7 mg/L；封存水中 Br 达到 300～5 700 mg/L，I 达到 50～120 mg/L 以上。海水在海底沉积物中(即成为淤泥水后)要与海泥胶体物质之间进行离子交替和还原硫酸盐的作用并发生变质。

离子交替作用，可能由于岩石的成分不同和所含有机物质的多少而向不同的方向进行。

在一些情况下，水中的 Ca^{2+}，Mg^{2+} 离子以 $CaCO_3$，$MgCO_3$ 形式沉淀，此时胶体状淤泥吸附的 Ca^{2+} 与水中的 Na^{+} 互相交换，水成为含较多量 Ca^{2+} 的 Cl-Na 型水，当达到 Cl-Na-Ca 型水时，其干涸残渣达到100 g/L 或更多。矿化度大于275 g/L 的海成封存水，所含的 Ca^{2+} 达70%～75%，明显地表现为 Cl-Ca-Na 型。

在盐浓度较小并含大量有机物的海水中，离子交替过程可以向另外一个方向进行。在分解有机物质（腐烂）的过程中产生游离 CO_2，这就使海洋沉积物中的 $CaCO_3$ 再度溶解到水中，多余的 Ca^{2+} 与吸附的 Na^+ 相互交替，而 Na^+ 在溶液中以 Na_2CO_3 的形式出现。这样淤泥水就变成碱性水（HCO_3-Na，HCO_3-Cl-Na，Cl-HCO_3-Na 型），而矿化度由几 g/L 到 70 g/L（HCO_3-Na 型为 3～7 g/L，HCO_3-Cl-Na 型，Cl-HCO_3-Na 型为 7～70 g/L），有时还多一些。油田区碱性水中分布最广的是碱性氯化物型水（Cl-HCO_3-Na 型）。

为了表示高矿化度盐水与海水之间的成因关系，利用表明成因特征的 $\frac{r_{Na}}{r_{Cl}}$ 和 $\frac{Cl}{Br}$ 系数是比较方便的，r 代表毫克当量[①]；Cl，Br 以毫克为单位。

海水的 $\frac{r_{Na}}{r_{Cl}}=0.85$；$\frac{Cl}{Br}=300$；

氯化钠－钙型变质封存海水的 $\frac{r_{Na}}{r_{Cl}}<0.85$；$\frac{Cl}{Br}<300$；

当 $\frac{r_{Na}}{r_{Cl}}>1$ 时，为含盐海相沉积层中的大陆溶滤水，$\frac{Cl}{Br}>300$ 时，为岩盐溶滤水。

A. H. 布涅耶夫认为，氯化钠－钙型的高矿化度封存水，在地质历史上宽广的浅海海侵时期大量形成。

一般地说，海相沉积物中形成的高矿化度水与它周围的岩石处于物理化学平衡状态，在长时期处于埋藏状态的条件下，矿化度并不改变。只有当含有这些水的岩层露出地面被剥蚀或被构造断裂所切割时，埋藏水（封存水）才进入成分改变的新的地质历史时期。

三、承压水盆地地下水化学成分的形成过程

在含水层露头的地方，渗透水开始渗入并替换排挤封存水，结果在含水层中发生下面一系列的作用：

（1）渗入水和封存水的混合作用，使溶解在水中的各种化合物相互反应；

（2）渗入水和岩石之间的阳离子交替作用；

（3）对盐类的溶滤溶解作用，这一作用由于在淡水中含有碳酸而增强；

（4）氧化作用，这一作用是由于富有氧的大气水进入原来缺氧的海相沉积中而发生的；

（5）还原硫酸盐的作用。

所有这些作用的结果是形成新化学成分类型的水。

在封存水露头的地方，由于大气水的渗入而形成新化学成分类型水的过程是一个逐渐演变的过程。

首先，在含水层出露的地方，由于大气水和封存水（Cl-Na-Ca 型）的混合及淋滤作用形成了 Cl-Na 型水，而成分不变的封存水将沿含水层的倾斜方向处于较低的部位，这是承压水盆地水化学成分形成过程的第一阶段，示于图 6-2。

在补给区，大气降水和 Cl-Na 型水进一步相互作用，Cl-Na 型水将沿含水层倾斜方向被排挤至一定深度之内；岩石中易被溶解的氯化物被冲刷，但是硫酸盐和碳酸盐类仍在岩石内存在。结果在补给区形成硫酸盐型水，氯化物水沿含水层的倾斜方向位于较低的部位，而氯

① 毫克当量、克当量、克当量浓度都不是法定用法，但业内仍在使用。离子的毫克当量浓度（单位：meq/L）＝离子的毫克当量/溶液体积（L）。

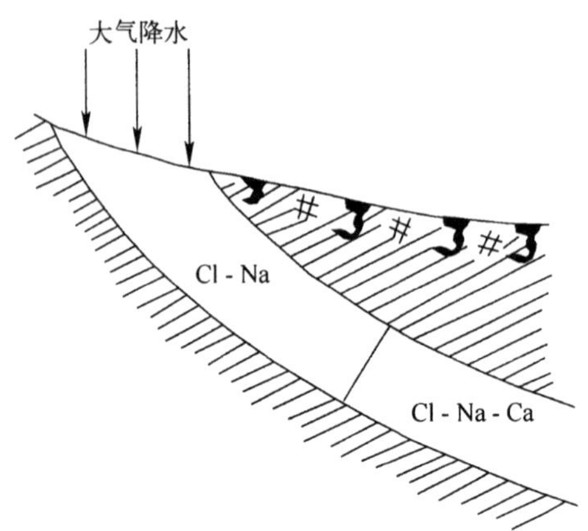

图 6-2　承压水盆地地下水化学成分形成过程演示图(第一阶段)

化物—钠—钙型水则位于更低的部位,这是承压水盆地水化学成分形成过程的第二阶段,示于图 6-3。

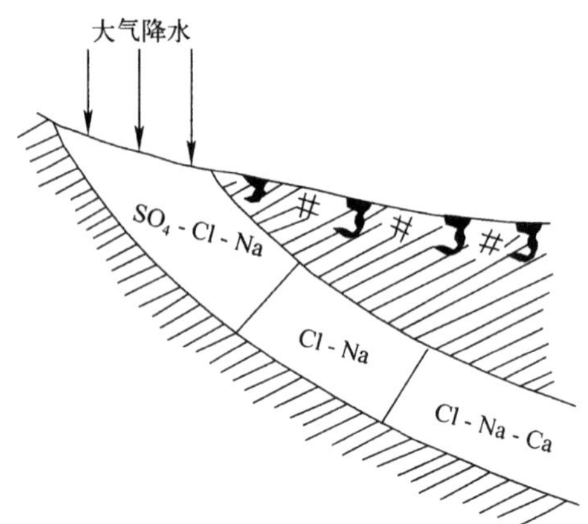

图 6-3　承压水盆地地下水化学成分形成过程演示图(第二阶段)

在最后一个阶段,当含水层的补给区经过大气降水的长期作用,所含的硫酸盐大量减少时,形成矿化度很低的重碳酸—钙和重碳酸—镁型水。硫酸盐型水、Cl-Na 型水及 Cl-Na-Ca 型封存水都沿含水层依次向下移动,示于图 6-4,并按这一个方向形成重碳酸盐、硫酸盐及氯化物型渗入水的化学类型。在这些水以下,在水文地质封闭的含水层中,将是 Cl-Na-Ca 型的封存水。

由一个基本水化学类型变为另一个基本水化学类型是一个逐渐变化的过程,在基本水化学类型之间有很多过渡型的水化学类型,由此而组成一系列沿地下水运动方向变化的水化学类型分带。这些各种水化学类型的水,在封闭型承压水盆地中是按以下方式形成的:

1. 在正常海相沉积岩的、有还原硫酸盐能力的有机质的含水层中,水化学类型的形成方式如图 6-5 所示。当在补给区形成的低矿化度 HCO_3-Ca 型水(矿化度为 0.5～0.7 g/L)

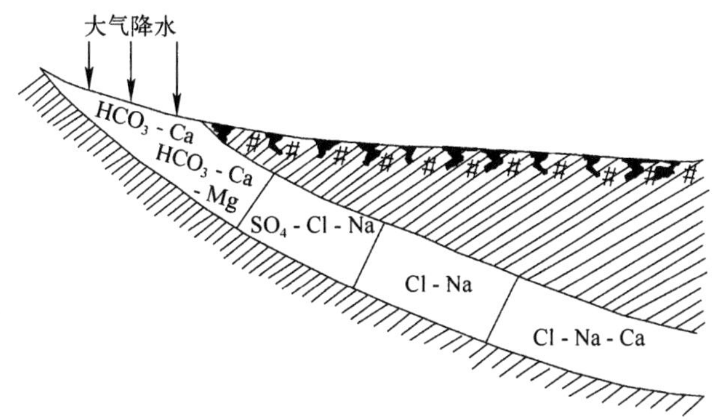

图 6-4　承压水盆地地下水化学成分形成过程演示图(第三阶段)

沿含水层向下运动时,在离子交替作用的影响下变为碱性水。

$$Ca(HCO_3)_2 + 2Na^+(吸附) \rightarrow 2NaHCO_3 + Ca^{2+}(吸附)$$

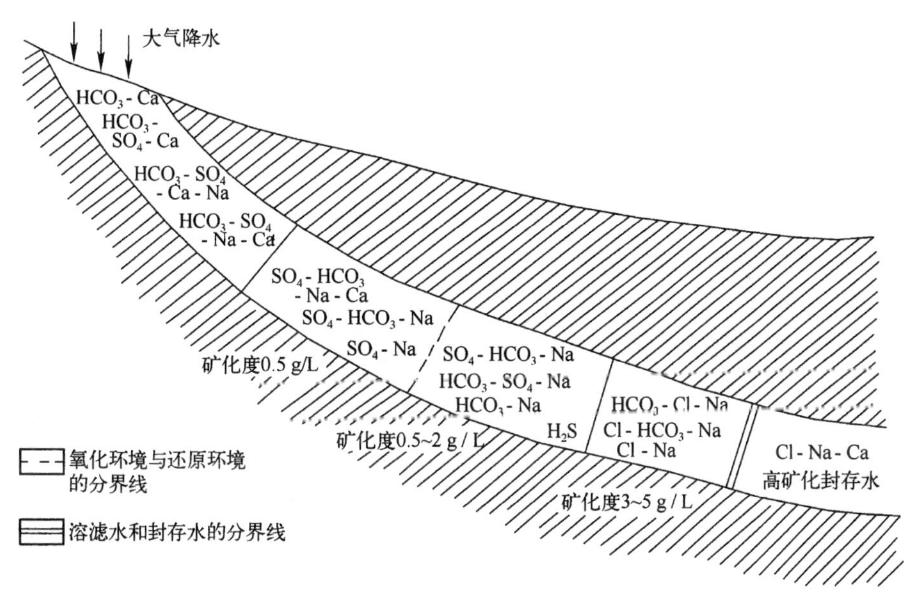

图 6-5　封闭型承压水盆地地下水化学成分形成过程演示图

(正常海相沉积岩中有能还原硫酸盐的有机质存在的含水层)

在多数情况下,HCO_3-Ca 型水在运动过程中富集硫酸盐而变为 HCO_3-SO_4-Ca 型水。与此同时,由于钙离子被交替,水中将富集 Na^+,变为 HCO_3-SO_4-Na-Ca 型水,更进一步,则为 HCO_3-SO_4-Na 型水。继续富集硫酸盐,将形成 SO_4-HCO_3-Na 型水。此水继续沿地下水流向运动,形成 SO_4-Na 型水,这是硫酸盐型水的最后一种类型,矿化度一般不高于 1 g/L (0.5～1 g/L)。SO_4-Na 型水在还原带运动,在缺氧或含有机物质的条件下,硫酸盐开始还原,这一反应使水变为 SO_4-HCO_3-Na 型、HCO_3-SO_4-Na 型,最后变为不含硫酸盐的重碳酸一钠型的碱性水。在这一反应过程中,水中出现一些 H_2S 气体($1 \sim n \times 10$ mg/L)。这种碱性水的矿化度为 1～2 g/L，一般为 1 g/L。碱性水继续沿含水层运动，进入因被冲刷弱而含有氯化钠的岩层，水变为 HCO_3-Cl-Na 型，矿化度 3～5 g/L，最后变为 Cl-Na 型水，矿化度是 5～10 g/L，这是氯化物型水的最后一个类型。在氯化物型水之后，是高矿化度的封存水。

2. 在岩层中含有石膏，或缺少具有还原硫酸盐能力的有机物质的含水层中，水化学类型的形成方式

在这种情况下，地下水化学成分的形成与上述过程不同，此时硫酸盐从水中全部消失是不可能的（在含石膏的岩层中，即使有还原硫酸盐的条件，硫酸盐也不可能全部消失）。因此，不能形成不含硫酸盐的 HCO_3-Na 型碱性水，而形成 SO_4-Ca 型、SO_4-Ca-Mg 型、SO_4-Ca-Na 型、SO_4-Na-Ca-Mg 型和 SO_4-Na 型水，矿化度 1.5～2.5 g/L。在没有含水层运动的过程中，这些水将变为矿化度 5～20 g/L 的 Cl-SO_4-Na 型水，而后是高矿化度的 Cl-Na 型水（含少量硫酸盐），最后是高矿化度的 Cl-Na-Ca 型封存水。

因此，在封闭型承压水盆地的含水层中，地下水沿着含水层运动时，就形成各种化学类型的水（由低矿化度的 HCO_3-Ca 型到高矿化度的 Cl-Na 型），而且各种水的分布有一定的顺序，形成有规律的分带，示于图 6-6。这就是封闭型地质构造中承压含水层由 HCO_3-Ca 型到 Cl-Na 型和 Cl-Na-Ca 型的水化学全水平分带。

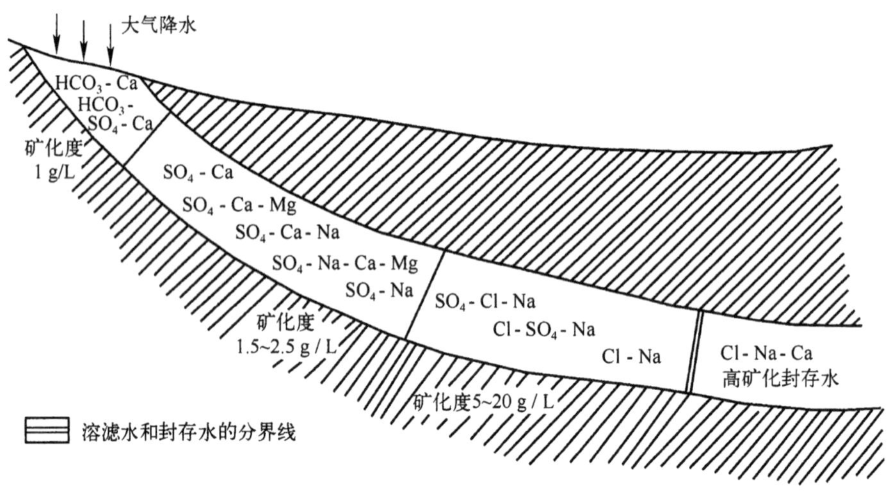

图 6-6 封闭型承压水盆地地下水化学成分形成过程演示图

（含石膏或缺少还原硫酸盐能力的有机物质的含水层）

在冲刷较弱的半封闭型地质构造中和在冲刷强而水交替积极的开启构造中，水的化学分带是不完全的。在这种情况下，前者分带较发育，即有较多的水化学类型分带；而后者则不发育，即只有一个、两个或三个分带。

思考题

1. 什么叫溶滤作用？略述大气降水溶滤岩石形成溶滤水的过程。

2. 什么是阳离子吸附交替作用？影响阳离子交替强度的因素是什么？

3. 什么是水的混合作用？写出混合作用的数学公式（求矿化度公式及水的混合直线方程）。

4.略述气候因素对形成地下水化学成分的影响。

5.构造运动对形成地下水化学成分有何影响?

6.什么叫岩石的离子一盐类综合体?它包括哪些组分?

7.什么是地下水的扩散作用和渗透作用?它们之间有何不同?

8.略述温度和压力对地下水化学成分形成的影响作用。

9.生物因素怎样影响地下水化学成分的形成?

10.略述开采地下水对地下水化学成分的影响。

11.简述海成封存水化学成分的形成过程。

12.略述承压水盆地地下水化学成分的形成过程。

13.封闭地质构造中含石膏岩层或缺少有机质沉积岩层与正常海相沉积(含有机物质)含水层化学成分的形成有何区别?

第三篇　地下水化学成分分布的区域性规律

本篇包括地下水的水文地球化学分带、地下热水的水化学特征和地下水水文地球化学分类三章，主要从宏观上，从“历史水文地球化学”和水文地质动力学的观点，研究地下水化学成分在水平和垂直两个方向分布的区域性规律，并在此基础上，根据水化学成分与其形成环境的内在联系，提出了不同于一般地下水化学成分分类的地下水水文地球化学分类。

第七章　地下水的水文地球化学分带

地下水分布的主要规律之一是它的分带性。地下水的分带性主要表现为水文地质动力分带和水文地球化学分带，它们表现了自然一历史带的独特性，并受地区纬度和盆地垂直剖面的状况控制。据此可以分为：潜水的纬度分带（主要受气候、地形因素控制）；承压水盆地的水文地质动力分带和水文地球化学分带（单个含水层的水平分带和几个含水层之间的垂直分带，这些分带规律受盆地的沉积特征、岩性、构造和水动力条件等因素控制）；在结晶岩山区的基岩裂隙水中的高程分带。

在自然界，上述分带规律有时被破坏，并形成地下水分带中的异常。认识这些异常现象与认识地下水分带的规律性有着同样重要的意义。

第一节　潜水的纬度分带

潜水主要受气候、地形等因素的控制，在我国表现为自东南向西北地下水的矿化度逐渐增高的区域性变化，即由以溶滤成因为主的、低矿化的重碳酸盐型淡水，逐渐向成分复杂的硫酸盐或氯化物型咸水变化，直至最后过渡为因浓缩作用形成的氯化物盐、卤水带；此外，每个盆地又呈现了由山前到盆地中心或至滨海的水化学局部水平分带规律。

我国潜水的化学成分，表现了从南及东南向西及西北逐渐变化的分布特征。在秦岭、淮河一线以南及东南广大地区分布着丘陵，气候湿润，年降水量在1 500 mm以上，水文网切割强烈，土体及风化壳被强烈冲刷和淋滤，致使可溶盐分减少。因此，在该区广泛地分布着溶滤作用形成的矿化度小于0.5 g/L的重碳酸盐型淡水。阳离子成分则受含水围岩成分的影响，在石灰岩、白云岩分布区，主要为重碳酸一钙或重碳酸一钙一镁型水；花岗岩分布地区则以重碳酸一钠水为主要类型，硫酸盐类型水少见；而在变质岩及火山岩地区，则常分布着重碳酸一钙一钠及重碳酸一钠一钙型水。向西至广西、云贵高原等主要为碳酸盐岩石分布的地区，潜水矿化度则增至0.5 g/L，水化学类型以重碳酸一钙、重碳酸一钙一镁型为主。再向西至横断山脉北段和青藏高原东部边缘地带，水的矿化度增至0.5～1.0 g/L，水化学类型以重碳酸一钙一镁型为主。

秦岭、淮河以北地区，年蒸发量超过年降水量（年降水量为400～700 mm）。除在华北平原的四周山地（如燕山、太行山北段、秦岭和山东半岛及豫西山地）年降水量较大，古老变质岩和火成岩分布广，浅层水皆为矿化度小于0.5 g/L的重碳酸一钙、重碳酸一钙一钠型溶滤淡水外，在太行山中南段，气候干暖，基岩为碳酸盐类岩石及煤系地层，还有黄土广泛分布，浅层水矿化度逐渐增高，一般小于1 g/L。水化学类型及矿化度的变化较为复杂，它受地貌及第四纪沉积条件和地下水交替条件的影响，表现为自补给区到排泄区的水化学水平分带。一般由山前到盆地中心，而黄淮平原，则由山前至滨海，都是由低矿化（矿化度小于1 g/L）

的重碳酸盐型水，逐渐过渡到矿化度 1～3 g/L（个别为 1～5 g/L）的重碳酸－氯化物、硫酸－氯化物或氯化物－硫酸盐型微咸水，最后发展为矿化度 5～10 g/L 或大于 10 g/L 的氯化物型盐水。

我国东北北部，大兴安岭山地有岛状及多年冻土分布，年平均气温在 0 ℃以下，不利于盐分的积累，因此分布着矿化度小于 0.2 g/L 的重碳酸－钙型溶滤淡水。而在松辽平原的潜水，则为矿化度 0.5～1 g/L 的重碳酸－钠－钙型溶滤淡水。在盆地低洼地带，由于潜水水位较高，排泄不畅，往往形成矿化度 1～3 g/L 的重碳酸－氯化物－钠－钙型的溶滤－盐化作用形成的咸水。

华北平原以西的黄土高原，地下水化学成分自东南向西北逐渐变化。黄土高原地区，冲沟切割较深，常达 100 余米，潜水埋藏在 80 m 以下，一般矿化度小于 1 g/L，水化学类型为重碳酸－钙－钠型。但向北至长城以北地区，由于气候干旱，蒸发强烈，矿化度增至1～5 g/L，水化学类型以硫酸－氯化物－钠及氯化物－硫酸－钠型为主。

我国西北干旱区，深居大陆腹地，以荒漠景观为特征，它集中表现在山麓边缘和山间低地，那里受强烈的风沙吹扬，降雨稀少，蒸发强烈，多数河流依赖冰雪融水补给。在内蒙高原西北部、新疆塔里木、准噶尔等广大沙漠地区则无河流。在这里，干旱带的潜水和埋藏不深的承压水，直接受现代气候因素的影响，仅在高山冰雪融化地区有溶滤水分布。此外，在山前洪积及过境河流的冲积沙丘中，有少量矿化度小于 1 g/L 的重碳酸－氯化物型水分布。而在盆地中，逐步由重碳酸盐型向硫酸→硫酸－氯化物→氯化物－硫酸→氯化物型过渡。例如，内蒙古高原东部和东南部的地下水是以重碳酸－钙或重碳酸－钠型为主（矿化度小于 1 g/L），向西则变为重碳酸－钙或重碳酸－氯化物－钠型。而在西北干旱区则出现氯化物－硫酸－钠型水，其矿化度大于 1 g/L。

在河西走廊、准噶尔、塔里木、吐鲁番以及柴达木等盆地，均分布有盐化和浓缩作用形成的盐卤水。其中矿化度一般为 3～10 g/L，有时大于 50 g/L（水化学类型以氯化物－钠型为主），河西走廊为 100 g/L，新疆觉罗塔格处达 70 g/L，特别是柴达木盆地，蒸发浓缩作用强烈，潜水矿化度高达 300 g/L 以上，除氯化物－钠型外，还出现了氯化物－镁型卤水。

在滨海地区的狭长地带，地下水受海水成分的混合作用，分布有不同矿化度的氯化物－钠型及重碳酸－氯化物－钠型水，在长江以北、渤海湾区滨海地带，地下水中矿化度多大于 10 g/L，有时高达 50 g/L，水型为氯化物－硫酸盐或氯化物－钠型。而在东南沿海地带，由于地处潮湿气候带，年降水量大于 2 000 mm，因而地下水受到冲淡作用，矿化度一般在 1～5 g/L 之间，很少超过 10 g/L，水化学类型以氯化钠或重碳酸－氯化钠的混合型为主要类型。

第二节　承压水盆地的水文地质动力分带和深层地下水的地质动力学

在承压水盆地的剖面上，易于研究地下水由上到下的运动速度、矿化度、离子－盐类成分、气体成分以及温度的变化。系统地总结上面提出的那些变化，产生了关于地下水分带的学说：水文地质动力分带、水文地球化学分带、气体分带和地下热水的分带。

一、水文地质动力分带

水文地质动力分带，是水交替速度不同的若干带沿深度的更替。地下径流强度的变化有规律性，并可在承压水盆地中大致分出三个水文地质动力带：水强烈交替带（上部带）、水缓慢交替带（中部带）、水消极交替带（下部带）。

（一）水强烈交替带（上部带）

水强烈交替带位于地方水系的排泄范围内，岩层裂隙发育，受现代气候因素和河流排泄的积极影响。地下水以很大的速度流动，资源更新的周期估计平均为几十或几百年，而在带的下部界限附近为一千年左右，岩石的导水系数一般大于 $0.116\times10^{-4}\ m^2/s$。这里积极地进行着从岩石中冲刷盐的氧化风化过程。

（二）水缓慢交替带（中部带）

水缓慢交替带是过渡带，分布在地方侵蚀基准面和海平面之间，它的排水量减小，而且只体现出长的气候周期的影响。由于岩石中的裂隙减少，地下水的运动速度受到抑制，根据运动速度计算的水交替周期和地下水的年龄是几万年，更多的是几十万年，而有时达 5～10 Ma。

（三）水消极交替带（下部带）

水消极交替带包括承压水盆地剖面的最深部分，分布在海平面以下，在它的范围内水的排泄表现得特别弱，气候因素的影响几乎不能反映出来。地下水储量的更新以地质时代计（上千万年）。这一带还出现有利于岩石胶结的还原过程。

二、深层地下水的地质动力学

在承压水盆地地下水的补给、径流和排泄区之间形成了相当复杂的相互关系，这些区按顺序分布的传统观点，在相对不深的承压水盆地得到了较好的证实。在这里，地下水在理想的静水压力动态作用下，由地表补给区向泄水区运动。对深部层位完全搬用这个地下水动力模式是不行的。问题在于，从 1～2 km 深度（水消极交替带）起，对于地下水的地质动力，除了静水压力外，还有地静压力（岩石静压力），并出现内力，即构造应力（地质动力）和气一液溶液由基底上升的迁移力。

关于承压水盆地深层地下水的地质动力，现有两种互相矛盾的概念。目前还没有可能详细地讲这个有趣、但研究尚不够的问题，这里只研究两个主要观点：第一种观点提出，静水压力是主导的，虽然不是唯一的作用（M. E. 阿里托夫斯基，A. И. 西林－别克丘林，B. H. 柯尔琴斯坦等人）；第二种观点则完全否认静水压力的影响（И. K. 扎依采夫，Ю. B. 穆欣，A. E. 哈金柯夫等人）。

第一种观点认为，静水压力引起的地下水运动，在历史发展过程中逐渐地分布到全自流水盆地，并形成统一的水压系统。虽然运动速度随着深度减小，地下水仍能由压力形成区（地形的和构造的分水岭）逐渐地向深部渗透几公里，并同时挤出埋藏水。地静压力和构造应力对地下水的作用，随着时间进程而消耗殆尽，并被静水压力所取代。排泄是沿各种“水文地质窗”(开放断层、构造破碎带等)和穿过粘土岩(粘土岩在高温下是透水的)的分散迁移实现的,构造再建和地壳的升降运动促进了现代和古老的渗透水渗入地球深部。

据B. H. 柯尔岑斯坦的解释,承压水系统的动力实质上是所谓的超压力,即几乎经常是正常静水压力两倍的异常高的层间压力。年青的承压水盆地常有超压力,这里除静水压力外,还有地静压力、构造应力和由基底上来的迁移流体。拥护水消极交替带分布着静水压力观点的人认为,超压力最多只不过反映承压水系统不久以前的历史发展阶段,并将随着时间而消失,因为静水压力是长期起作用的并最终将与地静压力平衡。从异常高压到正常静水压力的平衡周期,其延续时间由几十万年到几千万年。

深层地下水在不同的程度上是可以更新的,但更新要经过漫长的地质时代,持上述观点的水文地质工作者的基本论点就是这样。

按第二种观点,在承压水盆地的垂直剖面上,在一般情况下,可分为两层,它们在水文地质动力方面原则上是不同的:

上层,包括水强烈交替带和缓慢交替带,其特点是,在静水压力的作用下,地下水由上向下运动,由位于高处的补给区流向深部排泄通道(河谷、湖、海)。

下层,即水消极交替带,这里的静水压力或者小于地静压力,或者不足以挤出深层的高矿化的水。因此,地下水由地表补给带的渗透完全被排除。下层地下水如果运动,一般是在压实或减少岩石孔隙度的影响下,由承压水盆地最深的部分向隆起部分或沿垂直方向(沿构造断裂)运动。这样,盆地的深部就成为补给区。

把下层视为独立的、与上层运动方向不同的承压水系统,是以完全忽略静水压力对深层地下水地质动力的影响为前提的。这不仅对可以在地静压力的作用下,由尚未压实的粘土中压榨出水的年青盆地是如此,而且对所有粘土都已被压实,并实际已失去水的,即不能给水的,因而不能影响地下水运动的古老盆地也是如此。在后一种情况下,按个别研究者的意见,静水压力的落差也不能由深层压出埋藏水,因为深层在水文地质动力方面是消极的。他们认为在这种条件下,排泄量是微不足道的,以此完全否定了地下水储量更新的可能性。换句话说,相对静止的状态和“微小的”排泄,使古老盆地深层中与含水层同龄的埋藏水得到保存。

为了阐明在这些观点中应以何者为主,深层地下水是向何处运动和如何运动的,我们来研究层间压力的性质和在承压水盆地中地下水动力动态的主导类型。

层间压力——在含水层,层间的压力(水头),决定于水柱、上覆岩层的重量和内力表现(内动力)的综合作用。正如研究实际资料所表明的那样(图7-1),层间压力在深部的分布特征,取决于形成层间水盆地褶皱的年龄。应当认为层间压力增加的基本原因是由于初生流体的上升运动,这种初生流体是由于地幔物质脱气和分异,而由地球内部进入沉积盖层的气一液溶液。

在阿尔卑斯褶皱运动涉及的年青的盆地或年青的地台活化带,可见到增高的流体上升迁移强度。在那里,层间压力值从2～3 km深度(而在现代火山区和地震活动增高地区少于1 km)起,就与静水压力有实质性的区别,并迅速增长到接近于地静压力。在古老的盆地(贝加尔和前里芬褶皱区),层间压力在5～7 km的深度由静水压力过渡到地静压力(图7-1)。再向下的沉积岩,几乎丢失了所有的孔隙水和大部分结合水。在这样的深度,地下水的运动主要是由于构造应力、热力变质和岩浆作用引起的上升运动,即内力动态或深部类型动

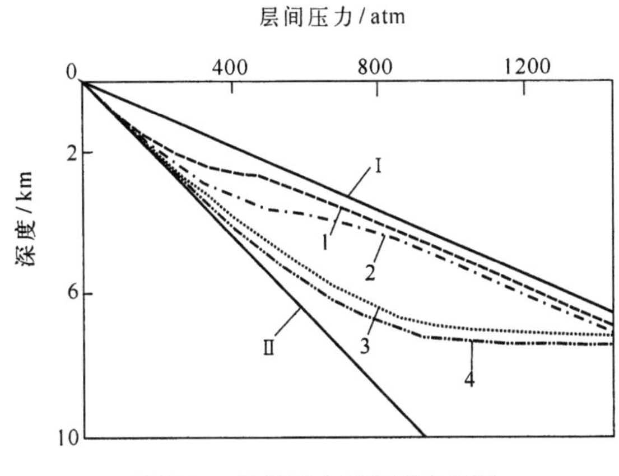

图 7-1　层间压力随深度变化图

（据 E. B. 宾涅克尔，1977）

Ⅰ—地静压力梯度为 0.23；Ⅱ—静水压力梯度为 0.10。

1—阿尔卑斯褶皱区；2—盖尔芩褶皱区；3—贝加尔褶皱区；4—前里芬褶皱区

态占主导地位。

如果取沉积盖层的平均厚度等于 5 km，很明显，静水压力在地壳地质的发展过程中，实际上分布在古老自流盆地的所有地层，它正好达到或稍大于地质学家和水文地质学家所设想的渗透水的渗透深度。

因为在承压水盆地的地质历史中，在静水压力作用下的渗透是经常起作用的因素，地静压力对于深层地下水的影响随着时间逐渐减少。在古老的盆地中构造应力消失，并且几乎停止了流体由基底的上升迁移。

静水压力分布到 5～7 km 的深度，是地下水由地表补给区做定向运移的证明。当然在水消极交替带，静水压力的降低只证明了地下水运动潜在的可能性。要实现这一可能性，必须有构造作用（正向升降运动、断裂位移等）的促进，并保证水的排泄才行，那时在地质历史过程中，静水压力迟早将会使水渗入承压水盆地深部层位。

因此，在深层有三种水文地质动力动态：静水压力的、地静压力的和内力的动力动态（深部类型动态）。现代地下水的水文地质动力动态，反映了承压水盆地地质历史的一定阶段。这些类型的动态，不是永远都独立地出现。在承压水盆地的历史发展过程中，能指出水文地质动力动态顺序更替的三个主要阶段（示于图 7-2）。

A——配合内力，即流体由基底的上升迁移力和构造应力表现的地静压力动态；

B——过渡动态，在地静压力动态之上，叠加了静水压力动态的作用；

C——静水压力动态。

这个模式揭示了承压水盆地的发展历史。

在经受了长时期的沉降，并在不久前由海底露出的年青层间水盆地中，具有结合内动力表现的地静力动态（图 7-2A），这一般是在阿尔卑斯褶皱区。在这里无论是上层，还是深层地下水的运动，都是在地静压力或深部类型动态表现的作用下，由粘土中压榨出水的结果。运动的方向是由沉降部分向盆地的边缘。渗透水还没有来得及由地表渗透到这种储水构造

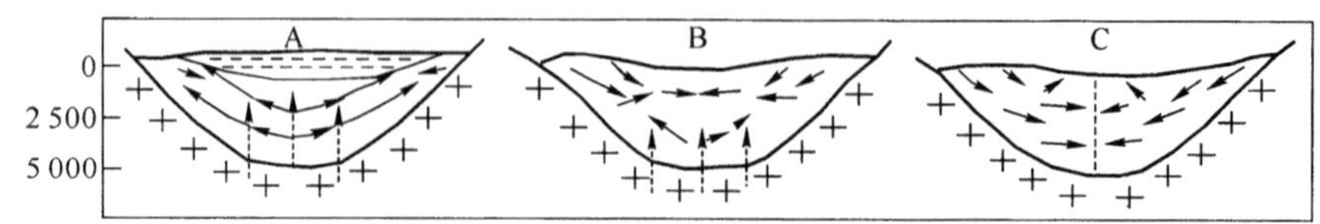

图 7-2 承压水盆地地下水动力动态主要阶段图

(据 E. B. 宾涅克尔，1977)

A—在活化带的盆地(阿尔卑斯褶皱带)；B—年青的地台；C—古地台

的深部。

过渡动态(图 7-2B)：出现在年青的承压水盆地。在盆地上层静水压力占主导地位，并有渗透水渗入；而在盆地下层保存了主要是地静压力、部分是构造应力或由基底流体迁移所引起的地下水运动。上层和下层之间地下水动力是互相隔离的。这样的承压水盆地，由未被压实的新生代和中生代岩石组成，这里渗透水尚未渗入到深部地层。

古老地台(俄国地台、西伯利亚地台和北美地台)的承压水盆地的上层和下层，都具有静水压力动态(图 7-2C)。它们的特点是沉积盖层不厚(很少大于 4～5 km)、并主要为正向构造运动。在美国得克萨斯州，5～5.6 km 深处的静水压力还是正常的。某些地方(土库曼承压水盆地的中心部位)深层的排泄量是如此之大，以致可以和上层的排泄量相比。

渗透水的深入，是承压水盆地历史的发展趋势。И. К. 扎伊采夫和 А. Г. 霍基柯夫等人提出的下层水文地质动力的特殊模式，仅仅是承压水盆地发展历史中的一定阶段，并不能强调它的普遍性。经常有更复杂的情况，即先是承压水盆地沿垂直方向静水压力动态被地静压力动态所代替，而后来又重新变为静水压力动态。类似的水文地质动力动态的分带性，局部发生在前高加索的东部。构造应力和流体由基底的上升迁移力，一般不是分布在层间水盆地的所有部分，因而深部类型的动态也经常只是产生在构造活动的局部地段。

第三节 承压水盆地的水文地球化学分带

在层间水盆地由上到下随着水交替强度的变化，同时发生地下水的矿化度和离子一盐类成分的变化。深部的水文地球化学分带性，比水交替强度的变化表现得更加明显。在这里我们介绍两种分带学说：

一、按矿化度分带

Б. В. 毕涅克尔将地下水的矿化度作为划分水文地球化学分带的指标。在苏联的水化学图上(1958 年)，按矿化度分了四个带，并认为合理的只有三个基本带：

(1) A 带——淡水，矿化度到 1 g/kg(1 g/L)，包括极淡水——小于 0.1 g/kg——$A_{0.1}$，正常淡水——小于 0.5 g/kg——$A_{0.5}$和硬淡水——由 0.5 到 1 g/kg——$A_{1.0}$。

(2) Б 带——盐水，矿化度由 1 g/kg(1 g/L)到 35 g/kg(36 g/L)，它分为三个亚带：微盐水——由 1 到 3 g/kg——$Б_{3}$，弱盐水——由 3～10 g/kg——$Б_{10}$和强盐水——由 10～35 g/kg——$Б_{35}$。

(3) В带——卤水,矿化大于 35 g/kg(36 g/L),分几个亚带:特别弱的卤水由 35～70 g/kg(75 g/L)——$В_{70}$,弱卤水——由 70～140 g/kg(150 g/L)——$В_{140}$,浓卤水——由 140～270 g/kg(320 g/L)——$В_{270}$,特浓卤水——由 270～420 g/kg(500 g/L)——$В_{420}$和极限过饱和卤水——大于 420 g/kg(500 g/L)——$В_{>420}$。

在层间水盆地的垂直剖面上,水文地球化学带和亚带的分布顺序是各种各样的。它们的组合反映了盆地沉积盖层所有岩层的水文地球化学剖面,叫做水文地球化学带。有单带的(A 带),双带的(A,Б 带)或者三个带的(A,Б,В 带)。带和亚带经常复杂地互相更替。单带剖面(A 带)一般围绕着承压水盆地的边缘部分;双带剖面(A,Б)分布在盆地内部;盆地中心部分是三个带的剖面(A,Б,В)。

淡水带的厚度由 0～10 m 到 300～600 m,而在某些山间盆地,可达 1 000～2 000 m 或更多。由淡水相沉积的承压水盆地,发现有厚度很大的淡水带。丰富的大气降水和岩石的强透水性具有重大的意义。在与山连接的地方,由于水很易从邻近的山区渗入承压水盆地的边缘,所以经常在这里遇到大厚度的淡水带。

盐水带的厚度由几十米到 1 000～2 000 m。在充满很厚的正常盐分沉积的前高加索盆地和西一西伯利亚地台盆地,它特别厚。

卤水带的厚度同样变化很大。在淡水相沉积的层间水盆地,它完全不存在,如在近贝加尔、远东和我国的松辽、下辽河、华北、苏北等盆地。在西伯利亚和俄国地台承压水盆地,发现卤水带厚度的最大值(到 1 500～2 000 m 或更多),在这些盆地的地质剖面上,卤素建造起了重大的作用。

地下水的矿化度在很大程度上反映了地下水的离子一盐类成分。淡水的阴离子成分经常是重碳酸根;盐水一般含有增高含量的硫酸根;卤水一般是氯化物型的。因此,某些研究者(M. E. 阿里托夫斯基,C. A. 沙哥扬茨等人)认为,在正常的水文地球化学剖面中,矿化度由上到下增加;而离子一盐类成分按图 7-3 所表明的那样随深度变化,即:

$HCO_3^-(Ca^{2+},Na^+) \longrightarrow SO_4^{2-}(Ca^{2+},Na^+) \longrightarrow Cl^-(Na^+,Ca^{2+})$ 或 A 带⟶Б 带⟶В 带。

但是,远不是所有的承压水盆地都保持了这种顺序,正如不是所有的水文地球化学剖面是由淡水带开始一样。

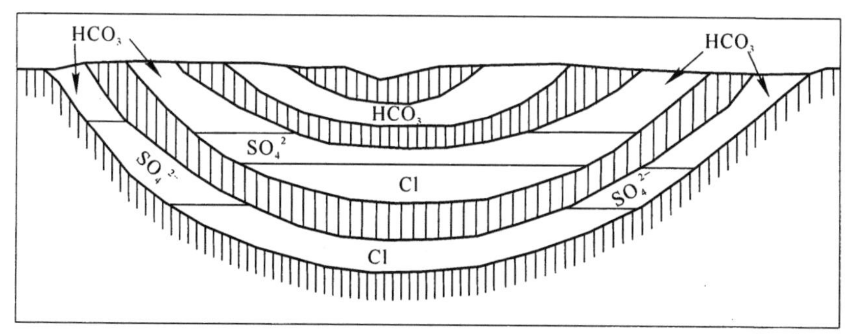

图 7-3 层间水水文地球化学分带示意图

(据 E. B. 宾涅克尔,1977)

HCO_3^-—重碳酸盐型水带;SO_4^{2-}—硫酸盐型水带;Cl^-—氯化物型水带

水文地球化学垂直分带顺序的破坏，是一种水文地球化学倒转现象。以淡水带开始的正常水文地球化学剖面，主要是在温和潮湿气候区见到。在冰冻和干旱的气候条件下，在上部带由于冻结（在岩石多年冻结区的冻结带）或者大陆蒸发（沙漠和草原的蒸发带）过程，通常遇到各种矿化程度的水的特殊类型分带，按地下水的矿化程度和离子一盐类成分，冻结带和蒸发带的地下水是非常复杂的，由淡水到卤水，而且所指的这些带的厚度，有的地方可达几百米，流向深层的强烈的地下淡水流（形成 AБA 和 AБBБ 型分带），或者在沉积盖层剖面的中部有岩盐层，都可以引起对正常水文地球化学剖面的偏离。由于种种原因 Б 带是最不稳定的带，有的地方它在剖面中缺失。

在后高加索、前高加索和中亚的不久前由海底隆起的年青的承压水盆地，观察到特殊的倒转现象，即随着深度的增加水的矿化度减低，在这方面，阿普史隆半岛新生代沉积的水文地球化学剖面是很好的例证（见表 7-1）。在大澳大利亚盆地，矿化度和离子一盐类成分有更明显的降低和改变，这里上部是矿化度为 32 g/L 的 Cl-Na 型水，在它的下面埋藏着硫酸一氯化物和氯化物一重碳酸盐型水，而在最下层是只含 0.7 g/L 的重碳酸一钠型水。

表 7-1　阿普史隆半岛比比一埃巴特地区新第三纪沉积的水文地球化学剖面

（据 E. B. 宾涅克尔《区域水文地质问题》）

取样深度/m	矿化度/(g/L)	离子一盐类成分	Br 含量/(mg/kg)
100～500	87～121	Cl_{98-100}	200～230
	92～133	$Na_{78-92}Ca_{6-15}Mg_{2-15}$	
600～700	50～106	Cl_{98-100}	90～230
	49～114	$Na_{89-95}Ca_{2-5}Mg_{2-5}$	
700～1200	25～70	$Cl_{70-100}HCO_{3\,1-30}$	50～130
	25～74	$Na_{89-100}Ca_{1-5}Mg_{1-5}$	
1 200～1 800	29～70	$Cl_{65-92}HCO_{3\,2-35}SO_{4\,10}$	20～30
	29～73	$Na_{90-100}Mg_{0-6}Ca_{0-5}$	
1 800～2 200	13-25	$Cl_{60-90}HCO_{3\,10-40}$	到 50
	13～25	Na_{98-100}	
2 200～2 500	13～17	$Cl_{60-70}HCO_{3\,28-40}$	到 40
	13～17	Na_{98-100}	

随着深度和矿化度的增加，深层卤水中的氯化钙含量增加，同时浓集的还有溴盐、钾盐、锶盐和其他在淡水和盐水中几乎遇不到的其他化合物。特别引人注意的“深度”的判据是溴的百分含量 $Br\times10^2/\sum_{盐}$，这个指标使我们有可能对比处于各种水文地质和岩相条件下的卤水。例如，在南西伯利亚地台，溴在卤水中的含量由 1 100～2 000 m 深地段（岩盐一碳酸盐地层）的 0.6%～1%，增加到在 2 500～3 200 m 深地段（砂一粘土地层）的 1.2%～2%。

有根据推测，在 5～7 km 深处的卤水中，除了氯化钙外，有利于大量地积累溴化钾和溴化锶。可能在这里存在着特殊的地球化学亚带——溴化物－氯化物亚带。

二、各种承压水盆地中，地下水化学成分的水平和垂直分带类型及其决定因素

研究现有资料表明，在同一含水层中埋藏着不同化学类型和不同矿化度的水，这与认为一定的含水层有一定的水化学类型的旧概念不同。分析不同化学类型地下水在平面和沿深度的分布资料，认识了不同化学类型潜水和承压水的埋藏规律。例如查明了形成这种或那种地下水化学类型的过程和地质构造、气候和地形条件在形成地下水分带中的作用，以及含水层补给和排泄条件的意义。

在详细地研究了水文地质封闭的承压水盆地的地下水资料后，能够发现承压水形成的一般规律：

第一，在水文地质封闭构造中，地下水的形成和在开启的构造中一样，是水在含水层中运动条件下形成的；

第二，在封闭构造含水层中，水的运动是承压水通过含水层的隔水顶板，作垂直排泄的结果；

第三，由于地下水在水文地质封闭的、半封闭的、开启的和复杂的(有构造破坏的)构造中运动，在每一个含水层中形成了水化学成分的水平分带。分带的性质，决定于含水层的流通性(水交替的强度)。

在承压水盆地含水层中，不同的水平分带，取决于含水层不同的流通程度(水交替程度)。含水层的流通程度又取决于盆地的构造、含水岩石的成分、补给区的高程和补给条件。渗透水进入含水层后，沿着含水层运动，部分或全部地排挤出原始的高矿化的封存海水，并由于原始高矿化水与渗透水的混合和渗透水与含水层孔隙水之间的物理－化学作用，形成一系列的水化学类型分带。在地下水运动的方向上，一个带替换另一个带，而矿化度也逐渐增加。

在这种情况下，不仅在不同的盆地，就是在同一盆地的不同含水层，由于上述因素不同(构造、岩石成分、补给条件等)，承压水的形成过程也各不相同。

C. A. 沙哥扬茨和 H. И. 托尔斯奇欣研究了由几个含水层组成的盆地地下水分带规律，并将它与前苏联各种承压水盆地的资料进行对比，从而发展了由 H. K. 依格纳托维奇首先提出的承压水垂直分带的概念，提出了地下水的正垂直分带(上部含水层是重碳酸盐型淡水，中层——弱矿化或增高矿化的硫酸盐型水，深层——高矿化的氯化物型水)和反垂直分带(上部含水层是矿化水，而下部是弱矿化的水)。

有时会遇到复杂的垂直分带，随着深度的变化，矿化水和弱矿化水不只一次地互相交替。

由于承压水形成的条件不同，可以形成不同类型的水平和垂直分带。

(一) 水平分带类型(是指一个含水层中水化学成分的分带规律)

H. K. 依格纳托维奇指出，形成自流水成分的主要因素之一，是盆地的构造性质，它决定着水文地质开启程度和含水层的冲刷程度。

现有的各种盆地资料表明，承压水盆地的构造，首先决定了各种水平分带性。在这个因

素的影响下，也决定了水平分带的主要类型，在水平分带的内部，因受其他因素的影响，而有某些差别，这些因素是：

岩石成分　在水和岩石互相之间进行的各种作用（溶解、溶滤、氧化还原、阳离子交换等）的影响下，岩石成分、水的循环速度（与水力坡度有关）和含水层中的水交替程度等，对于决定水的化学成分是很重要的。

盆地的大小　它决定含水层中的水交替速度。

补给区的高程　补给区与承压区和排泄区之间的高差，决定水循环的速度（与盆地大小和岩石成分相配合）和含水层中的水交替强度。

含水层的补给条件　由大气降水、弱矿化的河水、冲积层潜水或矿化潜水补给。

在以上所提因素的基础上，水平分带有以下几种类型：

1. 水文地质封闭构造的全水平分带类型

这个水平分带类型具有所有的基本的和过渡的水化学类型，由弱矿化的 HCO_3-Ca 型到高矿化度的 Cl-Na-Ca 型。

在所指出的分带中，由于岩石成分不同，可分为两个亚类：

（1）在具有还原硫酸盐条件的正常海相沉积岩中的分带

在水文地质封闭构造的含水层中，在具有引起还原过程的条件下（有机介质），沿着承压水运动的方向，按一定严格的顺序形成各种水化学成分分带：

① HCO_3-Ca 型水带（弱矿化度重碳酸盐水的主要类型）；

② SO_4-Na 型水带（硫酸盐型的基本和最终类型）；

③ HCO_3-Na 型水带（碱性水）；

④ HCO_3-Cl-Na 型水带；

⑤ Cl-HCO_3-Na 型水带；

⑥ Cl-Na 型水带（溶滤成因盐水的基本类型）；

⑦ Cl-Na-Ca（Cl-Ca）型水带（原生封存海水类型）。

在上述的基本类型之间，有中间过渡类型（见图 6-5）。前两个基本类型水，一般是弱矿化度的，其干涸残渣 0.5～0.7 g/L；第三种类型（碱性水）矿化度由弱（在带的开始）到增高（在带的结尾），干涸残渣由 0.5 g/L 到 2 g/L；其他类型水的矿化度迅速增长（由于围岩的海盐综合体冲刷程度差），而且在过渡到 Cl-Na 型水时，矿化度剧烈增加，干涸残渣 5～15 g/L，特别是 Cl-Ca 型，干涸残渣几十到几百 g/L。

地下水上述分带的形成过程，可简单地表示如下：

含水层的补给区，在水积极交替和岩石经过长期冲刷的条件下，形成弱矿化的 HCO_3-Ca 型水。这些水沿着岩层倾向运动时，氧化岩石中分散状态的硫化物（黄铁矿、白铁矿）并溶滤溶解岩石中分散状态的硫酸盐（主要是石膏、硬石膏等），因而富含硫酸盐。在这些过程进行的同时，溶解于水中盐的阳离子与海成岩石吸附综合体中的阳离子进行交替，吸附综合体中的钠交替水中的钙。上述过程的结果是 HCO_3-Ca 型水逐渐过渡到 SO_4-Na 型水，最后在继续运动的过程中，在阳离子吸附交替和有机介质还原硫酸盐的作用下，SO_4-Na 型水转变为 HCO_3-Na 型水，并由水中析出 H_2S。硫酸盐的还原（随着析出 H_2S），必须有有机物质（砂中的淤泥颗粒、粘土和其他含碳氢化合物气体和含石油的岩石），无游离氧，而且有脱硫酸菌的生命活动。

碱性水在弱冲刷的海相沉积岩带中循环，富集 Cl-Na，并首先转化为 HCO_3-Cl-Na 型水，而后沿着水流方向，逐渐变为 Cl-HCO_3-Na 型，更进一步变为 Cl-Na 型水。富集的氯化物，一部分是由于溶滤未冲刷的岩石，另一部分是溶滤水与古老的封存海水混合的结果。

在 Cl-Na 型水之后，经常是原始封存的 Cl-Na-Ca 型水或者还含有镁的成分。

硬水沿着水流向下变为软水，碱水进一步转化为盐一碱水和盐水，并减少硫酸盐等，这些相似的变化在很多地下水盆地都可见到(近黑海盆地、西一西伯利亚盆地、美国的东英格里盆地等)。

应该指出，在少数情况下可见到 HCO_3-Ca 型水带直接变为 HCO_3-Na 型水带，而硫酸盐带表现的不明显。这是由岩石的成分所决定的。从少量的资料看来，在西一西伯利亚盆地南部的白垩纪含水层(巴库组)，就有这样的转变，即由 HCO_3-Ca 型水直接转变为 HCO_3-Na 型水。

岩石成分可作为在补给区形成 HCO_3-Ca-Mg 型水的先决条件，例如，莫斯科承压水盆地石炭系灰岩中有白云岩。但是，这种情况是很少见的，没有普遍意义。

(2) 在含石膏岩层或在缺少还原硫酸盐条件的正常海相沉积中的分带

这种情况下的含水岩层中，有透镜状或薄层状盐或大量的巢状石膏和硬石膏，在封闭构造中的自流水运动时，形成与正常海相沉积分带不同的另外的水平分带。这种类型的分带，同样可以在缺少还原硫酸盐条件的海相沉积中形成(见图 6-6)。

在这种情况下，由于含大量的石膏和硬石膏，溶滤和溶解这些盐的过程积极地进行着(同时，由于硫化物氧化因而水中富集硫酸盐)，虽然同时进行着还原硫酸盐并形成硫化氢的过程，仍使地下水明显地富集硫酸钙。因此，只有在氯化物、石膏和硬石膏被强烈冲刷的地段，即在含水层的补给区，才能形成弱矿化的 HCO_3-Ca 型水，并在沿含水层向下不深的范围内，HCO_3-Ca 型水很快地转变为硫酸盐型水。

在这种情况下，硫酸盐型水的分布区占有宽阔的面积，并在这一区遇到硫酸盐型水不同类型的几个分带。这种类型的全分带如下：

① HCO_3-Ca 型水带；

② SO_4-HCO_3-Ca-Na 或 SO_4-Ca 型水带；

③ SO_4-Ca-Na 或 SO_4-Na 型水带；

④ SO_4-Cl 型水带(Ca-Mg，Ca-Na 和 Na-Ca 型)；

⑤ Cl-SO_4 型水带(Na-Ca，Na 型)；

⑥ Cl-Na 型水带；

⑦ Cl-Na-Ca 型水带(Cl-Ca 型水)。

在这种情况下没有碱性水带。这里第①带水的矿化度同样是弱的(干涸残渣 0.5～1 g/L)；硫酸盐型水的矿化度比全分带的第一亚类有明显的增高，第②③带水的矿化度为 1.5～2.5 g/L(干涸残渣)；第④带则为 2.5～3.5 g/L，甚至达 5 g/L；第⑤带为 5～20 g/L(干涸残渣)。

这样的全分带类型，可以在缺少还原硫酸盐能力的正常海相沉积中形成。在这种条件下，形成的硫酸盐型水分布区的范围相应地减小，它的矿化度已降到 0.5 g/L(干涸残渣)。

分带的第二亚类比第一亚类遇到的少，因为它仅在特定条件下形成。第二亚类的典型例子，是前乌拉尔陷坳二叠系沉积中的自流水分带。

应该指出，在水文地质封闭构造中，由于含水层中的承压水运动(以水经过实际不透水的顶板排泄为条件)，在由补给区沿倾向向下深入很大距离(由几千米到 200 km 或更多)的边缘部分，造成形成淡水的条件。在这种情况下，全水平分带的第一个亚类的淡水带，要比第二个亚类的淡水带宽得多。

2. 水文地质半开启构造中的水平分带类型

这个类型的特点是相对发育、但不完全的水平分带，即缺少一个或几个后面的带。首先是缺少原生的 Cl-Na-Ca 型水，它已全被排挤出去(Cl-Ca 型水可保存在不久前开启的含水层中)。

水交替缓慢的地台型大型承压水盆地的含水层中，存在着这样的分带。它也可以在中型甚至小型盆地的由弱透水岩层组成的、水交替程度低的含水层中形成(例如，在弱透水的粘土泥灰岩，粘土砂岩中等)。除 Cl-Ca 型水外，甚至可能缺 Cl-Na 型水带或者更前面的一些水带，在正常海沉积中，缺 Cl-HCO_3-Na 型水带，而在含石膏的沉积中，缺 Cl-SO_4 型水带。在某些情况下，可以有包括 Cl-Na 型水在内的所有的带；但是，原生的 Cl-Ca 型水在这类分带中永远是不存在的。

由于岩石成分不同，半开启构造的含水层中的水化学分带也有两个亚类：

(1) 在有还原硫酸盐条件的正常海沉积中的水化学带(见图 7-4)。

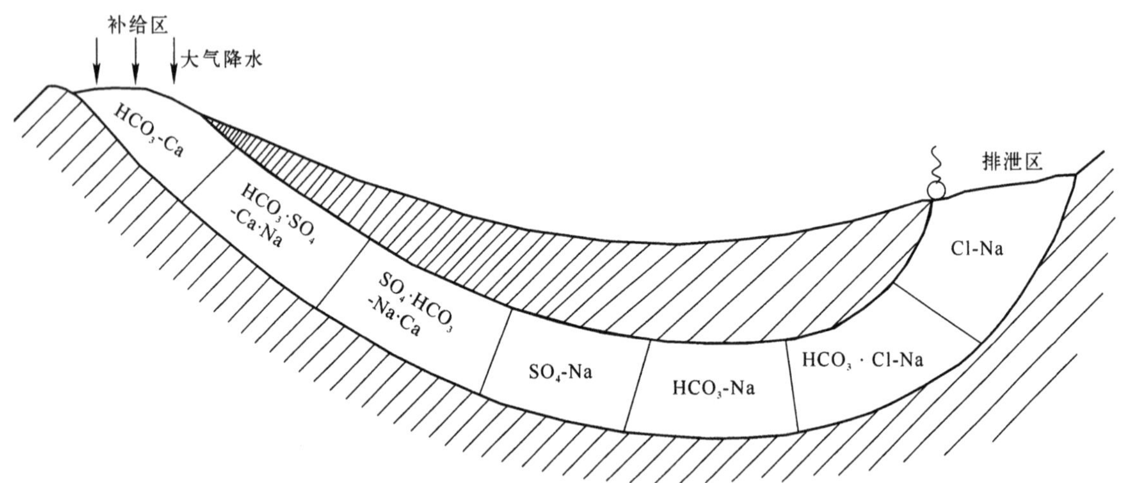

图 7-4 水文地质半开启构造的水平分带类型示意图

(在有还原硫酸盐条件的正常海沉积中)

(2) 在含石膏的岩层或缺少还原硫酸盐能力的正常海沉积中的水化学带(见图 7-5)。这种分带类型的各带水的矿化度，与以上所说封闭构造类型的相应带中水的矿化度相似。

上述水平分带的例子很多，在一系列盆地水交替缓慢的含水层中可见到。

3. 水文地质开启构造的水平分带类型

这一类型同样表现为不完全分带性，但与以上类型的区别是分带很不发育，一般只有第①带和由第①带向第②带过渡的某些水化学类型。

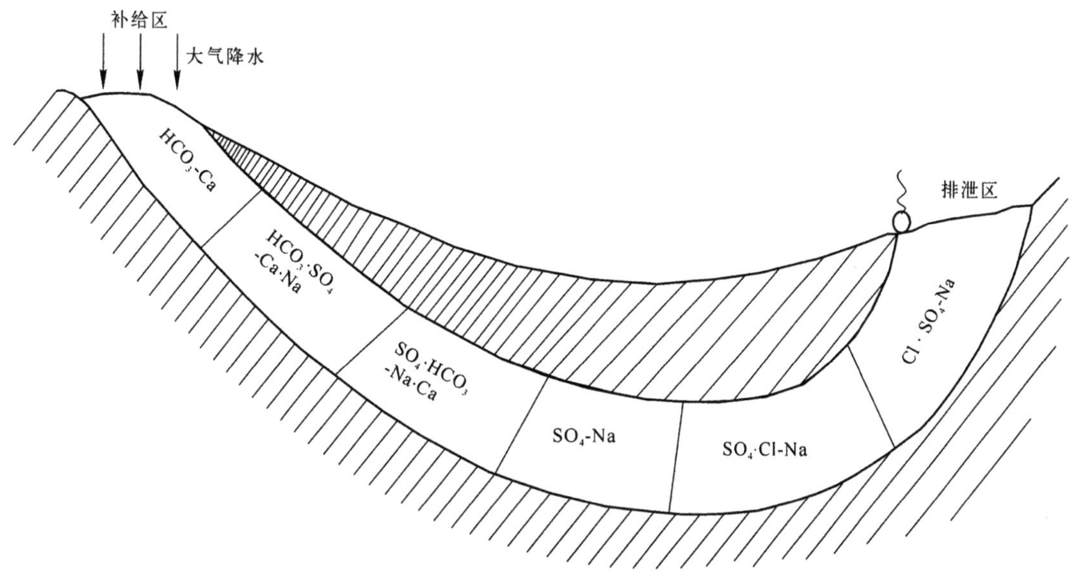

图 7-5　水文地质半开启构造的水平分带类型示意图
（在含石膏的岩层或缺少还原硫酸盐能力的正常海沉积中）

一般这些带的水是弱矿化的 HCO_3-Ca 和 HCO_3-SO_4（过渡型）或 SO_4-HCO_3（过渡型）型水。全分带中的高矿化度水带大部分缺失，这种分带类型存在于褶皱山区水交替强烈的小承压水盆地（见图 7-6）。

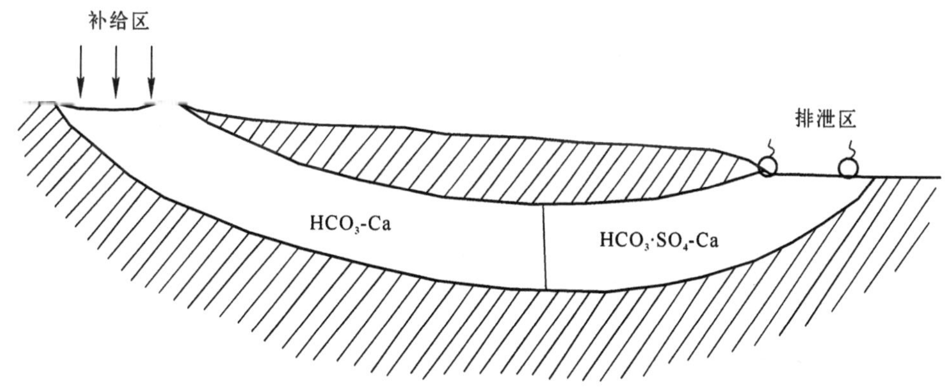

图 7-6　开启水文地质构造水平分带类型示意图
（褶皱山区小承压水盆地中）

在大中型承压水盆地水积极循环的含水层中，也能看到这种分带。例如莫斯科承压水盆地石炭系沉积水中的水化学分带。这里石炭系上、中统埋藏着 HCO_3-Ca，HCO_3-Ca-Mg，HCO_3-Mg-Ca 型（中石炭统），即实际是第①带的水。在下石炭统，有两个带按顺序（沿水流方向）分布：HCO_3-Ca，SO_4-HCO_3-Ca-Mg 和 SO_4-Mg-Ca 型水。在这里我们有第①带和两个过渡带，并过渡到主要的硫酸盐型水（见图 7-7）。

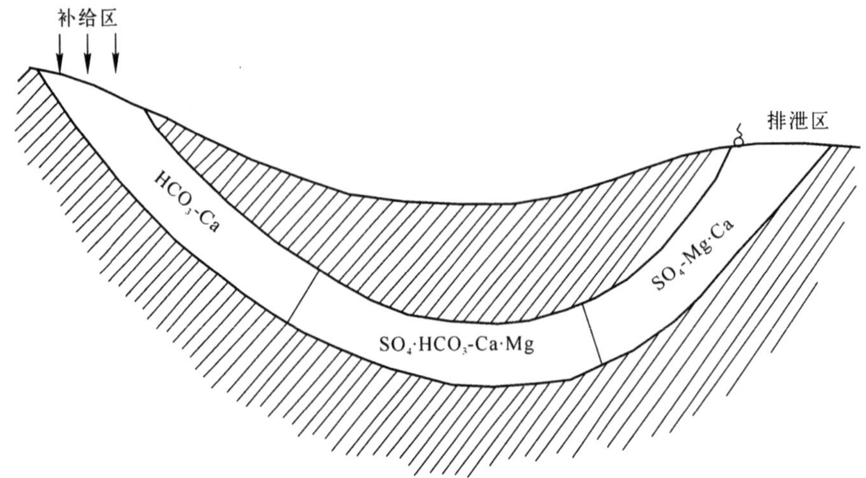

图 7-7 开启水文地质构造水平分带类型示意图
(大、中型承压水盆地水循环迅速的含水层中)

4. 有断裂位移的复杂构造中的水平分带类型

在承压水盆地的范围内,远离补给区的含水层被构造破坏(正断层、逆掩断层等),沿着这些构造断裂可以排泄承压水,这往往破坏了含水层中水文地球化学分带的连续性。在构造断裂上盘是一种分带,而在构造断裂下盘是另一种分带。

在这种情况下,在构造断裂上盘形成不完全的第二类型(两个亚类)和第三类型分带;在构造断裂下盘的分带,由于断距、构造类型、侵蚀等的不同,可以是各种各样的。

下面来研究某些可能存在的情况:

(1) 由于正断层的断距很大和随后的侵蚀,断层下盘含水层,可能与断层上盘的含水层没有联系,在其中可以形成由第一带的 HCO_3-Ca 型水开始的独立的分带(见图 7-8)。

(2) 如果含水层位于正断层的下盘,但与上盘含水层仍有联系,并处于水文地质封闭构造中,那时在其中的分带(从构造断层起),将由与断层上盘含水层最深地段相同的水化学类型开始。这一带是狭窄的并迅速地为下一带所更替,直到盐水和氯化钙型水(图 7-8),因为在构造的这一部分岩石的冲刷条件是不好的。

在逆掩断层上盘的含水层将被堵塞,因而可能保存了原始的 Cl-Na-Ca 型水;在其下盘的含水层中,可见到不完全的分带(见图 7-9)。

可能还有其他情况,但上述这些已足够清楚地表明了复杂构造类型(在断层上、下盘分带上缺乏紧密联系的构造)水平分带的特点。

5. 矿化水的水平分带类型

这个类型的分带也是不完全的,但区别于缺少最后盐水带的其他类型的不完全分带,它缺少开始的弱矿化水(淡水)带。

这个类型的分带见于干旱草原、半沙漠和沙漠地区,含水层受矿化潜水补给的情况下。

这种情况下的分带,由矿化的 SO_4-C1 型或者氯化物型开始,并因岩石成分的不同而形成不同的分带;而由于构造开启程度的不同,可以有或者没有最后的 C1-Na-Ca 和 Cl-Ca 型水。

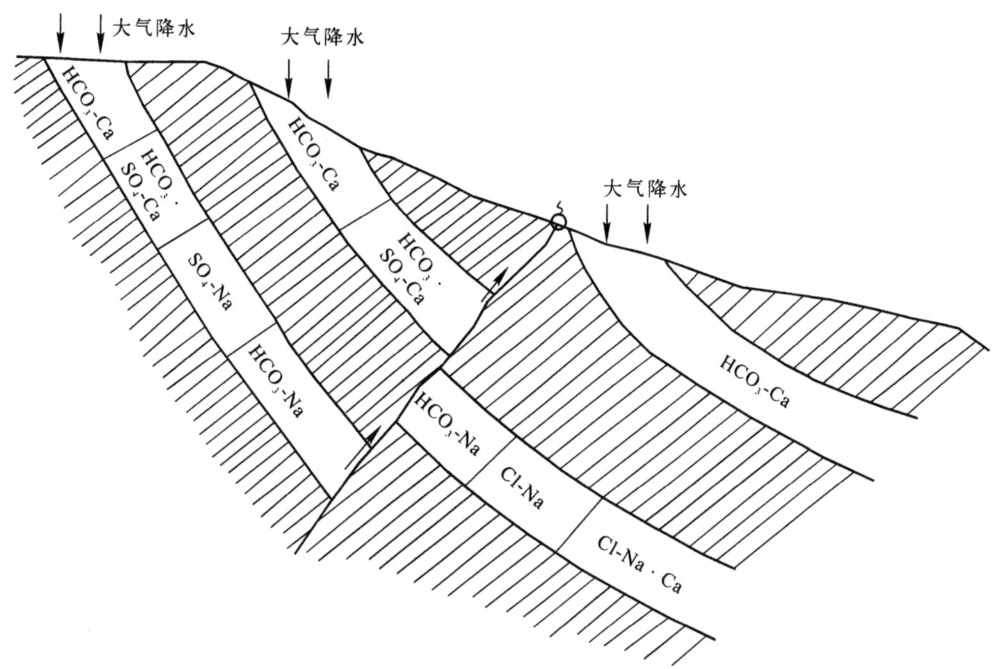

图 7-8　有断裂位移的复杂构造的水平分带类型示意图
(断层上、下盘有或没有联系的构造类型)

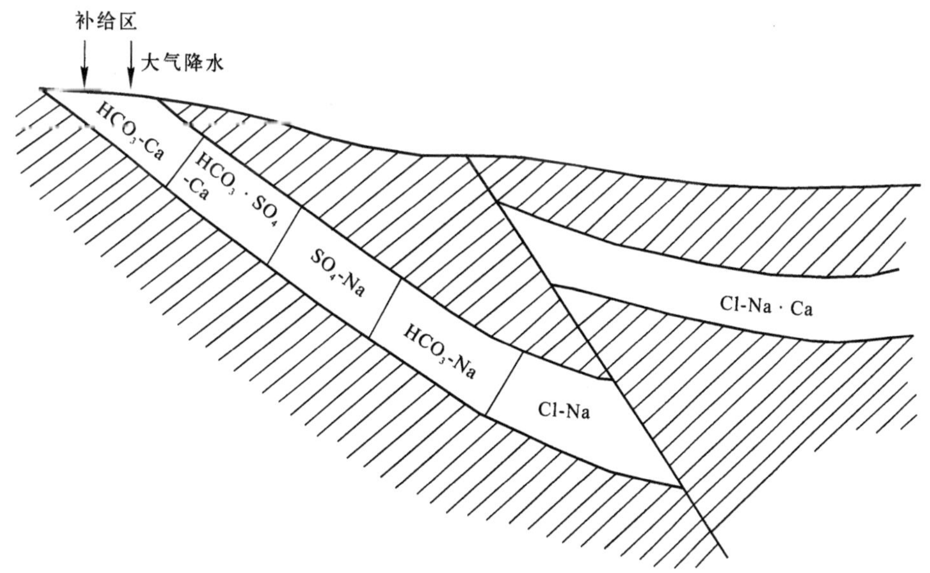

图 7-9　有断裂位移的复杂构造的水平分带类型示意图
(逆掩断层上盘的含水层被堵塞，保存了原始的 Cl-Na-Ca 型水)

6. 冻土类型的水平分带

在多年（“永久”）冻结区，盆地边缘区的含水层，部分或全部可能处于冻结带内，因而形成承压水分带的特殊类型，其中，除了水化学分带外，还有物理（温度）分带。

这种类型的分带有一定的实际意义，因为在冻土带内，只有在融化区才可以遇到可利用的地下含水层。在冻土区内（融化区外）地下水处于固相。但在多年冻结区北部的某些地区（俄罗斯北部沿海一带），可遇到处于液相的、温度在 0 ℃以下的地下盐水，但这种水的分布是有局限性的。

以上这些就是水平分带的基本类型。水化学类型的个别带的宽度（沿水流方向）变化很大，由几百米到几十公里（平面上）。水化学类型带的宽度，主要决定于下列因素：

第一是决定水交替强度的盆地构造。同一化学类型水的带，在封闭构造中和开启构造中的宽度是不同的。

第二是决定含水层沉没深度的倾角。在相同条件下，陡倾角含水层的分带转变得快；缓倾角的转变得慢，而且每个带的宽度也大。

第三是决定水循环积极程度的岩石成分。强渗透性能岩石中的各种水化学带比弱渗透岩石中相应的带宽。在相同条件下，含石膏岩层中的硫酸盐水带的宽度，将比不含石膏岩层中的大些。在同一含水层中，同样可以见到带的宽度变化。淡水的化学类型带，一般埋藏的不深，比埋藏在深部的矿化的 $Cl\text{-}HCO_3$，$Cl\text{-}SO_4$ 和 Cl-Na 型水带更宽。

（二）垂直分带类型

在承压水盆地中埋藏着几个含水层时，沿垂深可见到不同的分带。据现有承压水盆地的资料，可以分出三种垂直分带类型：正分带；反分带；复杂分带。

正垂直分带的特点，是水的矿化度随着深度的增加而增高，同时水化学成分也按着水平分带中水化学类型的更替顺序而改变。例如上部的 $HCO_3\text{-}Ca$ 型水，向下逐渐变为硫酸盐型和氯化物型，或者上部为硫酸盐型水，下部则为氯化物型水。

反垂直分带的特点是在上部高矿化度的水下面埋藏着低矿化度的水，并且在它们的下面，水的矿化度随着深度而重新增加。

复杂的垂直分带，其特点是水的矿化度随着深度的增加不只一次地增加或减少。

第一种类型的垂直分带，一般分布在气候潮湿的盆地地区，第二、第三种类型分布在干旱地区。

某种类型的垂直分带，不一定在整个盆地都存在。在一些情况下整个盆地只见到一种垂直分带（正分带）；在另一些情况下，在一个盆地的不同部位，有着不同类型的垂直分带。

由于盆地的构造、岩石成分、补给条件、补给区的高程和各含水层的水交替强度不同，可以分出承压水盆地的一系列垂直分带的基本类型。下面对盆地的垂直分带类型给予定性描述。

1. 水文地质封闭构造的垂直分带类型

这个类型的特点是，在盆地内部带的界限内，有时在边缘部分的深部含水层中，有高矿化度的 Cl-Na-Ca 型水。

在这个类型中可分出两个亚类：

(1) 第一亚类：在盆地的所有部分是正垂直分带

在下述承压水形成条件相同的情况下，能在盆地所有部分形成正垂直分带：

① 所有含水层都是由大气降水或弱矿化的潜水补给；

② 各含水层补给区标高无明显的差别；

③ 岩石成分的成因相同，等等。

在这些条件下，所有的(或大多数)含水层形成全水平分带。含水层埋藏的越深，淋滤水和高矿化的 Cl-Na-Ca 水之间的锋面离补给区越近。

与其地带的相应界限的移动有关，在盆地地表的每一点钻探时，将见到地下水的矿化度随深度增加而增加(见图 7-10)。在这种情况下，钻孔(ZK1)在上层遇到了高矿化度的水，在下一个含水层(按深度)将遇到矿化度更高的水。在这种情况下，为了寻找淡水再向下钻探将是没有意义的。如果钻孔(ZK2，ZK3)在第一个含水层遇到了淡水，那么，在下一个含水层可能再遇到弱矿化的水，但其矿化度要增高(钻孔 ZK2)；也可能是盐水，但应进一步用钻探来证明。这样的垂直分带，在前苏联的近波罗的海盆地、莫斯科盆地以及我国的四川盆地都可以见到。

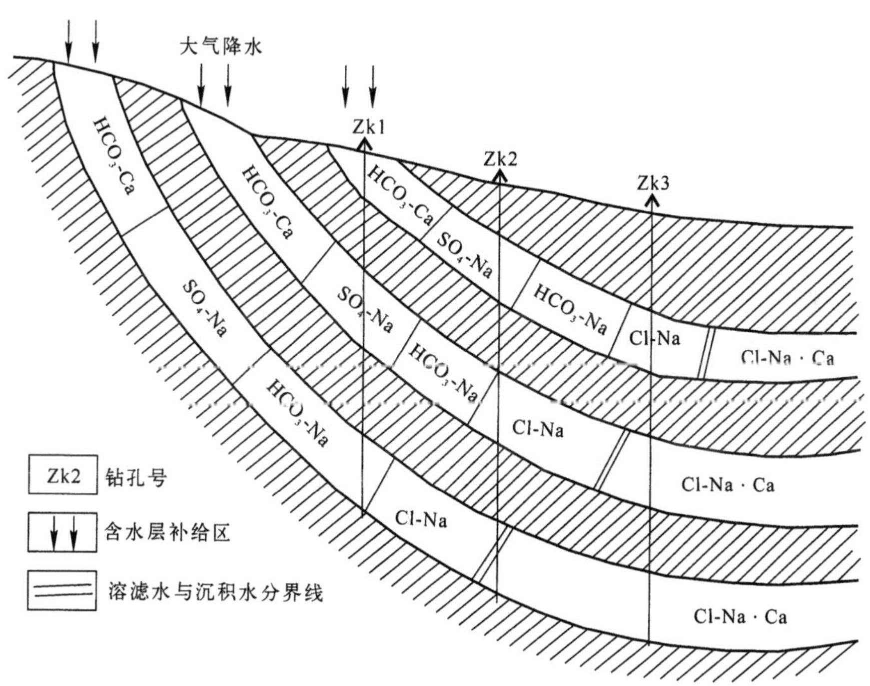

图 7-10　水文地质封闭的承压水盆地地下水水化学类型垂直分带示意图
(盆地所有部分均为正垂直分带)

四川盆地是中生代以来的一个大型沉积盆地，是由多个含水岩组叠加组成的承压水盆地，具有良好的封闭条件，地层内有岩盐层，盆地内蕴藏着丰富的卤水资源，以三叠系及侏罗系所含卤水层的矿化度最高，盆地内各层自上而下，随含水层埋藏深度的增加，淡水带逐渐为咸水带、盐水带、卤水带所更替。在盆地中心三叠系中，有矿化度大于 300 g/L 的 Cl-Na 型(局部 Cl-Na-Ca 型)浓卤水带。

(2) 第二亚类:在盆地边缘部分为反垂直分带

在处于干旱地区的盆地中,上部不深的含水层(50～100 m),往往由平原矿化潜水补给,而其下面的含水层,却可能直接由大气降水或者由淡的潜水来补给。在这种情况下,深部淡水楔入高矿化的含水层之间,并在封闭盆地的边缘部分造成反垂直分带。结果在构造边缘部分是反垂直分带,而在盆地的中心部分又是正垂直分带。例如下面三种情况都是这样:

① 下部含水层受河流冲积层的淡水补给(见图 7-11);

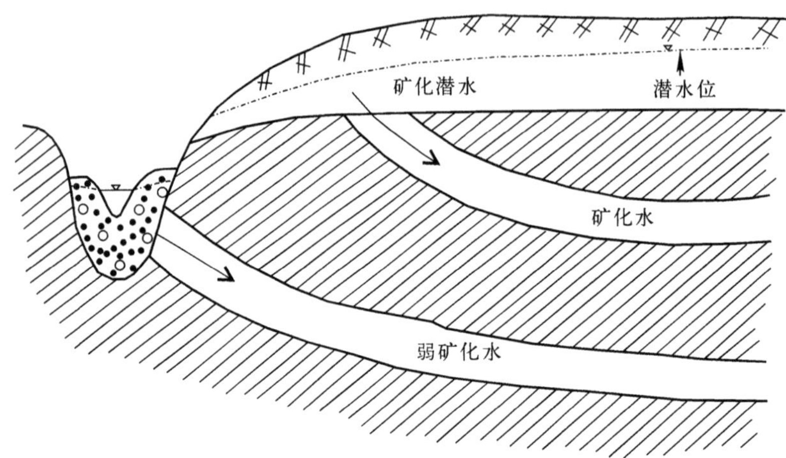

图 7-11 水文地质封闭的承压水盆地地下水水化学类型垂直分带示意图
(下部含水层受河流冲积层淡水的补给,盆地边缘部分为反垂直分带)

② 下部含水层受山前洪积裙和河流冲积锥淡潜水补给(见图 7-12);

③ 下部含水层受大气降水直接补给(见图 7-13)。

当下部含水层补给区的标高明显高于上部含水层补给区的标高时,淡水层也可能在矿化水之间向下楔入的更深。

岩石渗透性能和成分对反垂直分带的形成也具有一定的意义。一方面,淡水在水能迅速循环的岩石中,比在水循环困难的岩石中楔入的更深;另一方面,虽然反垂直分带对于干旱地区的封闭盆地是有代表性的,但有时在温暖潮湿气候带的封闭盆地中,当上部含水层由盐和石膏组成,而下部由正常岩石组成时,也可见到这样的分带。

总之,与第一亚类不同的是,钻孔在上层遇到矿化水后,在更深处也可能遇到淡水。因此,在这种情况下,应用钻探来进一步验证深部有无淡水。

在封闭盆地的中心部分,垂直分带的任何亚类都没有淡的承压水。

柴达木盆地为中新生代断陷盆地,其中沉积了厚度达万米的中新生代陆相沉积物,从岩性上来看,盆地边缘多以碎屑岩为主。向盆地中心碳酸盐及有机成分增高,并为化学沉积所代替,由于古地理环境和岩相的变化等,使盆地内出现不同的水化学分带。浅层地下水由于受干旱区现代自然因素的影响,分布着矿化度达 20～200 g/L 乃至大于 200 g/L 氯化物盐卤水带。随着含水层埋藏深度的增大,在盆地西部和中部,从上至下依次分布着盐水带、卤水带及浓卤水带。东部则为盐水带、卤水带。

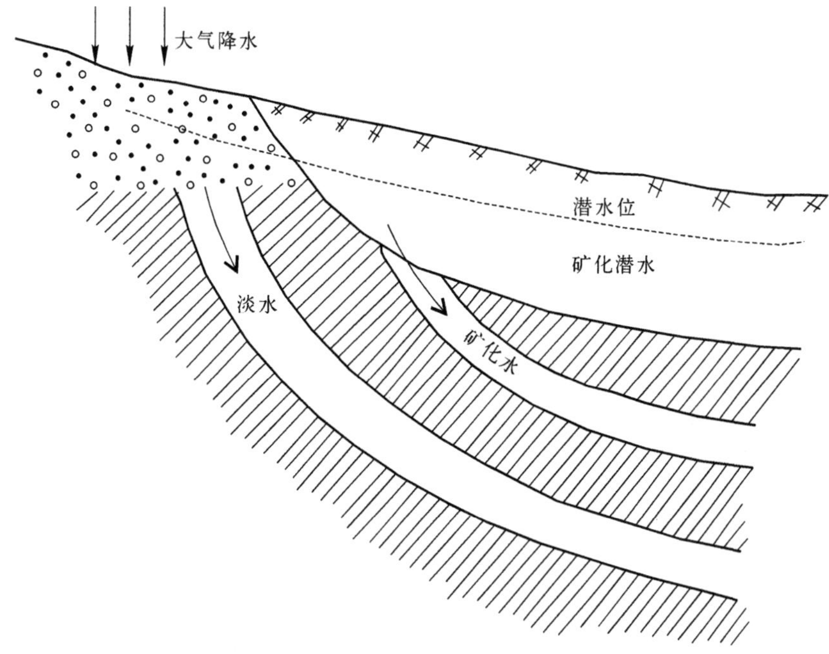

图 7-12　水文地质封闭的承压水盆地地下水水化学类型垂直分带示意图
（下部含水层受山前洪积裙和河流冲积锥淡水补给，盆地边缘部分为反垂直分带）

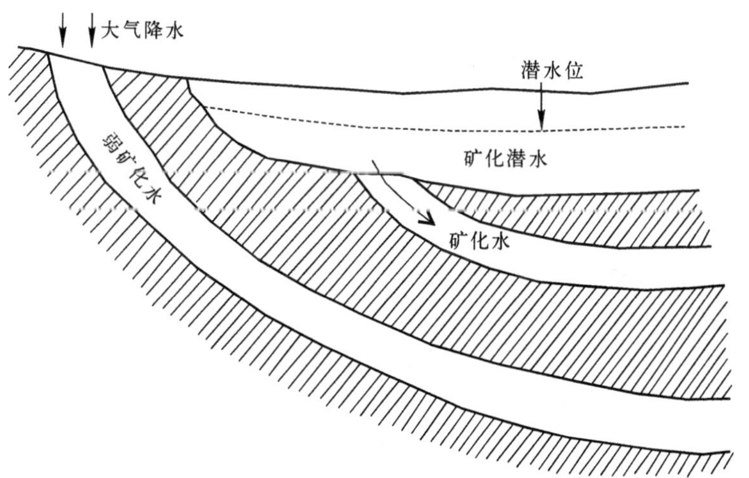

图 7-13　水文地质封闭的承压水盆地地下水水化学类型垂直分带示意图
（下部含水层受大气降水直接补给，盆地边缘部分为反垂直分带）

2. 水文地质半开启和开启构造的垂直分带类型

在水文地质开启和半开启的构造中，垂直分带可以是正的，也可以是反的。与前述的类型相比，这类承压水盆地垂直分带类型的特点在于：第一，正的和反的垂直分带，在整个盆地，包括边缘和中心部分都可见到，仅在沿着补给区和排泄区的外部边界的狭窄地带，永远是正分带；第二，淡水不仅在盆地边缘，而且沿整个盆地分布。

(1) 第一亚类:盆地的正垂直分带

第一亚类表现为,在水文地质半开启和开启的盆地中的所有部分,具有正垂直分带,并在盆地整个面积上具有弱矿化水和增高矿化度的水(在半开启的构造中)。盆地中的这种分带类型,可以在补给条件相同的含水层之间形成(大气降水或者淡潜水补给)。有以下两种情况:

① 含水层由具有同样透水性的同样岩石组成(孔隙的或者裂隙的)。在这种情况下,水的矿化度随着埋藏深度增加而增长,而且含水层埋藏的越深,其中不同化学类型的带越多。在任何地方钻的钻孔,在一个含水层遇到了淡水,在其下面一个含水层可以遇到同样的淡水(见图 7-14,钻孔 ZK1),或者矿化度略高一些的水(见图 7-14,钻孔 ZK2)。在这种情况下,构造的开启程度(水交替)越差,含水层之间的距离越大,下一层水的矿化度就越高。同时,如果钻孔在任何一层遇到了矿化水,则在下面的含水层中将不会再遇到淡水。因此,为了寻找淡水而进一步钻井将失去意义。

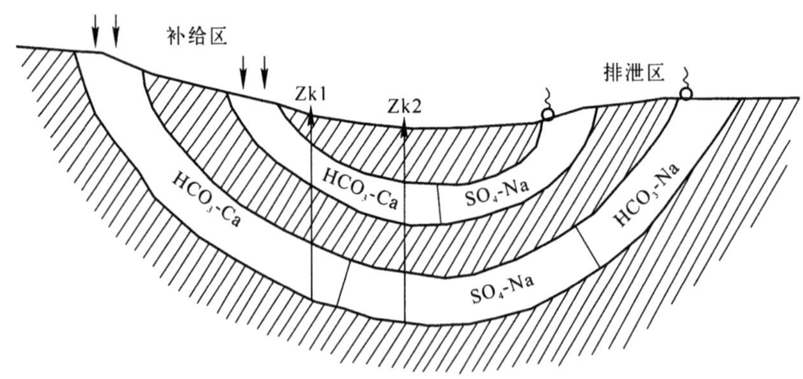

图 7-14 水文地质半开启、开启承压水盆地中水化学类型的正垂直分带示意图
(含水层由具有同样透水性的同一类岩石组成)

② 含水层由渗透性不同的岩石组成,而且下部含水层的透水性小于上部岩层(例如,上部为石灰石,下部为泥灰岩)。

在这种情况下,下层地下水的分带将比上层更发育,矿化度随深度的增加而迅速增加(见图 7-15)。钻孔在第一个含水层遇到淡水,在下一个含水层也可能同样遇到淡水(钻孔 ZK1),或者是矿化度增高的水(见图 7-15,钻孔 ZK2),甚至微盐水或盐水(见图 7-15,钻孔 ZK3)。最后一种情况,特别是在半开启的构造、下部岩层冲刷程度差或含水层之间距离很大时,更容易遇到。在开启构造中,水的矿化度随深度的增长比较小,只有在埋藏深而且开启程度差或封闭的岩层中,才能见到矿化度的明显增长。

(2) 第二亚类:盆地的反垂直分带

这个亚类的特点是,除沿着补给区和排泄区外部边界很窄的一带是正分带外,几乎盆地的所有部分都是反分带:

① 在含水层补给条件不同时(上部为矿化潜水补给,下部为大气降水或者淡的潜水补给,见图 7-11,图 7-13),上层将含有矿化水,在下层将埋藏着淡水或低矿化的水。

在这种情况下,形成反分带的主要因素是补给条件、岩石成分和构造的开启程度(冲刷

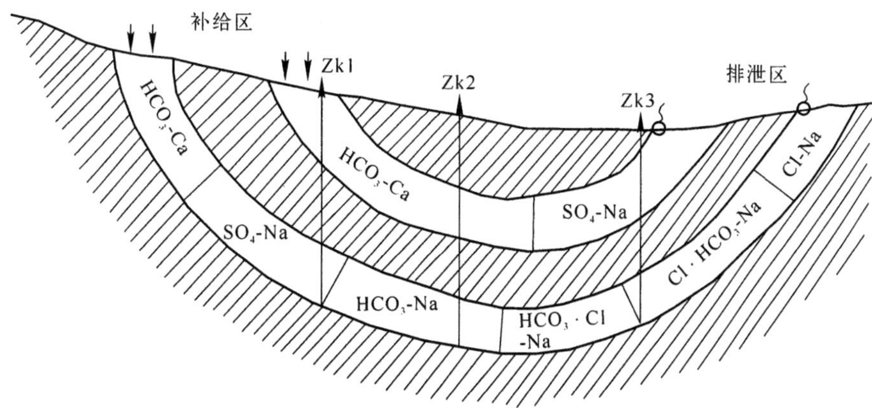

图 7-15 水文地质半开启、开启承压水盆地中水化学类型的正垂直分带示意图
（下部含水层的透水性小于上部含水层的透水性）

程度）的区别，这些因素将影响到下层分带的数量。

② 含水层由渗透性不同的岩石组成，但下层的透水性大于上层的。那么，在这种情况下，地下水上层的分带性将比下层更发育，水的矿化度随深度的增加而减小（见图 7-16）。

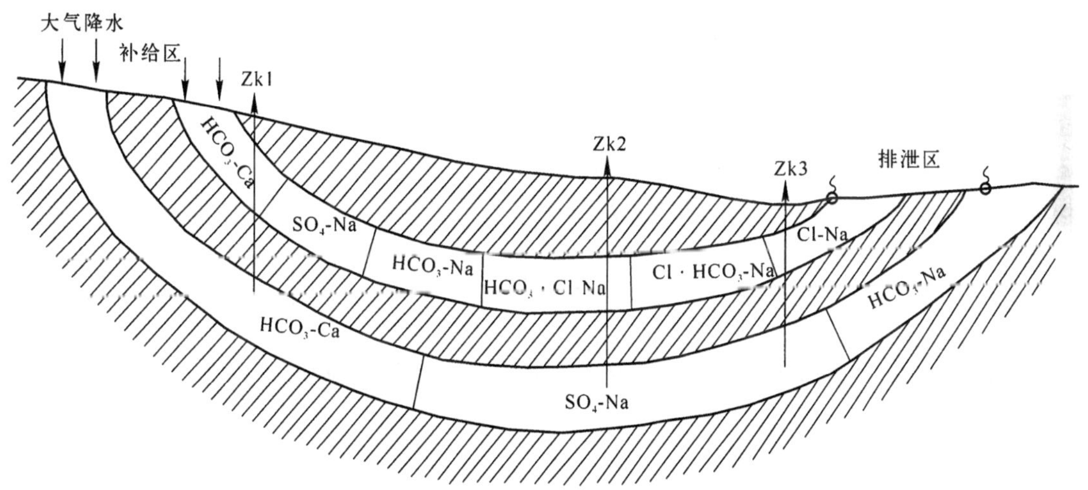

图 7-16 水文地质半开启、开启承压水盆地中水化学类型的反垂直分带示意图
（下部含水层的透水性大于上部含水层的透水性）

区别于以前的分带情况（见图 7-11 和图 7-13），这种分带的特点是，钻孔在上部含水层可以遇到淡水（见图 7-16，ZK1）和矿化水（见图 7-16，ZK2）；在下部含水层会遇到更淡的水，而钻孔 ZK2 遇到的淡水至少是比上部含水层矿化度低的水。属于这种分带的有德聂泊一顿涅茨盆地，那里第三系地层中水的矿化度比白垩系和侏罗系地层中的更高。

③ 两个含水层补给区的标高有明显的差别，且下层的高于上层的（见图 7-17）。在这种情况下，甚至当两个含水层的岩性一样时，下部含水层水的运动速度和水交替都要大于上部含水层的，从而形成反垂直分带。补给区高程的作用，在山前承压水盆地特别明显，那里有

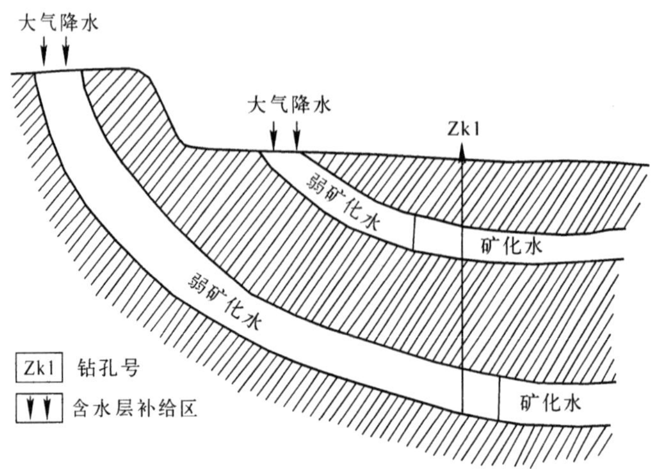

图 7-17 水文地质半开启、开启承压水盆地中水化学类型的反垂直分带示意图
（两个含水层补给区的标高有明显差别）

些含水层的补给区分布在山坡上。

上述资料表明，当矿化含水层之下有利于淡水渗透的一系列因素相重合时（补给区标高、岩石成分），盆地水的反垂直分带更明显。

3. 复杂构造的垂直分带类型

在有断裂破坏的复杂地质构造的承压水盆地中，在断层的两侧，地下水垂直分带在一定程度上是有些独立性的。在这种情况下，不管这部分盆地是水文地质开启构造，还是封闭构造，断层下盘的分带一般是正分带。盆地断层上盘部分在某种程度上是开启的构造，这里在相应的条件下，既可形成正的，也可形成反的垂直分带。因此，复杂构造的垂直分带类型可以分为两个亚类：

(1) 断层两侧都是正垂直分带类型；

(2) 断层一侧是反垂直分带，断层另一侧是正垂直分带。

应该指出，在盆地的断层上盘部分得到淡水的可能性，比在断层下盘大，因为断层上盘含水层的补给和排泄条件更为有利。

4. 盆地水的复杂垂直分带

这类分带表现为矿化水和弱矿化水不只一次地互相更替。复杂的垂直分带，可以在水文地质封闭和半封闭构造中形成，在开启构造中形成的可能性较小。

引起地下淡水渗透到矿化水下面的因素，上面已经详细地讨论过了。在有多个含水层存在的情况下，这些因素的复合和它们的互相影响，导致这种分带类型的形成。类似的复杂分带性的例子，在北高加索苏仁斯基盆地的中新统沉积的各种砂岩层中（与交替有关）可见到。在西一西伯利亚盆地南部的一些地区，见到矿化水与淡水的多次更替。

5. 冻结地区的垂直分带类型

在多年冻结区有独特的垂直分带，这里上部淡水含水层埋藏在冻结带内，水以固相形式存在。下部含水层的水在盆地的中心部分以液相存在，而在边缘部分则是冻结的，因此，垂直水化学分带补充以温度分带。

(三) 结论

上述承压水盆地中地下水的水平和垂直分带类型及其决定因素的特征，对大规模地、经济地寻找和勘探淡水(或其他水)有指导意义。水文地质工作者应很好地了解盆地钻探区的水平和垂直分带类型。为此，必须研究盆地的地质条件和决定水平和垂直分带的其他条件，甚至确定垂直分带的类和亚类，这样才能有目的地进行钻探，确定钻孔的位置和钻孔的深度。

承压水分带规律的知识，使我们可以根据一两个钻孔的钻探结果，正确地判断淡水(或其他水)在盆地内分布的规律。因此，在不同构造的承压水盆地中，确定地下水的分带规律和水平、垂直分带的类型，除了有重要的理论意义外，还有很大的实际意义。

第四节　承压水盆地地下水的气体(气体地球化学)分带

承压水盆地地下水的气体(气体地球化学的)分带，与地下水动力分带和水文地球化学分带有密切的关系。它取决于引起氧与水一起向深处渗透的水交替强度和地下水的离子—盐类成分，后者同碳酸气、硫化氢气、氡气等的形成有密切的关系。在沉积岩层中，一般随着深度的增加溶解气体的成分表现出一定的顺序性变化，含大气氧的氧化环境的气体被还原和所谓热催化环境的气体所更替。在这种环境中缺氧，而且甲烷逐渐占优势。随着与地表联系程度的降低，地下水的气体饱和度增加，在上层它不超过 25～50 mg/L，而在下层可达到 1 000～2 000 mg/L 或更多。

在承压水盆地垂直剖面上，按主要气体成分可以大致地确定地下水气体分带：

上部带(氧—氮气体)；

中间带或过渡带(碳酸气—硫化氢或甲烷—氮气带)；

下部带(氮—甲烷或者甲烷带)。

含有由地表渗透下来的氧，是上部带的特征。在这一带中，积极地进行着氧化和生物化学过程。其中最重要的是有机物质和硫化物的氧化。碳酸的含量达到百分之几(2%～10%)，它比空气中的含量(0.03%)高几十，甚至几百倍，出现少量的甲烷和硫化氢。氧—氮气水带的厚度强烈地变化，由 10～50 m 到几百米。

中部带与大气的气体交换作用被抑制，并在地下水中积累了甲烷、碳酸气或硫化氢。上述气体的含量取决于岩石的岩相特征，能达到 10%～25%，但占优势的是氮。过渡带的分布深度是 1～2 km。

下部带包括层间水盆地的深层，这里由于温度高使有机物质的分解反应加速。由于形成气体的热催化作用，甲烷、重碳氢化合物、碳酸、硫化氢和氢进入地下水中，这些气体中有一部分是由结晶基底上来的。在 1～2 km 之下，溶解气体的成分一般是氮-甲烷或甲烷(见图 7-18)。前高加索坳陷和西—西伯利亚台坪的热水，局部含有高浓度的碳酸气，而西伯利亚地台岩盐建造的浓卤水的溶解气体中，含有很多(到 40%甚至更多，或 1～2 g/L)硫化氢。

地下水中的氦浓度可用作气体分带的指标。随着深度和水文地质封闭性的增加，氦在溶解气体中的含量逐步增加。因此，可按氦的浓度来判断水在地下存在的时间。

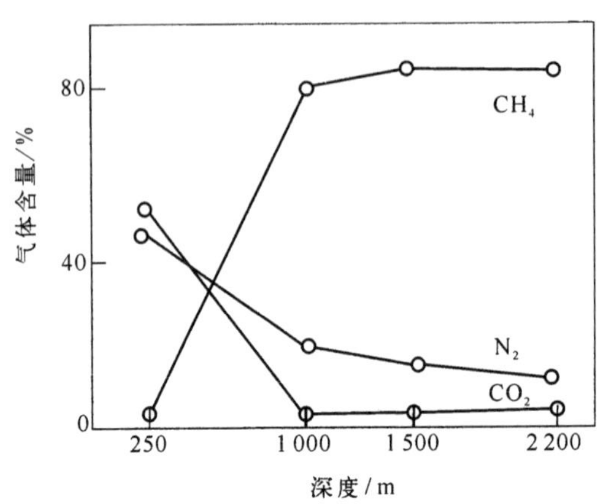

图 7-18 西—西伯利亚承压水盆地溶解气体成分随浓度变化图

(据 B. A. 索柯洛夫)

第五节 山区基岩裂隙水的高程分带性

在山区基岩裂隙水中,地下水的分布规律研究得很不够。与承压水盆地比较,这类地区有更复杂的地质构造,因此分带现象表现的不够明显。尽管如此,现在已较好地确定了由分水岭到山麓的山区地下水成分和地质动力的变化规律。因为这些变化是沿高程,而不是向地块的深部,所以这些规律叫做高程分带性比较确切。

开启的水文地质构造,是山区基岩裂隙含水带所固有的。地下水赋存在上部裂隙带中,其厚度为 60～80 m,有时到 200 m。向下,除构造断裂外,结晶岩实际上是不含水的。实质上,在山区基岩裂隙含水带中只进行着与地表的自由水交替,这里不存在缓慢交替或消极交替问题。

山区基岩裂隙含水带,按地形高程分为三个水文地质动力和水文地球化学带(见表 7-2)。

表 7-2 山区基岩裂隙含水带水文地质高程分带

(据 B. M. 斯捷潘诺夫和 Л. Л. 和巴格丹诺夫)

带	绝对标高/m	流水通道	运动速度/(m/昼夜)	矿化度/(mg/L)	离子—盐类成分
高山带	>1 500	岩块之间空隙,张开的裂隙和空洞	>50	<100	$\frac{HCO_3}{MgNa(Ca)}$
中山带	800～1 500	局部为碎屑物充填的岩块间空隙和裂隙	10～100	50～200	$\frac{HCO_3}{Ca(Mg,Na)}$
低山带	<800	被松散层覆盖并充满风化产物的裂隙	<10	>100	$\frac{HCO_3(SO_4)}{Ca(Na,Mg)}$

注:括号内所指的离子为次要的。

水文地质动力高程分带在于随绝对标高的降低,地下水的性质和运动速度发生变化。在高山区由于山坡坡度大和岩石的渗透性能良好,地下水运动速度达每昼夜几百米。在高程 1 500～800 m,地下水的运动速度明显地降低。在低山区,岩石裂隙由于被风化的产物粘土所淤填,其渗透性能进一步变差。

随着绝对高度的降低,山区基岩裂隙含水带中的其他水文地质动力指标也在改变。例如由高山带到低山带地下径流模数逐渐增加(见表 7-3)。

表 7-3　贝加尔湖西南沿岸山区水文地球化学分带

(据 Б. И. 毕萨尔斯基)

带	绝对高度/m	地下径流模数/[L/(s.(km^2)]	离子—盐类成分	矿化度/(mg/L)	水的温度/℃
高山超淡水	>1 500～1 600	2.0	$\frac{HCO_3Cl}{NaCa}$	25～56	0.5～2
中山超淡水和中等淡水	800～900 到 1 500～1 600	2.5	$\frac{HCO_3}{CaNaMg}$	28～138	0.4～4
低山和山前淡水	<800～900	4.5	$\frac{HCO_3SO_4}{CaMgNa}$	64～474	4.5

高程水文地球化学分带表现在由分水岭到山麓地下水矿化度的增加和离子—盐类成分的变化,例如外贝加尔和近贝加尔山地,同样分出了三个水文地球化学带(见表 7-2,7-3)。类似的带在其他山区也可见到(当然高程不一定和在外贝加尔地区一样)。在我国的内蒙高原北部山地,贺兰山、狼山以西、阿尔泰山、天山、昆仑山、阿尔金山、祁连山等隆起山地,第四纪以来强烈上升,这些高山区的气候垂直分带规律明显,高山的降水量可达 400～800 mm,冰川和冻土发育,在海拔 3 200～5 200 m 以上终年积雪,地下水的矿化度不超过 0.5 g/L,属于溶滤作用成因的淡水,水型为重碳酸—钙型,重碳酸—钙—镁型。随着海拔标高降低为中高山,再低为荒漠化中低山,降水量减少(低于 300 mm),地下水为矿化度 1～3 g/L 或 1～5 g/L 的硫酸—氯化物,重碳酸—氯化物或氯化物—硫酸—钠型水。而在低山、残山带的库鲁克塔格和马宗山一带,没有外来水源,年降水量在 25～50 mm 以下,因而地下水盐分的浓缩作用加速,地下水矿化度高达 5～30 g/L。

在山区基岩裂隙水中,溶解气体成分的变化不服从高度分带。具有开启水文地质构造的裂隙水地块,在所有的三个带中,都含有大气来源的氧—氮气体。在构造破碎地段分带被破坏,这里排泄着含氮热水、冷的或热的碳酸水。

高程水文地质温度分带取决于气候特性。由高山区向低山和山前区,地下水的温度随之增高,由表 7-3 可以清楚地看出其特点。

越是年青的山地,它们受的热越多,地热增温级越小。阿尔卑斯褶皱地块和火山区具有最小的地热增温级(小于 33 m)。古老的地块已冷却很深。在前古生代褶皱形成的地块中,地热增温级大于 100 m。在某些山区基岩裂隙水系统中,正像我们所见到的,整个裂隙岩层都被冷却了。

岩体在地质过程中逐渐冷却,这不仅与冷的渗透水向下渗入有关,而主要是由于随着构造活动性的消失,其流体上升迁移的强度减弱。

山区基岩裂隙含水带中的气体和温度分带研究的更不够。当讲到高程分带时,我们首先指的是水文地质动力和水文地球化学分带。

第六节　地下水分带中的异常

在自然界并不存在未被各种偏差所破坏的地下水的理想分带。明显地偏离于正常的地下水分带的现象叫做水文地质异常。异常破坏了地下水表现在纬度、特别是垂直分带在空间分布上的规律性。

一、潜水的纬度分带异常

潜水分带中局部因素引起的差异，可确认为是异常。这些异常的主要类型如下：

① 渗透性能高的岩石地段(分选过的砾石层、山麓碎石等)，一般是地下水水源地的地下水动力异常；

② 各种盐的水分散晕。它是由于运动着的潜水溶滤地表盐矿株或氧化硫化矿床而形成的。在这种情况下，形成另外的与背景不同的离子－盐类成分——水文地球化学异常；

③ 人类活动地区(土地灌溉、向潜水层排泄工业废水和其他水)——人为水文地球化学异常；

④ 沼泽和泥炭田，在其范围内强烈地形成甲烷——气体异常；

⑤ 冷源(多年冻结岩石的透镜体)或热源(例如，在煤炭层分布区，潜水位之上的地下火灾)——水文地质温度异常。

二、承压水垂直分带异常

垂直分带中出现异常的主要原因是，在背斜轴部岩层拉伸或断裂破坏(构造破碎)。沿着这些水文地质“窗口”，由深层向上部和地表排泄承压水。结果就破坏了地下水的垂直分带性。因此，水文地质异常成为深层承压水的排泄源。有时排泄源出现在构造地段或深部河床的切割侵蚀部位。

当同时有几个指标(地下水动力指标、水文地球化学指标等)都表现出异常时，被称为综合异常，以区别于单指标的异常。

排泄源分为古老的和现代的。下面简述承压水排泄源的类型(据 A. M. 奥弗琴尼柯夫)和它们的性质。

(一) 古老的排泄源

停止作用或衰减的源地：如油气田的缓慢排泄部分、圈闭和内部排泄源地；位于硫化氢水排泄源的硫矿床；热液矿床、方解石脉等；侵入岩和碳酸岩接触带上的矽卡岩带；石灰质凝灰岩(钙华、石灰华)和在碳酸水露头处的霰石。

(二) 现代的排泄源

1. 开放的排泄源地

(1) 侵蚀排泄源地：在深河道上的层间水和裂隙水的局部排泄区；在某些沙漠地区——无水盆地(盐沼地)。

(2) 堰障排泄源地：高地和地下堤坝附近的淡水和矿水露头。

(3) 构造排泄源地：位于构造破碎带和地台背斜核心带的泉群；位于褶皱区的带状排泄部位。

2. 隐蔽的排泄源地

(1) 外部的——水下的排泄源地：第四纪冲积层下面的河道；海底排泄源地（海岸附近），隐蔽分散的排泄源地——通过隔水层渗水。

(2) 内部的——地下的排泄源地：岩系不整合面；“岩相窗口”地段、构造破碎带；背斜、穹窿、隆起的轴部。

古老的排泄源地，反映了过去地下水活动的痕迹，并表现为矿床（石油、硫、金属等矿床）。现代排泄源地的承压地下水以泉的形式涌出地表（温泉、碳酸泉、盐泉等）、流入河底、海底或上覆含水层。

古老的排泄源在化学因素的迁移中，起过重大作用。正因为如此，它们和矿床有关。如果含碳氢化合物的地下水，在向排泄源运动的途中，遇到各种储油构造，此时后者将形成油气田（见图 7-19）。

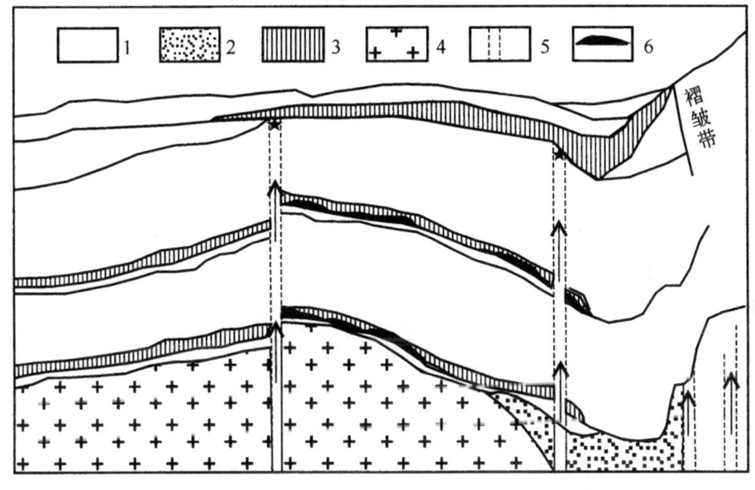

图 7-19　油气层与地下水排泄地区的联系

（据 B. A. 克洛托娃）

1——含水层和隔水层互层；2——含水油气层；3——隔水层；4——结晶基底；5——破碎和流体排泄带；6——油气层

侵蚀和堰障排泄源，以及不深的张开断裂，大部分在上部地层排泄。这些排泄源，只破坏了上层带的地下水动力指标；矿化度、化学成分和温度都不偏离背景值，即为单一的地下水动力异常。相反，深断裂带、背斜核部和大河谷下面的构造开启带，促使了深层地下水的排泄。在这种情况下，异常将是综合异常，它破坏了各种形式的分带性，并显露出各种指标的异常（水文地质动力，水文地球化学等）。

深构造断裂引起人们极大的兴趣。深层地下水的单个露头最容易被发现，它们形成低压，使具有与上层水不同的矿化度、离子—盐类成分、气体成分和温度的深层地下水涌出地表。沿着断层和构造破碎带，明显地发现有“排泄线”或排泄区。例如，沿着卡别特一达柯山麓呈线状排列的一系列温泉和高加索矿水区的碳酸水排泄区。

承压地下水排泄区经常集中在大河和深侵蚀河流的河谷。有人指出，俄国地台的主要河流（伏尔加河、卡玛河、奥肯河）起主要排泄作用。这些河作为水强烈交替带的排泄区，也从深部层位吸引地下水，并形成了所谓的水穹窿、气体异常和地下热水异常。在西一西伯利亚台坪和西伯利亚地台，见到了相似的情况。

海对于水流有特殊的意义。沿着海岸线，经常在陆棚带集中了大承压水盆地和基岩裂隙含水带的主要排泄源。这里同时排泄着在静水压力作用下，由大陆流来的地下水和因海底岩层压实而挤出来的水。因此，陆棚带成了综合排泄区，十分有利于形成各种矿产（油气、铁、稀有金属）。相似的排泄区，如里海盆地，每年大概向这里排泄 1.4×10^9 m^3 的地下水，它带来了大量（5.4 Mt/a）的盐。

流入海内的地下水流主要是淡水。已知很多地方在海底的陆棚沉积中，发现有矿化度小于 1 g/L 的承压地下水。在大西洋福劳里特附近距岸边 43 km 的船上钻探，在 250 m 深处发现了自流水，在这里淡水舌向大洋方向延伸了 120 km。在美国的东海岸，在皮尔逊海峡，在菲律宾等地，都有类似的情况。

测绘海底地下水排泄的最有前途的方法是航空和人造地球卫星红外测绘（见图 7-20）。这种方法，可以很好地将由陆地来的冷水和已加热的海水的界限分开。

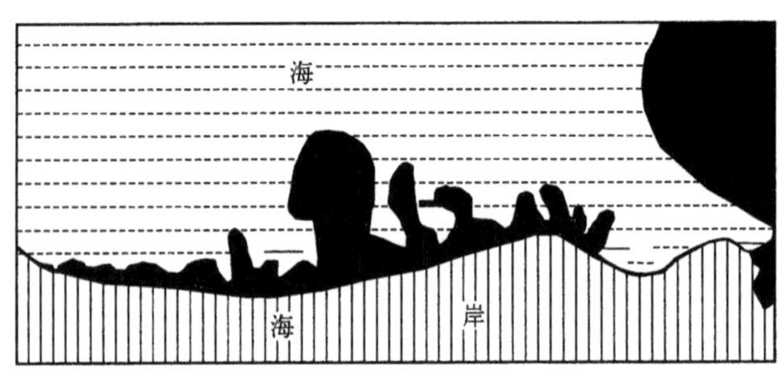

图 7-20 菲律宾吕宋岛巴拉扬海湾海岸红外像图

（据 E. B. 宾涅克尔，1977）

（海湾的“黑舌”是地表水和地下水的排泄区）

同样，还有大量的盐水和卤水向海中排泄（例如在红海海底）。

在年青的承压水盆地，由于构造应力的释放，形成了特殊的水文地质异常。构造应力的释放伴随着所谓“水火山”现象。“水火山”是在构造活动性增强的时代，层间水盆地的一种水文地质现象。由于内部应力的释放，发生气一液混合物的喷发，形成了泥火山。在水火山的影响下，高压异常降低。泥火山为阿尔卑斯褶皱区（外里海区、外高加索区和前高加索区）所特有，在这里它们和油气田共生。这也是反映地静压力和深部类型动态的承压水盆地发展早期的有规律的现象。

思考题

1. 略述中国潜水的纬度分带。
2. 何谓地下水水文地质动力分带？
3. 对承压水盆地深层地下水的地质动力作用现在有哪两种不同的观点？
4. 承压水盆地中地下水动力动态有哪几种主导类型？
5. 什么叫承压水盆地的水文地球化学水平分带？影响水平分带的因素有哪些？
6. 什么叫承压水盆地的水文地球化学垂直分带？垂直分带有几种类型？
7. 略述承压水盆地地下水的气体分带规律。
8. 略述基岩裂隙水(水文地质地块)的高程分带性。
9. 潜水的纬度分带异常有几种？
10. 承压水排泄源分为几种？它们各有什么特征？

第八章　地下热水的水化学特征

地下热水的水化学特征与一般地下冷水的水化学特征不同。不同类型的地下热水在水化学特征上也有所不同。本章简要介绍我国不同类型地下热水的分布概况和不同类型地下热水的水化学特征。

第一节　我国地下热水分布概况

我国的地下热水按温度分为低温热水(20 ℃或 25～40 ℃)、中温热水(40～60 ℃)、高温热水(60～100 ℃)和过热水(超过 100 ℃)。我国地热资源丰富,据不完全统计,仅天然出露的温泉就有二千五百余处,另外还有多处热水钻孔。这些温泉几乎遍布全国各地,具有明显的区域性分布规律。在西藏南部、云南西部和台湾省,温泉分布比较密集,温度也较高;在东南沿海诸省和辽东半岛、山东半岛的温泉分布密度和温度均次于前者。其他地区的温泉分布较分散,水温一般也较低。

全球地热活动的分布具有明显的规律性,高温地热活动仅分布在相对比较狭窄的地壳活动带,目前已经公认这一活动带是地壳岩石圈板块的边界;而低温地热活动则广泛分布于板块内部。

根据板块构造学说,地热带首先被划分为板缘地热带及板内地热带两大类。

板缘地热带因具有全球规模又称为环球地热带,属火山型地热带。在地壳浅部存在着强大的火山或岩浆热源,可以观测到高热流及高强度的区域地热异常区,地表水热活动强烈,有高温地热能资源,地热田温度普遍高于当地沸点,多数高达 200～300 ℃以上。我国的藏滇热水带和台湾热水带应属此类型。

板内地热带,一般是指广泛分布于板块内部地壳隆起区(褶皱山系、山间盆地)及地壳沉降区(主要是大型中新生代沉积盆地),规模相对较小的低温地带,属非火山型地热带。无火山或岩浆热源,在地壳浅部观测到的热流值接近或稍高于地壳平均热流值及区域地热正常值,有的地方可见低强度的局部地热异常现象,这里贮存着丰富的低温地热能资源,地热田温度在当地沸点以下,多介于 60～90 ℃之间。根据我国地热特征,板内地热带可分为隆起带地下热水(如东南沿海热水带、胶辽热水带等)和沉降带地下热水(如松辽一海南热水带、呼伦贝尔一四川热水带)两个类型。

这样,我国地下热水可分为三种类型:板缘地热带的火山和近期岩浆活动型热水;板内地热带的隆起带断裂构造型地下热水和沉降带盆地型地下热水。

一、火山和近期岩浆活动型地下热水

火山和近期岩浆活动型地下热水与近期的火山和岩浆活动有关,有额外的地热来源,其

化学成分受火山和岩浆起源的成分和区域水文地质条件控制，常形成含自由硫酸的强酸性水。这种类型的水在我国西起西藏的阿里地区西南部，向东沿雅鲁藏布江，至怒江后折向东南而进入云南省腾冲火山区，形成藏滇热水带。这条热水带已发现的热水点有680余处。该带的水热活动以水热爆炸、间歇喷泉、喷气孔及高温热泉为主。它们大部分出露在海拔4 000 m以上，水温超过当地沸点(86～94 ℃)的沸泉和喷泉达百余处。有的温泉涌出成湖，最大的羊八井热水湖占地面积达800余平方米。水热爆炸现象大都分布在雅鲁藏布江至狮泉河一线的两侧河谷盆地中，东西延伸约800余公里。间歇喷泉主要分布在藏滇热水带的中段，其中以昂仁县搭各加间歇泉区最为激烈，激喷时吼声雷动，直径达2 m的汽水柱腾空而起，高度可达20 m以上。著名的羊八井热田即位于藏滇热水带的中段，东南距拉萨约90 km。热田处于念青唐古拉山前断陷盆地中，基底主要由喜山期花岗岩构成。主要地热显示多在第四纪冰碛及冲积层中，面积约7 km^2。水热显示共有十几个区，以温泉、沸泉、热水湖塘、放热(汽)地面及水热蚀变等形式出现，主要分布在盆地南部藏布曲河两岸及西北部低凹处。在念青唐古拉山南麓沟谷里，硫华已富集成矿，成矿作用目前仍在进行中。沿蚀变岩石的裂隙均有自然硫沉淀。蚀变类型主要是高岭石化、明矾石化和硅化。泉华沉积广布于热田，以硅华为主，多呈丘、垄状。实测水温达172 ℃，应用地球化学方法所计算的基底温度为180～230 ℃。与上新世火山活动有关的腾冲地区，火山群周围水热活动也相当强烈，共有50余处热泉和水汽两相显示，其中90～105 ℃者9处。浅孔测温12 m处可达145 ℃，水汽柱喷高达15 m。

西藏雅鲁藏布江深断裂带，位于印度板块和欧亚板块之间的缝合线部位，在我国境内长达2 000 km。沿断裂带发育着我国最大的蛇绿岩带，这说明该断裂已达上地幔。与此相伴随的岩浆作用和重熔作用，为藏滇带的水热活动提供了强大的热源和良好通道。

台湾热水带共有103处水热活动区，大多数热水温度在38～70 ℃和84～99 ℃，100 ℃以上者有6处。大多数水热活动区位于由中新世到老第三纪板岩、千枚岩、前第三纪的片岩、片麻岩等组成的变质岩区。其中有12个温泉和喷汽孔区位于大屯火山岩群中，有一个喷汽孔区在龟山岛，有8个温泉区在上新世一更新世到近代沉积物中，只有2个温泉区在中新世沉积物中。

大屯地热区位于台湾岛北端，在50 km^2内有13个喷汽孔和热泉区，喷汽孔水温高达120 ℃，在1 100～1 500 m深处可获得293 ℃的高温蒸汽。深部水的pH为2，在地表带有大量自然硫、黄铁矿、硫化氢和明矾石出现。土场地热田在台湾的东北部，位于中央山脉的西侧。在100～500 m的深度范围内，地下水温度为120～173 ℃，用二氧化硅温标计算水温可达190 ℃。

从全球地热资源的分布规律来看，世界高温地热带几乎都分布在第三纪后的火山活动区。我国一些强烈的水热活动带，如西藏、滇西腾冲及台湾，都分布在近代火山活动地区及年青的造山带内。藏滇带是全球性地热带的重要组成部分，属地中海一喜马拉雅缝合线型地热带。中国台湾大屯的马槽属环太平洋地热带中的西太平洋岛弧型地热亚带。

二、隆起带断裂构造型地下热水

隆起带地下热水与活动性构造断裂有密切关系，是脉状承压水，常由大气降水深循环溶滤岩石中的化学成分，形成低矿化含氮热水。这种类型的地下热水在我国分布于以下几个带：

(1) 东南沿海热水带：包括广东、福建、江西及湖南等省，共有热水点 500 余处，尤以广东、福建出露温泉最多，其中广东 250 余处，福建 190 余处，江西 80 余处。广东、福建温泉温度较高，大多在 50～70 ℃之间，80～90 ℃以上的有 100 余处。江西及湖南南部温泉高于 60 ℃的仅占本带总数的 20%。福州市孔深 505 m 处水温达 107 ℃，漳州市孔深 265 m 处水温达 120 ℃，广东汕头市东山湖，钻孔水温达 102 ℃。东南沿海地区是我国深断裂的典型代表地区，广泛发育走向 NNE 的褶皱带，以及与此有密切关系的不同性质的活动性深断裂，早期有强烈的挤压，晚期有明显的张裂。

(2) 胶辽热水带：北起长白山区、辽东半岛，南至山东半岛及其南部延伸地带。本带有温泉 80 余处，水温多在 40～60 ℃，最高达 90 ℃以上。位于本带北部的长白山火山，曾分别在 1597 年和 1702 年喷发过，在其周围地区分布有 5 处温泉，最高水温为 78 ℃，还有 7 处碳酸泉。由长白山区向南至辽东半岛、山东半岛一带，地表有大片岩浆岩出露，温泉多沿燕山期花岗岩断裂带和花岗岩与围岩的接触带分布。几乎纵贯中国东部的郯城－庐江断裂带贯穿整个热水带，它是一条切穿地壳乃至上地幔的活动性断裂带，经历过多期构造运动的作用和性质多变的演化，尤其在中－新生代，由于引张与挤压交替作用，断裂和岩浆活动强烈。沿断裂带不但有温泉出露，地温梯度也较高，平均为 3.42～4.28 ℃/100 m。

(3) 冀热－雪峰带：主要包括冀热山地、太行山、秦岭东段及湘西、桂东山区等。共有热水点 300 处，多为中低温热水。

(4) 南北热水带：南起云南省，向北经川西北山地，跨秦岭延伸到银川地堑，与汾渭地堑相连。本带热水点共有百余处，地热带呈南北方向展布，与构造方向一致。南段的温泉较密集，北段的温泉数量渐少，水温多在 60 ℃以下。南北热水带，在地质上处于南北构造带上，它是中国境内划分东西两个地质体的重要界线，是长期存在和活动着的地壳断裂带。

三、沉降带盆地型地下热水

沉降带地下热水是一种盆地型层状承压水和裂隙似层状承压水。在我国许多辽阔的大平原和大盆地地区同样蕴藏着丰富的地下热水，只是因为这些地区接受了中、新生代巨厚层的沉积物，地下热水没有出露地表而已。随着我国地质勘探事业的发展，许多地区都打出了地下热水。

(1) 松辽－海南热水带：东北起松辽平原、华北平原，南到江汉平原、北部湾海域。该带为深埋藏热水，如天津震 4 孔，深 1 240 m，水温 82 ℃；华北 16 井，深 2 700 m，水温 116 ℃；山东 2 井，深 4 900 m，水温 187 ℃；江汉 4 井，深 3 000 m，水温 97 ℃；广东雷南 261 井，深 485 m，水温 68 ℃。

(2) 呼伦贝尔－四川热水带：北起呼伦贝尔、陕北高原(包括汾渭谷地)，南到四川盆地。该带也为深埋热水，如西安 1 号井，深 1 000 m，水温 69 ℃；四川 2 井，深 2 900 m，水温 89 ℃。

除以上两个沉降带外，柴达木、准噶尔等盆地，随着油气田的勘探开发，许多探井相继获得热水和热卤水。

据现有资料分析，我国中新生代沉积盆地的地温梯度自西部向东部有逐渐增高的规律性，列于表 8-1。这是西太平洋板块向东亚大陆的俯冲活动以及印度板块向北碰撞的加强，使中国大陆板块的东部和西部表现出两种不同的构造运动所造成的。西部表现为地壳压缩、增厚、隆起，盖层强烈褶皱变形，形成以古生代、中生代为主，新生代为辅的沉积拗陷盆地。一般多受挤压而无重大构造破坏，地下水与围岩处于热平衡状态，地温梯度接近正常梯度值。东部则主要表现为地壳拉张、减薄、边缘褶皱、地幔上拱，形成以早第三纪为主的裂谷盆地，有巨大的张性断裂系统，表现为高热流及较强的水热活动，地温梯度高于正常值。

表 8-1 我国主要中新生代沉积盆地地温梯度 ℃/100m

盆地	准噶尔	四川	陕甘宁	江汉	冀中	黄骅	济阳	松辽	下辽河
地层时代	白垩系	侏罗系	侏罗系	第三系	震旦系	第三系	第三系	白垩系	下第三系
最大值	2.17	2.7～3.7	2.8	3.25	4.2	3.95	3.9	6.2	5.0
一般值	2.0～2.17	2.2～2.4	2.75	3.10	3.7	3.3～3.6	3.1～3.9	3.1～4.8	3.1～3.6

第二节 地下热水的水化学特征

一、火山和近期岩浆活动型地下热水

该类型地下热水又可分为近代火山型及近期岩浆型两种类型，它们具有很多共同点，只是在前者分布区火山物质喷出地表，而在后者分布区熔融物质侵入地下。但也有这种情况，即现代火山区的热泉与火山热源无关，而受构造断裂控制，热源来自浅部正在冷却的岩浆体。

世界许多著名地热区属近代火山型，如意大利蒙特阿米亚特、新西兰怀拉开、美国盖瑟尔斯、俄罗斯堪察加半岛的波热特、日本松川等。分布在我国台湾及云南的一些火山温泉区亦属此类。世界著名地热区意大利拉德瑞罗、土耳其克泽尔代尔及我国西藏羊八井等，无近代火山作用，但地处新生代构造带，地壳活动强烈，有近期岩浆体侵入形成强大热源。因此，可以划归近期岩浆型。

在这里，未冷凝的火山物质和侵入的岩浆体是使周围岩石、土壤和地下水加热的强大热源。在热源影响所及的范围内，形成面积宽广的地热异常区。有人估计，自新生代（距今七千万年）以来的岩浆活动，可能有余热保存到现在。不过还与当时岩浆活动的规模和深度等因素有关。总体上，距现在越近的岩浆活动保留的余热越多，在其附近形成的地热异常区也越明显。其地温梯度大大高于正常梯度值，一般高出几倍甚至十几倍。地表有显著的地热显示，如喷泉、沸池、冒气地面、硫质喷气孔及泉华丘等。

在现代火山区要形成一个好的蒸汽田，首先需要有一个良好的储热构造。从图 8-1 中我们可以看到，一个未冷凝的岩浆体是强大的热源；下渗的大气降水被加热以后，储存在含水性很好的火山碎屑岩中；火山碎屑岩之上有一个由泥岩组成的盖层，就像一个大锅盖，起着隔水和隔热作用。还应有作为热水和蒸汽上升通道的与火山作用有关的构造断裂带。形成好的蒸汽田的另一个重要条件，是要有足够的水源补给。如果水源不足，大量开采后就要造成热水蒸气的产量降低。

在现代火山和近代岩浆活动区内，其温度方面的特点是，由于强大的热源影响，可以在地壳浅处（在几百米至一、两千米范围内）形成温度达几百度的高温过热水和蒸汽。过热水

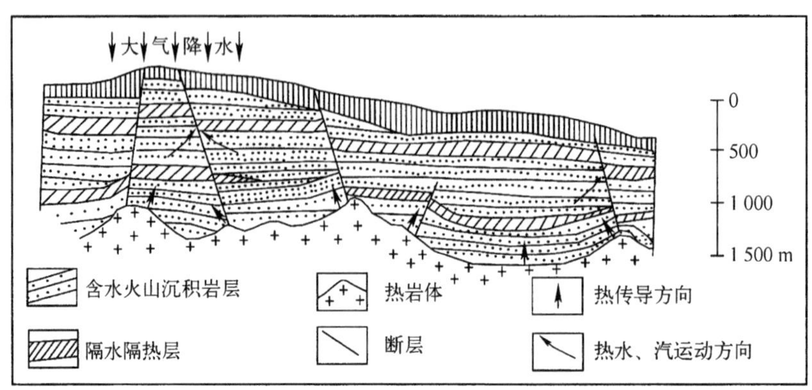

图 8-1 现代火山区某地热田地质构造示意图

（据“地热”，1972）

和蒸汽的压力可以达到($n\times10$～200) atm。

在水质方面，这类地下热水中，一方面受火山和岩浆活动的影响含有火山和岩浆起源的成分；另一方面受区域水文地质条件的控制，随着受火山和岩浆活动影响程度的差异，不同部位地下热水的化学成分有所不同。

在现代活火山直接影响的范围内，受火山喷气影响水中含大量自由硫酸和铵、铁、铝的硫酸盐，为纯硫酸盐型或氯化物－硫酸盐型水，没有重碳酸盐；水的酸度很大，pH 一般由 1.0到 3.0；特殊成分有盐酸、硅酸、偏硼酸，有时有砷酸；气体成分有二氧化碳、二氧化硫、硫化氢、盐酸气和氟氢酸气等；矿化度为每升几克。这种化学成分的地下热水分布范围较小。

在现代火山区深处高温还原条件下生成的热水和蒸汽，其化学成分的特点是，水化学类型多为Cl-Na 型和 Cl-HCO_3-Na 型；矿化度一般小于 4～5 g/L；可溶性硅酸含量很高，一般在 100～200 mg/L，可达 300～600 mg/L；pH 多在 7 以上，个别达 9.20；气体以 CO_2为主，其次为 H_2S 和 N_2。例如我国羊八井地热田主要热水化学类型为 Cl-HCO_3-Na 型（43 个水样中有 93%属于此类），矿化度 1.32～1.86 g/L；此外 HBO_2 含量较高，一般在 0.15～0.34 g/L之间；pH 多在 7 以上，个别达 9.20；可溶性硅酸最高达 247.6 mg/L；气体以 CO_2 为主，其次是 H_2S 和 N_2；热水的氢氧同位素值接近于当地大气降水的氢氧同位素值：$\delta^{18}O=-17‰\sim-20‰$，$\delta D=-150‰\sim-160‰$。

二、隆起带断裂构造型地下热水

隆起带地下热水，常以温泉的形式出露于地表，大多数温泉沿活动性构造断裂和中、新生代酸性、中性岩浆岩及火山岩接触带或在接触带附近涌出，少数则在岩体本身或在沉积岩和变质岩系中的断裂带出露。这一带内的热水，往往是裂隙承压水或极不均一的裂隙一似层状承压水。

1. 地下热水的形成与地质构造的关系

当研究了隆起带地下热水，特别是研究了江西、福建、广东等地一系列地下热水的区域地质和温泉出露条件后，发现这里在挽近地质历史时期内，地壳运动比较活跃，形成了好几组方向不同、规模不等、相互交叉的断裂，大气降水沿着这些构造渗入地壳深部（最深可达10 km以上，一般3～5 km），经深循环加热后，在有利的地质构造部位（张性断裂或断裂交叉部位），涌出地表形成温泉或储存于浅部松散层中（在相对低洼的地方）。其温度高低主要取决于地下水循环深度及地下径流的时间和路途，由于地下水是沿陡倾斜地层或近于直立的断裂裂隙带上涌的，其上升速度快，沿途热量散失小，来不及与围岩达到完全的热平衡。因此，在热水上涌的主通道附近，常常形成局部的热异常区。这种热异常区的范围一般都不大，由小于一平方公里到十几平方公里。有时有好几个热异常区沿着同一主干断裂的方向断续分布。如江西省修水县白岭温泉，在三公里长的一条北东向断裂带上有水温45 ℃，52 ℃，62 ℃三组温泉出露。江西崇仁县马鞍坪温泉、临川县青莲山温泉等均沿着吉水—德兴深大断裂分布。

在地热异常区内，地下热水埋藏较浅，土壤和岩石的温度远比邻近地区的温度高。从等温线图（图8-2）上可以清楚地看出，土壤和地下水的温度由地热异常区的中心向外围逐渐降低，等温线呈不规则的同心圆状。

从区域上看，在我国东部第一级构造（北北东向断裂，新华夏构造体系）对地下热水（温泉）起着控制作用，而在这一地区的局部地段，温泉的分布方向则未必与第一级构造线方向一致，地下热水的主要通道往往受次一级或再次一级构造支配。如沿广东省东部的莲花山断裂带分布着十余处温泉，区域断裂走向为北北东，而每处温泉的排列方向则多受次一级断裂所控制（图8-3）。又如江西省宜春—东平深大断裂上的宜春温汤温泉、宜春洪江温泉、东平县科山垦殖场月湖温泉等亦受宜春—乐平深大断裂控制，而每处温泉的排列方向则受次级构造控制。

2. 地下热水的化学成分特征

这种类型的地下热水，多循环于结晶岩地区（花岗岩、火山岩、古老变质岩），由大气降水渗透至地壳深部加温并对围岩进行溶滤而形成。其化学成分通常属于微矿化含N_2热水，矿化度一般小于1 g/L，水型以$HSiO_3$-HCO_3-Na，HCO_3-$HSiO_3$-Na，HCO_3-Na为主，部分为CO_3-SO_4-Na，SO_4-HCO_3-Na型；灰岩地区有HCO_3-Ca-Na型；近海地区有Cl-Na型水，矿化度多在1 g/L以下，部分在1～10 g/L之间。硅酸、氟、氡是这类热水的标志性元素。气体成分中普遍含氮气（常达90%以上）、氧气及稀有气体氦。东南沿海一带有不少含碳酸温泉，CO_2含量一般为几百毫克/升（如江西省崇仁马鞍坪温泉CO_2含量为715 mg/L），最高达2 000 mg/L。

硅酸在地下热水中，主要以偏硅酸H_2SiO_3和硅酸H_4SiO_4的形式出现，其含量取决于水的温度和岩性（以花岗岩地区为最高）。根据江西省温泉资料，可溶性SiO_2含量多在40～80 mg/L，部分为100 mg/L，最高达150～160 mg/L（铜鼓县古桥温泉、遂川县樟木坑温泉）。

氟是卤族元素之一，它具有与氯十分相近的化学性质。在岩浆岩中，最常见、最重要的含氟矿物是氟磷灰石，另外，角闪石和云母族矿物中也含氟。在含氟矿物中云母易溶于水，磷灰石次之，萤石难溶于水。结晶岩地区地下热水含多量的氟，主要有两方面的原因。一方面是岩石本身具有含氟矿物，提供了氟在水中聚集的物质来源；另一方面，由于地下热水对结晶岩的溶滤作用产生了有利于氟迁移和聚集的水文地球化学环境。对实际资料的分析表明，在重碳酸—钠（或碳酸—钠）、硫酸—钠型的地下热水中氟含量较高，而重碳酸—钙、硫酸—钙型的地下热水含氟量明显降低或消失。这是由于氟的钠盐和氟的钙盐在水中的溶解度

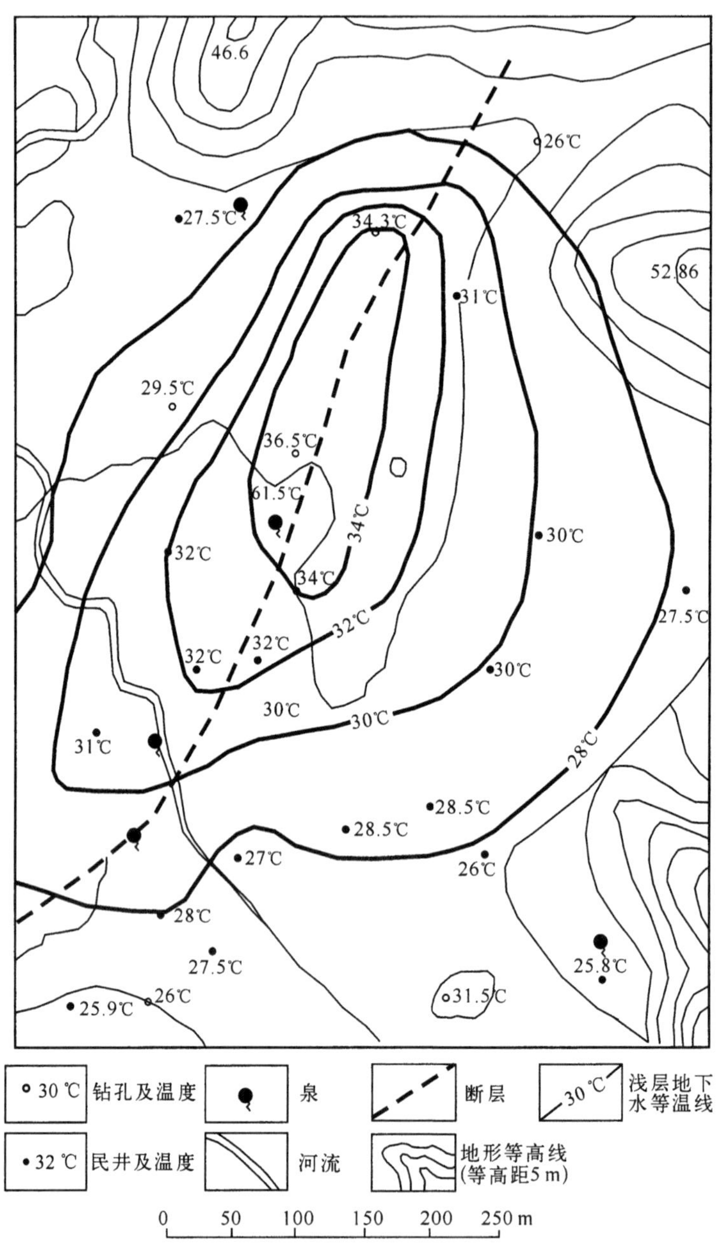

图 8-2 广东省某地热异常区浅层地下水等温线图

(据原广东省地矿局水文地质队资料)

不同的缘故。在水中含有多量的钙时，将形成氟化钙沉淀；在水中含有多量的钠时，便形成易溶的氟化钠，保证了氟在溶液中高度的稳定性，造成了有利于氟在热水中富集的条件。

此外，温度和 pH 也是影响氟在水中富集的重要因素。在大多数情况下，较高的氟含量常出现在 pH 大于 8、温度高于 50 ℃的地下热水中。根据江西省部分温泉资料，水中氟含量多在 5～11 mg/L 之间。

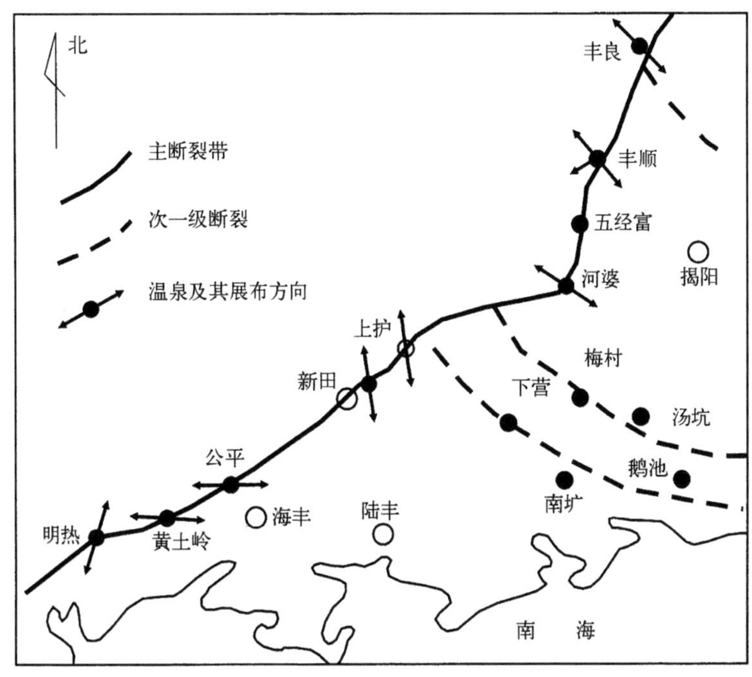

图 8-3 广东省莲花山断裂带温泉分布示意图

（据原广东省地矿局水文地质队资料）

在这种类型的地下热水中，氡也是标志性元素之一。氡含量较大的地下热水，一般矿化度较低，多为重碳酸盐型，有时硫酸盐含量较高，pH 一般大于 7。

温泉水氢氧同位素研究表明，隆起带地下热水均为大气降水补给。例如，庐山温泉氢氧同位素值 $\delta^{18}O$ 为－7.98‰～－8.06‰，δD 为－49.6‰～－52.9‰；贵州息峰温泉氢氧同位素值 $\delta^{18}O$ 为－8.91‰，δD 为－63.3‰，均与当地补给区大气降水氢氧同位素值近似。

三、沉降带盆地型地下热水

沉降带的地下热水，往往是层状承压水和裂隙似层状承压水，一般都具有良好的盖层和含水层，但通常埋藏较深。这些沉降带中的某些隆起带或边缘地带的某些构造地段，对勘探地下热水比较有利。

沉降带在地热状态上一般属于地热梯度正常值区或较高值区，如松辽平原一般为4.2～5.2 ℃/100 m，江汉某地 3.5 ℃/100 m，四川某地 3.2 ℃/100 m，柴达木盆地 2.8～3.2 ℃/100 m。因此，在地热梯度值较高的沉降带内，一般在 1 000 m 深处可得 50～60 ℃的热水，而在地热梯度值较低的地区，在 1 000 m 深处只能得到 40 ℃左右的热水。

在同一沉降带内的不同地点，其地热梯度也不一样，这主要取决于地下构造的形态和岩性特征。例如松辽平原，据测量结果，在地下隆起带的地温值较高，而在倾斜带则较低。在小的构造单元上，隆起带顶部地温值比翼部地温值要大。此外，松辽平原的地热特征与地层的岩性也有一定关系，一般以泥岩为主的地层地温值要高于以砂岩为主的地层地温值。

在天津地区，在覆盖层下的凸起部位，地热梯度可达 6～7 ℃/100 m，而在相邻的凹陷部位的地热梯度值则小于 3 ℃/100 m。在基底凸起的地方，如果发育着至今仍有活动的继承性断裂构造，则往往形成地热异常区。

沉降带地下热水化学成分的变化，一般服从于盆地地下水化学垂直分带规律。随着含水层深度的增加，低矿化的重碳酸盐型水和硫酸盐型水逐渐被高矿化的氯化物型水所更替。

我国大面积分布着中、新生代陆相沉积盆地，但由于各盆地沉积环境、盆地发展过程和发育阶段的差异，以及盆地基底构造的不同，其水化学成分也比较复杂。总的来看，东部某些盆地，特别是像松辽、华北这样一些陆相淡水湖沉积盆地，其水化学特点是矿化度较低，常常在 2 000 m 或更深的范围内，也未见高矿化的热卤水出现。

松辽、华北、江淮和准噶尔等盆地均为中等矿化度的热水，矿化度一般小于 10 g/L，最高不超过 20 g/L。特别是在边缘地区则常常形成矿化度很低的重碳酸盐型地下热水。如北京、天津等地的地下热水，矿化度多小于 1 g/L。华北平原的胜利油田则是例外，在它的个别凹陷上，热水的矿化度可达 50 g/L，甚至更高。此外，在准噶尔盆地的独山子构造上，也出现矿化度超过 50 g/L 的热卤水。这些盆地热水的化学类型除一部分属重碳酸盐型外，其余多数属于 Cl-Na 型。

鄂尔多斯、酒泉等盆地地下热水的矿化度较高，一般在 50 g/L 左右，最高可达 70～80 g/L，多为 Cl-Na 型水。

江汉平原、四川盆地和柴达木盆地，由于地层内分布着较多的岩盐层，因此地下热水的矿化度极高，一般均为超过 100 g/L 的浓热卤水，矿化度最高可达 340 g/L 和 366.5 g/L，水化学类型为 Cl-Na 或 Cl-Na-Ca 型。

沉降带热水的一个重要特点是缺少硫酸根离子，在高矿化的浓热卤水中，有较高含量的微量元素，如 I，Br，B，Li，Rb，Cs，Sr，Ba 等。

沉降带热水的气体成分取决于油、气藏分布、构造封闭程度和有机质生物化学作用强度，特别是与油、气藏有着密切的联系。其气体成分以甲烷、氮、硫化氢为主，个别以二氧化碳和硫化氢为主。如柴达木、准噶尔、松辽、华北、四川等盆地，甲烷均在 80%以上；西藏伦坡拉盆地则以二氧化碳和硫化氢为主，它们的总量可达 90%以上；鄂尔多斯盆地、雷琼盆地则以氮为主，含量可达 80%以上。

思考题

1. 简述我国地下热水的主要类型。
2. 简述火山和近期岩浆活动型地下热水分布特征。
3. 简述隆起带断裂构造型地下水热水分布特征。
4. 简述沉降带盆地型地下热水分布特征。
5. 简述隆起带地下热水形成的地质构造条件及其水化学特征。
6. 简述沉降带地下热水的地质构造特点及其水化学成分特征。
7. 简述近期岩浆活动型地下热水形成的地质构造条件及其水化学特征。

第九章　地下水水文地球化学分类

第一节　地下水的化学成分分类概述

地下水的化学成分分类是水文地球化学最重要的任务之一，因为正确地划分和鉴定地下水的各种化学成分类型，将有利于地下水的研究和利用。

关于地下水的化学分类，不同的作者提出了不同的方法，其中大多数都在一定程度上利用了主要阴离子与主要阳离子间的对比关系(O. A. 阿列金、C. A. 舒卡列夫等)。

O. A. 阿列金提出了比较合理的分类，按照主要的阴离子与阳离子将水分类和分组，然后再按照主要离子间的对比关系划分类型。根据主要的阴离子将水划分为三类：重碳酸盐水($HCO_3^- + CO_3^{2-}$)、硫酸盐水(SO_4^{2-})和氯化物水(Cl^-)。每一类水又根据主要的阳离子划分为三组，而每一组又根据离子含量的对比关系(毫克当量百分数*)再分型。

1934 年，舒卡列夫提出了天然水化学分析资料的整理方法，它以水中的六种主要组分(Cl^-，SO_4^{2-}，HCO_3^-，Na^+，Mg^{2+} 和 Ca^{2+})作为分类的基础，把毫克当量百分数超过 25% 的组分按含量的多少依次排列，得到 7 个阴离子组合和 7 个阳离子组合，一共得到 49 种组合，即相当 49 类，但是其中有 5 类水在自然界未被发现。此外，这种分类比较机械、粗糙，仅适用于水化学的定名，而往往不能反映局部范围内细微的，但却又是很关键、很重要的地质现象。因此，我国有人提出在编制水化学图进行水化学分类、分区时，不要受水化学定名界线的束缚，而应通过对大量水化学资料进行统计研究，寻找水化学的内在规律或统计规律，在此基础上，确定能反映客观地质现象的水化学分类、分区界线。

B. И. 维尔纳茨基在 1929 年建议根据溶解的气体成分，将地下水划分为：氧水、碳酸水、氮水、甲烷水、硫化氢水与氢水。后来 A. M. 奥弗琴尼柯夫将气体成分作为分类的基础，提出了一种从成因角度来研究水的成分的资料整理方法，将水分为含氧化环境气体(氮、氧、二氧化碳等)的地表水和浅层地下水，含还原环境气体，如甲烷、硫化氢、二氧化碳、氮等气体的水(主要是油田水与天然气矿床水)和含变质环境气体(主要是二氧化碳)的水(岩浆活动区的碳酸水即属于这一类)。这种按照地下水形成的自然环境的分类表明了水的成分与气体间一定的成因关系。

综上所述，地下水的化学成分分类有两种明显的趋势：一是以水的阴离子组成作为分类基础，这种分类实质上是一种单纯的水化学分类，它没有考虑到天然水的某些重要特征，如水中的溶解气体、有机物质、二氧化硅、各种微量元素、水的 Eh、pH 以及它们的生成环境和地球化学过程。因此不可能把它看做是水文地球化学分类；二是以水的气体成分作为分类

---

* 毫克当量(meq)表示某物质和 1 mg 氢的化学活性或化合力相当的量。1 mg 氢，23 mg 钠，20 mg 钙都是 1 meq。

基础，特别是 A. M. 奥弗琴尼柯夫还考虑了地下水的形成环境。但是这种分类比较粗糙，一些综合性指标如 pH、Eh、矿化度、有机质、二氧化硅、微量元素等都没有得到反映，因而它不能把地下水形成的地球化学过程和地下水的成因类型与化学成分分类有机地联系起来。以上两种分类的方法都不能全面地反映地下水化学成分形成与水文地球化学环境的关系。

在对地下水的形成条件、地下水化学成分的水平和垂直分带规律作了较详细的研究后，我们对地下水化学成分形成的水文地球化学环境有了一个明确的概念。考虑到水文地球化学环境与某些矿床的形成与破坏之间的密切联系以及和现有地下水化学分类的局限性，我们认为十分需要一个能全面反映地下水化学成分与形成环境内在联系的水文地球化学分类。同时由于水文地球化学找矿工作的普遍开展和油气勘探及各种深孔钻探的进行，积累了关于地下水化学成分，特别是气体成分、微量元素等方面的大量资料，为地下水水文地球化学分类创造了条件。

天然水的水文地球化学分类，应该考虑到水的气体组成、水的酸碱反应和氧化一还原条件、水的离子组成、微量元素、二氧化硅和有机质的含量以及水的矿化度和埋藏条件。这样的分类应使地下水形成和赋存的水文地球化学环境和成因一目了然，从而有利于对地下水的形成和矿床成因的研究。

第二节　地下水水文地球化学分类的基本原则

根据本书前面所述元素在地下水中迁移的一般特征，标型元素和标型化合物的迁移决定着地下水中各种过程的地球化学特点。空气迁移的标型元素和标型化合物主要决定着环境的氧化一还原电位值，影响地下水的氧化一还原条件，它们的存在是地下水形成和赋存环境特征的良好标志。因此，可以根据溶解于水中的空气迁移的标型元素和标型化合物(O_2，N_2，CO_2，CH_4和 H_2S 等)，将水分为六组以作为地下水的环境标志；而水迁移的标型元素和标型化合物，则在很大程度上决定着天然水的酸碱条件和矿化度，其中某些离子，特别是阴离子的浓集规律也在一定程度上反映着天然水的地球化学环境。因此，可以按照地下水中的主要阴离子成分将水分为六类(见表 9-1)，在每一类中又根据阳离子成分将水进一步分为亚类。这样按照空气迁移的标型元素和标型化合物对地下水进行分组，按照水迁移标型元素和标型化合物对地下水进行分类，在分组分类时又考虑到了这两种标型元素和标型化合物所控制的成因环境，这就是地下水水文地球化学分类的基本原则。

一、地下水水文地球化学分组

据水中溶解气体，对地下水水文地球化学进行分组，地下水中常见的气体有 O_2，N_2，CO_2，CH_4，H_2S，H_2 等，它们大都是标型元素或标型化合物，是地球化学环境特征的良好标志。如 O_2 大多是大气成因的，是氧化环境的主要标志；N_2 可能是大气成因的(和氧在一起时是氧化环境的标志)，亦可能是生物还原成因的气体(和 CH_4 或 H_2S 在一起时是还原环境的标志)；CO_2 则有三种来源，即大气成因、生物化学成因和变质及岩浆成因，因而主要是潜育环境或变质岩浆作用的标志；硫化氢 H_2S 和甲烷 CH_4 大多是承压水盆地深层水交替十分迟缓带(停滞带)生物还原成因的气体。因而都是还原和强还原环境的标型化合物。这样，我们将水中溶解的不同气体作为地下水水文地球化学分组的基础，将地下水划分为 A，B，C，D，E 和 F 六组：

A——氧化水组(O_2为主)；

B——潜育水组(生物成因的 CO_2为主，有时有 H_2)；

C——硫化氢还原水组(H_2S 为主，有部分生物成因的 CO_2)；

D——甲烷强还原水组(CH_4为主，有部分生物成因的 CO_2、N_2和 H_2S)；

E——变质或岩浆 CO_2水组；

F——含氮热水组(大气成因的 N_2为主)。

由 A 到 D 分别是氧化环境、氧化－还原环境、还原环境、强还原环境(CH_4多为承压含水层深部与油气田有关的热水中的气体，并常和生物成因的 N_2共生，是强还原环境的标志)的水组，E、F 是两个特殊的矿水组，它们反映了特殊的地质构造和地下水循环情况。

根据地下水的埋藏条件，将地下水分为潜水亚组和承压水亚组。在分类表中将热水(25℃以上)用☆表示，冷水(25℃以下)用△表示。在每个水组中注明 Eh 值的大致变化范围、微量元素和各种特殊组分，力求充分表示出每组水的水文地球化学环境特征。

1. 氧化水组(A)

水中含有自由氧或其他强氧化剂——$Fe_2(SO_4)_3$等。大部分地表水(包括全部河水和大部分海洋水)、潜水和部分承压水属于这一组。水中 Fe，Mn，Cu，U 和 S 及其他许多元素均处于高度氧化状态(Fe^{3+}、Mn^{4+}、Cu^{2+}、U^{6+}、V^{5+}和 S^{6+}等)，围岩染成红、棕、黄色，气体中有少量大气成因的 N_2等。在碱性环境中，Eh 可能仅略高于零，一般大于＋0.15 V，高达＋0.6～＋0.7 V；在酸性条件下，氧化环境的下限 Eh 值超过＋0.4～＋0.5 V(Eh＝＋0.15～＋0.4 V 标志着还原环境)，标型元素是氧 O_2。

2. 潜育水组(B)

水中不含自由氧和其他强氧化剂或只含少量氧；不含或只含很少的硫化氢，能将 Fe^{3+}还原成 Fe^{2+}；同时有嫌气细菌发育，在水中出现嫌气细菌活动的产物 CO_2。气体主要为生物来源的 CO_2($\delta^{13}C$≈1.8％～2.8％)和大气来源的 CO_2($\delta^{13}C$≈0.65％～1.1％)，地下水中这两种来源的游离 CO_2的含量多为 15～40 mg/L，最大不超过 150 mg/L，有时有 H_2。潜育水的特点是二价铁的含量很高，有的地方 Mn，CH_4，P，Cu 和有机酸的含量也高。这种水中 Fe^{2+}的含量可达 10 mg/L，有的地方甚至可达 100 mg/L，在这种条件下，Fe^{2+}，Mn^{2+}容易在水中迁移。标型气体是 CO_2或 H_2。在酸性环境中 Eh 低于＋0.4～＋0.5 V；在碱性环境中则低于＋0.15 V。围岩呈淡绿色、灰色和灰蓝色。在很低的电位下，可能使 V，U 和 Cu 还原($V^{5+}\rightarrow V^{3+}$，$U^{6+}\rightarrow U^{4+}$和 $Cu^{2+}\rightarrow Cu^{+}\rightarrow CuO$)而形成这些金属的不溶性化合物。许多潜水或承压水、湿润气候区的沼泽水以及基岩中沿断层下渗的深层水，都属于这一类。

3. 硫化氢还原水组(C)

水中不含自由氧和其他强氧化剂，但含大量的硫化氢及其衍生物——HS^-，S^{2-}，局部地区有甲烷及其他碳氢化合物，有时含生物成因的 CO_2。这种水主要处于水交替缓慢或滞流带。标型化合物是硫化氢(1 mg/L 以上)和部分碳氢化合物。这种环境主要表现于碱性条件，一般 pH＞7；如果为重碳酸－钠型水(苏打水)，pH 可增至 9～11；若为重碳酸－钙或其他化学成分的水时，pH 可降低至 5～9。水的 Eh 值常低于零，一般为－0.25 V，局部地方达－0.5～0.6 V，Fe 和其他许多金属在这种水中不能迁移，形成难溶性的硫化物；三价铁被还原后形成黑色的胶体状硫化物一水陨硫铁、胶黄铁矿；水中的六价铀被还原成四价铀沉淀。

表 9-1 地下水水文

按主要阴离子分类	按主要阳离子分亚类（型）	pH变化范围	分组	氧化水组(O_2)A		潜育水组(CO_2、H_2生物) B		硫化氢还原
			Eh变动范围	酸性环境 Eh>+0.4～+0.5V，碱性环境Eh略高于零，一般大于0.15V，可达+0.6～+0.7V		酸性环境 Eh<+0.4～+0.5V，碱性环境<+0.15V		<0，达 0.5 (pH5~11)
			特殊组分	$Fe_2(SO_4)_3$,Fe^{3+},Mn^{4+},Cu^{2+},U^{6+},V^{5+},S^{6+}		主要为生物来源CO_2，$\delta^{13}C$ −1.8‰～−2.8‰，少量CH_4,Fe^{2+},Mn^{2+}		H_2S,HS^-,S^{2-}，局其他碳氢化合
			按地下水					
				潜水	承压水	潜水	承压水	潜水
Ⅰ. $HSiO_3^-$ $HSiO_3^{2-}$-HCO_3	1.Fe^{3+},Al^{3+},H^+(潜水)	>4,<6.5		△	△	△		
	2.Na,Na-Ca	7.5～8.5						
Ⅱ. HCO_3^- (HCO_3-$HSiO_3$, HCO_3-SO_4)	1.Ca	一般由6.5～8.5（中性弱碱性），含大量CO_2的水为弱酸性(5～6.5)可达9.5～11(还原环境苏打水)		△	△	△	△	
	2.Ca-Mg(Mg-Ca)			△	△	△	△	
	3.Ca-Mg-Na			△	△	△	△	
	4.Ca-Na(Na-Ca)			△	△	△	△	
	5.Mg			△	△	△	△	
	6.Mg-Na(Na-Mg)			△		△	△	
	7.Na							
	9.Fe,Al							
Ⅲ. SO_4 (SO_4-HCO_3,SO_4-Cl)	1.Ca	一般6.5～8.5		△	△		△	
	2.Ca-Mg(Mg-Ca)			△	△		△	
	3.Ca-Mg-Na			△	△		△	
	4.Ca-Na(Na-Ca)			△	△		△	
	6.Mg-Na(Na-Mg)			△	△		△	
	7.Na			△	△		△	
	9.Fe,Al 其他	<4到1		△			△	
Ⅳ. HCO_3-Cl (HCO_3-SO_4-Cl)（生物还原）	7.Na	6.5～8.5 含变质CO_2的为弱酸性		△				
	4.Na-Ca							
	8.Na-Ca-Mg							
Ⅴ. Cl	7.Na	6.5～8.5		△			△ ☆	
	4.Na-Ca						△ ☆	
	8.Na-Ca-Mg						△	
Ⅵ. 卤水(Cl)	7.Na	>7						
	4. Na-Ca(Na-Mg)							
	8.Na-Ca-Mg							
	2.Ca-Mg(Mg-Ca)	<6.5 或更低可达4甚至3						
	1.Ca							
	5.Mg			△				

附注：△—冷水（25℃以下）；☆— 热水(25℃以上）。在表中有△或☆表示已有实际资料，并是常见的地下水。　表示在自然界不能形成的

地球化学分类表

按水中溶解的主要气体成分分组							矿化度/(g/L)	备注
水组(H_2S)C	甲烷强还原水组(CH_4)D		变质或岩浆碳酸水组(CO_2)E		含氮热水组(N_2大气)F			
~ -0.6V	<0,达-0.5~-0.6V (pH一般>7)		一般<+0.15V (pH为弱酸性5~6.5)		一般<+0.25V (pH>7)			
部有CH_4和物及CO_2	CH_4,$N_{2生物}$,I,Br,B,Li,Rb,有机物		$\delta^{13}C$-0.7‰(-0.3~-1.3‰) CO_2含量>500 mg/L		N_2大气(氩/氮 0.011 8)含量占气体总量的90%以上,一般含有F,Rn,$HSiO_3$>50 mg/L			
埋藏情况分亚组								
承压水	潜水	承压水	潜水	承压水	潜水	承压水		
						☆	0.05~1 <1	在潮湿温暖地区含大量的有机物质
△ △ ☆	△ △			△ △ △ △ ☆		☆ ☆ ☆ ☆ ☆ ☆	一般<1 由生物还原硫酸盐作用生成的HCO_3-Na(或Ca)型水为2~2.5;含大量变质CO_2的HCO_3型水的矿化度可达5~10	生物还原生成的HCO_3型水含大量的脱硫酸菌、H_2S、生物成因的CO_2
△							承压水一般少于2,干旱地区潜水1~3、2~10,很少可达25~35,硫化矿床氧化带可达15~35,最高可达100	硫化矿床氧化带有铁细菌和硫酸菌活动
△ △ △		△		△		☆	一般2~5(承压水),含变质CO_2的水矿化度可达6以上,最高达12	含脱硫酸菌
△ △ △						☆	一般5~20~30或更大100,干旱地区潜水可达50以上	石油产地含CO_2热水中含有大量有机物质
△ ☆ △ ☆		△ ☆ ☆ ☆ △ ☆ ☆ ☆					>100、100~200、一般在275以上,最高可达650,干旱地区潜水Cl-Mg型可达300	含大量有机物质

水化学类型。空白处资料暂缺。

4. 甲烷强还原水组(D)

在承压水盆地水交替十分困难带(停滞带)的含有机质的沉积岩还原环境中,地下水充满生物成因的 CH_4 和 N_2,一般在成因上与含沥青、石油或含煤岩层有联系,多为热水,但在个别情况下,含大量有机质或有油气显示的潜水也可能是甲烷水。在正常海相沉积岩中,水的矿化度为每升几克至十几克、水质为 HCO_3-Na 或 Cl-Na 型;如在含盐沉积岩中,则水的矿化度可达 300 g/L 以上,水质多为 Cl-Na,Cl-Ca 型(水文地质封闭构造中的封存变质海水)。在这组水中缺少 SO_4^{2-},而富集 I,Br,B 和 Ba 等,并常常达到工业开采浓度,气体以 CH_4 为主,N_2 气次之。多为强还原环境,Eh 常低于零,为−0.5～−0.6 V 或更低。一般 pH >7,但对高矿化度的 Cl-Ca 或 Cl-Na-Ca 型水,由于高浓度的 Cl-Ca,可能降低至 3。如四川盆地川中地区龙女寺女基井侏罗系香溪组(香四层)的水,其分析资料如下:水质为 Cl-Na-Ca 型,矿化度 323.07 g/L,I 42 mg/L,Br 1 602 mg/L,B 81 mg/L,pH=5,甲烷为气体总量的 97.234%,乙烷 1.994%。

5. 变质或岩浆碳酸水组(E)

碳酸水区常处于大的构造断裂带、现代火山源地、近斯岩浆活动区(第三纪与第四纪)和区域变质地带。水中含大量 CO_2,一般在 500 mg/L 以上,有的超过 2 g/L,泉水出露地表后有大量 CO_2 从水中逸出。二氧化碳为岩浆或变质成因,其碳同位素成分 $\delta^{13}C=-0.7\%$(在 −0.3%～1.3%之间,它代表了碳质和石墨质陨石的性质)。碳酸水多是水交替强烈带特有的重碳酸水。它常产于构造隆起带,因而其矿化度较低,大部分碳酸泉的总矿化度介于 1～10 g/L 之间,小部分 10～20 g/L,个别可达 30 g/L。多为重碳酸盐型水、重碳酸—氯化物水,少部分为氯化物水。除冷碳酸水外,还有碳酸热水,其矿化度一般小于 4～5 g/L,盐类成分一般以氯化物为主,可溶性硅酸可达 300～600 mg/L。pH 一般为 5～6.5,Eh 一般小于+0.15 V。

6. 含氮热水组(F)

这类热水多循环于隆起带近代地壳运动活跃的结晶岩地区,由大气降水渗入地壳深部而形成。通常属于弱矿化的含氮热水,矿化度一般小于 1 g/L,以硅酸—重碳酸—钠型和重碳酸—钠型水为主,部分为碳酸—硫酸—钠、硫酸—重碳酸—钠型,灰岩地区有重碳酸—钙—钠型,近海地区为氯化钠型水(矿化度为 1～10 g/L)。二氧化硅含量可达 150 mg/L 或更多,F 和 Rn 是这类热水的标志性元素。根据江西这类温泉的资料,F 含量多在 5～11 mg/L。N_2 在可溶性气体中可达 90%以上,一般用氩氮比来判断氮的成因,大气成因的氮的氩氮比为 0.011 8,以百分数表示为 1.18%(这里的氩指重惰性气体 Ar+Kr+Xr 的总数)。这类水的 pH 一般大于 7。

二、地下水水文地球化学分类

水迁移的标型元素和标型化合物在很大程度上决定着天然水的酸碱度及矿化度。因此,我们可以根据水中的主要阴离子成分将水分为六类,并用罗马数字Ⅰ,Ⅱ,…,Ⅵ表示,在每一类中根据阴离子成分分出亚类(型)用阿拉伯数字 1,2,…,9 表示,列于表 9-1。并在每类中注明 pH 和矿化度的大致变动范围。水中有机物质与水质类型的关系在备注中加以说明,毫克当量百分数超过 20 的阴、阳离子参加分类。

在所有前三类(Ⅰ,Ⅱ,Ⅲ)水中,都不含大量的氯,可以认为是大气降水在结晶岩、变质岩或被冲刷得很好的海相沉积岩地区水积极交替带形成的溶滤水。这些水的矿化度一般小于2.5 g/L,只有个别情况下可超过2.5 g/L。第Ⅰ类微矿化硅酸一重金属(酸性)或硅酸一重碳酸钠型水多为岩层被冲刷彻底的潮湿多雨地带的潜水,其矿化度很低,多为0.05~0.1 g/L,pH一般在6.5~4.5之间。弱矿化的碱性含氮硅质热水是隆起带构造脉状承压水,矿化度多小于1g/L,大多在0.5 g/L左右,pH在7.5~8.5之间。第Ⅱ类重碳酸型水矿化度多在1 g/L以下,只有生物还原硫酸盐形成的重碳酸盐水,矿化度可达2~2.5 g/L,油田附近含大量有机质的HCO_3-Na型水的矿化度可达3~7 g/L,有时含大量变质CO_2的重碳酸型矿水的矿化度可达5~10 g/L。第Ⅲ类SO_4^{2-}水(包括过渡类型SO_4-HCO_3水),其矿化度一般小于2 g/L,在某些含变质CO_2和H_2S的矿水中可大于2 g/L,干旱地区潜水1~10 g/L,很少达25~35 g/L。硫化矿床氧化带的强酸性硫酸一重金属型水,矿化度可达15~35 g/L,最高100 g/L。

第Ⅳ类(HCO_3-Cl),第Ⅴ类(Cl)是不含石膏或岩盐的正常海相沉积岩冲刷不彻底的困难交替带的水,矿化度一般为2~5 g/L,最高达12 g/L,在含石膏、岩盐的承压含水层中,水的矿化度为5~30 g/L,在干旱地区潜水中矿化度可达50~100 g/L。

第Ⅵ类(卤水)为水交替十分困难带(水交替停滞带)的海相封存水,水型多为Cl-Na-Ca型,矿化度一般大于275 g/L,最高可达650 g/L(Cl-Ca型)。我国有些湖相封存水(Cl-Na型)矿化度在100~200 g/L。此类型水多为含CH_4热水,少数为含H_2S热水,个别情况下为高矿化度潜水,如我国干旱地区有Cl-Mg型潜水,矿化度达300 g/L。

在Ⅲ类(SO_4)与Ⅳ(HCO_3-Cl)之间有SO_4-Cl,HCO_3-SO_4-Cl等过渡类型水,而且水有各种来源,多为大气降水和原生封存水的混合产物。矿化度一般为1~5 g/L。个别含变质CO_2的碳酸水矿化度可达6~12 g/L。在过渡类型HCO_3-SO_4-Cl(HCO_3-Cl水的过渡型)水以前多为氧化环境的含氧水组(A),部分为含生物CO_2的潜育水组,个别属还原水组。由HCO_3-SO_4-Cl水开始主要属还原环境水组。

三、地下水水文地球化学分类的表示方法

综合地下水分组和分类的原则,可用如下形式完整地表示出地下水水样的分析资料:用A,B,C,D,E,F分别表示六大水组,在字母的右下角用汉字“潜”或“承”分别表示潜水和承压水亚组,在“潜”或“承”字右下角用阿拉伯数字表示Eh值(mV);用罗马数字Ⅰ($HSiO_3$,$HSiO_3$-HCO_3),Ⅱ(HCO_3),Ⅲ(SO_4),Ⅳ(HCO_3-Cl),Ⅴ(Cl),Ⅵ(Cl卤水)分别表示水的六大类,用阿拉伯数字1(Ca),2(Ca-Mg,Mg-Ca),3(Ca-Mg-Na),4(Ca-Na,Na-Ca),5(Mg),6(Mg-Na,Na-Mg),7(Na),8(Na-Ca-Mg,Na-Mg-Ca),9(Fe、Al等重金属)表示水的亚类(型),在阿拉伯数字的右下角以小号阿拉伯数字表示pH,用△表示冷水(25 ℃以下),用☆表示热水(25 ℃以上),在△,☆的右下角用小号阿拉伯数字表示矿化度(g/L)。例如,前苏联马来斯塔N04钻孔硫化氢水的化学成分如下:Br 27.3 mg/L,I 143 mg/L,H_2SiO_3 22.2 mg/L,HBO_2 49.8 mg/L,$\sum H_2S$ 242 mg/L。库尔洛夫式为$M_{11}\dfrac{Cl_{95}}{Na_{77}Ca_{13}}$,Eh=−25 mV、pH=7.5,表示为:$C_{承}-250\text{V}7_{7.5}☆_{11}$(硫化氢还原水组、承压水亚组、Eh=−250 mV、氯化物类、钠型热水,pH=7.5,矿化度11 g/L)。又如四川盆地川中地区龙女

寺女基井(钻孔)侏罗系香溪组卤水,其化学成分:Br 1 602 mg/L、I 42 mg/L、B 81 mg/L、pH=5,甲烷占气体总量的 97.23%,乙烷 1.99%,库尔洛夫式为 $M_{323.07}\dfrac{Cl_{99.9}}{Na_{56.6}Ca_{39.1}}T_{69.3}$,表示为:$D_{承}$ Ⅵ4_5★$_{323.07}$(甲烷强还原水组、承压水亚组、卤水类、钠、钙型热水,pH=5,矿化度 323.07 g/L)。

在工作中有时不测水的 Eh 和微量元素等,因此在分类表中的分组栏内,表示出每组水的 Eh 大致变化范围、微量元素及某些特殊组分。在分类栏中表示出 pH 变化范围。水中有机物质现在分析的更少,放在备注中加以说明。这样做便于按水的类型在分类表中了解 Eh、微量元素和有机质等的大致情况。

某些典型地下水的化学成分和水文地球化学类型列于表 9-2。

第三节 地下水化学成分的某些水文地球化学规律

一、地下水化学成分、矿化度与水文地球化学环境的关系

在研究地下水水文地球化学分类过程中,系统地分析现有地下水化学成分和矿化度的资料可看出,在不同的水文地球化学条件下形成的相同化学类型的水,其矿化度是不同的。例如,溶滤火成岩时形成的碱性水(HCO_3-Na 型)的矿化度是 0.05~0.2 g/L,在承压水盆地含水层中,由于阳离子吸附交替(HCO_3-Ca→HCO-Na)形成的碱性水,其矿化度是0.3~0.6 g/L;还原环境中由于生物还原作用(SO_4-Na $\xrightarrow{\text{生物还原}}$ HCO_3-Na)而生成的碱性水,其矿化度是 0.6~2 g/L;而原生的封存海水中的碱性水的矿化度为 7~10 g/L。又如,在正常海相沉积岩中的硫酸盐型水(SO_4-Ca)的矿化度是 0.3~0.6 g/L ;含有石膏的岩石中的硫酸盐型水的矿化度是 1.5~2.5 g/L;硫化矿床氧化带的硫酸盐型水的矿化度可达15~35 g/L;最高可达 100 g/L;在干旱地区潜水中的硫酸盐型水的矿化度可达 1~3 g/L、3~10 g/L,少数可达 25~35 g/L。其他类型的地下水同样有类似的规律。由此可得出如下三条结论:

(1) 水化学类型相同,但生成的水文地球化学环境不同时,水的矿化度有很大的区别,因此,可以根据水的矿化度和水化学类型大致地判断地下水的形成环境;

(2) 同组不同类的水,矿化度随类的编号递增;

(3) 同组同类型的水,生成的水文地球化学环境大致相同,水的矿化度大致相似。

总之,在考虑到水的形成条件、埋藏条件和水文地球化学环境的情况下,可以按照水的水文地球化学类型来大致确定水的矿化度。相反,知道了水的矿化度就可以大致确定水的水文地球化学类型。

水的化学成分(水化学类型)和矿化度的关系大致地表示在表 9-3 中。

表 9-2　地下水化学成分表

编号	水点类型	位　置	气体成分	矿化度 g/L	化学成分（库尔洛夫式）	特殊成分 mg/L	pH	水温 ℃	水型（水地球化学分类）	资料来源
氧化水组(A)										
1	下降泉	江西湖口高桥	O_2	0.08	$M_{0.08}\frac{HCO_3{}_{83}Cl_{17}}{(Na+K)_{95}}$	—	—	—	$A_{潜}$ Ⅱ6△0.08	江西省1：50万水文地质图控制性水点登记表
2	下降泉	江西修水白桥	O_2	0.2	$M_{0.2}\frac{HCO_3{}_{84}}{Ca_{75}(Na+K)_{21}}$	—	—	—	$A_{潜}$ Ⅱ4△0.2	江西省1：50万水文地质图控制性水点登记表
3	下降泉	江西修水溪口	O_2	0.1	$M_{0.1}\frac{HCO_3{}_{95}}{Ca_{61}Mg_{26}(Na+K)_{13}}$	—	—	—	$A_{潜}$ Ⅱ2△0.1	江西省1：50万水文地质图控制性水点登记表
4	下降泉	江西修水山峰南泉洞	O_2	0.1	$M_{0.1}\frac{HCO_3{}_{82}}{Ca_{54}(Na+K)_{22}Mg_{14}}$	—	—	—	$A_{潜}$ Ⅱ4△0.1	江西省1：50万水文地质图控制性水点登记表
5	下降泉	江西修水岗上梅山	O_2	0.2	$M_{0.2}\frac{HCO_3{}_{80}SO_4{}_{16}}{Ca_{73}(Na+K)_{24}}$	—	—	—	$A_{潜}$ Ⅱ4△0.2	江西省1：50万水文地质图控制性水点登记表
6	下降泉	江西武宁安乐林	O_2	0.2	$M_{0.2}\frac{HCO_3{}_{45}SO_4{}_{44}Cl_{10}}{Ca_{83}Mg_{13}}$	—	—	—	$A_{潜}$ Ⅱ1△0.2	江西省1：50万水文地质图控制性水点登记表
7	下降泉	江西永修燕山	O_2	0.2	$M_{0.2}\frac{HCO_3{}_{45}SO_4{}_{38}Cl_{17}}{(Na+K)_{74}Ca_{19}}$	—	—	—	$A_{潜}$ Ⅱ6△0.2	江西省1：50万水文地质图控制性水点登记表
8	下降泉	江西上高蒙山	O_2	0.2	$M_{0.2}\frac{HCO_3{}_{82}}{Ca_{80}Mg_{19}}$	—	—	20.8	$A_{潜}$ Ⅱ1△0.2	江西省1：50万水文地质图控制性水点登记表
9	下降泉	江西崇仁马鞍坪	O_2	0.043	$M_{0.043}\frac{SiO_3{}_{46}HCO_3{}_{44}}{(K+Na)_{72}Ca_{12}}$	H_2SiO_3 22.1	6.3	—	$A_{潜}$ Ⅰ1△0.04	原抚州地质学院水文地质实验室
潜育水组(CO_2生物)(B)										
10	上升泉	江西临川青莲山水库	CO_2	0.285	$M_{0.285}\frac{HCO_3{}_{88.4}}{Ca_{71.8}Mg_{18.5}}$	Br0.125/F4/$CO_2$81	7.7	42	$B_{承}$ Ⅱ$1_{7.7}$☆$_{0.285}$	原抚州地质学院水文地质实验室

续表

编号	水点类型	位置	气体成分	矿化度 g/L	化学成分（库尔洛夫式）	特殊成分 mg/L	pH	水温 ℃	水型（水地球化学分类）	资料来源
11	上升泉	江西于都黄龙公社	CO_2	1.03	$M_{1.03}\frac{HCO_{3\,56.6}SO_{4\,30.6}}{(K+Na)_{92.7}}$	$F14/Fe^{2+}/Mn^{2+}/CO_2 12.3/Fe^{3+}$	7.5	40	$B_{承}$ Ⅲ $6_{7.5}$☆$_{1.03}$	原江西地质局水文地质大队实验室
12	上升泉	江西上犹黄沙坑	CO_2	0.16	$M_{0.16}\frac{HCO_{3\,77.7}Cl_{12.8}}{(K+Na)_{67.8}Ca_{30.5}}$	$CO_2 42/Fe^{2+}0.1/F5/Fe^{3+}0.1$	7.3	44	$B_{承}$ Ⅱ $4_{7.3}$☆$_{0.16}$	原江西地质局水文地质大队实验室
13	上升泉	江西大余内良	CO_2	0.58	$M_{0.58}\frac{HCO_{3\,70}SiO_{3\,30}}{(K+Na)_{76.6}Ca_{23.4}}$	$H_2SiO_3 114.4/CO_2 51.7$	7	39	$B_{承}$ Ⅱ 2_7☆$_{0.58}$	原江西地质局水文地质大队实验室
14	上升泉	江西全南茅山	CO_2	0.57	$M_{0.57}\frac{HCO_{3\,94.8}}{Ca_{44.5}Mg_{38.4}}$	$CO_2 246.4/F2.4$	5.9	50	$B_{承}$ Ⅱ $4_{5.9}$☆$_{0.57}$	原江西地质局水文地质大队实验室
硫化氢还原水组(H_2S)(C)										
15	上升泉	江西黎川洲湖	H_2S	0.432	$M_{0.432}\frac{HCO_{3\,52}SiO_{3\,30}}{(K+Na)_{85}}$	$H_2S\ 3.06/H_2SiO_3 130/F6$	7.7	44	$C_{承}$ Ⅰ $2_{7.7}$☆$_{0.432}$	原江西地质局水文地质大队实验室
16	钻孔 4	前苏联马采斯塔	H_2S	11	$M_{11}\frac{Cl_{95}}{Na_{77}Ca_{13}}$	Br27.3/I4.3 $CO_2 119.2/$ ΣH_2S242	—	26.9	$C_{承}$ Ⅷ 1☆$_{11}$	A. M. 奥弗琴尼科夫矿水
17	钻孔 1	前苏联塔尔吉	H_2S	6.5	$M_{6.5}\frac{Cl_{67}}{Na_{59}Ca_{27}}$	Br5.7/ $CO_2 206/$ HBO226.5/ ΣH_2S283	—	38	$C_{承}$ Ⅴ 4☆$_{6.5}$	A. M. 奥弗琴尼科夫矿水
18	钻孔	前苏联	H_2S	2	$M_2\frac{SO_{4\,65.4}HCO_{3\,31}}{Ca_{83}Mg_9}$	HBO226.5 ΣH_2S283 ΣH_2S20	6.9	7.2	$C_{承}$ Ⅲ $1_{6.9}\Delta_2$	前苏联矿水地质管理处
19	泉	前苏联	H_2S	2.7	$M_{2.7}\frac{SO_{4\,76}HCO_{3\,20}}{Ca_{77}Mg_{21}}$	ΣH_2S85	6.7	8	$C_{承}$ Ⅲ $2_{6.7}\Delta_{2.7}$	前苏联矿水疗养院实验室

续表

编号	水点类型	位置	气体成分	矿化度 g/L	化学成分（库尔洛夫式）	特殊成分 mg/L	pH	水温 ℃	水型（水地球化学分类）	资料来源
甲烷强还原水组(CH4)(D)										
20	钻孔	四川盆地龙女寺女基井	CH_4	323.07	$M_{323.07}\frac{Cl_{99.9}}{(K+Na)_{56.6}Ca_{39.15}}$	Br1602/ B81/I42	5	69	$D_{承}$ Ⅸ 2_5 ☆$_{323.07}$	原四川石油管理局开发处
21	钻孔	前苏联基尔基塔克斯坦	CH_4	546.6	$M_{546.6}\frac{Cl_{100}}{Ca_{54}Mg_{43}}$	Br1742/I13	3	—	$D_{承}$ Ⅸ 4_3 ☆$_{546.6}$	前苏联 Б. Б. 米特卡尔茨，1961
22	钻孔	前苏联基尔基塔克斯坦	CH_4	396	$M_{396}\frac{Cl_{100}}{Mg_{63}Ca_{20}}$	Br1576	—	20	$D_{承}$ Ⅸ 4Δ_{396}	E. A. 伊德尔，1961
23	钻孔	前苏联基尔基塔克斯坦	CH_4	490	$M_{490}\frac{Cl_{98}}{Mg_{34}Ca_{31}K_{19}Na_{17}}$	Br1581 有机物质	4	90-95	$D_{承}$ Ⅸ 4_4 ☆$_{490}$	САИГИМС
24	钻孔	美国	CH_4	409.4	$M_{409.4}\frac{Cl_{100}}{Ca_{68}Mg_{7}K_{5}}$	Br2403	3	—	$D_{承}$ Ⅸ 5_3 ☆$_{409.9}$	Л. К. 凯依斯，1945
变质或岩浆碳酸水组(CO_2)(E)										
25	上升泉	江西崇仁马鞍坪	CO_2	1.24	$M_{1.24}\frac{HCO^{3}_{91.2}}{(K+Na)_{50.5}Ca_{40.5}}$	$CO_2$650/ $HSiO_3$78/F7	6.6	43.5	$E_{承}$ Ⅱ 46.5☆$_{1.24}$	原抚州地质学院水文地质实验室
26	钻孔	前苏联酸水城	CO_2	5	$M_{5}\frac{HCO^{3}_{55}SO^{4}_{21}}{Ca_{56}Mg_{31}}$	$CO_2$1790	6.4	16	$E_{承}$ Ⅲ $2_{6.4}\Delta_5$	前苏联高加索矿泉地皮蒂尔亚斯克矿泉研究院
27	钻孔	前苏联	CO_2	4	$M_{4}\frac{HCO^{3}_{76}SO^{4}_{21}}{Ca_{56}Mg_{31}}$	$CO_2$2143	6.1	12.8	$E_{承}$ Ⅲ 26.1Δ_4	前苏联矿水地质管理处
28	钻孔	波兰	CO_2	29	$M_{29}\frac{HCO^{3}_{90}Cl_{9}}{(K+Na)_{90}Mg_{7}}$	$CO_2$2389	7.3	15	$E_{承}$ Ⅱ $6_{7.3}\Delta_{29}$	G. FedorowsküI. potocki，1953

续表

编号	水点类型	位　置	气体成分	矿化度 g/L	化学成分（库尔洛夫式）	特殊成分 mg/L	pH	水温 ℃	水型（水地球化学分类）	资料来源
含氮热水组（N_2大气）(F)										
29	上升泉	江西宜黄兰水	N_2	0.661	$M_{0.661}\frac{HCO_{3\,54}SiO_{3\,22}SO_{4\,20.8}}{(K+Na)_{83}Ca_{16.4}}$	$H_2SiO_3$117/F10	8.2	39	F承 Ⅰ $2_{8.2}$☆$_{0.661}$	原江西地质局水文地质大队实验室
30	上升泉	江西星子温泉	N_2	0.451	$M_{0.451}\frac{HCO_{3\,49.1}SiO_{3\,23.4}}{(K+Na)_{93}}$	$H_2SiO_3$104	8.5	72	F承 Ⅰ $2_{8.5}$☆$_{0.451}$	原江西地质局水文地质大队实验室
31	上升泉	江西德兴万村	N_2	0.346	$M_{0.346}\frac{HCO_{3\,97.4}}{Ca_{79}Mg_{19}}$	F1.2/$CO_2$8.1	7.8	27	F承 Ⅱ $1_{7.8}$☆$_{0.346}$	原江西地质局水文地质大队实验室
32	上升泉	江西南城东湖	N_2	0.3	$M_{0.3}\frac{HCO_{3\,93.2}}{Ca_{71}Mg_{15.6}(K+Na)_{12.5}}$	$H_2SiO_3$13/ F1.4/$CO_2$26.07	7.9	24	F承 Ⅱ $1_{7.9}\Delta_{0.3}$	原江西地质局水文地质大队实验室
33	上升泉	江西南丰石咀	N_2	1.193	$M_{1.193}\frac{SO_{4\,74}HCO_{3\,14.7}}{(K+Na)_{89.6}}$	$H_2SiO_3$104/ $CO_2$4.14	7.9	50	F承 Ⅳ $7_{7.9}$☆$_{1.193}$	原江西地质局水文地质大队实验室

表 9-3 地下水化学成分(水化学类型)与矿化度相互关系表
(据 C. A. 沙哥扬茨,作者据我国情况作了修改)

承压水(自流水)		承压水(自流水)		潜水	
水化学类型	矿化度/(g/L)	水化学类型	矿化度/(g/L)	水化学类型	矿化度/(g/L)
Ⅰ 构造隆起带脉状承压含氮		2. HCO_3-SO_4-Ca	1.5～2.5	1. 潮湿气候条件下结晶盐地区裂隙	
热水	<1	HCO_3-SO_4-Ca-Mg		潜水	
硅酸-重碳酸-钠	H_2SiO_3含量大于	3. SO_4-HCO_3-Ca-Mg	1.5～2.5	硅酸-重碳酸-钠	0.05～0.1
重碳酸-硅酸-钠	50 mg/L	SO_4-HCO_3-Ca-Na		重碳酸-硅酸-钠	
Ⅱ 正常海相沉积中		SO_4-HCO_3-Na-Ca		2. HCO_3-Ca	0.3～1
1. HCO_3-CaHCO_3-SO_4-Ca	0.3～0.5	SO_4-Ca,SO_4Ca-Na		3. HCO_3-Na(岩浆岩裂隙潜水)	0.05～0.2
HCO_3- SO_4-Na-Ca		SO_4-Na-Ca,SO_4-Na		4. SO_4	
2. SO_4-HCO_3-Na-Ca	0.5～0.8	4. SO_4-Cl(Ca-Mg)	2.5～5	(1)在干旱草原	
SO_4-HCO_3-Na		Ca-Na,Na-Ca		SO_4-Na_2SO_4-Ca	1～3
3. SO_4-Na	0.5～1	5. SO_4-Cl(Ca-Na)	5～20	Cl-SO_4	3～10
		Na			
4. HCO_3- Na		6. Cl- Na	10-20-30 或更大	(2)在沙漠和半沙漠地区	3～10
HCO_3- Ca-HCO_3-Na	0.3～0.6	Ⅳ 海相封存水		SO_4,SO_4-Na	少数 25～35
SO_4-Na -HCO_3-Na	0.6～2	1. Cl-Na-Ca	$n\times10$ 或更大	5. Cl	
5. HCO_3-Cl-Na	2～5	2. Cl-Ca-Na } C-Ca }	275 或更大,最高达 650	干旱地区潜水	10～50
Cl-HCO_3-Na				Cl-Na	或更高
6. Cl-Na	7～10 或更大	3. HCO_3-Na	3～7 7～70 或更大 } 含有机质的石油水	我国干旱地区 Cl-Mg 型潜水(柴达木盆地)	可达 300
7. SO_4-Cl-Na	1～5	4. HCO_3-Cl-Na			
8. Cl-SO_4-Na	3.5～10 或更大	Cl -HCC_3-Na			
Ⅲ 在含石膏的岩层中					
1. HCO_3-Ca	0.3～0.5				

二、地下水中的二氧化硅及硅酸水的形成

1. 二氧化硅在地下水中的溶解和沉淀

在地壳中，硅是分布最广的元素之一，其分布量仅次于氧，占地壳质量的25.74%，并以一定的硅化合物——硅酸盐类的形式存在；硅易与氧化合，在各种化学和热力学条件下，经常产生同一种氧化物——SiO_2(硅酐)。地壳质量的55.3%都是由二氧化硅的各种化合物组成的。据克拉克值计算，游离二氧化硅仅占地壳重量的12.8%，其余的42.5%同其他金属氧化物组成化合物，形成硅酸盐和硅铝酸盐。组成地壳的各种物质中，97%以上都是由二氧化硅或各种硅酸盐组成的。因此，可以说，硅原子决定着地壳的化学属性。

在自然界还存在着游离的和呈盐类形式的四氟化硅(SiF_4)，某些氟氧化物可以大量聚积，例如黄玉 $Al_2SiO_4(F,OH)_2$。硅的氟化物，在火山活动和接触作用中，起着显著的作用。因此，硅在地壳中的全部历史，是由它的氧化物和含氟衍生物所决定的。

水是地壳中起特殊作用的化合物。因此，它在硅的地球化学史上有突出的地位。生物圈和成层岩石圈的所有固体物质中所含的水约有 10^{17} t。

自然界中没有纯水，只有水溶液。这些水溶液与它们周围的环境紧密相关。由于二氧化硅和各种硅酸盐占地壳全部物质的97%以上，而地壳中的水又是无所不在，并处于循环运动状态。因此，在所有天然水中，均含有硅的化合物，但在多数情况下含量极小。一般情况下，地下水中 SiO_2 的含量为每升几毫克至几十毫克，某些碱性热水中可达160 mg/L，甚至每升几百毫克(与近代火山和岩浆活动有关的热水)。在河水、湖水、海水中 SiO_2 的含量比地下水中要低。

天然水中 SiO_2 的含量极小，说明天然的硅酸盐、纯二氧化硅及其所有的水合形式都很难溶于水。SiO_2 可以构成多种硅酸，其组成随形成时的条件而变化，常以通式 $xSiO_2 \cdot yH_2O$ 表示。在各种硅酸中，偏硅酸的组成最简单，所以常以 H_2SiO_3 代表硅酸。偏硅酸属于很弱的二元酸($K_1=3\times10^{-10}$，$K_2=2\times10^{-12}$)，只有它的钾盐和钠盐是可溶的，但它的盐遇酸(包括碳酸)时很易析出偏硅酸(H_2SiO_3)。偏硅酸单体分子在水中的溶解度虽然很小，但并不立即从溶液中沉淀出来，而是形成聚合偏硅酸，进一步聚合形成胶体溶液。这是因为开始形成的单体硅酸可溶于水；当这些单分子硅酸逐渐聚合成多硅酸时，则形成胶体溶液，即硅酸溶胶。因此，可以认为，在低矿化度的地下水中，特别是在微矿化度的地下水中，SiO_2 含量少，而且一般是以分子分散状态(单体硅酸)、硅酸钠或硅酸盐与重碳酸盐结合的形式存在，极少部分以胶体状态的水合二氧化硅形式存在。而在弱矿化度的含氮碱性热水中，硅酸存在的形式则部分为胶体，部分为 $HSiO_3^-$ 离子及少量单体硅酸。例如，俄罗斯远东地区一矿化度为400 mg/L 的温泉水中的硅酸，以离子状态存在的为56.9 mg/L，以胶体状态存在的为54.1 mg/L，两种状态硅酸几乎各占一半。

在天然水中，以真溶液及胶体形式迁移的硅酸、各种不同形式的水合二氧化硅、碱性水中的部分 $HSiO_3^-$ 以及呈胶体状态的硅酸盐，在常压下，总是以非晶质硅石(二氧化硅)形式由溶液中沉淀出来。其沉淀条件如下：

1) 同含电解质的水溶液相遇：地表水和地下水中的硅酸和硅酸盐，如在迁移过程中遇到含电解质的水溶液，便凝聚而成含水蛋白石沉淀下来。在二氧化硅水系统中，增加阳离子

会加速 SiO_2 的沉淀，同时 SiO_2 的溶解度也会有变化，这主要取决于阳离子的种类。例如，当溶液 pH 大于 8 时，钠离子会增加二氧化硅的溶解度，其原因是生成了离子对，而溶液中有钙和镁存在时，则会增加 SiO_2 的沉淀速度和沉淀量，铝和铁对减小二氧化硅的溶解度特别有效。其他二价阳离子，如锶和锰，对硅的沉淀也有类似影响。

2）水的酸碱度变化：二氧化硅在酸性水中不如在碱性与中性水中易于溶解。因此当碱性硅质水同酸性环境相遇时，会产生硅的沉淀和岩石的硅质化。例如，红层中特有的硅化木和在水对于石油接触处发生的石灰岩硅质化即与该作用有关。

3）水温的变化：二氧化硅在水中的溶解度，随着水温增高而增加，并随着水温的降低而由水中析出。在一些碱性硅质温泉水和与现代火山和岩浆活动有关的热水中，SiO_2 含量很高。因此，在这些温泉水出口处及其附近，有明显的硅化现象和硅质泉华，有的可形成硅质细脉和硅化带。

4）生物化学作用：硅酸盐、硅铝酸盐风化时，可使 SiO_2 在水中迁移，并以蛋白石和蛋白石胶体溶液形式在生物圈沉淀下来。这与细菌参与的生物化学作用有关。此时，主要活动物是碳酸。

2. 各种天然水中 SiO_2 的含量

所有天然水中都含有 SiO_2，但地表水中的含量小于地下水。这是由于地表水中的硅被水中生物吸收所致。

1）海水中的硅：海水中硅的含量受地质和生物两种作用的影响。硅是海洋中含量变化最大的元素。在海洋的表层水中，硅的含量有时会少到检测限以下（0.11 mg/L），而在太平洋和印度洋的深层水中，硅含量却达 2～3 mg/L，约为大西洋中硅的两倍。海水中的硅，以溶解硅酸盐离子和悬浮二氧化硅的形式存在。在海洋 pH 的范围内，只有约 5%的溶解硅能以 $H_3SiO_4^-$ 形式存在。溶解硅主要是以单分子 H_4SiO_4（或 $Si(OH)_4$）形式存在，而不是像初期认为以胶体形式存在。相当数量的含硅物质是由陆地进入海洋的。

2）河水中的 SiO_2 含量：河水中的硅含量最大为每升十几毫克，有的每升只有零点几毫克。例如，亚马孙河的 SiO_2 含量为 7 mg/L 。科罗拉多河水的 SiO_2 含量为 14 mg/L 。江西省抚河河水的矿化度为 46.24 mg/L（HCO_3-$HSiO_3$-Ca 型）。水中 SiO_2 含量为 12 mg/L。潮湿多雨地区河水中的硅含量高，这是因为大量的降水淋滤破坏了土壤吸附综合体。此外，在植被发育地区的水中，生物 CO_2 含量高使土壤中粘土进一步分解，SiO_2 进入水中迁移。

3）地下水中 SiO_2 的含量

根据地下水中 SiO_2 的含量，可将地下水分为下述四种类型。

（1）微矿化硅酸、硅酸一重碳酸型酸性潜水

这种水多形成在潮湿多雨的结晶岩地区。水的矿化度一般小于 100 mg/L，大多在 50 mg/L 左右（包括 SiO_2），pH 为 5～6.5，为弱酸性水。水中 SiO_2 含量一般在 5～25 mg/L 之间，含量虽不高，但在水的总矿化度中占有重要地位，可称硅酸或硅酸一重碳酸型水。

（2）低矿化度潜水和浅层承压水中的 SiO_2

这种水的矿化度大于 100 mg/L，我国南方一般为 300～1 000 mg/L，北方干旱地区要大些。多为 HCO_3-Ca，HCO_3-Ca-Na 型水，pH 大于 7，但小于 8.5，为中性及弱碱性水。水中 SiO_2 含量一般在 10～40 mg/L 之间，水中 SiO_2 一般以钠的硅酸盐分子，硅酸盐与重碳酸盐

结合形式，单体 SiO_2 或少部分离子形式存在，同时也不排除少量 SiO_2 以胶体形式溶于水中的可能性。

（3）弱矿化碱性硅质热水

这类水形成于隆起带结晶岩地区。与区域构造断裂活动有关。水的矿化度一般为0.2～0.5 g/L，少数大于1 mg/L。水的pH多数在8.0～8.5之间，水温为40～80 ℃。水中 SiO_2 大于40 mg/L，多数在60～100 mg/L之间，有的高达160 mg/L。硅酸占矿化度的20%～40%，有时可达50%。根据江西省温泉资料，水中氟含量较高，多在5～11 mg/L之间。

（4）现代火山或岩浆活动区硅质热水

在现代火山区的地下热水中，可见到高硅酸含量。新西兰、冰岛、日本、意大利、美国的某些热水中，含 SiO_2 500～800 mg/L，甚至形成含大量 SiO_2 的酸性硫酸和氯化物型热水，在新西兰某火山岩中一深度250～600 m的钻孔中，遇到温度为230～250 ℃的氯化物－硅酸热水，矿化度为3.3 g/L，SiO_2 含量为500 m/L；美国黄石公园一喷泉，水中硅含量达688 mg/L；我国西藏羊八井热田的某些热水泉水温85 ℃，SiO_2 含量达247.6 mg/L。

以上四种类型的水中，第一种水的 SiO_2 绝对含量并不太高，但在阴离子中占首位。因此可称为硅酸水。第二种水的 SiO_2 的绝对含量比第一种高，但仍低于50 mg/L，而且在阴离子中不占主要地位，所以既不能称为硅酸水，也不能称为硅质水。第三、四种水的 SiO_2 含量不仅超过50 mg/L，而且在阴离子中占主要地位，因此既可称为硅酸水，也可称为硅质水。

3. 潮湿地区微矿化硅酸、硅酸一重碳酸型酸性潜水的形成

这种水分布在我国南方潮湿多雨的结晶岩地区、东北冻土区、前苏联北部冻土区和其他潮湿多雨区。二氧化硅以 H_2SiO_3、$NaSiO_3$ 单分子、硅酸盐与重碳酸盐结合的形式以及少部分 SiO_2 水合物胶体形式溶解于水中。水中生物成因的 CO_2 和有机酸含量高是形成这种酸性水的主要原因之一。在这种水的成分中，硅酸（$HSiO_3^-$）和 HCO_3^- 占主要地位，因此应称硅酸水或硅酸一重碳酸水。如江西省崇仁县马鞍坪裂隙下降泉：

$$M_{0.054}\frac{HSiO_{46}^{3}\cdot HCO_{44}^{3}}{Na_{79}[Mg_{12}]}pH_{6..3}$$

前苏联远东地区某潜水下降泉（据 K. B. Филатоь 资料）：

$$M_{0.088}\frac{HSiO_{65}^{3}\cdot HCO_{26}^{3}[Cl]}{Na_{74}\cdot[Ca_{16}\cdot Mg_{10}]}$$

在潮湿多雨的气候条件下，尤其是在排水条件良好的山区，强烈的风化和溶滤作用首先把碱金属、碱土金属和其他活动元素带走，而使土壤中难溶的复杂盐类（铝铁硅酸盐）相对富集。在风化带的各种化学反应中，水解占首位。矿化度低的大气降水总要分解成 H^+ 和 OH^-，H^+ 和 OH^- 与矿物的离子发生交换反应，即阳离子的吸附交替作用，使金属离子进入水中，而 H^+ 则进入土壤使之酸化。在水解反应作用下，硅酸盐缓慢地发生分解。例如，长石发生水解反应而形成高岭土：

$$2K[AlSi_3O_8]+3H_2O\longrightarrow 2KOH+H_2Al_2Si_2O_8\cdot H_2O+4SiO_2$$

水解作用在有 CO_2 及有机酸的情况下进行得更强烈，其反应式为：

$$Na_2Al_2Si_6O_{16}+CO_2+H_2O\longrightarrow H_2Al_2Si_2O_8+2Na^++CO_3^{2-}+4SiO_2$$

在这种反应中，H^+ 起着决定性的作用。它将金属（K^+，Na^+，Ca^{2+} 等）排挤出铝硅酸盐，从而破坏了矿物的结晶架格。水解反应初期，水中 SiO_2、K^+、Na^+ 和 Ca^{2+} 等离子增加，形成

低矿化的 HCO_3-Ca、HCO_3-Na 型水,而同铝铁硅酸离子结合的 H^+,则进入粘土矿物和土壤使之酸化。这一作用,虽然由于水中的 H^+ 浓度低而进行得很慢,但在气候足够潮湿的条件下,是不断进行的,特别是在湿热地区(热带,亚热带)植被发育的土壤中,细菌、微生物等活动强烈,使土壤和土的复杂盐类渐渐变成铝铁硅酸盐(Si,Al,Fe)H-高岭土。气候潮湿地带中某些土壤的 pH 小于 4。

大气降水对这种土壤的进一步作用,特别是当水中含有大量 CO_2 和有机酸时,使高岭土进一步分解,形成不溶解的氧化铝的水化物,并以残留物形式保存下来;而二氧化硅则被水溶解,呈可溶性 SiO_2(H_4SiO_4)或呈胶体被水带走,或被生物所吸收。在热带、亚热带的潮湿地区,有一种富含氧化铁和氧化铝的土壤——砖红壤就是这样形成的。在形成这种土壤的同时,水中的 SiO_2 含量增加。但由于土壤中其他易溶盐类或离子早已被溶滤,所以,水的矿化度很低。CO_2 和有机酸使水呈弱酸性反应,形成微矿化硅酸或硅酸一重碳酸型酸性水。这种水的形成过程,实质上是硅铝酸盐的分解作用,即高岭土化作用及高岭土进一步被淋滤分解的过程。这个过程常常是在富含碳酸和生物质的环境中进行的,是一生物化学过程。

4. 弱矿化碱性硅质热水的形成

这类水多分布在构造隆起带近代地壳运动活跃地区,与区域性构造断裂、变质岩与火成岩接触带、断陷盆地的边缘等构造活动带有关。它的形成,是由于大气降水溶滤了富含正长石的火成岩,因而长石分解为高岭土、碳酸盐和可溶性 SiO_2。

$$Na_2Al_2Si_6O_{16} + CO_2 + H_2O \longrightarrow H_2Al_2Si_2O_8 + 2Na^+ + CO_3^{2-} + 4SiO_2$$

$$2Na_2Al_2Si_6O_{16} + 5H_2O \longrightarrow 2Na_2SiO_3 + 5H_2SiO_3 + 2Al_2O_3 + 5SiO_2$$

碱金属的硅酸盐会与水发生水解:

$$Na_2SiO_3 + 2H_2O \rightleftharpoons 2Na^+ + 2OH^- + H_2SiO_3$$

$$H_2SiO_3 \rightleftharpoons H^+ + HSiO_3^-$$

H_2SiO_3 是弱酸,离解很弱,水中 OH^- 比 H^+ 要多,因而水呈碱性。随着水沿构造向地下深处循环,硅酸盐的溶解度也随温度升高和 pH 增大而逐渐增大,这使水中 SiO_2 含量增高,形成碱性硅质热水。

三、几种在自然界不能形成的水化学类型

在地壳上部的地球化学条件下,有几种化学类型的地下水不可能或很少可能存在。

(1) 在第Ⅱ类(HCO_3)水中,除 HCO_3-Na 型外不能形成含氮 F 组、甲烷 D 组的矿化度大于 2 g/L 的 HCO_3-Ca-Mg(或 HCO_3-Mg-Ca)型水。这是由于只有在含大量 CO_2 时,即在碳酸水中,重碳酸钙、镁才能在水中大量的积累和存在。因此,重碳酸类(Ⅱ类)水除少数例外和 HCO_3-Na 型水外,其他重碳酸 A一钙一镁型水的矿化度大都小于或近于 1 g/L。

(2) 在含甲烷(CH_4)D 组的水中,不存在Ⅲ类(硫酸类)水。在地下水中甲烷和硫酸根离子不能共存。因为含大量甲烷的水,只能在承压水盆地深部的水消极交替带还原环境中存在,而纯硫酸盐类水(不含 Cl 和 H_2CO_3),只在水积极交替带的氧化环境中形成,硫酸盐类水一旦进入还原环境,由于生物还原作用,即转化为含 H_2S 的重碳酸盐类水。

(3) 不形成含大量游离碳酸的 E 组的硫酸盐类水。在地下水中富含 CO_2 时,由于增加了溶解岩石中碳酸盐的能力,因而水中 HCO_3^- 富集,这使原始的硫酸类水变成重碳酸一硫

酸类水。

唯一例外的是现代火山地区的酸性碳酸热喷气孔(一般是硫化氢的)。含有自由硫酸的强酸性水,由于重碳酸 HCO_3 分解,形成自由 CO_2 而不能保存重碳酸根。

(4) 含氮热水组是承压深循环脉状水,不存在潜水亚组。

(5) HCO_3-Cl(Ⅳ)类以下各类承压水亚组,都处于还原环境,不能形成氧化水组(A)的水。

四、水的pH

在评价水的利用价值、侵蚀性,确定一些弱酸(H_2CO_3、H_2S、H_2SiO_3 等)在水中的存在形式,以及说明水的形成条件时,水的 pH 有着特别重要的意义。

1. 天然水 pH 的变化范围

地下水多呈现弱酸性、中性和弱碱性反应,pH 一般变化于 5～9 之间。pH 超过 9 的水很少见,但沙漠地区有些泉水中,可见到 pH 为 11.7 的水,有些地下热水的 pH 可达 11.5。硫化矿床氧化带、火山地区、高矿化度氯化钙水的 pH 很低(pH＜4.5);河水 pH 变化范围为 6.5～8.5;沼泽水的 pH 在 4～6 之间。

2. 影响水中 pH 变化的因素

水迁移的标型元素和标型化合物在很大程度上决定着水的 pH。

强酸性水按其成因可分为三种:

硫化矿床氧化带的硫酸水;

火山地区的喷气孔热水;

高矿化度(500～600 g/L)氯化钙卤水。

前两种水的强酸性是由于含游离硫酸,而且第二种有时甚至含盐酸。第三种的强酸性反应(pH 可到 3)是因为有高浓度的氯化钙。

弱酸性水的 pH(5.0～6.5)主要与游离碳酸和有机酸有关。

中性水的 pH(6.5～7.0)和弱碱性水(pH7.5～8.5)是由水中的重碳酸钙 $Ca(HCO_3)_2$ 和重碳酸镁 $Mg(HCO_3)_2$ 所决定的。

碱性水的 pH 值(8.5～10.5)是由水中的碳酸钠 Na_2CO_3 和重碳酸钠 $NaHCO_3$ 所决定的。

在各种不同的 pH 情况下,水中存在的各种弱酸的离解情况也各不相同。例如,当 pH 低于 6 时,水中碳酸几乎全部以游离二氧化碳形式存在,当 pH 在 8～9 之间时,主要为重碳酸根离子,此时游离二氧化碳的含量达到最低值;pH 大于 9 时,水中不再存在游离二氧化碳,而只有重碳酸根离子及碳酸根离子。其他如硫化氢(H_2S,HS^-,S^{2-})、磷酸(H_3PO_4,$H_2PO_4^-$,HPO_4^{2-} 及 PO_4^{3-})等在不同酸度时存在的比例也各不相同,而硅酸在酸度大时则会水解。

第四节　地下水水文地球化学分类的意义

地下水水文地球化学分类是在研究前人对地下水的各种化学分类、活跃元素在水中迁移规律、地下水化学成分形成规律、地下水水平和垂直分带规律及大量地下水化学成分资料的基础上提出的一种地下水化学成分的分类方法。它以水中溶解气体和水中主要离子成分为分组分类依据，综合考虑了地下水化学成分形成的地球化学环境。该分类进一步揭示了水的矿化度、微量元素、有机物质、气体成分、水的 Eh 和 pH 等因素与水化学类型及其生成环境之间的内在联系，并考虑了 SiO_2 这一大量组分的意义。因此，这个分类比较全面地反映了地下水的化学成分及其形成的水文地球化学环境和元素在地下水中迁移的一般规律。因而这个分类为进一步研究地下水的成因、成矿作用的水文地球化学及矿床保存和破坏的水文地质条件充实了理论基础。按分类要求，对地下水进行各种元素、SiO_2、气体成分、有机物质、Eh、pH 等全面分析，能够为水文地球化学找矿工作中的异常解释提供全面可靠的实际资料，有利于对各种异常形成的水文地球化学环境进行判断。分类的表示方法简单明确，便于推广和应用。这不仅对水文地球化学找矿工作水平的提高和成矿水文地球化学的研究有一定的促进作用，而且对环境水文地质的研究和元素在水中迁移规律的研究提供了方便。

思考题

1. 略述地下水化学成分分类情况。
2. 地下水水文地球化学分类的基本原则是什么？
3. 按水中气体成分地下水分为几组？简述各组水的主要特征。
4. 按水迁移元素将地下水分为几类？简述各类水的主要特征。
5. 地下水形成环境、化学成分和矿化度三者之间有何依存关系？
6. 略述潮湿地区微矿化度酸性硅酸水（潜水）及含 N_2 硅质热水的形成过程，这种水有何地质意义？
7. 天然水 pH 的变化范围及影响水中 pH 变化的因素是什么？
8. 简述地下水水文地球化学分类的表示方法。

第四篇 水文地球化学的研究方法及应用

水文地球化学是一门实用性很强的学科，它是随着生产发展的需要和科学技术的进步而成长起来的，只有在更加广泛的应用中才能显示其生命力，也只有不断改进和完善其研究方法，才能继续前进。本篇介绍关系到水文地球化学继续发展和提高的最重要的两个方面，即水文地球化学的研究方法和应用。

目前，水文地球化学在国民经济建设中已得到愈来愈广泛的应用，它的理论可以用来解决许多实际生产和科研中的问题，如地下水的利用和开发、水文地球化学找矿、金属矿产的溶浸开采、废物处置、成矿作用的研究、地震预报、热水、矿水勘探与评价、环境保护、土壤改良等等。水文地球化学的研究，由于采用新的现代化学分析测试手段和引进热力学基本理论得到快速发展。显然，今后还将不断有新的课题需要应用水文地球化学知识，采用更加先进的分析测试技术予以解决。而新技术的采用也必将带来更多新的用处，促使水文地球化学理论进一步充实、发展、完善和提高。

第十章　水文地球化学的研究方法

水文地球化学研究方法，按其研究场所，可分为野外和室内两种研究方法；按其应用技术，可分为一般研究方法（地质学法）、同位素法、热力学法、古水文地质学法、压出液分析法、包裹体分析法和模拟实验法等。

水文地球化学研究工作，一般可按如图10-1所示顺序进行。但是还应当视研究工作的具体目的、任务和条件，拟定具体的工作程序。

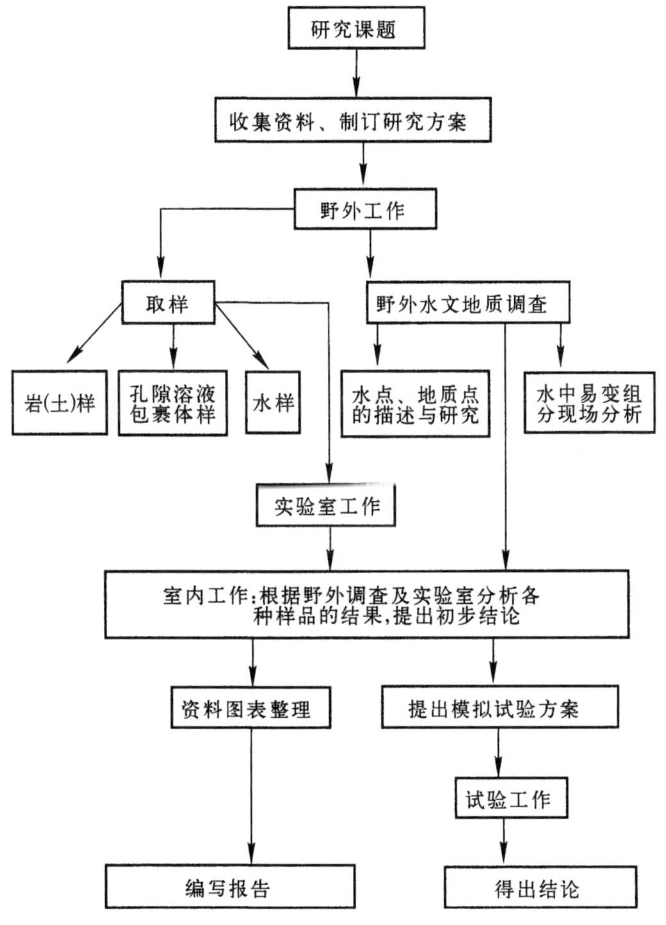

图10-1　水文地球化学的一般工作程序

第一节 地质学方法

一、野外调查方法

野外调查是水文地球化学研究的基础。野外调查包括收集资料、调查访问、了解地质、水文地质条件，对地下水点、地表水体及其周围进行系统的调查和取样工作（包括水样、泉华、土样和岩样），现场测定水的 pH、Eh、水温、水中的溶解和逸出气体、微生物等易变组分。观察围岩中的蚀变现象、矿脉以及其他水文地球化学现象，采取分析微量元素及水溶性有机物质的水样，以及供压出液、浸出液和矿物包裹体分析用的样品。

采样工作应包括布置采样点、确定采样数量、样品的编录、包装、保管和运送等。采样、送样和化验工作一定要严格按照相应操作规程和技术要求进行。对不能在现场分析的易变组分的水样，必须向其中添加相应的稳定剂。例如，易受微生物分解和易氧化而发生变化的水样，除应尽量冷藏或保存在低温阴暗处外，为了抑制微生物的活动，可以添加氯仿、硫酸铜和氯化汞等试剂；为了防止重金属元素沉淀和附着于器壁，可以添加盐酸，使水保持一定的酸度；为了使氰稳定，可添加氢氧化钠，使 pH 高于 11 并将水样保存在低温条件下。

水中气体成分如游离 CO_2、H_2S、溶解氧等，由于受温度、压力及水中其他成分变化的影响，在水样中的含量随时间变化很大。游离 CO_2 在现场（水源点）分析的结果比取样后带回实验分析的结果高得多。如江西省崇仁县马鞍坪碳酸温泉（水温 43.5 ℃）现场测定游离 CO_2 为 715 mg/L，而送回实验室两天后测定为 489.4 mg/L，四天后降至 310.6 mg/L，其他样品也有类似的现象。所以水中气体成分应尽量做到在现场分析。其他水中易变组分 Fe^{3+}，Fe^{2+}，Mn^{4+}，Mn^{2+}，SiO_2，pH 和 Eh 等，也应在现场分析。如 pH 现场分析结果一般低于实验室分析结果：庐山归宗寺井水现场分析 pH＝6.4，12 天以后在实验室分析 pH＝7.76，秀峰聪明泉现场分析 pH＝5.9，实验室分析 pH＝7.22。

在某些情况下，因为要实地研究和探求地下水中物质迁移和弥散作用的机理和规律，需要确定地下水流向与流速，含水层岩性组成与厚度、水文地球化学环境及弥散系数等水文地质、水文地球化学参数。还必须在野外进行钻探和一系列水文地质、水文地球化学试验测井。在对某些类型的水文地球化学进行研究时，有时还辅以地球物理勘探工作。常用的物探方法包括电测深法、电剖面法、自然电场法和电测井法等。

二、室内资料综合分析整理与水文地球化学图件的编制

进行野外调查采样和室内外试验研究后，对获得的大量实际资料要进行各种分析整理和加工。应将野外工作期间所填写的数据卡片和描述记录一并登记成各类表格；将野外绘制的各种草图和素描图清绘成正式图件；对室内外试验所取得的数据进行分析处理，绘制成各类曲线图表。在整理过程中，如果发现缺少某项野外资料或是发现某些试验数据不准确，要及时返工或补做。在表格和图件等齐备无误时，即可着手编写研究报告书。

1. 编制各类图件

（1）水文地球化学平面图：这是一种最基本的图件，视研究目的和任务的不同，其内容和强调的重点也有所不同。水文地球化学平面图必须以地质图或水文地质图为底图，重点

表示地下水化学成分及其特征(如水化学类型、矿化度、某种特征离子或组分)在水平方向上的分布与变化规律,如水化学类型分区图、矿化度等值线图和水质评价分区图等。

不同目的的水文地球化学平面图,所要求的内容是不同的。如地下热水水化学平面图要侧重表示出地质构造与热水露头分布同其化学成分之间的关系;水文地球化学找矿平面图,则应主要表示出成矿元素的各种水晕的分布与地质构造、水化学类型、水文地球化学环境的关系;环境污染水化学平面图应主要表示污染源、污染途径和污染范围等等。

(2) 水文地球化学剖面图:这是一种基本图件,它表示地下水化学成分及其特征在垂直方向上的分布与变化规律。水文地球化学剖面图是在平面图及钻孔水化学资料的基础上绘制出来的,有时也可在地质剖面图或水文地质剖面图的基础上,加上钻孔水化学资料绘制出来。一般应与同种类的平面图相对应,一张平面图上应附有 1～2 条典型剖面图。

(3) 各类数据关系曲线图:这是一种为了寻求和表征地下水化学成分与某些因素存在着相关规律的图件,将要查明其间关系的两个或两个以上的因素分别以纵、横坐标表示,然后将各种分析结果按坐标点作出各类关系曲线。如矿化度与特征离子含量关系、不同离子之间含量关系、离子含量与深度关系、离子含量与矿化度关系、离子含量与 pH 关系、某金属含量与 pH 关系、在某个方向上各种元素含量历时变化关系等。除以上双坐标的关系曲线图外,还有人提出三坐标关系图,例如,铀在水中的化合物稳定场图,即将 pH、Eh 和 P_{CO_2}(溶解 CO_2 分压)三个因素做成立体图,用来描绘碳酸铀酰在上述三种因素影响下的稳定性。

2. 数据处理工作

在进行水文地球化学研究的过程中,常常需要对所取得的大量数据进行分析、整理,以便取得规律性的认识,这就是所谓数据处理。例如,在进行环境质量评价或水文地球化学找矿时,均需要确定出研究区的水化学背景值和异常值。所谓背景值,是指在同一水文地球化学分区、分带或按某主要影响因素所划分的同一统计单元内,在正常情况下,某些特征离子或组分在地下水中的含量;所谓异常值,是指某些特征离子或组分一定程度地高出(或低于)研究区地下水中背景值的含量。背景值和异常值对某一研究区来说是一个相对的概念,必须正确地确定出背景值后,才能确定研究区是否存在异常值。这就需要进行科学而正确的数据处理。

对于水文地球化学数据,通常采用概率论与数理统计的方法进行处理。常利用均值和标准差来确定背景值和异常值;用回归分析、因子分析、判别分析等进行多元统计。上述方法目前均已有现代的计算机程序,使用起来快速方便。

3. 水化学分析成果整理与表示方法

对水样进行化验分析后,要对水化学分析结果进行加工整理。各种离子和其他组分的化验结果,通常以 mg/L,mgN/L,mgN% 以及 mgmol/L 来表示。水中一些微量组分的含量有时也用百万分浓度 ppm(10^{-6})和十亿分浓度 ppb(10^{-9})表示。为了简明直观地表示出地下水化学成分,通常采用库尔洛夫式。

另外,对目的不同的各种水文地球化学研究,也经常用图解法来表示水的化学成分。图解法可一目了然地表示出水化学成分的变化规律。表示水化学成分的图式种类很多,目前,常用的主要有:小柱状图、圆形指示图、化学玫瑰花图和三线图等。为了明确地表示出地下水水化学成分形成与水文地球化学环境之间的关系,可用本书作者提出的地下水水文地球化学分类表示法。

4. 报告书的编写

报告书需要按一定格式编写。一般来说，报告书应包括通论和专论两大部分内容。内容的多寡和侧重点应依照研究的目的、任务和所解决的问题而定。

第二节 同位素方法

随着同位素分析技术的发展，同位素的研究与应用进展很快。通过对地下水同位素的研究，不仅可以探讨解决地下水的起源、形成等理论问题，而且还可以解决诸如判定地下水的补给来源、补给强度、各种补给来源的比例、补给区的位置高度、地下水年龄和流向、流速等实际问题。

当前，同位素方法已为广大水文地质工作者所瞩目。地下水同位素的研究已成为水文地球化学研究的重要手段之一。在水文地质研究成果中，如果没有相应的同位素研究数据与资料，就会降低研究成果的质量，甚至难于被国际学术界所承认和通过。

一、利用氢、氧稳定同位素(D, ^{18}O)确定含水层的补给区或补给区高度

如前所述，大气降水的 δD 和 δ^{18}O 值具有高度效应，据此可确定含水层补给区大气降水的同位素入渗高度(即补给区的高度)。

$$H = \frac{\delta_S - \delta_P}{K} + h \tag{10-1}$$

式中，H——同位素入渗高度(或补给区标高)，m；

h——取样点(井・泉)标高，m；

δ_S——地下水同位素组成；

δ_P——取样点附近大气降水的同位素组成；

K——同位素高度梯度(n‰/100 m)。

从上式可看出，使用这一方法时必须获得“温度梯度”和“同位素高度梯度”这两个参数。取得这些资料要从山麓到山顶设置数个观测点，观测降雨量(用雨量计)和气温，至少要观测一个年度，以月平均进行统计，雨量计收集的雨水用来测定^{18}O 含量。然后用相关法统计出 δ^{18}O 和温度之间的关系。例如 B. 波兰瓦在法国他农地区获得的关系式是 $\delta^{18}\mathrm{O}=0.4t-13.5$。这就是说，同位素成分(^{18}O)随温度的变化是+0.40‰。另外，有了温度观测资料和观测站高程后就不难求出“温度梯度”。B. 波兰瓦在他农地区获得的温度梯度是−0.7 ℃/100 m。根据上述资料，用下式求出“同位素高度梯度”(K)，即

$$K = 0.4 \times (-0.7) = -0.28‰/100\ \mathrm{m}$$

在局部范围内，这个数是可以通用的，但是，若范围过大，就会引起较大的误差。所以，在计算一个地区的“同位素入渗高程”时，最好设置观测点，先求出当地的“同位素高度梯度”，然后再加以应用。

以上方法看来虽然简单，但做起来却是十分昂贵和费时。要建立一系列观测站，进行一年以上的长期观测。这要花费很大的野外和室内工作量。在庐山温泉的研究中，我们用补

给范围比较确定的泉水和地表水样，作为某一高程全年雨水平均样，列于表 10-1，以确定$\delta^{18}O$高度梯度（K）。

表 10-1　庐山地区 $\delta^{18}O$ 高度效应

水样号	采样地点	$\delta^{18}O/‰$	高程，m
17	鄱阳湖	−5.85	20
20	电视台东	−7.71	1250
16	龙　潭	−6.56	370
26	乌龙潭	−7.43	820
27	庐山工人疗养院	−7.68	1 056

根据 5 个采样点数据，进行 $\delta^{18}O$ 与高程相关分析，求得 $\delta^{18}O$ 与高程关系式：

$$\delta^{18}O = -0.0016(H) - 5.93 \tag{10-2}$$

式中，H——高程，m。

该式相关系数 $r=0.9801$。由式中可知，庐山地区 $\delta^{18}O$ 高度梯度为−0.16‰/100 m，即每升高 100 m，$\delta^{18}O$ 降低 0.16‰。

计算庐山地区 $\delta^{18}O$ 高度效应时，未用 L-18（玉渊泉）和 L-15（玉帘泉）两个水样的分析数据。因为根据水同位素分析结果判断，这两个水样的补给区比采样点要高得多。根据已求得的 $\delta^{18}O$ 梯度计算，得到玉渊泉和玉帘泉的补给区高程分别为 906 m 和 631 m（表 10-2）。

表 10-2　玉帘泉和玉渊泉的补给区高程

水样号	名称	$\delta^{18}O/‰$	采样点高程/m	补给区高程/m
15	玉帘泉	−6.94	240	631
18	玉渊泉	−7.38	140	906

确定天然泉水的补给区，有助于评价泉水资源和其合理开发利用。根据上面确定的庐山地区大气降水（泉水）的 $\delta^{18}O$ 值和海拔高度的关系，可以计算该区每个泉水的补给高程。比较庐山温泉和庐山地区其他天然水的同位素组成，可以看到，庐山温泉水是最贫氘和$\delta^{18}O$的，列于表 10-3。根据 $\delta^{18}O$ 的海拔高度效应，它的补给区应高于所有采样点。植物园泉水和电视台井水的补给高程是 1 200～1 250 m。根据 $\delta^{18}O=-0.0016(H)-5.93$关系式，计算得到温泉水的补给区的平均高程为 1 300 m。根据自然地理条件判断，庐山顶上夷平面高程为 850～1 100 m，庐山温泉补给区应该在夷平面以上，海拔高程估计为 1 000～1 100 m 以上。

表 10-3　庐山温泉水的同位素组成

水样号	水样名称	$\delta^{18}O/‰$	$\delta D/‰$	$^{3}H/TU$
CK-1	钻孔地热水	−8.06	−52.9	<1
1-2 泉	天然热水露头	−7.98	−49.6	<1

选择氢氧同位素取样点时，首先应研究泉或温泉区的地质构造情况，确定温泉的可能补给来源，并进一步划分地下水可能的补给区、径流区和排泄区。然后按一定高程分别在补给区、径流区和排泄区布点采样，以便计算同位素高度梯度或进行同位素成分对比并确定泉水的补给区。要基本掌握每个采样点的水的类型和可能的补给来源。最好选用下降泉，因为这种泉的补给范围小，其补给来源易于确定。

采集氢氧同位素样品时，总的要求是要防止发生同位素分馏。因此取样最好在水下进行，并在水下将瓶的内塞盖好，然后密封保存；水样瓶中尽量不留空隙，以免蒸发，在平衡条件下，蒸发耗失水量10%，便会使水样的δD值及δ^{18}O值分别增大8%及1%；水样的体积不能太小，至少为20～50 mL。

二、利用硫同位素研究火山地区热水中硫酸根离子的成因问题

火山地区热水中硫酸根离子的成因是个复杂的问题。有人试用研究硫同位素成分的方法来解决这个问题。

如果热水中的硫来自地幔，即为初生成因的，则硫的同位素成分理论上应接近火山成因的硫化物中硫的同位素成分。如果同位素成分的这种相似性不存在，就不能认为硫酸根离子是岩浆硫氧化的产物，那它就有另外的成因。

根据 B. И. 维诺格拉多夫的研究，堪察加和千岛群岛热水硫酸盐硫的同位素δ^{34}S为＋9.6‰～＋28.8‰，而火山成因的硫化物硫同位素δ^{34}S为－7.2‰～＋9.4‰。对比这些资料可以看出，一是硫酸盐中硫的重同位素多；二是δ^{34}S的变动范围很大，这说明了硫的来源不只一个。硫酸盐中的δ^{34}S接近下限，这是SO_4^{2-}来源于硫化物氧化的证据；相反，高的δ^{34}S值说明它不是岩浆成因。

堪察加和千岛群岛热水的化学成分和矿化是各式各样的。这说明该火山地区的热水没有统一的成因，因此可以假定热水中的硫酸盐有多种来源，硫酸盐的硫同位素的加重也有各种原因。一部分热水的硫酸盐直接是海成的或是石膏、硬石膏的溶解；另一部分是由于硫化物的氧化，并且在这种情况下某些重同位素的富集是部分硫酸盐还原的结果。还可能有其他我们不知道的原因。

如果我们知道地质和水文地质条件、水的埋藏条件及水的化学成分，硫同位素成分就可以给我们以地下水成因的补充资料。但只用一个硫同位素成分资料来解决水的成因问题是危险的。

三、利用^{13}C解决水文地质的某些问题

1. 利用^{13}C计算^{14}C原始放射性比度修正^{14}C年龄

大气CO_2的δ^{13}C值为－7‰，海相石灰岩的δ^{13}C值接近于0‰，而大多数植物的δ^{13}C为－25‰。由于它们之间的差别比较大，因此，在正常条件下可根据上述的δ^{13}C值修正δ^{14}C年龄。

例如，Pearson提出的δ^{13}C值修正^{14}C年龄的计算公式：

$$t = 18\,500\lg\left(\frac{\delta^{13}C_{样品}}{-25}\cdot\frac{100}{A_{样品}}\right) \tag{10-3}$$

式中，$\delta^{13}C_{样品}$——水样中^{13}C的千分偏差值‰；

$A_{样品}$——水样中^{14}C放射性活度(Pmc)。

Pmc——现代碳百分数。

2. 推算地下热水的基础温度

根据同位素交换平衡反应的分馏系数与温度有关的原理，可计算深部热储的温度。

例如，地下热水中CO_2-CH_4系统的碳同位素分馏。据 Bottinga (1969)计算，在100～400 ℃温度分馏系数与温度的关系为：

$$1\,000\ln\alpha = -9.01 + 15.301\frac{10^3}{T} + 2.361\frac{10^6}{T^2} \quad (10\text{-}4)$$

式中，α——碳同位素分馏系数，可由水样的$\delta^{13}C_{CO_2}$和$\delta^{13}C_{CH_4}$值求得；

T——为热力学温度，K。

3. 判断地下水中HCO_3^-，CO_2的来源和碳酸盐岩石的沉积环境

大气CO_2与水中游离CO_2，HCO_3^-之间的碳同位素不断地进行着交换，构成CO_2(大气)-HCO_3^-(溶液)-CO_3^{2-}(碳酸盐)平衡系统。已知在正常条件下，大气CO_2的$\delta^{13}C$值为－7‰；土壤CO_2和现代生物的$\delta^{13}C$值为－25‰左右；海相石灰岩的$\delta^{13}C$值近于0‰，淡水相石灰岩的$\delta^{13}C$值为负且变化范围较大等，它们相互间的差别较大。因此，可根据样品的$\delta^{13}C$值，大致判断其成因。

例如，若地下水中的HCO_3^-只来自大气CO_2，据同位素平衡分馏(20 ℃)计算，其$\delta^{13}C$值为＋2‰左右，如果HCO_3^-是由腐殖酸溶解海相石灰岩生成的，其$\delta^{13}C$值为0‰左右；如果是由土壤CO_2溶解海相石灰岩生成的HCO_3^-，其$\delta^{13}C$值为－13‰左右。实际上地下水中HCO_3^-的成因是比较复杂的，其$\delta^{13}C$值往往具有多解法，这就必须结合地质及水文地质条件来进行分析和判断。

据统计，世界各地淡水相石灰岩比海相石灰岩富轻同位素^{12}C，这种明显的差别可作为沉积环境的标志。

Keith 和 Weber(1964)提出区分侏罗纪以来海相和淡水相石灰岩的经验公式为：

$$Z = 2.048(\delta^{13}C + 50) + 0.498(\delta^{18}C + 50) \quad (10\text{-}5)$$

$Z>120$时表示海相环境；$Z<120$时表示陆相环境。

对于更老的地层，特别是寒武纪以前的海相石灰岩，可能由于沉积后的变化因而$\delta^{13}C$值发生改变(如有机物氧化放出富^{12}C的CO_2的污染使$\delta^{13}C$大大降低)，为此必须借助沉积岩石学的知识区分碳同位素的组成是原生的还是后生的。

四、放射性同位素方法

1. 氚在水文地质中的应用

氚在大气层中形成氚水后遍布整个大气圈，对现代环境水起着标记作用。因此，利用氚可以计算50年以内地下水的年龄；研究地下水的补给、排泄、径流条件；探索地下水的成因；确定地表水与地下水之间的水力联系；测定水文地质参数等。在研究地下水的运动和弥散机制时，氚又是非常理想的示踪剂。

1) 计算地下水的年龄

氚是氢的放射性同位素。若大气降水输入含水层后，氚含量只按放射性衰变定律而减少时，原则上可根据含水层输出的氚含量计算地下水年龄：

$$t = 17.71 \ln \frac{A_0}{A} = 40.75 \lg \frac{A_0}{A} \tag{10-6}$$

式中，A_0——补给区降水输入的氚含量；

A——排泄点地下水输出的氚含量；

t——地下水的年龄。

但是由于人工核试验破坏了氚的自然平衡，再加上含水层的埋藏条件十分复杂，因而降水输入含水层的氚含量在时间和空间上有很大变化，要想正确地确定原始氚输入量（A_0）是比较困难的。尤其在我国缺乏 1952 年以来降水中氚含量的长期观测记录的情况下，更难以得到原始氚输入量的直接数据。此外，含水层中的地下水在径流过程中还可能发生弥散和混合作用，因而地下水的氚含量与地下水贮留时间之间的关系也会发生改变。由此可见，式（11-6）的实际应用范围是很有限的，或者说仅可近似地应用于活塞式水流的年龄计算，否则必须加以修正。修正的方法有 P. Huber 等提出的数学模拟法和 M. Kusakabe 提出的衰减比率法等（参看刘存富等编的《环境同位素水文地质学基础》一书）。

除上述方法外，还可用经验估算法来大致确定地下水的年龄。经验估算法确定地下水的年龄是以 1952 年为界线来划分的。国际原子能机构（IAEA，1972 年）同位素水文小组的建议是：氚含量＜3 TU 的地下水，从补给区到采样点大约是 20 年（1952—1972 年）；氚含量 3～20 TU 的地下水含有少量热核试验生成的氚，可能是 1954—1961 年间补给的，氚含量＞20 TU 的地下水是最近形成的。这个建议是 1972 年提出的，现在应用时应结合实际情况加以判别。

木村重彦（日本《地下水调查手册》）的浓度划分法是：氚含量＜1 TU 的地下水是 1954 年以前入渗补给的“古水”（停滞水）；氚含量＞2 TU 的地下水是 1954 年以后入渗补给的“新水”（循环水）又可分为：氚含量 $n\times10^0$ TU 的混合水（停滞水与 $n\times10\sim n\times10^2$ TU 循环水的混合），氚含量 $n\times10$ TU 的近期降水或混合水（停滞水与 $n\times10^2$ TU 循环水的混合）；氚含量$n\times10^2$ TU 的地下水一般为降水（现代水）补给的“新水”。

在 1954～1963 年期间，由于不断进行核试验，大气降水中氚含量急剧增加因而氚成为可利用的天然示踪剂。但是，由于最近 45 年来大气降水中氚含量的变化幅度大，北半球不同地区降水中氚含量有差异，各地水文地质条件也不相同，故不能简单地引用上述结论，而应根据当地大气降水的氚含量资料及水文地质条件估计地下水的形成时间。

2）确定地下水与地表水之间的联系

对比地下水和地表水（或大气降水）中的氚含量及其动态，可以判断它们相互间的补给关系、研究地下水的来源及充水途径，在某些情况下，还可以进行补给量（混合量）的计算。

3）解决工程地质中的渗漏问题

在工程地质勘测中，氚可以作为寻找渗漏通道的有效天然示踪剂。如果地下水的氚含量与其补给区降水的氚含量及其变化趋势基本一致，说明含水层与地表水有较通畅的水力联系，这就为氚在岩溶地区的应用提供了依据。

中国科学院贵阳地球化学研究所曾经研究了贵州乌江渡水电站水库深部岩溶的渗漏问题。该水电站位于岩溶发育的石灰岩区，坝高 165 m。在蓄水前和蓄水后分别在灌浆廊道的六个钻孔，深 150～290 m 处取样测氚。结果表明，坝区左岸 J_{215} 孔一带为氚浓度高异常区，氚含量为 37.4～47.9 TU，这与同时期库水的氚浓度大致接近，说明此处存在与水库连通较好的岩溶管道系统。岩溶管道以 J_{215} 孔为中心，其影响宽度约 150 m，深度为 240～290 m（高程 400～350 m）。这一结论与染色试验、电波法溶洞探测、钻孔渗流量及水位动态观测以及帷幕灌浆施工等资料所得结论基本一致。

2. ^{14}C 年龄测定原理及其应用条件

1）^{14}C 年龄测定原理

自然界中所有参加碳交换循环的物质都含有 ^{14}C。但是，如果某一含碳物质一旦停止与外界发生交换，例如生物死亡或水中 ^{14}C 以碳酸钙形式沉淀，与大气及水中的二氧化碳不再发生交换，那么，有机体和碳酸盐所含 ^{14}C 将得不到新的补充，其原始的放射性 ^{14}C 就开始按照衰变规律而减少，即

$$A_{样} = A_0 e^{-\lambda t} \tag{10-7}$$

式中，A_0——处于交换循环中的 ^{14}C 放射性比度或称现代碳放射性比度；

$A_{样}$——停止交换 t 年后样品中碳的放射性比度；

t——生物死后"距今"的年代，即被测样品的年龄。

λ——^{14}C 衰变常数，$\lambda = \dfrac{\ln 2}{T_{1/2}} = \dfrac{0.693}{T_{1/2}}$

$T_{1/2}$ 为 ^{14}C 的半衰期（5 730 a），将 ^{14}C 的 $T_{1/2}$ = 5 730 a 代入式（10-7）得：

$$t = \frac{1}{\lambda}\ln\frac{A_0}{A_{样}} = 8267 \ln\frac{A_0}{A_{样}} \tag{10-8}$$

2）^{14}C 测定年龄的应用条件

由式（11-8）可看出，关键的问题是怎么确定 A_0，即含碳物质停止与外界发生交换时刻的 ^{14}C 放射性比度。

一般假定，A_0 是一个常数，而且与大气圈中 CO_2 的放射性比度一致。其依据条件是：

① 在含碳样品脱离交换储存库后，其 ^{14}C 放射性按衰变定律自然减少，这是用放射性元素测定年龄的基础。

② 碳在各交换储存库中分布均匀，它们之间的交换循环达到动平衡状态，各交换储存库中含碳量一定。因此，^{14}C 也在各交换储存库中均匀分布，即 ^{14}C 放射性比度不随时间、地点和物质而改变。

③ 假定近数万年（7 万 ～10 万年）内宇宙射线强度不变（事实上是有微小变化的，必要时要进行校正），^{14}C 的产生率一定，^{14}C 的形成与衰变达到放射性平衡，从而"交换碳"中的 ^{14}C 总量一定。由此得出结论，碳的放射性比度在这段时间内不变，现代碳样品的放射性比度可以代表被测样品在脱离交换储存库时刻的放射性比度（A_0）。

为了研究地下水的年龄，还应当补充两点：

① 系统应该是封闭的，没有其他放射性碳的补充。

② 关闭时刻系统的放射性比度（A_0），应该与同期大气圈中 CO_2 的放射性比度相同。

对于地下水中的碳酸盐或重碳酸盐来说，只有承压含水层才可能形成封闭系统。因此，计算地下水的年龄，主要是对承压含水层中的水而言。

第三节 热力学方法

热力学是一门从热现象规律出发来研究物理和化学过程中所发生的能量变化的科学，故亦简称“能学”。

水文地球化学所涉及的主要是化学热力学问题。化学热力学专门研究各种化学过程中伴随发生的能量变化，从而使我们有可能去分析判断水文地球化学体系中所发生的化学反应的可能性、进行方向和进行程度以及其他一些问题。因为研究任何物理化学过程，其实质就是研究分子、原子、离子、电子及其他物质微粒的运动规律，而这些运动从本质上来说均属热运动。

热力学方法有两个特点：其一是不管参与化学反应的物质结构；其二是不管化学反应过程的细节。总之，就是不管化学反应的机理和过程，而只着眼于过程的始态和达到平衡后的终态，然后来进行热力学推导和计算。这两个特点就决定了热力方法的主要优缺点。其优点是在严格推导出的热力学结论中没有任何假想的成分，因此其结论正确可靠，缺点是因其不管反应过程的机理，故热力学方法只能处理平衡问题而不问此种平衡是怎样达到的。正因为不问过程的细节，故热力学方法不能解决反应过程的速度问题。

应用热力学方法研究和解决水文地球化学体系问题时，常常着眼于如下两方面的问题。其一是关于水文地球化学体系内化学反应中的能量转换，这个问题可基于热力学第一定律的基本原理加以解决；其二是关于化学反应的方向与进行程度，这后一问题则与讨论化学平衡有关，可基于热力学中的焓变、熵变和自由能变化加以解决。至于体系中化学反应进行速度问题，是属于化学动力学所讨论的问题。

由于在第一章第五节已对热力学基本原理及其应用进行了较为详细的阐述，这里不再予以论述。

第四节 古水文地质方法

古水文地质学是水文地质学的一门新兴分支学科，有人也称其为地下水圈历史学。它通过研究过去漫长地质时期中地下水活动过程所留下来的痕迹再现古水文地质条件的方法，来研究沉积盆地中承压水体系的地质发展史、水文地质环境变迁史、地下水运动史以及地下水化学成分演变史与某些水文地球化学现象发育史等古水文地质问题。

古水文地质分析方法是基于古水文地质再造原理基础上的一种研究分析水文地质问题的方法。目前，进行古水文地质再造的方法还很不够成熟。过去，对一系列有关水文地质及水文地球化学的重要原则还有争论。这些原则问题包括水化学分带的形成问题、深层地下水的补给条件及运动、地下卤水的形成、初生(岩浆等)水在水文地质作用中的意义等。现在由于进行了有关地下水各方面的研究工作，这些问题在很大程度上已经得到解决，特别重要的是 H. C. Шатский 在阐明了地下水化学成分与岩石建造之间的有规律联系，这成为古水文地质再造的科学依据。在地质时期中水文地质条件具有较大的稳定性。这亦成为古水文地质研究的重要前提。虽然地下水是活动的，但它们的分布及形成的基本规律在一定时间内是很稳定的。世界现代火山区进行的各种地质及水文地质研究，均证实在这些地区发生的"热液"作用中,渗入成因及沉积成因的地下水起着巨大作用。这些地区的地下水同位素成分研究表明,由岩浆分异出来的水量不超过百分之几。上述各点证明可以应用建造分析方法来研究古水文地质条件。

一、构造古水文地质分析

构造古水文地质分析的目的在于阐明过去地质时期中地下水分布的最一般规律。分析古水文地质构造如同分析现代水文地质构造一样,最重要、最稳定的水文地质标志是地下水在岩石中的积聚(埋藏)条件。因此,构造古水文地质分析的任务在于恢复地质时期中曾经存在的水文地质构造的基本类型。这些类型具有各自不同的地下水积聚条件。以前,仅划分出自流盆地及水文地质地块,现在进一步分出了副自流盆地、水文地质副地块,水文地质火山成因叠复盆地及叠复地块。所有这些类型的构造都具有各自一定的地下水分布及形成条件和一定的水动力及水化学分带特点。这些类型的古水文地质构造均可在古地质及古构造再造的基础上得以再现和区分。

在综合分析研究区内最主要构造的发展历史、古构造、古地理再造以及区域研究资料的基础上,可以划分出构造古水文地质期——区域地质发展史中水文地质构造的结构各不相同、地下水分布及形成条件各不相同的一定时期。划分构造古水文地质期以揭示研究区水文地质历史发展的不同阶段,是区域性古水文地质研究的主要任务之一。

除划分构造古水文地质期外,还要研究古水文地质旋回。古水文地质旋回是指某一地区,从构造下降而发生海浸开始,往后又发生构造隆起和海退,直到新的构造下降和海浸开始前结束的整个过程。一个水文地质旋回又分为两个阶段:①沉积水文地质阶段或称压榨水文地质阶段,在这期间,形成沉积成因水(沉积水),进行压榨水交替;②淋滤水文地质阶段,在这个阶段,含水层出露地表,接受古大气降水的补给,经过淋滤形成地下水,它又逐渐置换排挤沉积水,进行渗透水交替。

二、古地下水动力条件分析

对一个地区,进行构造古水文地质分析,确定了有水文地质旋回或构造古水文地质阶段后,要进一步对它进行古地下水动力条件分析。这种分析包括:划分古含水层和隔水层,再建地下水动力分带,指出古地下水排泄通道,再建地下水运动方向和压力值等。

三、古水文地球化学分析

古水文地球化学分析,应包括对古地下水主要化学成分和矿化度的恢复,再建古水文地球化学环境。

1. 恢复地下水的化学成分和矿化度

一般只能恢复其大概的面貌,即地下水的矿化程度(淡水、咸水、盐水)及其主要离子成分。但是,在研究矿物液态包裹体时,有时可以得到其原始化学成分。除此之外,个别的自流水盆地下部地下水的化学成分,可能保存了几千万年而没有大的变化。这些资料对我们研究古地下水的化学成分都具有重大意义。

恢复地下水的化学成分和矿化度可按地层和古地理资料进行。研究现代自流盆地(及其他构造)的地下水化学成分和矿化度的形成规律及其与地层的关系,这对于研究古地下水化学成分和矿化度具有重要意义。对于不同的地下水动力层，要用不同的方法去研究。地下水动力分带的上层，大陆区域侵蚀基准面以上，构造剖面的上部，分布着大气降水补给的淋滤水。在自流水盆地下部地下水动力分带的下层，主要分布着高矿化度的沉积水，这些地下水的化学成分和矿化度，在很大程度上继承了古沉积区水的特征。

岩石的各种后生变化，对于恢复和再造古地下水的化学成分有重要意义，因为它们一般与地下水的活动有关，并且是地下水曾经存在的见证。岩石的后生变化是各式各样的，并与岩石和地下水的各种变质过程有关。因此，可按岩石的后生标志恢复地下水的化学成分和矿化度。岩石的后生变化包括岩石的区域成岩和变质改造作用和岩石中的表生改造作用。

2. 古水文地球化学环境研究

研究古水文地球化学环境，对寻找某些矿床的富集地段具有重要作用。研究这个问题是以地质、矿物、古地貌、地球化学和古水文地质为基础，从地球化学入手测定围岩中某些变价离子，根据元素的迁移与氧化还原电位的密切关系，综合分析判断古水文地球化学环境。

此外，还可以利用钍铀的比值来研究古地理环境，判别古风化壳发育的地区。因为在风化过程中铀容易氧化和被淋失，钍则留在残积物中或吸附在粘土上，于是风化产物和某些陆相页岩以及三水铝土矿的 Th/U 高达 7 以上。

3. 再建古水文地球化学条件的基本方法

区域古水文地球化学的研究，可按以下顺序进行：

1）在研究构造—古水文地质和古地下水动力条件资料的基础上，划分出反映一般物质成分和岩石—岩相成分的含水层(组)，并确定其属于哪种水动力分带(层)。为此，建立专门的古水文地质柱状图和剖面图，在图上指出含水层(组)和水动力分带的界限。

2）在古水文地质柱状图(剖面图)上，由上到下地恢复地下水的化学成分和矿化度。此时应遵循以下基本规律：

① 在古陆地区，区域侵蚀基准面以上，地下水动力分带上层上部含水层水的化学成分和矿化度，取决于岩石成分的特性(特别是可溶组分)和气候条件。例如，在潮湿气候条件下，各种陆源沉积物和碳酸岩沉积地区，地下水为重碳酸盐型，矿化度小于 0.5～1 g/L；在含有石膏、硬石膏的碳酸盐和陆源沉积物地区，地下水为碳酸盐型，矿化度为 2～3 g/L，而在含有岩盐的地区，则形成氯化物水，矿化度为 200～250 g/L。在干旱地区，由于大陆盐渍化的结果，各种岩类(碳酸盐、陆源沉积物和火山喷发物)沉积区的地形低洼处，形成碳酸型和氯化物型的盐水和卤水。

② 地下水动力分带下层下部含水层的水化学成分和矿化度的恢复，主要是再建沉积物的岩相条件，并查明水和岩石在成岩变质过程中可能的先后次序。除此之外，还应注意成陆后沉积间断期间，由溶滤水代替沉积水时岩石的表生变化。

3）恢复古水文地质构造中的气体成分。这首先要研究分析现存自流水盆地地下水中气体成分的分布规律。在地下水动力分带的上层，有氧气、氮气。在自流水盆地深处，碳氢化合物气体占主要地位，这些原则可以应用于古水文地质构造。在恢复古自流水盆地地下水中气体成分时，必须注意沉积岩层中有机物质的富集程度、有机物质的成分及其变化过程，因为在其变化过程中能放出挥发性物质。

四、确定古地下热水的温度

恢复古水文地质构造内的地下水温度，对正确了解许多古水文地球化学过程和古地下水动力过程有重要意义。天然水的迁移性质、溶解性质、粘度和其他物理化学性质，在很大程度上取决于介质的温度。

恢复地下水温度的主要方法有以下几种：

1）利用现存的各种类型地质构造（水文地质构造）的地热规律（利用地热梯度和地热流图表资料）。首先按平均古地热梯度将研究区分区，在考虑古气候的条件下，将古构造区与类似的现代构造区相比较。首先恢复正常的平均地热梯度，再建区域地下水温度分带。然后，再分出由于岩浆作用、褶皱作用和其他地质作用所引起的地下水温度异常区。

2）利用矿物包裹体测温直接测定古地下水的温度。在研究矿床形成的温度时，要采取与矿床形成有关的包裹体，用来说明成矿溶液（古地下热水）温度。取样时要区分出矿前期脉体、矿后期脉体和成矿期脉体，然后利用这些标本测出的温度进行对比。气液包裹体的均衡法是确定古温度常用的方法，在均衡时气液包裹体成为一个相，用此方法测出的温度是形成矿物时的最低温度，并可能与当时真正的温度相差几十度。

3）另外还有大量的间接方法（矿物的、地球化学的、物理一化学的、同位素测温等等），可帮助恢复过去地质过程的温度。

在恢复古地下水温度时，综合对比各种方法的测温结果可以帮助我们做出更为符合实际情况的判断。

第五节 实验室研究方法

一、压出液分析法

处于天然状态下的岩石或土壤，其孔隙中都或多或少地含有孔隙溶液。处于地下水位以下的孔隙溶液由重力水和结合水两部分组成，而处于地下水位以上的孔隙溶液在没有过路水通过的情况下只含结合水。这些孔隙溶液由于岩石骨架关系密切并极易相互作用，因此孔隙溶液的化学成分亦能在某种程度上反映出岩石成分的特征。尤其是在漫长的地质历史过程中始终被深埋封存于地下深处的岩石孔隙溶液，基本上能反映出沉积物当初在沉积、成岩和变质过程时水的化学成分特征。因此，岩石或土壤孔隙溶液，尤其是过去地质年代封存下来的古老孔隙溶液就成为水文地球化学重要的研究对象。

研究孔隙溶液时，首先遇到的困难是如何将它由岩石孔隙中取出并保持原有成分不变。目前看来，用专门的施压装置对岩、土样品进行压榨，使孔隙溶液从岩、土孔隙中被挤压出来，是取得保持原有成分不变的孔隙溶液的好办法。如此取得的溶液称之为压出液。

压出液实验研究的依据是：当海水和大陆盆地的沉积物在其成岩过程中所受到的压力大约可达 3 000 kg/cm^2；而岩浆活动时所经受的压力大约可由数千大气压到一万大气压，温度在 200～600 ℃。目前在实验条件下，可制造出 10 000 kg/cm^2 的压力和 600～1 500 ℃的高温。这样，就可能将存在于岩石中的孔隙溶液全部压榨出来，以便研究分析其数量、化学成分和性状等。

用压榨方法得到的孔隙溶液样品的特点是微量微溶，难于用常规的化学方法进行分析，只有用仪器分析才能取得定性和定量的数据。

二、岩石矿物气一液包裹体分析鉴定法

岩石矿物气一液包裹体成分的分析和鉴定，对于了解原始溶液及成矿溶液的性质、元素在矿物中的存在形式以及了解热液作用的古水文地球化学条件都是十分重要的。

对大量的包裹体样品的分析鉴定表明，无论矿物成分如何，其中的包裹体成分绝大多数均属氯化钠和氯化钙型卤水，其矿化度为50～300 g/L或更高。包体中的主要化学组分为Na^+，Ca^{2+}，Mg^{2+}，Cl^-，SO_4^{2-}，HCO_3^-以及其他许多微量组分，如Li，K，Ba，Sr，Fe，Mn，Al，B，P，F和Si等。包体成分直接标志着以前存在过的热水溶液的化学成分和矿化度。

矿物气一液包裹体的研究结果，可以解决部分古水文地质问题，目前主要侧重于以下几个方面。

① 测定原始溶液的定量组分，以恢复过去历史中各含水层的古水化学条件；

② 研究包体的气体成分，以说明原始溶液与当时古地表环境的关系，并指出古岩浆源的影响以及碳氢化合物迁移的过程和通道；

③ 为直接测定古压力提供依据；

④ 为测定古地温和古水温提供依据和积累资料。

目前主要采用的矿物气一液包裹体的取样方法是：浸出法提取、微钻直接提取、真空粉碎提取和高温燃烧等方法。取样之后，再进行超微量化学分析和微量气体分析。

三、模拟实验法

模拟实验法又称水质模型法。为了探求和研究水文地球化学环境及各种物理化学作用（溶滤作用、吸附作用、沉淀作用和阳离子吸附交替作用等）对地下水化学成分及一系列水文地球化学现象的影响，判定各种作用进行的方向与速度，往往采用模拟试验的方法，即通过水质模型来模拟各种天然条件和作用，再现类似的水文地球化学环境和条件。例如，模拟石灰岩地区溶蚀过程和机理的实验，就是在室内通过试验研究$CaCO_3$同CO_2和H_2O在给定的温度、压力条件和水动力条件下所进行的反应和过程，来探讨研究和定量评价碳酸盐岩石一水系统的反应方向和碳酸岩的溶蚀速度。又如模拟高矿化卤水和被污染了的地下水的弥散作用的实验研究以及测定不同类型岩土纵向及横向弥散系统的试验等。为了研究地壳深部地下水在成岩成矿过程中的作用和变化，需建造高温高压实验室以模拟地壳深处高温高压条件下的水文地球化学环境。模拟实验一般在野外调查基础上，对区域水文地球化学规律和特征有了一定程度的认识之后进行。它不仅可以进行定性研究，而且还能不同程度地进行定量或半定量评价。但模拟实验也有一定的局限性，它不能模拟自然界中地质一水文地质条件的复杂性，例如，研究地下水与岩石的相互作用时，往往借助于岩芯样品进行试验，然而岩芯样品与天然的地质环境有很大的区别，而且模拟时间也无法与漫长的地质时间相比拟等等。

模拟实验研究解决问题的特点是建立平衡体系。大部分地下水化学成分的形成问题都可以在平衡体系中解决，模拟试验过程中的平衡状态是根据对实验溶液的分析结果来确定的。溶液成分的变化停止了或溶液向初始成分恢复表明体系达到了平衡状态。

一些专门课题需要进行非平衡条件下的模拟试验。例如，在研究工业污水与岩土相互作用时，因为不断有新的工业污水加入这个体系，其在整个排放期都处于非平衡状态。

这类试验经常采用如图 10-2 所示的装置进行。溶液通过试样可以是一次渗透（图 10-2A），也可以是多次渗透（图 10-2B）。非平衡体系，多半是用溶液通过土样一次渗透来研究。

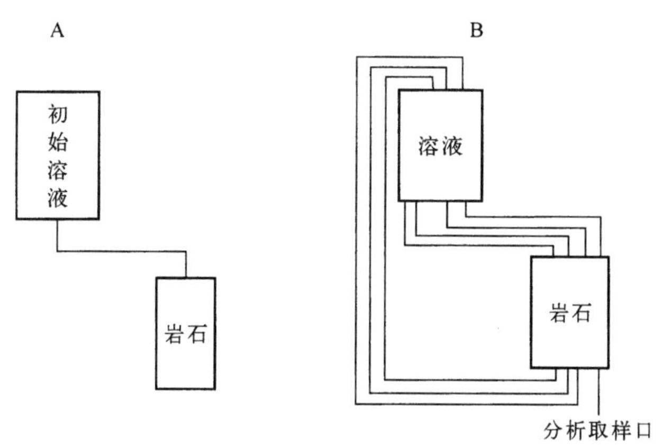

图 10-2　溶液通过土样进行一次性（A）和多次性（B）渗透示意图

针对研究课题的需要，可以调整压力、温度以及土的非均质性等条件。压力与温度还可调整为常量或变量，当然这需要装置相应的附加设备。

思考题

1. 略述水文地球化学野外调查方法及水文地球化学研究的一般程序。

2. 水文地球化学室内资料整理阶段一般要绘制哪些基本图件？

3. 怎样利用氢、氧稳定同位素确定含水层的补给区或补给高度？

4. 怎样利用硫同位素研究火山地区热水中硫酸根离子的成因问题？

5. ^{13}C 能解决水文地质中的哪些问题？

6. 利用氚（^3H）能解决水文地质中的哪些问题？

7. 利用热力学方法能解决水文地球化学中的哪些基本问题？并论述其基本原理。

8. 略述古水文地球化学分析的主要内容。

9. J. Ch. Fontes 和 B. Blavoux 对法国埃维恩地区的泉水进了研究，该区大气降水的氧同位素的组成为：$\delta_P=-9.25‰$；泉水样品的同位素组成为：$\delta_S=-10.55‰$；泉水采样高程 $h=385$ m；该区氧同位素高度梯度 $K=-0.3‰/100$ m。根据上述同位素数据，试鉴别对埃维恩泉水补给区以下三种设想的真伪：

设想Ⅰ：玉木冰期的沉积在整个倾斜平原上是连续的，从山麓一直延伸到高原的高处，在标高 800 m 左右的这个带上，细粒冰碛层厚度不超过 10 m（玉木冰期沉积上部较细，透水性较差，中部较粗，构成含水层，底部又较细），因此，推断含水层的补给区就在这里。

设想Ⅱ：埃维恩含水层由大气降水补给，补给在整个高原表面上和倾斜平原上起作用，倾斜平面下部细粒冰碛层厚达 80 m。

设想Ⅲ：由前阿尔卑斯灰岩岩溶水补给，标高大于 1 000 m。

10. 江西崇仁马鞍坪地区不同高程浅层地下水 δD，$\delta^{18}O$ 组成，见下表：

样号	$\delta^{18}O$/‰	δD/‰	高程 H/m
M01	−5.93	−42.3	350
M03	−5.15	−29.8	110
M06	−5.57	−37.6	220
M07	−5.78	−35.6	280
M08	−5.70	−36.9	250

我们已知，马鞍坪温泉的 $\delta D=-7.23‰$，$\delta^{18}O=-44.1‰$。请根据表中数据分析：

(1) 该区大气降水的 δD 与 $\delta^{18}O$ 的关系；

(2) 该区大气降水的 δD 与 $\delta^{18}O$ 值与高程的关系；

(3) 判断温泉水的可能补给高程。

第十一章　地球化学模式简介

第一节　概　述

地球化学模式(Geochemical Model)是用化学反应式和数学方程式来描述地球化学作用的一种概念化模式,根据此概念模式利用数学方法和计算机语言编制而成的软件就是地球化学模式程序(Geochemical Modeling Code)。地球化学模式程序最早出现于19世纪50年代中期,由Goldberg(1954)和Krauskopy(1956)等人在研究海水中主要金属元素的存在形式开始的。20世纪60年代,质量平衡模式得到广泛应用。随着环境科学的发展,以水动力和弥散理论为基础的溶质迁移模式程序,在70年代得到空前发展。80年代,人们又从物理化学角度研究水-岩相互作用问题,最终把溶质运移、弥散迁移与化学反应动力学和水-岩界面化学相融合起来,形成了溶质迁移耦合模型。地球化学模式程序应用和迅速发展的原因是由于地学和环境科学中越来越多的问题需要有定量化的答案。例如,在矿床成因方面的物理化学条件需要有定量的指标;在矿床预测方面需要有能直接指示矿化地段的定量指标;公众要求对城市废物所引起的地下水化学污染现状作出定量评价;在核废料处置工作中,建立参数数据库和进行模式计算已被规定在工作程序进行。地球化学模式程序已成为模拟地球化学作用,定量研究地球化学作用,解决水一岩体系水化学成分形成与演化的重要工具。为此,许多国家实验室、高等院校和研究院所积极致力于开发更综合、更合理的地球化学模式。

近年来,美国环保局(EPA),美国地调所(USGS),劳伦斯国家实验室(LLNL),加拿大石油勘察研究所等科研单位开发了一系列具有较强的热力学数据库和功能较好的成熟的地球化学模式程序软件,如EQ3/6,PHREEQE,PHREEQC、MINTEA2,SOMINEQ88,SOLLCHEM,TRANSCHEM,WATEQ4F,CHILLER等,这些软件广泛应用于地学、环境学、石油地质、水资源评价以及核废料处置等各个领域。

第二节　常用地球化学模式程序简介

一、地球化学模式的主要功能

这里主要介绍当前应用较为广泛的、具有代表性的常用地球化学模式程序PHREEQC,MINTEQA2,SOLMINEQ88,EQ3/6等的主要功能。它们可以模拟许多地球化学现象和作用,主要包括:(1)元素在水中的存在形式;(2)饱和指数——可能由水中沉淀析出的化合物;(3)两种以上溶液的混合作用——混合后的水化学成分、Eh、pH和SI;(4)有机与无机化合物相互作用引起的溶解(沉淀)作用;(5)减压或沸腾引起的沸腾作用或加入气体所引起的水化学成分和 SI 值的变化;(6)地球化学作用的反应速度;(7)水一岩相互作用,又分为:①正向模拟(Forward Modeling)——模拟可能发生的溶解与沉淀、吸附与解吸、氧化与还原等作用,并计算出溶解或沉淀物、物质被吸附或解吸的数量和②反向模拟(Inverse Modeling)——模拟水一岩作用平衡时的水化学成分、Eh 和 pH 等。PHREEQC,MINTEQA2,SOLMINEQ88 和 EQ3/6 是目前常见的地球化学模式程序,它们的主要功能如表11-1所示。

表 11-1 常见地球化学模式程序的性能及地球化学作用模拟功能

程序名	PHREEQC Vison 2	MINTEQA2	SOLMINEQ. 88	EQ3/6
作者	David L. Parkurt D. C. Therstenson L. Nill Plummer	Jerry D. Allion David S. Brown Kevin J. Novogradac	Yousif K. Kharaka Willian D. Gunter Pradeep K. Aggarwal	Thomas J. Wolery
单位	USGS	EPA	USGS	LLNL
年代	2003	1991	1989	1994
组分(关键形式)	45	51	36	47
水溶形式	189	373	270	686
气体	7	13	4	11
有机化合物	/	30	80	<10
氧化还原电对	3	20	7	11
矿物	65	328	214	712
交换离子	16			
表面作用离子	37			
反应速率参数	6			
活度系数校正模式	EDH,WATEQ DHDavis,Pitzer	EDH,Davis	EDH,Pitzer	EDH,Pitz. B-dot
模拟温度 T/℃	0～300	0～99	0～350	0～300
模拟压力 P	1	1	1 000 bar	1 bar,饱和蒸气压
存在形式和 SI	√	√	√	√
溶解/沉淀	√	√	√	√
吸附作用	√	7 种模式	2 种模式	
混合作用	√	√	√	√
加入或扣除某一组分	√	√	√	√
滴定	√		√	√
沸腾作用	√		√	
地温计			√	
地球化学比值			√	
固体溶液	√			√

续表

程　序　名	PHREEQC Vison 2	MINTEQA2	SOLMINEQ. 88	EQ3/6
反应途径	√			√
反应动力学	√			√
单维扩散	√			√

二、地球化学模式程序简介

这四个地球化学模式程序具有的某些共同特点是：(1)都能对水中的组分存在形式和化合物的饱和指数进行模拟计算；(2)都能对地球化学作用(例如水与矿物的相互作用，两种不同水的混合作用、氧化还原作用等)进行正向模拟计算；(3)能根据规定的地球化学作用来对水化学原成分的性质进行反向模拟计算。

1. PHREEQC

PHREEQC是由美国地质调查局(USGS)开发的程序(Parkhurst ect.，2003)，它是在PHREEQE (Parkhurst and others，1980)的基础上发展而来的。由于界面友好、功能强大以及实用性广，因而是目前国际上应用最广的一种地球化学模式程序，在矿山排水、地下水污染运移研究、含水层自然修复、水处理、实验室研究以及核废料处置研究等方面得到了较好的应用。它的优点是：能进行存在形式和饱和指数计算，进行两种模式的吸附作用计算，化学反应动力学模拟，双重介质中多组分溶质模拟以及反应途径模拟。此外，该地球化学模式还拓展利用其他地球化学模式程序的热力学数据库(MINTEQA2，EQ3/6，WATEQ4F等)的功能。

2. MINTEQA2

MINTEQA2是美国环境保护局开发研制的，拥有较全的吸附模拟计算功能，这对高放废物地质处置工作中放射性核素的迁移和其他环境中对吸附问题的研究是非常重要的，也是其他地球化学模式程序所不可比拟的(Jerry，1991)。它的不足之处是模拟温度有限，为0～99 ℃；离子力＞0.5的高矿化度水的计算误差较大而使使用受到限制。

3. SOLMINEQ. 88

SOLMINEO. 88是由美国地调局开发的，它具有能模拟水的沸腾作用，油、气、水的组分，各种地球化学比值和具有地温计的功能(Kharaka)。该程序的另一个明显优点是可以对温度为0～350 ℃，压力为0～1 000 MPa范围内的地球化学作用进行模拟，这对模拟核废物地质处置中高温条件下的地球化学作用是很有用的。遗憾的是该程序中的氧化还原电对的计算还存在一定的问题，有待进一步修改和完善。

4. EQ3/6

EQ3/6是美国劳伦斯国家实验室(LLNL)为能源部Yucca山高放废物处置工程专门开发的地球化学程序(Wolerry，1979)。它拥有一个大型热力学数据库，其中包括研究核废料处置所需要的某些放射性核素的热力学数据。EQ3/6除了能执行以上三个程序中的主要功能以外，还能模拟反应途径的计算，进行溶解/沉淀作用的反应动力学的计算，进行固相溶液的模拟计算，含有包括 Pitzer 模式的许多活度系数的校正模式和一维水流模式的子程序，它是目前地球化学程序中较为先进的一个程序。不足之处是目前它还不具备模拟吸附作用的功能。

第三节 地球化学模式的基本类型及原理

地球化学模式是研究物质迁移的一个重要组成部分。主要分为三种基本类型：(1)质量平衡模式(Mass Equilibrium Model)，它是以研究物种形式(Species)为主体，建立在质量、能量和电荷守恒定律的基础上，是计算物质在水中的存在形式和饱和指数的模式；(2)质量转化模式(Mass-transfer Model)，建立在热力学和反应动力学基础上，以研究物种的形式以及转化数量、转化速率为主体，是计算天然水体中或水-岩体系中物质转化的模式；(3)质量迁移模式(Mass-transport Model)，建立在热力学、反应动力学和水力学弥散、扩散原理基础上，是计算元素(物质)水迁移的模式。

一、质量平衡模式

质量平衡模式主要研究物质存在形式，其理论基础是质量、能量和电荷守恒定律，实质是求解、描述溶质质量平衡的联立方程，计算各种水溶组分的存在形式和各种矿物、固体化合物的饱和指数。这类模式程序的代表有：WATEQ，WATEQF，GEOCHENT 和 EQ3/6 等。

物质存在形式(配合物 X_i)和浓度(C_i)的计算原理(Mangold，Tsang，1991)：配合物($I=1,\cdots,N_x$)浓度X_i可视之为J个组分的总和($j=1,\cdots,N_c$)。设组分的总和为N_x，i配合物的浓度X_i为

$$X_i = \sum_{j=1}^{N_c} a_{ij}^x C_j \qquad i = 1,\cdots,N_x \tag{11-1}$$

式中：a_{ij}^x是配合物i中的化合数；配合物i由j个组分组成，j组分的浓度为C_j。根据质量作用定律，配合物化学平衡关系为：

$$X_i = K_i \prod_{j=1}^{N_c} C_j^{a_{ij}^x} \qquad i = 1,\cdots,N_x \tag{11-2}$$

j组分的水溶相的总浓度为

$$C_j = \sum_{i=1}^{N_c} a_{ij}^x X_i \tag{11-3}$$

饱和指数的计算公式为

$$\mathrm{SI} = \lg \frac{I_{\mathrm{AP}}}{K_{\mathrm{SP}}} = \lg \frac{\prod C_j^{a_{ij}^x}}{K_{\mathrm{SP}}} \tag{11-4}$$

式中：I_{AP}——离子活度积；

K_{SP}——溶度积系数。

二、质量转化模式

质量转化模式的理论基础是化学热力学和反应动力学，它以研究存在形式的转化及转

化的数量和速率为主体，是计算天然水体系中或水岩体系中物质转化的模式。此类程序不仅能对水溶相物质的平衡分布和矿物的饱和状态进行计算，而且还能计算出选定矿物和化合物溶解或沉淀后形成的新化学成分，以及矿物溶解和沉淀析出的数量。物质转化模式有两种：一种是受固一液反应控制的溶解和沉淀作用模式；另一种是受固一液界面反应控制的吸附作用模式。

1. 溶解-沉淀作用模式

决定溶解-沉淀反应的关键是溶解度极限。这是一种更近似于不等式的反应，能造成浓度在空间上的非连续性。X 物质存在形式的沉淀量 P_{x_i} 为

$$P_{x_i} \Leftrightarrow \sum_{j=1}^{N_c} a_{ij}^p P_j \qquad i = 1, \cdots, N_p \tag{11-5}$$

式中，a_{ij}^p 是在沉淀物质中成分浓度的反应系数，是与成分有关的沉淀物质的数量。

根据质量作用定律：

$$K_i^p \geqslant \prod_{j=1}^{N_p} [P_j^{(a_{ij}^p)}] \qquad i = 1, \cdots, N_p \tag{11-6}$$

$$P_j = \sum_{i=1}^{N_p} a_{ij}^p P_{x_j} \tag{11-7}$$

式中，K_i^p 是溶度积常数。这个不等式说明，直到溶液处于饱和状态，P_{xi} 的生成率才为 0 值；当(10-5)式处于相等的状态点上时，沉淀后的 P_{xi} 才能产生。

2. 吸附作用模式

一般认为，在离子交换吸附过程中，固体表面的电荷数是固定的，而且起吸附作用的表面格位数也是固定的。对于如下反应：

$$V_B A^{V_A} + V_A B(ad) = V_B A(ad) + V_A B^{V_B}$$

式中，V_A 为电荷，A 为被吸附物质成分。按照质量作用定律有：

$$K_{AB} = \frac{[A(ad)]^{V_B}[B^{V_B}]^{V_A}}{[A^{V_A}]^{V_B}[B(ad)]^{V_A}} \tag{11-8}$$

式中，K_{AB} 是组分 A 相当于组分 B 的选择性系数。

表面配合吸附作用与交换吸附不同，其固体表面的电荷是可以变化的，表面格位也不固定，而且当形成表面配合物时，一个离子并不一定要交换一个等量电荷的离子。这种模式是建立在一个矿物表面具有双层甚至三层电荷形式假设的基础上的。

被吸附组分的累积及其配合物的形式，可按质量守恒定律和吸附反应的化合数来计算。吸附反应的化合数与溶液中成分的浓度有关。设

$$S_{x_i} = \sum_{i=1}^{N_s} a_{ij}^s S_j \qquad i = 1, \cdots, N_s \tag{11-9}$$

式中：a_{ij}^s——被吸附的 j 成分在吸附配合物中的化合系数；

N_s——成分的吸附配合物的存在形式数量。

若成分不存在吸附形式，而仅以裸状离子或配合离子形式存在，则 $S_j = 0$，与上述水溶配合物的原理十分相似，有

$$S_j = \sum_{i=1}^{N_s} a_{ij}^s S_{xj} \tag{11-10}$$

三、质量迁移模式

质量迁移模式是耦合水力学和弥散作用的地球化学模式，因而也有人称之为水文地球化学模式。它是建立在热力学、反应动力学和水力学弥散、扩散原理的基础上，计算元素(物质)水迁移的模式。由于此模式结构复杂，数学计算较困难，需要大型甚至超大型计算机，所以，目前只开发出一些简单的溶质迁移(CHEMTRN，CPT，DYNAMIC 和 CHMTRNS 等)模式。溶质迁移模式的基本微分方程如下

$$\nabla(VC_j) - \nabla(D\nabla C_j) = \varphi\frac{\partial C_j}{\partial t}\partial C + Q_{c_j} \tag{11-11}$$

式中：V——达西流速(L/T)；C_j——物质的体积浓度(M/L^3)；D——弥散张量(L^2/T)；φ——孔隙度(无量纲)；Q_{c_j}——源汇相(M/L^3T)；∇——拉普拉斯算子。

式(11-11)中的第 1 项描述物质 j 的对流迁移，第 2 项描述水动力弥散(包括扩散)迁移。Q_{c_j} 可以分解：

$$Q_{c_j} = R_j^{aq} + R_j^s + R_j^p \tag{11-12}$$

$$R_j^{aq} = \frac{\partial}{\partial t}\left[\sum_{i=1}^{N_x} a_{ij}^s X_i\right] \tag{11-13}$$

$$R_j^s = -\frac{\partial S_j}{\partial t} = \frac{\partial}{\partial t}\left[\sum_{i=1}^{N_s} a_{ij}^s S_{x_i}\right] \tag{11-14}$$

$$R_j^p = -\frac{\partial P_j}{\partial t} = -\frac{\partial}{\partial t}\left[\sum_{i=1}^{N_c} a_{ij}^p P_{x_i}\right] \tag{11-15}$$

式中：R_j^{aq}——由于水溶态的作用(主要是配合作用)控制的第 j 个物质在水中的积累率；

R_j^s——由于吸附作用而引起的积累率；

R_j^p——由于沉淀和溶解作用而引起的积累率。

为了方便起见，令 $L(C_j)$ 表示对流-扩散的专门代号，即：

$$L(C_j) = \nabla\cdot\left[VC_j - D\cdot\nabla C_j\right] \tag{11-16}$$

则式(10-10)可改为：

$$\varphi\frac{\partial C_j}{\partial t} = L(C_j) - Q_{c_j} = L(C_j) - (R_j^{aq} + R_j^s + R_j^p) \qquad j = 1,\cdots,N_c \tag{11-17}$$

式(10-16)把质量作用公式与水动力公式耦合在一起，求解该式，即可得到组分浓度因对流、扩散和各种化学反应而引起的随时间和空间的变化。

第四节　地球化学模式的应用

近几十年来，随着人们对地球化学模式研究与应用的不断深入和日益广泛，水文地球化学理论的研究与应用得到了快速的发展。作为水文地球化学研究的重要手段和工具，地球化学模式在解决水-岩体系中的一系列水文地球化学问题中发挥了重要作用，特别是对一些在现实工作中无法进行的试验或进行前期的计算与评价时，运用模拟计算手段就显得更为重要和迫切，同时也显得更为方便。目前，运用地球化学模式能够解决的问题主要有：(1)水中组分存在形式的计算；(2)矿物饱和指数的计算；(3)矿物或气体的平衡/非平衡调节；(4)

不同水的混合计算;(5)温度变化效应的模拟;(6)矿物在水中的溶解量计算;(7)化学计量反应(例如滴定);(8)与固相、液相和气相的反应计算;(9)吸附作用计算(阳离子交换、表面络合作用);(10)水形成的逆向模拟(反应路径研究);(11)动力学控制的反应;(12)物质的反应一迁移等。

根据上述的模拟与计算,近年来地球化学模式在地质、矿冶、环境保护等领域得到了较为广泛的应用。例如,在地质学领域,可以运用地球化学模式来研究地下水中成矿元素的存在形式与溶解、沉淀平衡问题,以及确定成矿地段,解释与评价矿体地球化学异常等。在矿冶领域,可以研究砂岩铀矿地浸中浸出液铀的存在形式与饱和指数以及地浸工艺,研究元素溶质迁移过程等。在环境保护领域,可以模拟放射性核素(Np,Pu)在黄土地下水系统中的反应路径,计算 Np,Pu 在地下水和工程屏障平衡水中的形态;模拟 Np,Pu,Sr 在黄土地下水中的地球化学行为等。随着地球化学模式研究的不断深入,应用也愈加广泛。本节在这里仅对其在水中组分存在形式计算、矿物饱和指数计算和矿物在水中的溶解量计算等方面的应用进行介绍。

一、计算和判定水中各种化学组分的存在形式与饱和指数的计算(以海水为例)

研究天然水中各种化学组分的存在形式,是从研究海水中元素存在形式开始的。元素在水中的存在形式,可以是单一的离子、原子、分子和简单的复阴离子,也可以是复杂的化合物和组合物。

一般,可将地下水中化学元素的存在形式区分为如下三种主要形式:

(1)单一离子形式。如单一阳离子 Ca^{2+},Mg^{2+},Na^{+},K^{+} 等和单一阴离子 Cl^{-},Br^{-},I^{-},F^{-},S^{2-} 等;

(2)单复阴离子(或络阴离子)形式。如:SO_4^{2-},CO_3^{2-},HCO_3^{-},NO_3^{-} 等。

(3)复杂的离子和分子化合物组合体(或称络合离子和配位化合物)形式。如 $CaSO_4^0$,$CaHCO_3^+$,$CaCO_3^0$,$CaCl^+$,$MgHCO_3^+$,$MgCO_3^0$ 等无机络合物以及更为复杂的有机络合物(或元素一有机化合物)。

确定水中各种元素的全部存在形式,目前仍然是一件很困难的事,尚无法用直观的检测方法将其全部检测出来。然而,随着热力学方法的日益采用和推广,可以把化学热力学理论及化学动力学理论同水化学分析数据密切结合在一起加以考虑,以便推测水中各种组分的物理状态和化学状态,从而区别其氧化形式与还原形式,络合形式(或螯合形式)与非络合形式、溶解形式与胶体形式以及单元存在形式与多元存在形式等等。

鉴于热力学平衡体系是处于最稳定的状态的体系,而且体系中各组分间的反应平衡常数 K 同其自由能变化 ΔG^0 之间存在着固定关系(即 $\Delta G^0=-2.3\,RT\lg K$),为我们计算和判定水中各种化学组分的可能存在形式提供了可能。

具体计算和判定方法的要点和步骤是:第一步给出水化学分析成果表,在表中除了给出主要离子成分及其浓度(mg/L)外,还要相应地计算出其摩尔浓度(mol/kg)和活度系数 $\lg\gamma$;第二步,写出这些阴离子、阳离子成分间可能发生的化学反应式并通过其自由能变化 ΔG^0 值求出 $\lg KT$;第三步,依据质量作用定律($\lg KT$ 和各离子的活度系数均已知),计算出各种主要离子成分的分配百分数。这样,就可最终判定出各化学组分的可能存在形式及其所占的百分比。然而,对每个具体水化学分析成果的计算和判定是很费时费力的,往往需要在计算机上进行计算,才能取得满意的结果。

(一)水中各种化学组分存在形式计算

为了说明如何计算水中组分存在形式,采用德国学者 B. J. Merkel 和 B. Planer-Friedrich 利用 PHREECI 程序对海水进行模拟计的结果,使用的数据库为 WATEQ4F.DAT。

1. 水化学数据的输入

首先利用程序界面输入水化学分析数据,在程序中简单的输入通常包括 3 个关键词 TITLE、SOLUTION 和 END。所有的输入分析数据都必须在关键词 SOLUTION 1 下,并以 END 结尾。例如:

```
TITLE Seawater
SOLUTION 1
    temp         25
    pH           8.22
    pe           8.451
    redox        O(-2)/O(0)
    units        mg/L
    density      1.023
    Ca           412.3
    Mg           1291.8
    Na           10768
    K            399.1
    Alkalinity 141.682 as HCO3
    Cl           19353 charge
    S(6)         2712
    Fe(3)        0.002
    Fe(2)        0.0005
    Si           4.28
    Mn           0.0002
    N(-3)        0.03 as NH4+
    N(5)         0.29 gfw 62
    O(0)         1 O2(g)        -0.7
    U            3.3 ug/L        N(-3)/N(5)
    -water       1 # kg
END
```

2. 输入数据说明

以上输入数据可知,在 SOLUTION 之下输入步骤如下:首先是输入水溶液的温度

(Temp)以℃给出,密度(density)以 g/cm^3 输入,重要是的要注意高矿化度水。输入实测 Eh 时,必须将其换算成 pe。如果没有给出 pe,则使用标准值 pe=4。此外,对于 pe,还可以定义一个氧化还原电对(redox)来计算其 pe。接着可以录入分析元素。对于只以一个氧化还原价态存在的离子,如 Ca、Mg 等,以元素表示;对于以不同氧化还原价态存在的离子,则在元素名称后用括号加上电价,如 Fe^{3+} 和 Fe^{2+};对于复杂离子,如 HCO_3^-,NO_3^-,SO_4^{2-} 等,有 3 种可能的输入方法:

(1) [离子]([电价])[浓度,mg/L]as [离子式] 例如 HCO_3^-,NH_4^+;

(2) [离子]([电价])[浓度,mmol/L]gfw [离子的摩尔质量]

gfw=gram formular weight,例如 NO_3^-;

(3) [离子]([电价])[浓度,ug/l]ug/l,例如 U。

此外,在每个元素、pH 或 pe 之后,可跟着命令"charge",它在整个输入文件中只能出现一次(本例中位于 Cl 之后)。通过"charge"命令,用所选择的元素或 pH 和 pe,强行进行完全的电荷平衡。为了电荷平衡而必须人为地提高或降低浓度,因此,应尽量选择浓度最高的元素,使相对误差尽可能地小。

pH、pe 或个别元素之后的矿物或气相名称及其饱和指数(本例是 O(0)之后 O_2(g)-0.7)表明,为了与给出的矿物或到平衡状态或定义了的不平衡状态,相应的元素浓度会发生变化。如果在相态之后没有给出饱和指数,将使用缺省值 SI=0(平衡)。对于气体,用分压(bar)的对数来代替饱和指数,本例中-0.7 表示 O_2的分压为 $10^{-0.7}=0.2$ bar。

氧化还原电对可在氧化还原敏感元素之后单独定义[本例中,N(5)/N(-3)位于 U 之后],输入时可以是总浓度(如 U),也可以是各组分形态的浓度(如 Fe)。在进行氧化还原敏感元素的氧化还原平衡计算时,这个输入将强制使用所定义的氧化还原电对。即,标准 pe 或标准氧化还原电对被用于该元素(本例为 U)而不是 U 组分形态的计算。

3. 输出结果说明

由标准输出数据可以读出以下结果:

(1) 从"solution composition"和"description of solution"两小段中可以获得水样的一般信息。从溶液组成的摩尔浓度可以清楚地看出,样品为 Na-Cl 型水(Cl 0.55 mol/L,Na 0.47 mol/L)。

(2) 在"description of solution"中离子强度为 0.659 4 mol/L,表明海水的总矿化度高。为了检验分析的准确性,计算了电荷平衡和分析误差(Electrical balance (eq)= 7.737e-004 和 Percent error, 100 * (Cat-|An|)/(Cat+|An|)=-0.07)。可见,所以该分析的准确性非常好,分析结果可以用来进行模拟计算。在 Cl 之后加上命令"charge",强行进行完全平衡[电荷平衡误差(-2.409e-016)和分析误差(-0.00)]。

(3) 从"redox couples"中所列出的和还原电对的 pe 和 Eh 的总和,可以计算出一个与实测 pe 或 Eh 比较的值。根据以下式

$$pe = -\lg\left(\frac{1}{\sum_1^n a_1 + a_2} \times \sum_1^n [e^-] \times (a_1 + a_2)\right)$$

式中:n——氧化还原电对数目;

a_1,a_2——各氧化还原反应的相应组分浓度;

$[e^-]$——各氧化还原反应的电子浓度。可得

$$pe = -\lg(1.16 \times 10^{-6}) = 5.935$$

Fe(2),Fe(3),N(−3),N(5)和O(0)的浓度位于"solution composition"之中,O(−2)则以OH^-形式位于"distribution of species"之中。各个分电位位于"redox couples"之中,分别是Fe(2)/Fe(3) pe=2.163 9,N(−3)/N(5) pe=4.673 8, O(−2)/O(0) pe=12.406 1。

总电位pe=5.935明显低于实测的pe=8.451.其主要原因还有一些重要的氧化还原敏感元素未被测定,另一方面是氧化还原电位测定本身带一些不确定性。

(4) 在"Distribution of species"中,除了各元素的总浓度之外,主要是组分形态的分布,即自由离子、带负电荷、正电荷和零价的络合物所占比例,由此可以得出氧化剂/还原剂比、迁移性、溶解度和元素的毒性。阳离子Na^+,K^+,Ca^{2+}和Mg^{2+}主要是以自由离子的形式存在(87%~99%),1%~13%为阳离子-硫酸盐络合物。几乎100%的Cl是以自由离子的形式存在,它基本上不与其他配位体发生反应。C(4)的主要存在形式是自由离子HCO_3(70%),但有少量的可与Mg和Na作用形成HCO_3^-和CO_3^{2-}络合物。S(6)的情况与C(4)类似。N(5)和N(−3)主要为NO_3^-或NH_4^+形态。表示这些组分形态分布的最简单方法是使用如EXCEL中所谓的圆形饼图。图11-1为S(6)与C(4)的组分形态分布的例子。

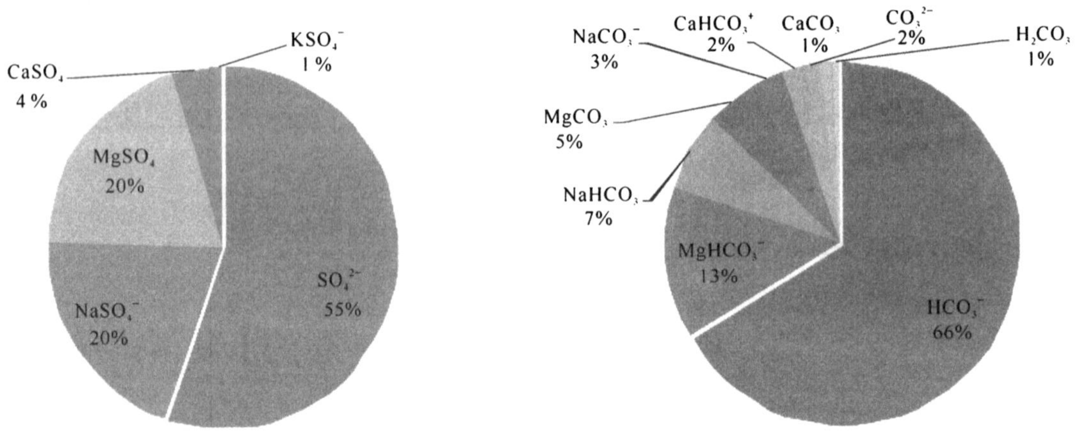

图11-1 S(6)与C(4)组分形态分布的圆形饼图

N(5)/N(−3)比为3∶1左右,Fe(3)/Fe(2)比为4∶1。重要的是,Fe(2)存在形态为自由离子Fe^{2+}或带正电荷的络合离子$FeCl^+$,因此可以参与离子交换;而Fe(3)主要是以零价的络合物$Fe(OH)^0$形态存在,不能参与离子交换。对于铀的组分形态而言,与U(5)和U(4)相比,显而易见最高氧化态的U(6)是优势组分形态。与U(4)相反,U(6)非常易溶,因而比较容易迁移。然而,U(6)的主要存在形态为带负电荷的络合物[$UO_2(CO_3)_3^{4-}$、$UO_2(CO_3)_2^{2-}$],它们可与氢氧化铁等发生相互作用,从而限制了它们的迁移性。N、Fe和U的还原形态占总浓度的比例与理论上的氧化顺序一致。在pe=0时,Fe(2)就可以被氧化成Fe(3),而只有在pe=6时,N(−3)才开始被氧化转变为N(5)。在海水分析中的pe=8.451的情况下,铀的氧化就已经结束。

(二) 计算水溶液中矿物饱和指数(以海水为例)

如第 1 章所述,水溶液中各种矿物的饱和指数是判别元素在地下水中迁移与沉淀的重要参数之一。水溶液中各矿物饱和指数计算式为:

$$SI = \lg(IAP/KT)$$

式中 IAP 为离子活度积,KT 为平衡常数。

仍以上述海水为例,水溶液中各矿物的饱和或不饱和信息列于标准输出文件中的"Saturation indices"。通常用柱状图的形式来展示饱和程序,其中 y 轴在 x 轴上的截点为 SI=0,过饱和相用向上的柱来表示,不饱和相则用向下的柱将来表示(图 11-2 中为部分水溶液矿物相的实例)。

必须注意的是,并非所有 SI>0 的矿物相都可以沉淀析出,因为反应速度慢可导致体系长时间处于不平衡状态。例如,白云石的 SI=2.383 2,但由于反应缓慢,并产生白云石沉淀;相反,方解石的 SI 仅为 0.782 7,但其会迅速沉淀析出。从图 11-2 中可以看出,非晶质的氢氧化铁会发生很快的沉淀反应,尽管它是弱饱和(SI=+0.662 1)。赤铁矿、磁铁矿和水针铁矿一般是由 $Fe(OH)_3$ 转化而来,并非直接从溶液中沉淀形成。总体上看,铁的总浓度[Fe]=0.002 5 mol/L 非常低,所以并不是所有的铁的沉淀反应都可以彻底进行。

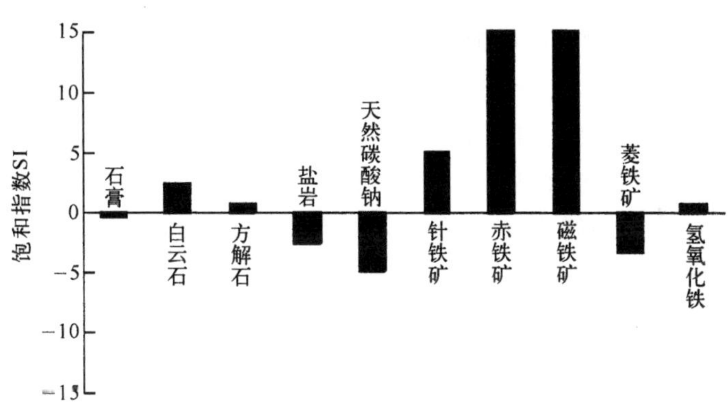

图 11-2　部分过饱和与不饱和常见矿物相的柱状图

二、矿物在水中的溶解量计算(以石膏溶解为例)

实例选择德国学者 B. J. Merkel 和 B. Planer-Friedrich 的计算结果。其步骤是首先用化学方法对问题"有多少石膏可以溶解于蒸馏水中"进行计算,然后将计算结果与 PHREEQCI 的模拟结果进行比较[pKgips=4.602(T=20 ℃)]。

1. 石膏在蒸馏水中溶解量的计算

石膏溶解的反应方程为:

$$CaSO_4 = Ca^{2+} + SO_4^{2-}$$

根据质量作用定律

$$K = \frac{[Ca^{2+}[SO_4^{2-}]}{[CaSO_4]}$$

由于$[CaSO_4]=1$,则有 $K=[Ca^{2+}][SO_4^{2-}]=10^{-4.602}$,

又因$[Ca^{2+}]=[SO_4^{2-}]$,有 $K=[SO_4^{2-}]^2$,故

$$[SO_4^{2-}] = 0.005\ mol/L = 5\ mmol/L$$

在质量作用定律中,由于参加反应的物质是以活度表示,所以这里计算得出的不是浓度,而是活度。通过活度系数,可以把活度换算成浓度。计算时所需要的离子强度可按下式求得:

$$I = 0.5\sum m_i Z_i^2$$

式中:m 为浓度,mol/L。但由于浓度是未知的,所以必须进行迭代计算。计算时,在第一次逼近时,用活度=5 mmol 代替浓度,由此对于 Ca^{2+} 和 SO_4^{2-} 有:

$$I = 0.5\times(5\times 2^2 + 5\times 2^2) = 20\ mmol/L$$

从离子强度与活度系数的关系图(图 11-3)上,可查得活度系数 f_i大约为 0.55,则浓度 $c_i=a_i/c_i=0.005/0.55=0.009$ mol/L=9 mmol/L。把第一次逼近求得的浓度,再一次代入到离子强度公式中,可得 $I_2=36$ mmol/L,活度系数 $f_2=0.5$,浓度 $c_2=0.010$ mol/L=10 mmol/L。同时进行第三次逼近可得 $I_3=40$ mmol/L, $f_3=0.48$,$c_3=0.0104$ mol/L=10.4 mmol/L等。根据此计算可见,对于第一次逼近,可溶解的石膏浓度为 10 mmol/L 左右已经够了。

2. 石膏在蒸馏水中溶解量的模拟

为了与以上计算结果进行比较,现运用地球化学模拟程序对石膏在蒸馏水中的溶解量进行模拟。输入是非常简单的,因为这里考虑的是蒸馏水,所以在 SOLUTION 下只需给出 pH=7 和 $T=20$ ℃。为强制达到平衡,使用“EQUILIBRIUM_PHASES”定义饱和指数为0,以便求得有多少石膏可溶解于水中(既不是不饱和也非过饱和)。

输入文件如下所示:

```
TITLE Dissolved Gypsum
SOLUTION 1
    temp        25
    pH          7
    pe          4
    redox       pe
    units       mmol/kgw
    density     1
    -water      1 # kg
EQUILIBRIUM_PHASES 1
    Gypsum    0 10
    END
```

在输出文件中的“Beginning of initial solution calculations”之下,除了已经描述过的“Solution composition Description of solution Distribution of species Saturation indices”部分之外,还有“Phase assemblage”小段。其中给出了“Moles in assemblage Phase-SI-log-IAP-logKT-Initial(石膏的初始量,标准值 10 mol/kg)-Final(溶解反应后未溶解的石膏

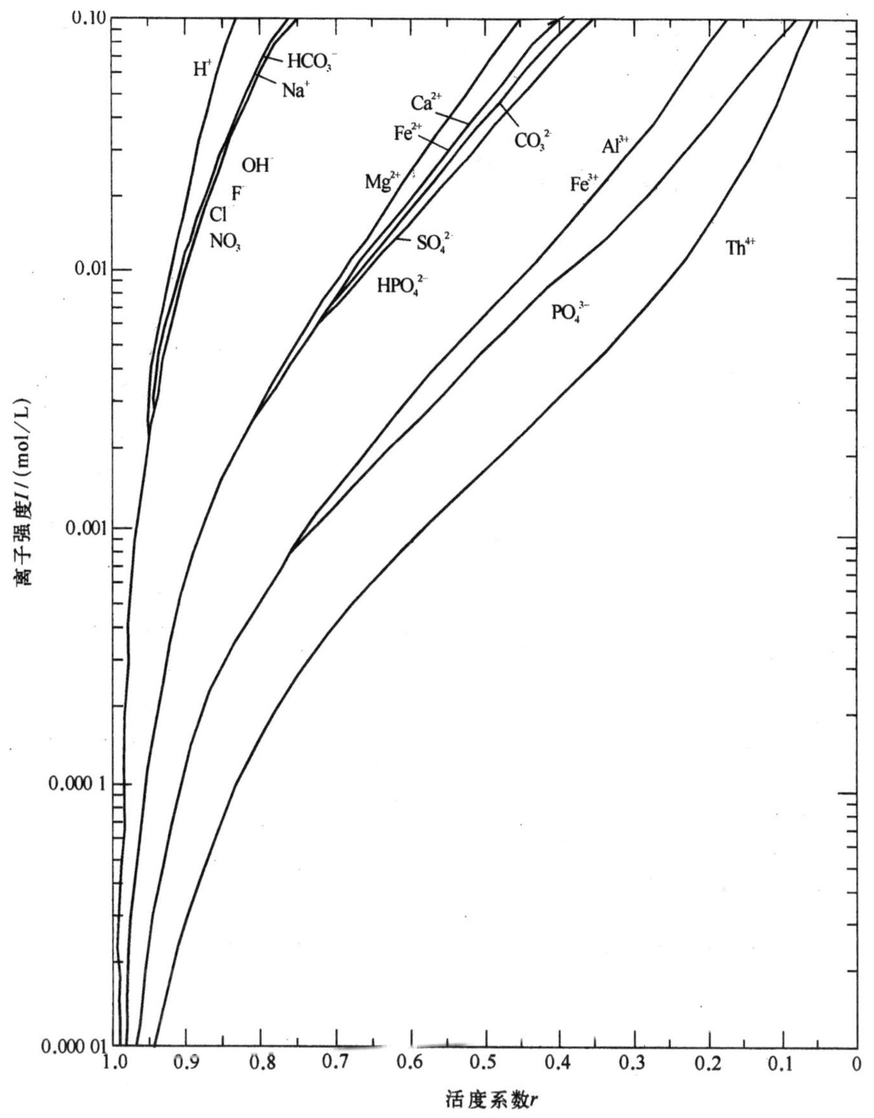

图 11-3 离子强度($I<0.1$)与活度系数的相互关系

(据 Hem,1985)

)-Delta(溶解的石膏量＝final-initial;负值＝溶解,正值＝沉淀)”。

由于溶解过程之前为蒸馏水(“不含物质组分”),所以溶解的石膏量(相组分 delta)等于解中的 Ca 和 SO_4(溶解组分的摩尔浓度,或“distribution of species”中 Ca 和 S(6)总量)。

石膏溶解的模拟结果是－1.571e^{-002}＝15.71 mmol/L,前面的计算结果是 10 mmol/L右。如果考虑组分的分布,可以看出,除了自由离子 Ca 和 SO_4之外,存在以下的络合物:ıSO$_4$,CaOH,HSO_4和 $CaHSO_4$。由于 $CaSO_4$络合物(4.949 mmol/L)的形成,石膏的溶解显著升高。而前面的简单计算根本没有考虑到络合物的形成作用。这样也就解释了差＝石膏溶解模拟值-石膏溶解计算值＝5 mmol/L。

从这些简单的平衡计算与模拟的例子已经显而易见,水溶液体系的水文地球化学描述是非常复杂的，没有计算机模拟支持的结果有很大的局限性。例如，通过计算机模拟就可以知道水溶液中平衡条件下各种组分存在形式及浓度，而化学计算则不可能获得这些信息。

三、确定矿体的分布范围(以铀为例)

根据 Rummer 和 Lueck，S. L(1981)对美国得克萨斯南部的两个铀矿床进行研究与模拟的结果来确定铀矿床的分布范围。他们在矿床开采以前，取了 46 个水样，作了仔细分析，然后用 WATEQF 程序进行模拟。图 11-4 是矿床地下水总溶解铀的等值图，并勾画出了矿体的范围。可以看出，虽然在局部溶解铀极高，却不能表示主矿体的形状和方位。图 11-5 则是 $UO_{2(c)}$ 的 SI 等值图，它清楚地标明了矿体的产地，尤其当 SI 超过 4 时，明显地呈过饱和。图 11-6 则是方解石的 SI 等值图，在矿体西部呈不饱和，而到矿体东部则呈过饱和，这表明与蚀变和脉石矿物有关的地下水的饱和状态形成晕，这对找矿同样是十分有用的。

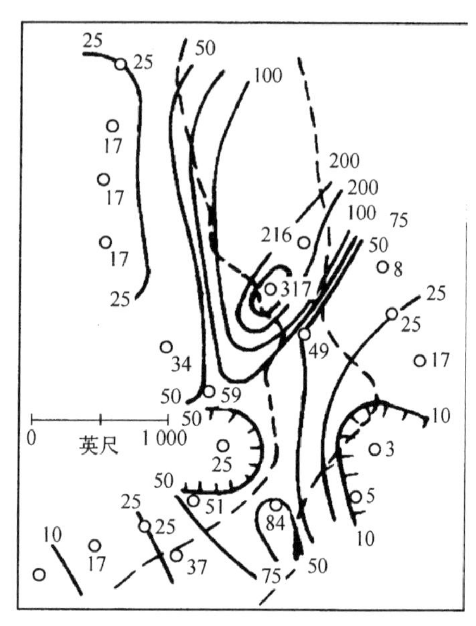

图 11-4 得克萨斯南部某铀矿床的矿体轮廓图(以粗线表示)与地下水中总溶解铀($\times 10^{-6}$ mol/L)的浓度等值图
(据 Runnells 等，1981)

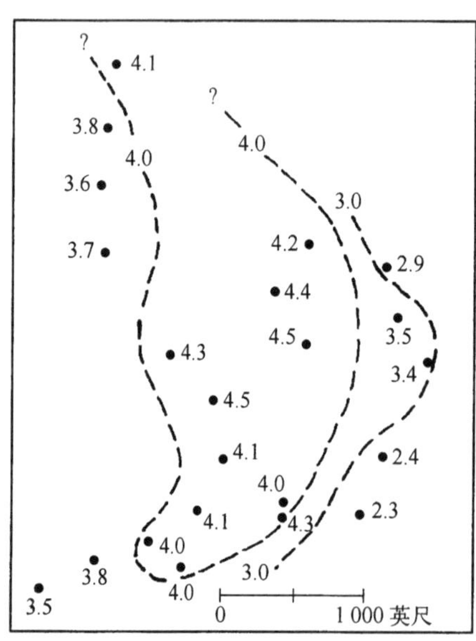

图 11-5 得克萨斯南部某铀矿床的 $UO_{2(c)}$ 所计算的饱和指数 SI 图
(据 Runnells 等，1981)

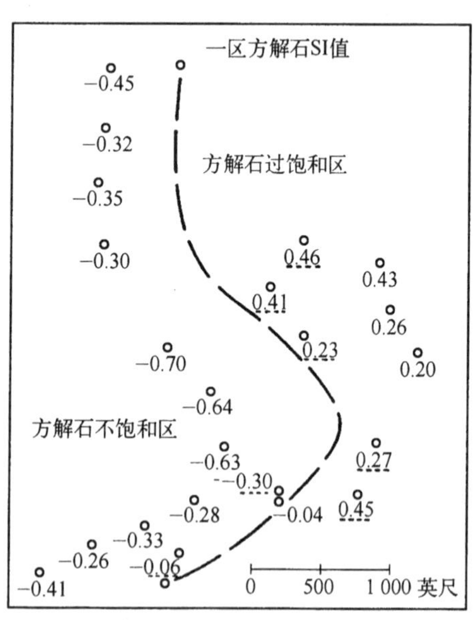

图 11-6 一区方解石饱和指数 SI 分布图
(1 英尺＝0.304 8 m)
(据 Runnells 等，1981)

四、确定含水层中氧化还原垒与 pH 垒

Runnels 等用 Edmunds 观测的该地区地下水计算机模拟，Edmunds 的数据表明，在地下水含水层中存在氧化还原垒和 pH 垒(图 11-7)。

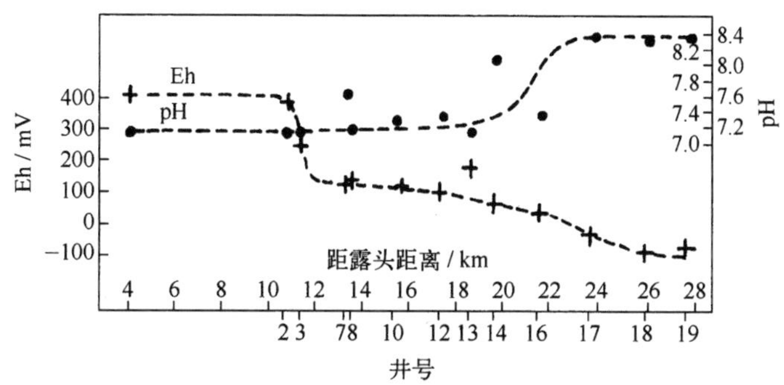

图 11-7 林肯郡石灰岩中 pH、Eh 的观测值

(据 Edmunds，1973)

图 11-8 则表明了井的位置及 Eh、pH 垒的位置。为了检验林肯郡石灰岩含水层中含铀配合物对铀矿石可能沉淀的影响，这里假设图 11-7 和图 11-8 所示的每个水样的溶解铀含量为常数(=10 μg/L)，然后计算水和铀矿物的饱和程序，图 11-9 表明了一些铀矿物 SI。很

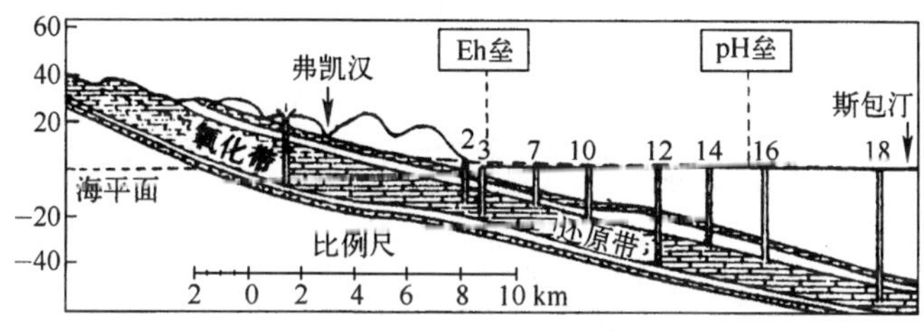

图 11-8 林肯郡石灰岩的地质剖面图和采样位置图

(据 Edmunds，1973)

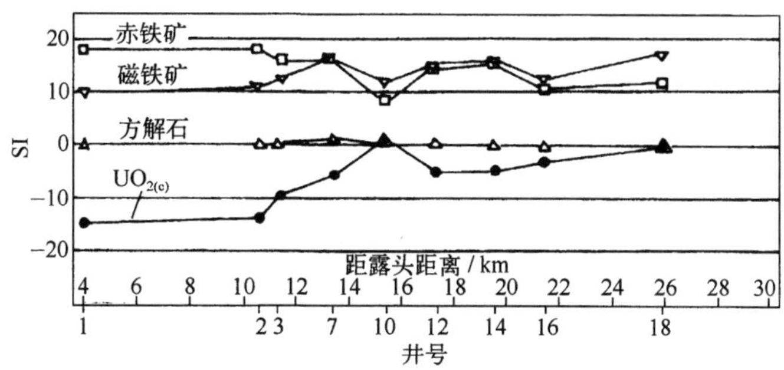

图 11-9 林肯郡夏罗石灰岩水中，赤铁矿、磁铁矿、方解石和 $UO_{2(c)}$ 的饱和指数图

(假定 Σ=10μg/L)(据 Edmunds，1973)

明显，在这个石灰岩含水层中，方解石与水是呈平衡的，赤铁矿、磁铁矿与水则均呈过饱和。图中还可观察到，$UO_{2(c)}$ 可以从 10 号井中沉淀，而 Eh 更低的其他井却不能沉淀出，这是由于 Eh 的下降并没能破坏溶解的碳酸合铀酰配合物的稳定性，因为 pH 的升高和溶解 HCO_3^- 含量的增加会导致碳酸合铀酰配合物的稳定性增强，如图 10-7 和图 10-8 所示。根据所测的 HPO_4^- 的浓度、观测的 pH，以及假定总铀为 10 μg/L 的计算表明，在大部分井中，$UO_2(HPO_4)_2^{2-}$ 是最主要的铀的溶解物种。

五、成矿地段的确定(以砂岩型铀矿为例)

(一) 地质背景

研究区位于中亚腹地的新疆准噶尔盆地北部，该区具有干旱—半干旱大陆性气候特点，具有形成层间氧化带型砂岩铀矿的有利条件，乌伦古凹陷油气田的分布可为砂岩型铀矿的形成提供还原剂条件，具备砂岩铀矿成矿的有利地质条件。准噶尔盆地北部及研究区地质概况如图 11-10、图 11-11 所示。

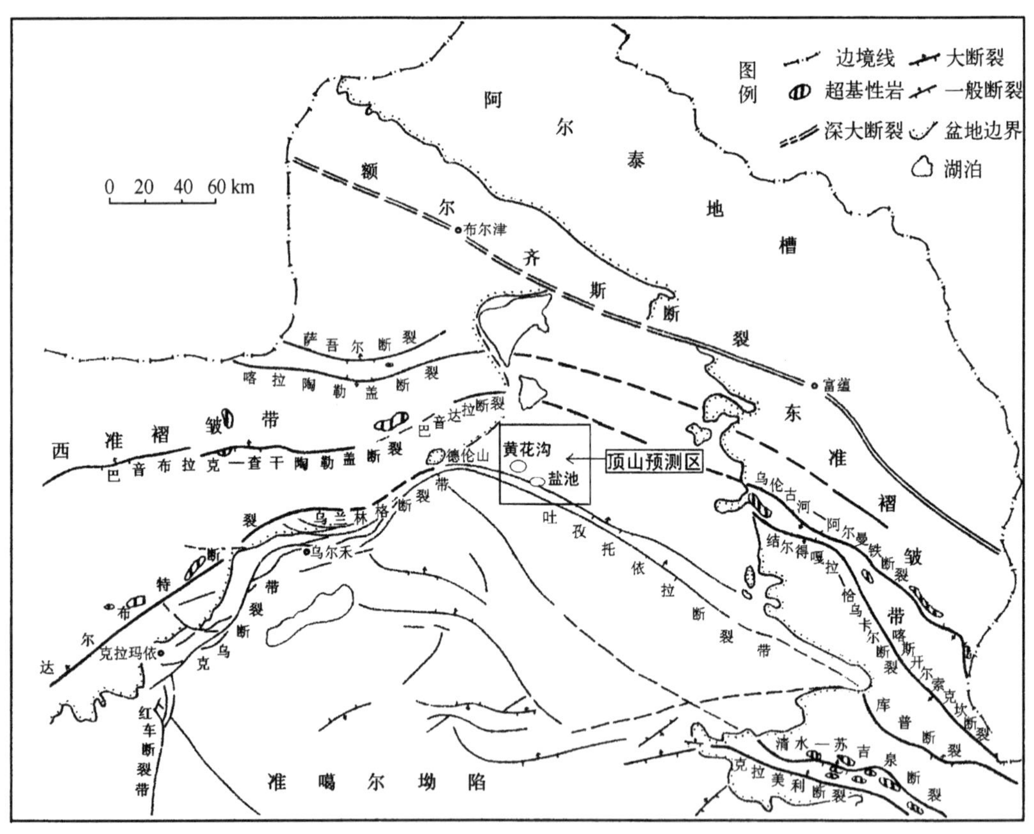

图 10-10 准噶尔盆地北部顶山地区区域地质图

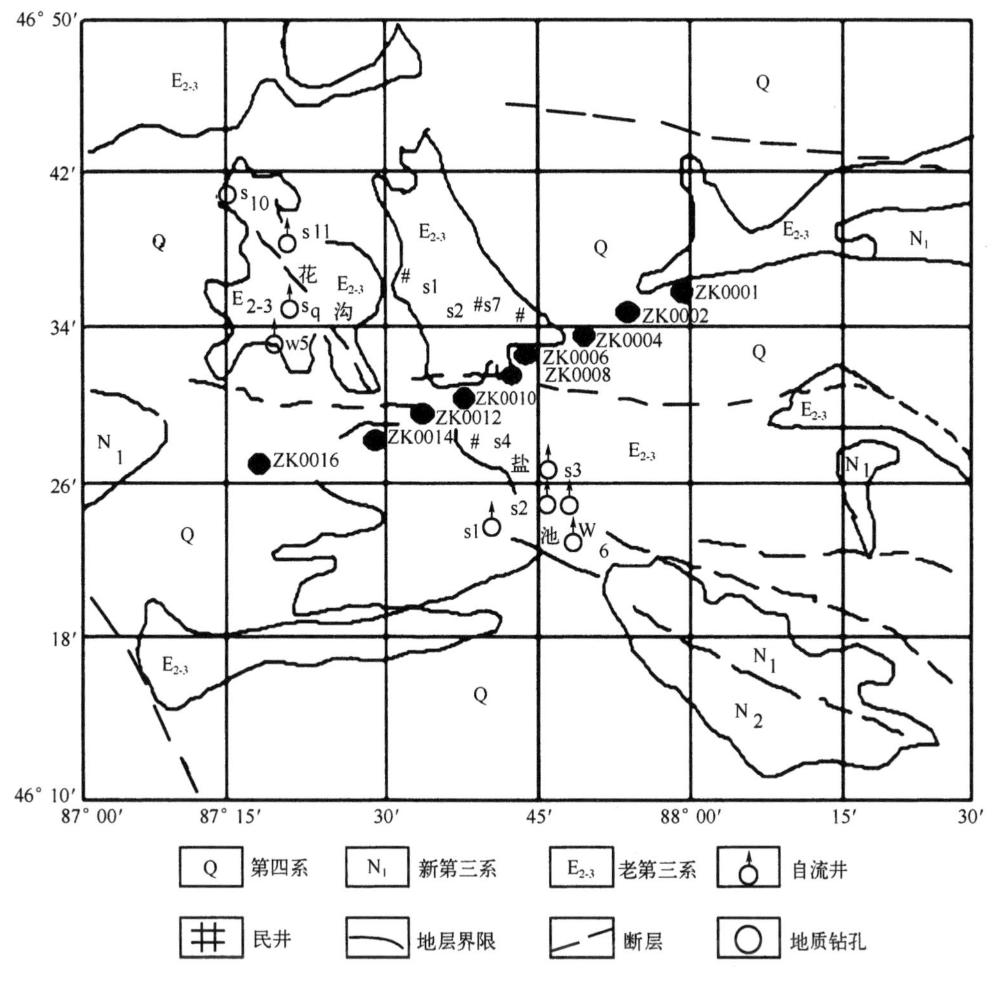

图 11-11 顶山地区地质图

(二)地球化学模式计算结果

选择顶山地区有代表性的盐池、黄花沟两个第三系砂岩水排泄源作为研究对象,并通过对水化学成分(表 11-2)计算来探讨受这两个排泄源控制的铀矿化地段。运用地球化学模式预测铀矿化地段的具体步骤是:(1)分别计算盐池和黄花沟排泄源第三系水源点的平均地下水化学成分,并以它们来分别代表盐池和黄花沟排泄源第三系砂岩水化学成分(表 11-2);(2)分别计算二个排泄源在不同水文地球化学环境中的饱和指数(SI)和反应条件指数(RCI)(表 11-3);(3)应用 SI、RCI_{Eh}和 $RCI_{c,u}$值与氧化还原分带的关系预测铀矿化地段。

表 11-2 顶山地区盐池、黄花沟排泄源第三系砂岩水水化学成分 (mg/L)

排泄源	样号	M (g/L)	pH	Eh (mV)	Ca^{2+}	Mg^{2+}	K^+	Na^+	Cl^-	SO^{2-}	HCO_3^-	Fe^{2+}	Fe^{3+}	F	U (μg/L)
盐池	S_1	2.06	7.75	300	137.28	76.03	1.24	648.50	950.74	542.43	101.94	0.0	0.024	2.64	7.28
	S_2	1.45	7.83	267	135.59	54.25	1.24	475.80	540.93	451.52	98.94	0.0	0.20	2.53	1.46
	S_3	1.46	7.79	306	137.70	54.23	1.24	457.10	540.93	451.52	98.38	0.0	0.22	2.53	1.40
	S_4	0.28	7.18	283	29.57	2.53	1.24	110.10	27.86	44.35	275.83			1.00	2.60
	W_6	1.57	7.04	342	139.77	58.08	3.58	433.70	578.28	327.30	93.65				2.2
	平均	1.36	7.5	300	116	49	1.71	425	527.8	363.4	133.7	0.001	0.01	2.2	3.0
黄花沟	S_9	1.08	7.42	287	92.93	19.64	1.65	387.18	352.43	481.77	116.93	0.0	0.018	0.46	3.64
	S_{10}	2.52	8.05	136	361.15	30.41	2.06	792.50	1106.46	929.06	20.98	0.0	0.030	0.55	1.40
	S_{11}	1.72	8.0	210	130.94	57.66	3.71	652.50	532.74	874.87	233.85	0.0	0.040	3.74	2.60
	W_5	1.13	7.27	316	94.90	23.76	4.59	327.77	357.28	190.51	120.57				8.8
	平均	1.61	7.7	246	170	33	3	540	587	619	123	0.001	0.03	1.6	4.1

表 11-3 顶山地区第三系砂岩水沥青铀矿反应条件指数及饱和指数

排泄源	pH	C_U/(g/L)	$Eh_{b,U}$/mV	Eh/mV	$C_{b,U}$/(g/L)	RCI_{Eh}/mV	$lgRCI_{c,U}$	SI
盐池	7.5	3.0×10^{-6}	40	300	3.6×10^{12}	260	−18.08	−10.13
				70	1.1×10^{-5}	30	−0.55	−0.60
				40	3.0×10^{-6}	0.0	0.0	0.0
				−100	7.1×10^{-9}	−140	2.63	1.70
				−163	6.9×10^{-9}	−203	2.64	2.59
黄花沟	7.7	4.1×10^{-6}	42	300	2.7×10^{13}	258	−18.82	−10.44
				246	4.7×10^{7}	204	−13.06	−8.52
				70	2.0×10^{-5}	28	−0.65	−0.70
				42	4.1×10^{-6}	0.0	0.0	0.0
				−100	1.2×10^{-8}	−140	2.53	1.70
				−163	1.0×10^{-8}	−205	2.61	2.56
备注	C_U、$Eh_{b,U}$、$C_{b,U}$分别表示水中铀浓度、水中铀平衡时水的 Eh 值和相应的水中铀浓度值							

(三) 铀矿化地段的预测

顶山地区受局部排泄源控制的铀矿化地段预测是根据盐池和黄花沟排泄源第三系砂岩水水化学成分及不同水文地球化学环境(ZK0010,ZK0014,ZK0016 分别位于还原带、过渡带和氧化带)的 RCI_{Eh}、$RCI_{c,U}$和 SI 等水文地球化学参数来定量确定。为使以上三个参数能够直观地绘于同一图中,Eh 反应条件指数用 $RCI_{Eh}/10$ 表示。盐池和黄花沟排泄源铀矿化地段定位结果如图 11-12 和图 11-13 所示。

图 11-13 表示盐池排泄源对铀矿化地段的预测结果。从中可以直观地看出,反应条件指数、饱和指数及其它们的 0 线正好相交于一点(A 点),表明 SI 与 RCI 值在空间同一位置处于平衡状态。A 点对应的空间位置即是弱氧化带与过渡带的分界线,位于离原点 7.5 km 处。即弱氧化带和过渡带的界线位于 ZK0014 与 ZK0016 孔之间距 ZK0014 孔 0.9 km 处。如果将 $RCI_{Eh}=-140$ mV($RCI_{Eh}/10=-14$ mV)及 $lgRCI_{c,U}=1.7$,SI $=1.7$ 线分别与 RCI_{Eh}线、lg $RCI_{c,U}$线和 SI 线相交,则可在图中分别得到 C,B 两个交点(lg $RCI_{c,U}$和 SI 交点重合于 B 点),而 C,B 两个相交点对应的空间分布位置不谋而合于同一空间定位,该定位即代表过渡带与还原带的分界线。可见,顶山地区 0 号勘探线 ZK0014 与 ZK0016 孔之间的铀矿化地段空间定位长度是 3.8 km,其边界分别距 ZK0014 孔 0.9 km 处和距 ZK0016 孔 1.7 km 处。

图 11-13 表示黄花沟排泄源对铀矿化地段的预测结果。其反应条件指数、饱和指数与盐池排泄源极为相似。即这些参数及其它们的 0 线也恰好相交于一点(A 点)。A 点对应的空间位置 L2 为 7.5 km,B、C 两点对应的空间分布位置也不谋而合于同一空间定位,对应的空间位置 L1 为 3.8 km。即弱氧化带与过渡带及过渡带与还原带的界线分别位于 ZK0014 至 ZK0016 之间,分别距 ZK0014 孔 0.9 km 处和 4.6 km 处,铀矿化地段长度为 3.7 km,与盐池排泄源预测结果一致。

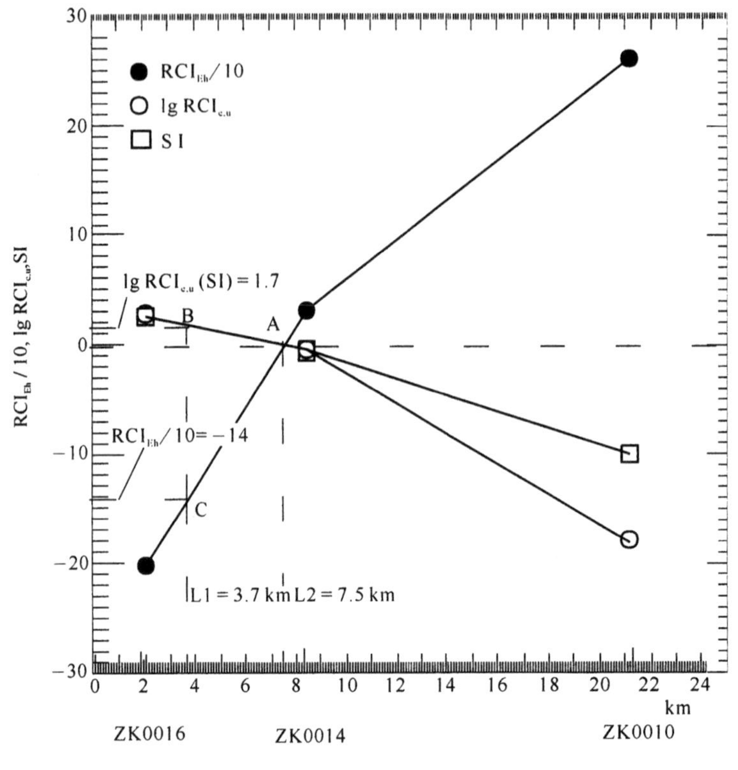

图 11-12　盐池排泄源铀矿化地段定位图

图 11-14 为运用地球化学模式计算得到的铀矿化地段的空间定位结果，圈出的铀矿化地段与现场地质勘察结果具有较好的一致性，对顶山地区下一步铀矿勘探工作具有直接的参考价值和指导意义。

六、确定水中元素溶解、沉淀范围(以铀为例)

(一) 研究区概况

选择新疆伊犁盆地库捷尔太铀矿床中部一条矿化较好、具有代表性现场实测的 32 号剖面作为研究对象。该剖面从南到北发育有强氧化带、弱氧化带、过渡带和还原带，并呈现出以下规律：(1)强氧化带黄色见褐铁矿化砂岩 Eh 最高，为 359.3～451.8 mV(平均 404.2 mV)；弱氧化带灰色砂岩 Eh 为 115.8～165.3 mV(平均 132.2 mV)；过渡带灰色砂岩 Eh 为 −145.7～−24.5 mV(平均 −77.6mV)；灰色含碳还原带砂岩 Eh 最低，为 −231.8～−110.0 mV(平均−188.1 mV)。显示出从强氧化带、弱氧化带到氧化还原过渡带、还原带，水岩体系 Eh 呈明显下降趋势。(2)空间上，矿卷上游(ZK3201-ZK3213)氧化带砂岩 Eh 高，向下游接近矿卷时，Eh 突然降低，即在较小范围内(ZK3213−ZK3217)Eh 由高正值降低为负值。氧化还原过渡带和还原带，Eh 向下游又呈相对缓慢下降趋势。很明显，当 Eh 出现较大幅度的突然下降时，则表明该地段已接近矿体或离矿体不远。(3)pH 尽管变化幅度不大，一般位于 6～8 之间，位于矿体地段的 pH 为 6.8～7.3(平均 7.06)，处于中性环境。

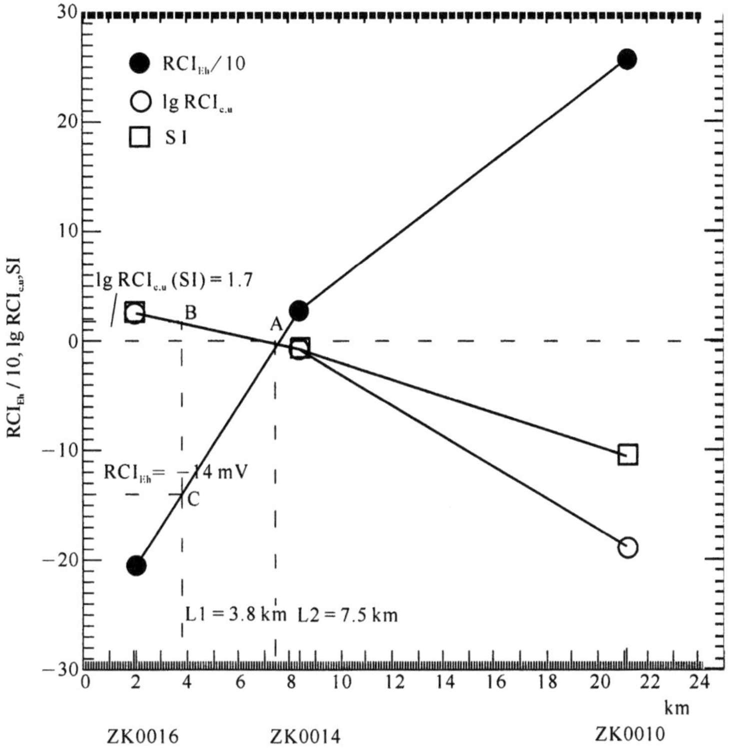

图 11-13　黄花沟排泄源铀矿化地段定位图

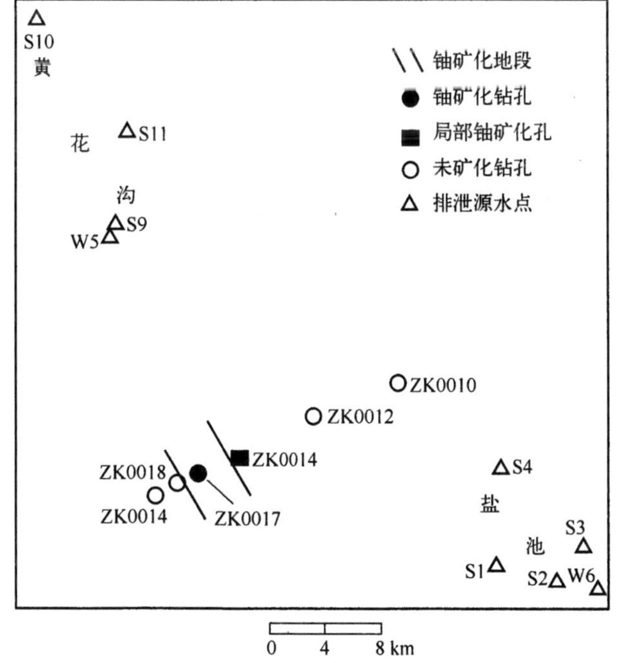

图 11-14　ZK0014 — ZK0016 孔之间铀矿化地段定位图

表 11-4 库捷尔太矿床 32 号剖面含矿砂体岩石 Eh — pH 现场测试结果

序号	样号	取样位置	取样深度/m	岩 性	Eh/mV	pH	氧化还原分带
1	YL-2	ZK3201	149.8～150.2	黄色中砂岩，见褐铁矿化	359.3	7.4	强氧化带
2	YL-3	ZK3201	156.6～157.0	浅黄色细砂岩，见褐铁矿化	376.3	7.7	
3	YL-6	ZK3209	162.0～162.5	黄色含砾粗砂岩，见褐铁矿化	451.8	7.35	
4	YL-7	ZK3209	168.3～168.6	黄色粗砂岩，见褐铁矿化	381.8	7.50	
5	YL-14	ZK3213	168.0～168.6	黄色粗砂岩，见褐铁矿化	451.8	7.35	
6	YL-9	ZK3205	149.0～149.5	灰色中砂岩	119.3	7.35	弱氧化带
7	YL-11	ZK3205	169.0～169.5	灰色细砂岩	165.3	7.5	
8	YL-5	ZK3209	156.0～157.0	灰色中粗砂岩	128.5	7.6	
9	YL-15	ZK3213	175.5～176.0	灰色细砂岩	115.8	7.5	
10	YL-24	ZK3217	183.5～184.0	灰白色细砂岩	−85.9	7.05	过渡带
11	YL-18	ZK3219	182.5～183.0	灰白色中粗砂岩	−62.3	7.3	
12	YL-23	ZK3217	178.0～178.9	灰白色中粗砂岩	−51.0	7.2	
13	YL-94	ZK3221	188.5～188.7	灰色中粗砂岩	−96.3	6.97	
14	YL-95	ZK3221	189.2～189.4	灰色中粗砂岩	−24.5	7.06	
15	YL-93	ZK3221	182.5～182.8	灰色粗砂岩	−145.7	6.8	
16	YL-111	ZK3223	182.3～182.4	灰色中细砂岩	−231.8	7.9	还原带
17	YL-113	ZK3223	182.3～182.4	灰色中细砂岩	−110.0	7.45	
18	YL-112	ZK3223	189.4～189.5	灰色粗砂岩	−222.6	7.85	

(二) 水中铀溶解、沉淀范围

以上是根据野外调查得到的氧化还原分带基本特征，但氧化还原分带的 Eh 特征是否符合铀迁移和沉淀基本条件，还要通过计算水溶液中铀溶解、沉淀区间才能确定。将计算的铀沉淀 pH 和 Eh 边界值与实测值进行对比，便可进一步论证矿体定位的可靠性和有效性。

水中铀氧化还原临界电位值($Eh_{c,U}$)是根据水化学分析资料，运用地球化学模式程序计算确定。由于地下水中铀含量位于 $1\times10^{-5}\sim1\times10^{-7}$ g/L 之间，故分别计算水中铀含量为 1×10^{-5} g/L 和 1×10^{-7} g/L 时，在不同 pH 条件下水与沥青铀矿平衡时的氧化还原临界电位值($Eh_{c,U}$)，即水-铀平衡时水的 Eh。计算结果表现出以下规律(表 11-5 和图 11-16)：(1)水的 $Eh_{c,U}$与水中铀含量呈正相关关系，水中铀含量越高，$Eh_{c,U}$越大，表明在其他条件相同情况下，水中铀含量越高，产生铀沉淀所相应的环境 Eh 越大；(2)随着 pH 的增大，水的 $Eh_{c,U}$减少，表明 pH 越大，产生铀沉淀所需的环境 Eh 越低。

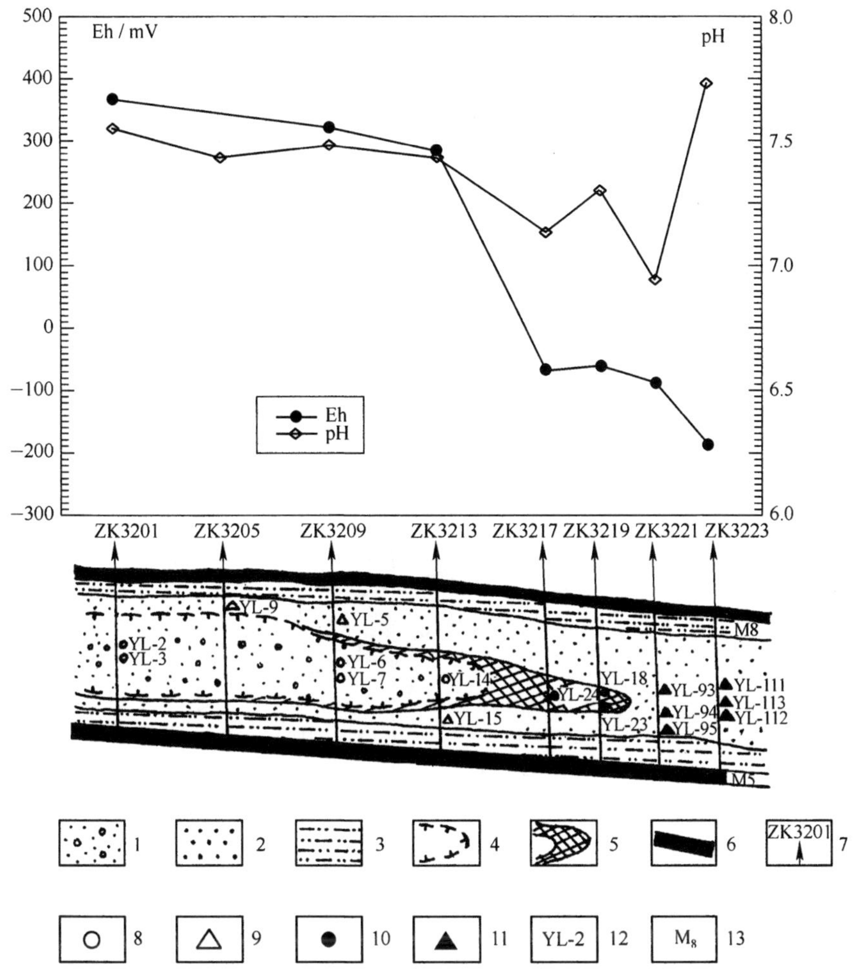

图 11-15　库捷尔太铀矿床 32 号剖面含矿含水层水岩体系 Eh 和 pH 与氧化还原分带的关系

1—含砾砂岩；2—砂岩；3—泥质粉砂岩；4—层间氧化带界线；5—铀矿体；6—煤层；7—钻孔；8—强氧化带取样点；9—弱氧化带取样点；10—过渡带取样点；11—还原带取样点；12—样品编号；13—煤层编号

表 11-5　库捷尔太矿床含铀溶液不同 pH 条件下铀氧化还原临界电位计算结果

水化学类型	水中铀含量 (g/L)	铀氧化还原临界电位($Eh_{c,U}$)				
		pH = 5	pH = 6	pH = 7	pH = 8	pH = 9
HCO_3-Ca	1×10^{-5}	130.0	92.4	39.6	−24.8	−104.2
	1×10^{-7}	70.8	33.0	−20.0	−84.2	−163.6
$HCO_3 \cdot SO_4$-Ca · Na	1×10^{-5}	132.7	96.0	44.2	−19.4	−98.0
	1×10^{-7}	73.3	36.6	−15.2	−78.8	−157.2
$SO_4 \cdot HCO_3$-Na · Ca	1×10^{-5}	124.2	82.9	26.2	−44.3	−128.4
	1×10^{-7}	64.8	23.5	−33.2	−103.7	−187.7
HCO_3-Na · Ca	1×10^{-5}	135.2	99.8	50.0	−11.1	−86.0
	1×10^{-7}	75.8	40.5	−9.4	−70.5	−145.4

注：计算时，水化学成分采用同一类型水化学成分平均值，采用 MINTEQA2 程序计算。

将库捷尔太铀矿床水岩体系 Eh 和 pH 的实测结果投到图 11-16 中，便可定量获得铀迁移和沉淀(矿体定位)的 Eh 和 pH 范围。图 11-16 表明铀矿体定位特征是强氧化带和弱氧化带样品水岩体系 Eh 和 pH 位于铀沉淀区上方，其中强氧化带样品 Eh 大于 300 mV，弱氧化带样品一般位于 100～300 mV 之间，氧化还原过渡带样品为－100～＋100 mV，位于铀沉淀区范围内或其下方，表明水岩体系 Eh 低于铀沉淀临界 Eh，铀易在该地段产生沉淀而成矿。还原带样品水岩体系 Eh 一般小于－100 mV，位于铀沉淀区下方。该方法在砂岩型铀矿体定位研究中若与其他方法结合使用，其效果更佳。

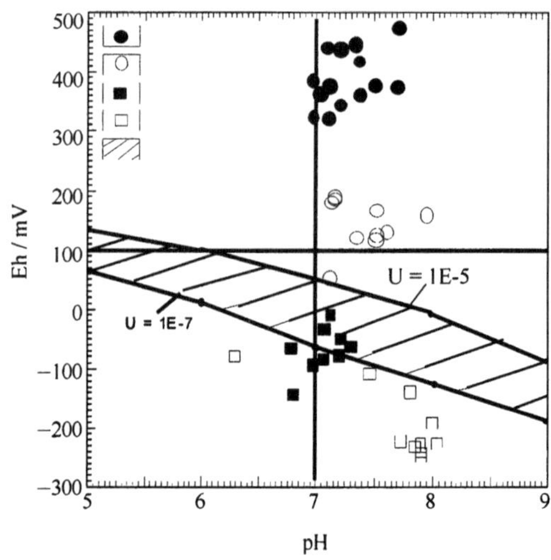

图 11-16 铀矿体定位的水岩体系 Eh、pH 范围

思考题

1. 写出海水中方解石的质量作用方程。

2. 假定水的活度为 1，pH 为多少时[CO_2] = [HCO_3^-]？“[]”表示活度。

3. 某一地区存在两层含水层，水化学分析组分如下(单位 mmol/L)

含水层	Temp/℃	pH	Ca	Mg	Na	K	Si	碱度/(meq/L)	Cl	SO_4	NO_3^-
非承压含水层水	16	7.48	1.07	1.07	0.52	0.01	0.15	4.24	0.4	0.05	0.02
承压含水层水	16	8.97	0.03	0.02	7.4	0.01	0.16	6.24	0.31	0.39	0.03

问题：

(1) 如果各组分占单个元素总浓度的 10%以上被认为是重要的，那么承压含水层中 Cl，Ca，Mg，Na，Si 和 S 元素的哪些组分存在形式是重要的？

(2) 根据组分计算结果填完下表。

含水层溶液	方解石	白云石	石膏	玉髓	石英	CO_2分压
	饱和指数 SI					
非承压含水层水						
承压含水层水						

（3）计算说明了哪些化学反应？

4. 比较手工计算与计算机模拟计算方解石在蒸馏水中的溶解量。

第十二章　水文地球化学的应用

第一节　水文地球化学在找矿中的应用

地壳中的化学元素都不同程度地溶解于水，化学元素、许多有机物质和气体都是借助于地下水或在地下水中迁移和再分布的。当地下水与矿体作用时，水就溶解了组成矿体的某些矿物元素，使矿体地下水在化学成分上与周围地下水相比有显著的区别（某些矿体元素及矿化组分含量的相对增高、pH 的降低等），从而形成水分散晕。随着远离矿体，富集了矿体物质的地下水被周围正常的地下水稀释，同时一部分矿体元素由于地球化学环境的改变发生沉淀，因而矿体地下水的化学成分逐渐与正常地下水趋于一致。矿体地下水的这种变化是有一定规律的。利用地下水化学成分变化的规律来找矿的方法，就称为水文地球化学找矿方法。由于地下水通常循环较深，因此，可以用它来寻找埋藏较深的“盲矿体”，这是水文地球化学找矿方法的优点之一。

水文地球化学找矿方法的应用已有数十年的历史，其找矿效果已得到肯定。目前该方法仍在不断发展和进一步完善，对它的应用条件和应用范围也在继续深入研究。水文地球化学找矿方法现已应用于寻找下列矿床：

多金属矿床，例如 Cu，Zn，Pb 等硫化矿床。由于这类矿床的金属硫酸盐易溶于水，所以能形成清晰的水分散晕；

某些其他金属、稀有金属及贵金属，如 Ni，Mo，Cr，Li，Rb，V，Ag 和 Au 等矿床；

非金属矿床，如 B，P 等；

放射性矿床，目前主要用来寻找铀矿；

石油及天然气，利用油田水中的某些指示元素和气体，可以指出地区的含油性或油气的存在；

各种盐类矿床等。

一、水文地球化学找矿标志

水文地球化学找矿标志，是指在矿体影响下，地下水中某些含量增高的矿化组分及化学元素。根据这些增高含量的矿化组分和化学元素，可以评价矿体的存在。按形成和分布特征，水文地球化学找矿标志可分为矿体标志和晕标志；按与一定类型金属矿床的关系，又可分为直接标志和间接标志。

1. 矿体标志

矿体标志一般出现在矿体水及矿坑水中。矿体水的水文地球化学找矿标志，是指在矿体水中含量增高的组分。水中金属 Sb，Sn，Bi，Ge，Ga，In，Fe，Al 的含量是受它们的氢氧化物和呈极低溶度积的 Co,Cd,Hg,Pb 的碳酸盐控制,所以金属的增高含量能存在于 pH 值近于 7 的矿体水中,但主要存在于直接与氧化的硫化物接触的地方。矿体水的特点是含量较高的所有矿化组分与矿体化学元素的成分相一致。

2. 晕标志

晕标志通常分布在晕水中。晕水中的矿化组分的浓度受到稀释而区别于矿体水。

晕标志通常由下列组分组成:

矿体水带出的某些迁移能力强的元素和组分:Mo,Zn,Ni,Ag,SO_4^{2-} 等;

与矿体的原生分散晕作用而进入地下水中的元素,如 Li,B,F,Cl,Ba 等;

围岩被侵蚀性水破坏而形成的元素,如 Ti,Cr,Mn 等。

某些过渡型的水文地球化学找矿标志可能是矿体的,也可能是晕的,并且在条件变化不大的情况下,可以互相转化。例如,当含水层为碳酸盐类岩石或受弱酸性矿体水影响时,仅能在矿体水中出现 pH 的降低,而当含水层为硅酸盐类岩石或受强酸性矿体水作用时,pH 的降低既能在矿体水中出现,又能在晕水中出现。

3. 直接标志

直接标志是指地下水中成矿金属元素含量的增高(例如,可利用地下水中铀的异常含量值作为直接找铀矿的标志,铜的异常含量值可作为铜矿床的直接标志等)。当地下水流经金属矿床时,水中富集了这些金属元素,从而区别于一般背景水中的含量成为直接找矿标志。但是水中成矿金属元素含量的增高并不完全是由矿体引起的。地壳中不同岩石中元素的克拉克值和水文地球化学环境等都会影响水中金属元素的含量。因此,在水文地球化学找矿工作中,不能只依靠单一的直接找矿标志,还必须配合使用其他间接找矿标志。

4. 间接标志

间接标志即是对矿床的存在起间接指示作用的标志。

间接标志有:

地下水中矿体的伴生元素含量的增高;

硫酸根离子含量的增高,硫酸根离子与氯离子比值(SO_4^{2-}/Cl^-)的增高;

地下水矿化度的增高;

地下水 pH 的相对降低;

地下水化学类型的改变等等。

水文地球化学找矿标志的选择,取决于地质和水文地质条件、工作的比例尺和研究程度。在进行小比例尺大面积预测工作时,以晕标志为主,因为它们可以反映出大面积的地下水化学成分变化的地段,而详查时,则以矿体标志为主,因为利用这些标志可以追索和圈定矿体存在的地段。

二、水文地球化学间接找矿标志的应用

在应用水文地球化学方法普查某些在地下水中迁移能力较弱的金属矿床(如金矿)时,常采用间接标志。在研究程度较差的地区,应用间接标志可以查明一些金属矿床。许多间接标志比直接标志稳定,分布面积也大。常用的间接标志有 SO_4^{2-},pH,矿化度,地下水化学类型及一系列比例常数。

1. SO_4^{2-}

由于矿体内硫化矿物的氧化和溶解，在金属硫化矿床地下水中富含硫酸根离子，因此 SO_4^{2-} 是一种分布广泛，同时也是普查金属硫化矿床最常用的水文地球化学标志。

硫酸根离子在地下水中是很稳定的，在矿体附近的地下水中，它的增高含量能很好地被保存下来。金属硫化矿床地下水中，SO_4^{2-} 含量增高的幅度，主要决定于硫化矿体氧化作用的强度。硫化矿物的氧化作用进行得越强烈，SO_4^{2-} 的含量就越高。SO_4^{2-} 在地下水中迁移的距离较长，受矿体影响而含量增高的 SO_4^{2-} 可分布在距矿体几公里以外的地方。

当存在岩石的盐渍化时，地下水中的硫酸根离子和矿化度主要沿着地下水径流方向增长，并形成均匀的背景。在这一均匀的逐渐变化的硫酸根离子背景上，由于矿体的影响而含量增高的硫酸根离子，可以清楚地区别出来。但是在次生盐渍化较强的干燥地区或石膏化岩石地区，地下水的矿化度很高，并常常掩盖了受矿体影响而引起的硫酸根离子含量的增高，在这种情况下，单独用 SO_4^{2-} 作为找矿标志，就不能得到良好的效果。

在一般情况下，地下水中 SO_4^{2-} 含量的相对增高，可作为所有硫化矿床的水文地球化学找矿标志，有时可作为主要标志。但是在复杂情况下，可以用 SO_4^{2-} 作为硫化矿床普查阶段的标志，特别是那些在地下水中不易迁移的金属(如 W，Bi，Sb，Sn 等)的硫化矿床的普查阶段的标志，对岩石冲刷条件较好和不存在次生盐类富集的地区，应用硫酸根离子这一找矿标志是合适的，可以明显地反映矿床的存在。但是，如果在矿床附近同有机质含量高或含碳氢化合物的水混合，则会发生脱硫酸作用，此时硫酸根离子的增高含量就会消失。

2. pH

天然水中的 pH 通常在 4～9 之间，纯水的 pH 在 25 ℃时为 7.0。大部分地下水的 pH 在 6.0～8.5 之间，河水的 pH 变化在 6.5～8.5 之间，大部分接近中性，雨水的 pH 约等于 6，呈弱酸性，海水的 pH 近 8.5，呈弱碱性。

天然水低于 4.5 的 pH 通常是由某些硫化物氧化造成的。这种水的存在是硫化物矿床存在的重要标志之一。那些遭受强烈氧化的金属硫化矿床的矿体水，其 pH 一般都是比较低的，在矿体周围形成了一定范围的酸性水分布区。

随着向矿区外围扩展，地下水的 pH 也有规律地逐渐增高，使整个矿区地下水的 pH，形成了以矿体为中心、逐渐向外由低变高的晕圈。所以，酸性水的存在，即地下水 pH 的相对降低，是金属硫化矿床存在的标志之一。

水的 pH 的大小，对于金属元素的迁移有很大影响。一般水中金属元素含量的变化是随着水的 pH 的降低而增高的。例如，当 pH 为 6～7 时，铜含量等于 0.18 mg/L，而且当 $pH<5$ 时，铜含量急剧增高，达 4 mg/L 以上。所以地下水的 pH 的大小，可影响晕水，甚至背景水中金属元素的分布。

地下水 pH 的变化，受含水岩石的碳酸盐度、水的矿化度和水交替强度等的影响。围岩的碳酸盐度高、水的总矿化度大以及较强的水交替条件都不利于酸性水的形成和保存。所以，只有在含大量黄铁矿的金属矿床和非碳酸盐类岩石及地下水矿化度较小的地区，酸性水的形成和分布最明显，这时 pH 是良好的找矿标志。而那些含黄铁矿较少、氧化作用较弱和碳酸盐类岩石分布的地区，地下水 pH 相对降低不明显，因而不能作为良好的找矿标志。但是对于分布在碳酸盐类岩石地区的遭受强烈氧化作用的金属硫化矿床来说，其地下水的

pH 仍然有很明显的降低。但是在矿区外围的弱矿化地段地下水的 pH 变化就不十分明显，pH 相对降低的矿体水只要稍稍离开矿体，pH 就开始增高。在这种条件下，pH 不能作为典型的和唯一的找矿标志，但却可以作为解释异常和圈定矿体位置的重要依据。

在硫化矿床影响下，地下水的 pH 究竟能降低多少，往往因地而异。一般在潮湿地区和富含有机质的地区，pH 在 6.5 左右还可能是正常背景值，而在干燥地区，这个数值就可能属于异常水了。但在某些地区，由于矿床规模小，氧化强度弱，因此矿体酸性水在流动过程中很快地被大量背景水所中和，而使 pH 不具异常值，在某些石灰岩地区尤其是这样。在这种情况下，如果地下水的 pH 小于 6 并且水交替强烈，异常又分布在泉点或由地下水补给的小溪中，此时如果某些指示元素含量增高，则远景较大。

3. 地下水化学类型的改变

在金属硫化矿床氧化过程中，其氧化产物主要是硫酸盐和硫酸。因此，地下水中大量富集了 SO_4^{2-} 而使原来的重碳酸盐型或氯化物型水改变为硫酸盐型水，即使重碳酸－钙型或重碳酸－钠型水，在强氧化条件下改变为硫酸－钙型或硫酸－钠型水。而当矿体影响小时，水型并不改变，但硫酸根离子含量增高。对于硫酸－钙型和硫酸－钠型水来说，水化学类型不再改变，但硫酸根离子大为增加，水的 pH 降低。对 Cl-Na 型和 Cl-Ca 型水来说，矿化度高一般不改变水型。

在硫化矿床内，地下水化学类型的改变明显。在硫化矿体影响下，地下水水化学类型由原来的重碳酸－钙型水改变为硫酸－钙型水，这种水可在一定的范围分布。随着远离矿体，晕水由于同未受矿体影响的重碳酸盐型水混合，形成了硫酸－重碳酸－钙(钠)型水，然后变为重碳酸－硫酸－钙(钠)型水，最后成为重碳酸－钙(钠)型水。有些矿床，如湘西某些铀矿区，根据水化学类型变化的特点等间接标志来寻找铀矿床，曾取得较好的效果。其特点如下：在酸性硫酸盐型水区仅存在残留矿体，一般少见工业矿化，这是由于强烈的长期氧化作用而使矿体大部分被淋失。在中性的重碳酸盐型水区一般不存在工业矿化，而工业矿体附近的矿化水皆为 pH＝5.5～7 的弱酸性至中性的重碳酸－硫酸盐型水或硫酸－重碳酸盐型水，这与矿体所处的氧化－还原过渡环境有关。这种氧化－还原过渡环境，一方面有利于铀矿床的形成，另一方面也有利于它的保存。

4. 水的矿化度

金属硫化矿床的氧化，使地下水富集了大量的 SO_4^{2-} 离子和其他矿化组分，从而使矿化度随之增高。因此，水的矿化度可作为辅助的水文地球化学找矿标志。

在某些金属硫化矿床氧化带，矿坑水的矿化度可达 15～35 g/L，是一般硫酸盐型水矿化度的十几倍，在我国南方潮湿多雨地区，矿坑水的矿化度一般高出非碳酸盐类岩石地区地下水的三倍和碳酸盐类岩石地区地下水的一倍以上。受矿体影响水的矿化度与非矿化地区水矿化度的界线比较明显。

5. 比例系数

在水文地球化学找矿中，常采用化学性质相近似的某些组分的比例系数作为普查金属硫化矿床的标志，如 SO_4^{2-}/Cl^-，$SO_4^{2-}/(HCO_3^- + CO_3^{2-})$，$\frac{M(\text{矿化度})}{pH}$，$Mg^{2+}/Ca^{2+}$ 等等。

低矿化度的地下水，其矿化度的增加主要是由于 HCO_3^-，CO_3^{2-} 等离子的增加而引起的，而 Cl^- 的含量则比较稳定。因此，在低矿化度水中可采用 $SO_4^{2-}/(HCO_3^- + CO_3^{2-})$ 作为找矿标志。这一系数在灰岩地区运用效果较好。随着地下水矿化度的增高，Cl^- 含量也随之增大，在这种情况下，采用 SO_4^{2-}/Cl^- 系数作为找矿标志比较适宜，它可以消除随着矿化度增大而增加的 SO_4^{2-} 的影响。

有时也可用 $\frac{M(\text{矿化度})}{pH}$ 比值作为找矿标志，因为在矿化度低的背景水中，随着矿化度的增高 pH 也增大，但是在矿体水和晕水中，由于氢离子的富集，在同一矿化度条件下将具有比背景水小的 pH，或当 pH 相同时，具有比背景水高的矿化度。

我国南方某些多金属矿区的研究结果表明，可以采用这些系数来划分矿体水和晕水。例如湖南某矿区，SO_4^{2-}/Cl^- 在矿体地下水中一般 >10，在晕水中的增大也较明显，与正常背景水比较高出二倍以上，形成鲜明的界线。SO_4^{2-}/HCO_3^- 与 M/pH 在矿体水中亦有比较明显的增大，见表 12-1。

表 12-1 湖南某金属矿区不同岩层地下水中各比例系数的平均值
（据水文地球化学找矿方法，1976 年）

岩层名称	SO_4^{2-}/Cl^-	SO_4^{2-}/HCO_3^-	M/pH
龙山系砂岩及千枚岩	2.13	0.37	5.60
泥盆纪灰岩	3.82	0.93	11.20
泥盆纪砂页岩	5.50	1.30	8.30
石炭纪灰岩	3.66	0.10	34.30
花岗岩	6.06	2.72	11.70
矿体水	15.80	3.20	39.10
晕水	12.8	0.70	32.10

在寻找超基性岩体内的矿床时，可采用 Mg^{2+}/Ca^{2+} 系数作为找矿标志，在这种条件下，地下水中将大量富集 Mg^{2+}。例如安徽某铬铁矿周围的地下水中 Mg^{2+} 的含量大于 25 mg/L，Mg^{2+}/Ca^{2+} 大于 3，而在其他岩层内的地下水中，Mg^{2+}/Ca^{2+} 小于 3，Mg^{2+} 含量小于 25 mg/L。

最后应当指出，上述所有水文地球化学找矿标志的应用，都有因地点、时间和地质条件而异的特点。因此，在进行水文地球化学找矿工作过程中，应当全面收集工作区的地质、水文地质和地球化学环境方面的资料，这些资料对最后的成果解释是十分重要的。上述水文地球化学找矿标志应用于金属硫化矿床氧化带效果良好，在某些含铀煤系地层和富含硫化物的碳质板岩中寻找淋积型铀矿床时，亦收到了良好的找矿效果。

第二节 水文地球化学在成矿作用研究中的应用

一、概述

多源成矿理论是过去几十年来矿床学研究所取得的重大进展。大量的同位素、矿物包裹体、海洋地质、地球化学及成矿实验研究资料已证明，成矿物质来源可以是多种多样的，总括起来大体可分为宇宙源、地幔源和地壳源及各种过渡类型。而地幔源，尤其是地壳源物质的成矿作用，与地下水的活动有着密切联系。

成矿物质包括成矿元素和介质溶液两个组成部分，它们可以是同源的，也可以是异源的。这里有许多复杂的问题。近年来已有更多的矿床学研究者注意到地下水的成矿作用，即地下水溶液中的成矿组分在适宜的水文地球化学环境中，在局部地区(或地段)沉淀、富集形成矿床的过程。尤其是海底(太平洋、大西洋、红海等)矿床及热卤水的发现和研究以及大量同位素资料，已证实了 A. M. 奥弗琴尼柯夫提出的"成矿溶液就是正常的地下水"的观点。地下水是最活跃的地质因素之一，它不仅能把岩石中分散存在的成矿元素溶滤出来，使之迁移、富集并在有利条件下沉淀形成有用矿床，也能对早期形成的矿床进行后期改造和破坏。因此，研究不同水文地质条件下地下水在矿床形成中的作用(成矿或破坏)，不仅对成矿理论的研究有意义，而且对不同地质历史阶段水文地质条件的分析，对区域成矿预测和找矿勘探也具有一定指导意义。

地下水在成矿过程中的作用，近年来在国内外都引起了人们的重视。美国卷状铀矿床是因地下水作用富集成矿的典型，前苏联出版了《成矿作用的水文地球化学》等专著。K. H. 乌尔夫主编，1976 年出版的《层控矿床和层状矿床》一书是北美、西欧地质学界一部有关层控矿床和层状矿床的综合性著作。在这部著作中，对大气降水、原生水(沉积水)在成矿过程中的作用作了一定的论述。我国也开展了对成矿过程中地下水作用的研究，起初是对一些淋积型矿床成矿水文地质条件的研究，后来逐渐开展了对成矿过程中的热水蚀变作用、热水矿物的形成和古地下热水成矿等问题的研究。有些铀矿地质和水文地质工作者对我国某些铀矿床的成因分别提出了地下水淋积成矿(砂岩型、碳硅泥岩型、花岗岩型)和古地下热水排泄源成矿(花岗岩型、火山岩型)的观点。这些研究工作实际上就是研究成矿元素在地下水中迁移和沉淀的规律，因此水文地球化学在成矿作用研究中起着越来越大的作用。

二、地下水与成矿物质的迁移

地下水是自然历史的产物，与赋存环境有密切联系。水一盐一岩石间保持着天然平衡。任何环境因素的变化，都会导致这种平衡关系的破坏。如构造作用引起的地壳拗陷和隆起，以及褶皱、变质、岩浆及火山作用等，都必然会引起水文地球化学环境的变化，导致地下水与围岩之间发生强烈的相互作用，并促使水与环境间建立新的平衡关系。因此，研究地下水在成矿过程中的作用，必须从地下水的形成和演化的地质历史过程来考虑。

1. 沉积水变质过程中成矿物质的迁移和沉淀成矿作用

沉积水是伴随盆地底部沉积物同时形成的，起初它必然保持水盆中水的基本特征，但随着盆地继续下沉，从压榨作用开始就产生了一系列的演化过程。当沉积物下沉深度达数百米时，尽管这时的温度和压力都不很大，但粘性土的压密成岩作用已经开始，被挤压出来的水起初以自由重力水为主，继之是结合水。结合水一般是不含盐分的，当其活化之后与围岩之间就处于极不平衡的状态，因此，对围岩具有很强的侵蚀性。结合水的活化过程延续的时间很长，一直要持续到成岩和变质作用的晚期。随着水的矿化度增高，氯离子含量增多，水的溶蚀性也增强。此外，沉积物中所含的金属元素多以其易活动的形式，即为氢氧化物或氧化物的形式存在。所有这些都有利于元素向水中转移。

当沉积物下沉到1.5～2 km的深度时，环境已显著改变。此时温度可达到50～60 ℃或更高，压力可达到5.1×10^{-7} Pa左右，沉积岩的孔隙度可降至40%～20%。此时除继续压榨排水外，不稳定矿物会发生强烈的分解。长石和云母，在碱性条件下，转变为水云母、蒙脱石；在酸性条件下，变为高岭土，在这种转变过程中，处于矿物结晶格架上的金属元素也进入了水溶液。当有机质存在时，可产生脱硫酸作用，形成H_2S，促成某些金属元素形成难溶的金属硫化物。在这一环境中，水的化学组分也发生变化，通常由SO_4-Cl-Mg-Na型水转变为Cl-Ca-Na型硅质热水。

当沉积物下沉深度达5～6 km时，温度可达150～200 ℃，压力可达1.0×10^{-8}～2.0×10^{-8} Pa，岩石经过持续的压榨脱水，孔隙度可降至20%～5%(岩石孔隙中的弱结合水基本上已全部排出)，碳酸盐岩石发生白云岩化；石英、长石的溶解和再生作用强烈进行，以及发生粘土矿物的重结晶作用。这些造岩矿物经过再结晶作用，进一步释放出了其中所含的金属元素。在此过程中，水溶液变为Cl-Na-Ca型热卤水。

当然，在变质作用过程中，金属元素由岩石中的释放是不均匀的。这不仅与水溶液性质有关，也与岩性及成矿作用的强度有关。

总之，在沉积物的压密、成岩和变质过程中，岩石的不断压榨脱水的过程，也是岩石中的成矿元素向水溶液中迁移，在水中富集的过程。而被挤压出来的水在地静压力作用下，必然要从高压区向低压区运动，并导致成矿物质在含水层中的重新分布，并在有利的环境下堆积成矿。而这一有利的成矿环境，经常是地下水的排泄区或减压区。在这里由于温度、压力及水文地球化学条件的急剧变化，引起金属元素自水溶液中的析出沉淀成矿。这一作用通常在褶皱和造山运动的后期，由于地静压力与构造压力二者叠加而表现得最明显。因此，热液成矿的最强烈时期与上述时间具有一致性，这并非偶然。

2. 岩浆活动对成矿物质迁移的影响

构造活动最强烈的时期，岩浆活动也最强烈。岩浆熔融体中所含的金属元素可被水、水汽和气体一起带出，也可由外部水进入正在冷凝的岩体，将其中的金属元素溶滤出来。从而使花岗岩类岩石产生较大变化。而侵入体的另一作用是为地下水提供了热源，起到了“加热器”的作用。温度的增高可促使地下水在围岩中进行更积极的对流和循环。正因为如此，许多热液矿床常与岩浆岩伴生。火山地区的热液作用也与此类似，因为火山喷气孔可把大量的化学元素带出地表，而火山地区又有强酸性的含H_2S，CO_2的SO_4-Cl热水分布，是金属元素转移的有利条件。

溶于地下水溶液中的金属元素，在排泄区附近可部分沉淀下来，形成金属矿床，而另一部分则随地下水溢出地表。在地表中继续以真溶液或胶体溶液形式迁移入海，或在海盆边缘形成裙状堆积，或逐渐分配到整个海盆中去，其中可以包括：Fe，Al，P，Mn，Ni，Ir，Cr，Mo，Co，Zn，Ag，Ga，Be，Se，Ba等各种元素。

3. 溶滤－渗入水对成矿物质迁移沉淀的影响

处于长期剥蚀的陆台地区，由于渗入水的不断溶滤，因而岩石中过去形成的矿体中的金属元素不断向水中转移。在有利的环境下渗入成因的水与过去沉积埋藏下来的古海水进行混合，形成金属矿床；或者渗入成因水在排泄区，由于水文地球化学环境的改变，某些金属元素由水中沉淀形成矿床。这类矿床的形成，可以完全没有岩浆的参与，如我国某酸性淋积型铀矿床即可作为典型例子。下面介绍该酸性淋积型铀矿床的水文地球化学特征：

1）该矿床产于新华夏系褶皱中，并都受含铀地层中的层间破碎带控制。由于震旦、寒武系地层为一套胶结致密的沉积变质岩系，因此，构造裂隙含水带是形成淋积型铀矿床必不可少的水文地质前提。铀矿床大都产于含铀层的层间破碎带中，且矿床的大小与构造规模关系密切，富矿化与裂隙发育密集程度有关。

2）该矿床的浅部或地表，都分布着强酸性（$pH<4$）的硫酸盐型水（当地表为完全氧化带时，则为低矿化度的中性 HCO_3^- 或 HCO_3^--SO_4^{2-} 水，但水中 SO_4^{2-} 仍偏高），这种强酸性水可以是淋积型铀矿化的氧化扩散晕，也可以是地下水强烈淋滤铀源层的产物。这说明酸性硫酸盐型水与"淋积型"铀矿床有着成因上的联系。铀元素在酸性地下水作用下淋滤富集，并沿着地下水流方向在深部的氧化—还原过渡带沉淀而形成较好的工业铀矿体。

3）该矿床水化学分带完全地段的垂直分带规律是：由浅部的强酸性硫酸盐型水（强氧化带）向深部逐步演变为酸性硫酸盐型水、硫酸—重碳酸盐型水（弱氧化带）、弱酸性的硫酸—重碳酸盐型水或重碳酸—硫酸盐型水（氧化—还原带）、中性的重碳酸盐或重碳酸—硫酸盐型水（还原带）。地表完全氧化地段可以出现低矿化度的中性重碳酸盐型水，但它与深部的中性重碳酸盐型水是不同的，示于图 12-1。

酸性淋积型铀矿体赋存于层状氧化带水化学分带完全的氧化—还原地带（弱酸性或中性的 SO_4-HCO_3或 HCO_3-SO_4型水带）。在酸性硫酸型水区仅见有残留矿体，一般少见工业矿化。在中性的重碳酸盐型水区一般不存在工业矿化。上述水化学垂直分带与矿化分布关系的规律，表明矿体赋存在特定的水文地球化学环境中，这是一种由酸性硫酸盐型水向中性重碳酸盐型水演变的过渡水介质，是氧化—还原过渡的水文地球化学环境，这种环境有利于铀自水中的大量沉积。

4）淋积型铀矿化都有一定的成矿空间标高。除了浅部氧化带中的残留矿体可以出露地表，或离地表很浅以外，大部分矿体都是埋藏于离地表 40～100 m 深处的盲矿化，矿体赋存于当地侵蚀基准面与总侵蚀基准面（海平面）之间。

5）在淋积型铀矿化地段都发现有"积矿凹"。似层状氧化带中地下水流速变缓的"积矿凹"是淋积型铀矿化富集成矿的有利场所。

这样一来，根据地下水对成矿物质的迁移过程，对围岩与矿体含金属性不一致的问题，就比较容易解释了。从成矿物质向水中迁移的过程不难看出，成矿物质的来源并不是矿体周围的岩石，而是整个含水岩系。矿体周围的岩石，只不过提供了储矿空间和适宜成矿的地球化学环境而已。因此，它们含金属性不一致是完全正常的现象，如果一致，则只是偶然的巧合。对于压榨型含水系统，水一直处于上升运动中，热液中的金属元素应来自下部岩层或沉降最深的岩层，而渗入型含水系统中的金属元素，主要来自上覆岩层或隆起部分的岩石。

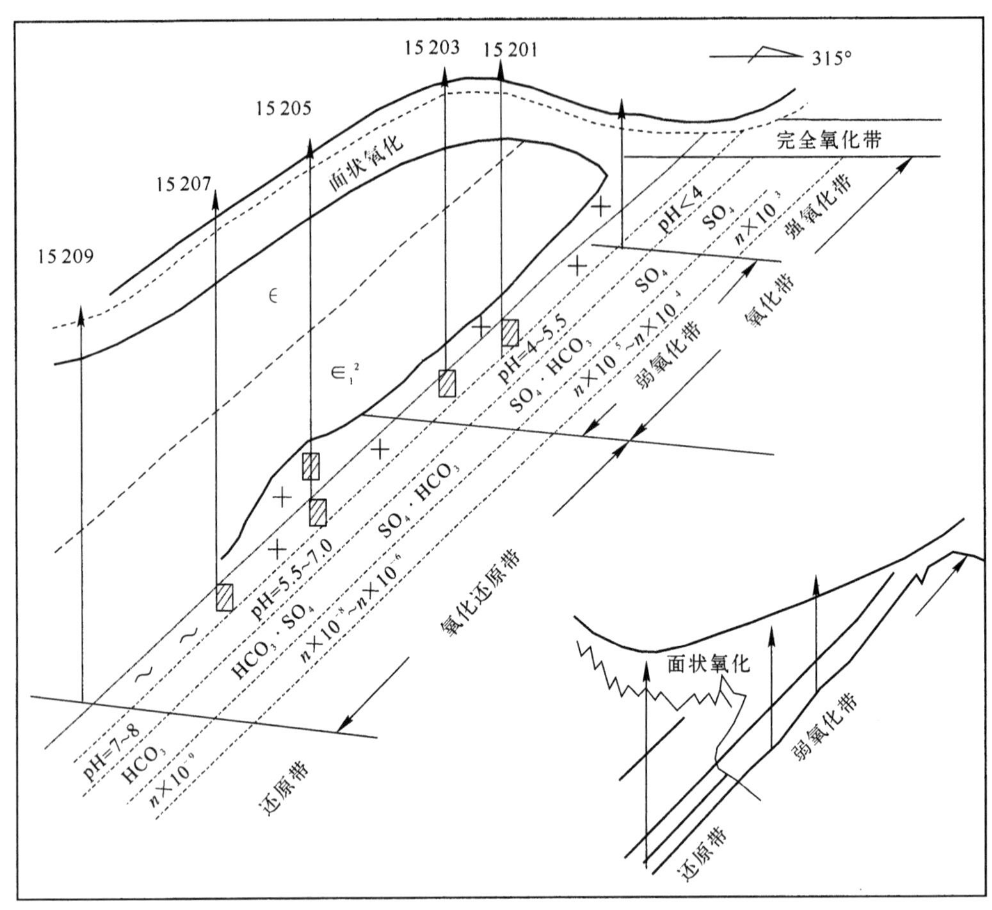

图 12-1 湘西某淋积型铀矿床层状氧化带分带示意图

（据原三〇四队资料）

第三节 水文地球化学在地下水高矿化度条件下地浸采铀中的应用（以新疆吐哈盆地十红滩砂岩铀矿为例）

一、十红滩矿床水文地质条件与地浸中存在的主要问题简介

十红滩铀矿床含矿层由 90％以上的砂屑物和不到 10％的胶结物组成。砂屑中单矿物碎屑和岩屑各约占 50％。胶结物主要是粘土、微屑杂基和少量碳酸盐。对矿床开采影响较大的通常是薄层钙质砂（砾）岩透镜体，其 CaO 含量 4.48％～14.36％，CO_2 含量 2.89％～11.04％。这些钙质层的厚度占采矿有效厚度的 11.1％～37.7％，钙质层是地浸试验过程中产生堵塞的重要原因之一。铀矿石中，铀呈吸附状态和铀矿物形式存在，两者几乎各占 50％。

该矿床含矿含水层平均厚度为 41.83 m，单位涌水量 q 为 0.0076～0.1620 L/(m·s)，渗透系数 K 为 0.138～0.527 m/d。水化学类型为 Cl-Na 型，矿化度 8～12 g/L，水中 U 含量 71.9 μg/L，Rn 为 6.1 Bq/L，Fe^{2+} 和 Fe^{3+} 分别为 51.62 mg/L 和 0.02 mg/L，pH 为 7.11，Eh 为－1.0 mV 左右。

十红滩砂岩铀矿床地浸试验过程中存在的主要问题是含矿含水层和抽液管的严重堵塞。其原因是：

(1) 天然条件下，含矿含水层本身渗透性差；

(2) 由于含矿含水层中夹含钙质砂砾岩透镜体，酸浸时钙易被溶解致使地下水矿化度增加，产生硫酸钙沉淀；碱浸时则产生碳酸钙沉淀。

(3) 地下水矿化度过高，水中某些化学成分接近于迁移与沉淀的临界状态，只要条件稍有改变(加酸或加碱)，极易处于过饱和状态，产生沉淀堵塞。

二、溶浸过程中产生 $CaCO_3$、$CaSO_4$ 沉淀的水文地球化学原理

1. 碳酸钙($CaCO_3$)

重碳酸根和碳酸根离子是天然水化学成分的重要组成部分，均由碳酸衍生而来。在溶液中碳酸和它们之间存在着一定的数量关系，见本书第二章第一节地下水中的大量组分中的“重碳酸根和碳酸根离子”部分。根据理论计算得出的碳酸各组分间的平衡与 pH 之间的关系参见第二章表 2-1。

由表 2-1 可以看出，在酸性水中，碳酸或 CO_2 占主导地位，因为 $H_2CO_3 \rightarrow H_2O + CO_2$。在 pH<5 时 HCO_3^- 实际等于零；在中性和弱碱性水中 HCO_3^- 占主导地位。碳酸根 CO_3^{2-} 在 pH>8 的水中出现，并在强碱性水中占主导地位。水中 HCO_3^- 的积累受到水中 Ca^{2+} 的限制，Ca^{2+} 与 HCO_3^- 形成的盐溶解度小。CO_3^{2-} 易与 Ca^{2+}、Mg^{2+} 结合形成溶解度很低的碳酸钙、碳酸镁。碱法地浸中的碱既可以溶解大量钙质夹层中的 $CaCO_3$，使水中 Ca^{2+} 增加，同时又使 pH 升高，从而产生大量碳酸盐沉淀。

2. 硫酸钙($CaSO_4$)

如果难溶性盐类的溶液与该盐的沉淀呈平衡状态，那么，这种溶液就是饱和的。某种矿物的离子在其饱和溶液中的摩尔浓度的乘积是个常数值，这个常数叫做溶度积。对某一矿物来说，其溶度积在一定的温度和压力条件下是不变的。从溶度积规则可以预测，当向某种盐的溶液中加入一种与该盐具有共同离子且较易溶解的盐类时，必然会降低前一种盐的溶解度。

在酸法地浸过程中，溶浸液中的 H_2SO_4 既可以溶解地层中的 $CaCO_3$，使其增加水中的 Ca^{2+}，又可增加水中的 SO_4^{2-}，使 Ca^{2+}，SO_4^{2-} 处于过饱和状态，从而造成 $CaSO_4$ 的大量沉淀。

三、酸法、碱法不适用于高矿化度条件地浸采铀分析

1. 地下水矿化度高(>5 g/L)，硫酸根、钙离子含量高，方解石和石膏处于过饱和、极易产生沉淀的临界状态

应用表 12-2 中水化学分析结果，对十红滩铀矿床含矿含水层地下水中的碳酸盐、石膏、沥青铀矿等矿物饱和指数进行了计算，结果表明(见表 12-3)，地下水中方解石和石膏的饱

和指数都略大于零，分别为 0.33～0.53 和 0.17～0.23，说明碳酸盐在水中已处于饱和状态，石膏处于极易产生沉淀的临界状态，只要条件（水中 Ca^{2+}，SO_4^{2-}，CO_3^{2-}、pH 等）略有增高，便会产生碳酸盐和石膏沉淀。

表 12-2 十红滩铀矿床含矿含水层地下水化学成分分析结果

样号	$Na^+ + K^+$	Ca^{2+}	Mg^{2+}	Cl^-	SO_4^{2-}	HCO_3^-	Fe^{2+}	Fe^{3+}	pH	M	Eh	水化学类型
	mg/L									g/L	mV	
$ZK15W_3$	2 061	683	259	3 226	2328	334	19	0.023	7.18	8.93	−44	Cl·SO_4-Na
$ZK15W_1$	2 060	564	282	3 326	2 236	109	52	0.2	7.1	8.46	1	Cl·SO_4-Na
$ZK13W_4$	1 792	711	251	3 173	2 252	339	51	0.05	6.98	8.58	−56	Cl·SO_4-Na
$ZK7W_2$	3 408	705	257	5 442	2 037	528	51.62	0.03	7.11	12.16	188	Cl·SO_4-Na

表 12-3 十红滩铀矿床含水层地下水碳酸盐、石膏与沥青铀矿饱和指数

样号	pH	饱和指数		
		方解石	石膏	沥青铀矿
$ZK15W_1$	6.85	0.334 9	0.199 4	1.685 4
$ZK15W_3$	7.18	0.532 1	0.172 4	2.027 5
$ZK13W_4$	7.06	0.423 7	0.181 3	2.270 2
$ZK7W_1$	6.88	0.376 7	0.230 3	−4.186 2

2. 酸法地浸会导致石膏沉淀的永久性堵塞

在硫酸的作用下，碳酸钙大量溶解，使水中 Ca^{2+} 大量增加，同时水中 SO_4^{2-} 浓度亦增高，导致石膏饱和指数增高，造成硫酸钙沉淀的永久性堵塞。根据饱和指数计算，当含矿地下水用硫酸分别酸化到 pH 为 2.4 和 1.7 时，水中 SO_4^{2-} 浓度相应增加到 5 g/L、10 g/L，石膏的饱和指数由原来的 0.17 相应地增高为 0.36 和 0.45，而碳酸盐的饱和指数大幅度降低（由 +0.627 下降为 −10.277）。当这种溶浸液进入含矿层，会造成矿层和夹层中的碳酸盐大量溶解，Ca^{2+}、Mg^{2+} 增高，促使石膏的饱和指数明显升高，石膏大量沉淀。

3. 碱法地浸会导致碳酸盐沉淀堵塞

由于碱法地浸会使溶液的 pH 增高，当这种溶浸液与具有较高 CO_3^{2-}、HCO_3^-、Ca^{2+} 含量的地下水相混合时，其结果将引起碳酸盐饱和指数明显增高，发生碳酸盐堵塞。

当用碳酸钠将溶浸液碱化至 pH 为 10.6 时，碳酸钙饱和指数由原来的 0.627 迅速增至 3.464，此过程发生强烈的碳酸盐沉淀。碱化不仅使碳酸盐沉淀作用增强，而且当 pH 增高到一定程度时（pH>9），还会使沥青铀矿的饱和指数由原来的负值转变为正值，即沥青铀矿由原来的溶解状态转变为沉淀状态。导致铀的地浸效率大大降低。

四、淡化少试剂浸铀工艺

将矿层中高矿化度水淡化是保证高矿化度地区铀矿床地浸采铀顺利进行的前提，淡化可以为提高这类矿床地浸采铀效率提供空间。淡化不仅可以较好地解决地浸采铀的堵塞问题，也为以提高溶浸效率为目的添加适度的浸铀试剂提供了条件。淡化少试剂溶浸工艺主要包括：淡化、除钙、加助溶剂、加氧化剂、充 CO_2 气体和降低 pH 五个部分。

1. 淡化

将矿化度平均值为 10.5 g/L 的含矿层地下水与当地淡水以一定比例混合，混合比例根据 PHREEQCI 地球化学模式对硫酸钙的饱和指数进行计算予以确定。其结果是：混合比 1：1 时，硫酸钙的饱和指数已接近 0；1：2 时饱和指数为负值；1：4 时饱和指数为 −0.5，当淡化水矿化度为 2.3 g/L，SO_4^{2-} 含量为 0.725 g/L。说明淡化作用对防止硫酸钙堵塞有良好效果。

对碳酸盐来说，混合淡化能降低饱和指数，但即使是混合比为 1：4 时碳酸盐的饱和指数仍为正值（由初始的 0.357 降为 0.173），其主要原因是 pH 和钙离子偏高。为了使碳酸钙的饱和指数降到负值，可以采用降低混合水的 pH，或对其进行除钙。

2. 加 Na_2CO_3、NH_4HCO_3 去钙、增加 HCO_3^-，充 CO_2 调 pH

淡化可以为添加助溶剂提高溶浸效率创造条件。根据十红滩矿床地浸开采现状，首选助溶剂为弱碱，碱式碳酸盐（Na_2CO_3、NH_4HCO_3）可以去钙并增加水中重碳酸根含量。

根据含矿层地下水中 Ca^{2+} 含量。通过计算，首先加一定量的 Na_2CO_3 去掉大部分 Ca^{2+}，然而再加一定量的 NH_4HCO_3 以增加溶浸液的 HCO_3^- 含量。

溶浸液配制：向已淡化的水中加入 NH_4HCO_3，使其 HCO_3^- 含量分别为 200 mg/L，500 mg/L，750 mg/L，1 000 mg/L，1 500 mg/L，过滤后分别充入 CO_2 至 pH 为 6。

浸泡试验：取 1 kg 缩分后的矿样（铀品位 0.017 5%）放入 2 000 mL 广口瓶中，分别加入 1 500 mL 对应溶浸液后把瓶口密闭。分别在 6 h，1 d，2 d，4 d，6 d，7 d 测定 pH、Eh、电导率和 U 含量，观察每个矿样中浸泡的铀含量随时间变化的规律。观察相同浸泡时间内各不同 HCO_3^- 含量的溶浸液浸泡铀的效果（见表 12-4）。

表 12-4　试验ⅥA 浸泡 7 天水中 HCO_3^- 总含量与 U 浸出量、浸出率关系

样号	U(ⅥA1)	U(ⅥA2)	U(ⅥA3)	U(ⅥA4)	U(ⅥA5)
HCO_3^-/(mg/L)	207.98	477.05	717.03	949.73	1 320.01
浸铀总量/mg	31.63	26.125	30.355	30.78	73.58
浸铀率/%	18.07	14.93	17.35	17.59	42.05

根据试验结果可知，随着溶浸液中 HCO_3^- 含量从 200 mg/L 增加到近 1 000 mg/L，浸出铀含量变化不大，当溶浸液中 HCO_3^- 含量从 1 000 mg/L 增加到近 1 320 mg/L 时，浸出铀含量明显增加。

根据试验观察，各浸泡水样中的 U 含量随着浸泡时间的增加而增加，前 2 天的增加速度最快，随后增加的速度逐渐变慢。

3. 加氧化剂

十红滩矿床地浸采铀试验工作是在碱性介质中进行的，故氧气为首选氧化剂。

$$2UO_2 + O_2 \rightarrow 2UO_3$$

$$FeS_2 + H_2O + 3.5O_2 \rightarrow FeSO_4 + H_2SO_4$$

由上式可见，氧化 2 mol 四价铀，仅需 1 mol 氧；氧化 1 g 四价铀，仅需 30 mg 氧。但由于矿石中含有其他还原物质，在氧化四价铀时这些物质会同时被氧化。例如，氧化 1 mol 黄铁矿需要 3.5 mol 氧气，产生 1 g SO_4^{2-} 需要 250 mg 氧。有机物氧化也耗氧，但在常温条件下氧化速度较铁慢。所以为了使四价铀转化成六价铀被浸出，需要在溶浸液中加入较充足的氧。

第四节　水文地球化学资料在地热勘探中的应用

一、一般原理

热水中的化学成分大体可以分为两类。第一类为可溶性元素，如 Cl，Br，B 以及部分 As，Cs 和 F。在一般条件下，这些元素溶于水中，它们在水中的含量受蒸发及冲淡作用的直接影响，受地质环境（矿床除外）的影响较少。这些元素可以作为地下水的成因标志。如 Cl/Br 系数近于 300 可为海水起源的标志。第二类为反应性元素，它们在水中的含量受围岩的矿物组成、热水系统的温度和压力、氧化还原环境以及水的酸碱性质的影响明显。如 Fe，U 等元素明显地受氧化条件的限制，Cu，Al 等受水的酸碱条件控制，而对 Si 等温度的影响则较大。

地下冷水系统是在低压和低温（25 ℃以下）条件下保持着水中反应性元素与围岩之间的化学平衡。而地下热水系统则是在较高的温度和压力条件下保持着水中反应性元素同围岩之间的化学平衡，所以，热水中化学组分（尤其是反应性元素）的含量应是一定温度和压力的表现。如 Na，K，Li，Rb 受温度平衡的控制，SiO_2，Ca，Mg，SO_4^{2-} 离子等则受方解石、绿泥石、硬石膏、萤石等矿物的溶解度控制。众所周知，矿物在水中的溶解度又多为温度所控制。

根据上述原则，下列一些元素组分或比例系数被用来作为寻找热水和评价热储温度状态的指示元素：

SiO_2：泉水或开采井口水样中，可溶性 SiO_2 的含量越高，地下热储中的温度也越高。根据实验和热力学计算编制出 SiO_2 含量和温度的关系曲线，就可以根据水中 SiO_2 含量算出热储中的具体温度。

Na^+/K^+：这个比值越低，热储中温度越高。

Ca^{2+} 及 Ca^{2+}/HCO_3^-：水中 Ca^{2+} 的含量越低，Ca^{2+}/HCO_3^- 越低，水的温度越高。

Mg^{2+}/Ca^{2+} 及 Mg^{2+}：Mg^{2+} 的含量低及 Mg^{2+}/Ca^{2+} 小是高温水的特征。

Na^+/Ca^{2+}：Na^+/Ca^{2+} 越高，热储中的温度也越高。

$Cl^-/HCO_3^- + CO_3^{2-}$：由于 Cl^- 不受温度影响，或受温度的影响较小，而 HCO_3^- 是在低温下才产生的，所以这一比值越高，热储中的温度也越高。

H_2/其他气体：由于 H_2 是高温岩浆气体，而其他气体则多在低温条件下产生。因此，随着水温的增高这一比值也增高。例如，H_2/CH_4越高，热储中的温度也越高。

泉华：硅质沉淀物多说明热储中的温度高，而石灰华则是低温泉水的沉淀物。

但用上述温度指示元素和比值预测热储中的热状态，仅对泉的涌水量大、热储的温度超过150℃的氯化物型热水才适用。许多元素对硫酸盐型水不适用，对碳酸盐型热水适用性也较差。

二、地球化学地热温标估算地下温度所需要的基本假设

使用地球化学地热温标估算地下温度，有许多必要的基本假设。这些假设可能在许多地方都是真实的，但并非所有的地方都能满足这些假设。基本假设是：

① 深部发生的反应只与温度有关。

② 与温度有关的反应所涉及的所有组分都有足够的丰度(即反应物质的补给量不成为限制因素)。

③ 在热储温度下，水一岩体系间的反应达到平衡。

④ 当水从热储流向地表时，在较低的温度下，组分间不发生再平衡，或者变化很小。

⑤ 来自系统深部的热水没有和浅部冷地下水相混合，或者可能估计出这种混合的结果。

在热储中要达到平衡取决于许多因素，如某个特殊反应的热动力学特点、热储的温度、围岩的反应性、水中温标元素的浓度以及在某一特定温度下水在热储中滞留的时间等。因此，在某些情况下，热储中的某些反应可以达到平衡，而另一些则没有达到。

水在离开热储之后，在流向地表的过程中，是否出现再平衡取决于相似的因素：流速、上升通道所经围岩的类型和反应性、热储的初始温度、可能产生的各种反应的热动力学特点等。以不同的速率上升的水中，可以产生不同的反应。因此，对不同的化学地热温标而言，表现的最后平衡温度可能是不同的。

三、地球化学地热温标

大多数化学反应和同位素化学反应，都可以用来当作地球化学温度计或简称地热温标来计算地下热储的温度。目前，应用最广泛的地热温标有：SiO_2，Na-K，Na-K-Ca 和 $\Delta^{18}O(SO_4^{2-}-H_2O)$等，现把计算公式列于表12-5。

从表12-5中所列的公式可以看出，每个地热温标都有一定的适用条件。因此，用地热温度计评价地下热储温度时，必须考虑热田地质、水文地质和地球化学条件，同时还要考虑样品采集和分析化验过程。一般认为地热温标主要用于高温热田的评价。但是，在有些情况下，如果小于150℃的中低温热田能够符合地热温标所要求的条件，特别是深部热水向上运移过程中基本符合热力学的“绝热过程”，用地热温标评价中低温热储也是可以的。为了便于应用，下面介绍一些地热温标的应用条件。

1. SiO_2地热温标

使用二氧化硅地热温标时所要考虑的因素可以概括为：①温度范围应在表12-2中计算公式给定的界限之内；②蒸汽分离的影响；③采样前二氧化硅可能产生沉淀或凝聚作用；④采样后由于保存不善可能产生凝聚作用；⑤除石英外，水溶二氧化硅是否受其他固相物质控

制；⑥pH 值对石英溶解度的影响；⑦热水上升过程中被冷水稀释的情况等。

二氧化硅地热温标的一系列方程式，通常用来描述饱和压力下的石英溶解度，如果充分考虑上述因素的影响，从 0～250 ℃，二氧化硅温标的计算误差仅有±2 ℃，但在 250 ℃以上，由于石英出现重复平衡，方程式将明显偏离实验曲线，所以温度大于 250 ℃的地下热储不能用二氧化硅温标，而要用 Na-K 温标。

表 12-5　地热温标计算公式

地热温标	公式	温度范围/℃
1. 石英－没有蒸汽散失	$t(℃)=\frac{1\,309}{5.19-\lg C}-273$	0～250
2. 石英－最大蒸汽散失	$t(℃)=\frac{1\,522}{5.75-\lg C}-273$	0～250
3. 玉　髓	$t(℃)=\frac{1\,032}{4.69-\lg C}-273$	0～250
4. α-方晶石（方英石）	$t(℃)=\frac{1\,000}{4.78-\lg C}-273$	0～250
5. β-方晶石（方英石）	$t(℃)=\frac{781}{4.51-\lg C}-273$	0～250
6. 非晶质二氧化硅	$t(℃)=\frac{731}{4.52-\lg C}-273$	0～250
7. Na-K（根据 Fournir）	$t(℃)=\frac{1\,217}{\lg(Na/K)+1.483}-273$	＞150
8. Na-K（根据 Truesdell）	$t(℃)=\frac{855.6}{\lg(Na/K)+0.857\,3}-273$	＞150
9. Na-K-Ca	$t(℃)=\frac{1\,647}{\lg(Na/K)+\beta[\lg(\sqrt{Ca}/Na)+2.06]}$	$t<100$ ℃，$\beta=\frac{4}{3}$
10. $\Delta^{18}O(SO_4^{2-}-H_2O)$	$1\,000\ln\alpha=2.88(10^6T^{-2})-4.1$ 式中，T 为热力学温度	$t>100$ ℃，$\beta=\frac{4}{3}$

注：公式中“C”是溶解二氧化硅浓度，所有浓度都是以 mg/kg(ppm)表示的。

2. Na-K 地热温标

天然热水中钠、钾离子的含量随着温度的升高而有规律地变化，因而试图用钠、钾含量推算地下热储温度。多年的实验研究表明，用 Na-K 地热温标评价 180～350 ℃的高温热储的温度有良好效果。对于低于 120 ℃的热储，特别是热水中富含钙和地表有钙华沉积的热泉水，用 Na-K 地热温标评价热储温度将会得出错误结果。Na-K 地热温标一般适用于中性或弱碱性氯化物水，其钠钾比一般在 8～20 之间，对于 pH≪7 的酸性水不能用 Na-K 地热温标来评价地下热储的温度。Na-K 地热温标很少受冷水稀释和蒸汽分离的影响，因而较普遍地用于高温热田。这是因为相对于地热流体来说，混入的流体只能提供很少量的钠、钾离子，它给计算带来的误差很小，故可以忽略不计。

3. Na-K-Ca 地热温标

当地下热水中富含钙离子或地表热泉有钙华沉积时，可用 Na-K-Ca 地热温标评价地下热储的温度。当用表 12-2 中的公式(9)时，要首先用 $\beta=4/3$ 计算温度。如果计算出的温度小于 100 ℃，且$[\lg(\sqrt{Ca}/Na)+2.06]$为正值，则此温度即为地下热储的温度。如果计算出的温度大于 100 ℃，或者$[\lg(\sqrt{Ca}/Na)+2.06]$为负值，则须用 $\beta=1/3$ 重新计算。

热水汽化后的蒸汽散失和汽水的混入都会影响 Na-K-Ca 地热温标的计算精度，主要原因是汽化沸腾后 CO_2 散失，因而产生 $CaCO_3$ 的沉淀。水中溶解钙离子的损失将使计算的温度大大偏高。如果热水的矿化度大大高于混入的冷水，且冷水数量不大时，冷水对 Na-K-Ca 地热温标的影响可以忽略。但是，如混入冷水的钙含量超过热水钙含量的20%～30%时，混合的影响就应予以考虑。当 Na-K-Ca 地热温标用于含镁离子较高的热水时，也会算出异常高的结果，可参考有关文献用镁离子加以校正。

4. $\Delta^{18}O(SO_4^{2-}$ 和 $H_2O)$地热温标

硫酸氧同位素地热温标是在劳埃德(Lloyd，1968)等人的一系列实验基础上建立的。他们测定了 SO_4^{2-}，HSO_4^- 和水之间在 100～350 ℃时 ^{16}O、^{18}O 的分馏变化情况，认为 SO_4^{2-}，HSO_4^- 和水之间，在 100～350 ℃的温度范围内 ^{16}O、^{18}O 没有分馏现象，大多数天然热流体的酸碱度仍是受 SO_4^- 的控制，而没有出现 HSO_4^-。并且指出，硫酸氧同位素的反应速度比二氧化硅或者其他离子的反应速度慢得多。这些特征都有利于把硫酸氧同位素当作地热温标而加以实际应用。

硫酸氧同位素地热温标可以用于计算：①传导冷却；②在任何特定温度的蒸汽散失；③连续蒸汽散失的温度评价。但是，当热田有不同类型的热水或冷水混合时，它将产生较大误差。

第五节 矿 水

矿水是一些特殊类型的地下水，它以含有某些特殊化学组分、气体成分或者具有较高温度或矿化度而有别于一般的地下水。因此，是一些具有专门利用价值的液体矿产。

矿水与一般地下水并不是截然不同的，矿水只不过是在特定的水文地球化学环境下形成的地下水。它与一般地下水的关系，可以用矿体同一般岩石间的关系加以比拟。

过去人们习惯于把具有医疗意义的地下水称作矿水，现在有人把具有工业意义的地下卤水及热水亦归入矿水。这样，矿水又可区分为广义矿水和狭义矿水。广义矿水应包括上述三者，而狭义矿水则专指医疗矿水而言。目前矿水按用途可分为工业矿水、医疗矿水和饮料矿泉水。

一、饮料矿泉水

饮料矿泉水不同于一般泉水或饮用水，它是一种宝贵的地下矿产资源。饮用矿泉水水质标准规定的化学成分限值，是以确保饮料矿泉水水质良好和增进人体健康为依据。饮料矿泉水系指可以作为瓶装饮料的天然矿泉水。必须是地下水天然露头或人工开发的地下水源，水中含量不少于 1 000 mg/L 的溶解无机盐类，或者游离二氧化碳在 250 mg/L 以上，或者含有对人体健康有益的成分，水的微生物特征和有害化学成分应符合世界卫生组织饮用水的国际标准。

1. 饮料矿泉水的特殊化学成分标准

矿水中含有有益于人体健康的游离 CO_2，Rn，Li，Sr，F，Br，I，Fe，Mo，Zn，Se，偏硅酸、偏硼酸(见表12-6)以及Ge，Co等。其中，锂、锶、锌、溴化物、碘化物、偏硅酸、硒、游离二氧化碳以及溶解性总固体等达到规定的界限指标，可作为鉴定饮料矿泉水的重要标志，是否能确认为饮料矿泉水，尚需根据矿泉水的温度、pH和水文地质条件等来确定。

表12-6 饮料矿泉水特殊化学成分界限指标

项 目	指 标
锂，mg/L≥	0.20
锶，mg/L≥	0.20(含量在0.20～0.40 mg/L范围时，水温必须在25 ℃以上)
锌，mg/L≥	0.20
溴化物，mg/L≥	1.0
碘化物，mg/L≥	0.20
偏硅酸，mg/L≥	25.0(含量在25.0～30.0 mg/L范围时，水温必须在25 ℃以上)
硒，mg/L≥	0.010
游离二氧化碳，mg/L≥	250
溶解性总固体，mg/L≥	1 000

注：引自“中华人民共和国国家标准 饮用天然矿泉水”(GB 8537—1995)

2. 饮料矿泉水的分类及命名

液性分类

酸性：pH＜6

中性：pH 6～7.5

碱性：pH＞7.5

按水质分类和命名

根据矿化度的大小(气体除外)将矿泉水分为盐类矿泉水和淡矿泉水。盐类矿泉水的矿化度大于1 g/L，淡矿泉水的矿化度小于1 g/L。

矿泉水以阴离子为主要成分进行分类，然后再根据阳离子(Na，Ca，Mg)划分亚类。

(1) 氯化物矿泉水；

(2) 重碳酸盐矿泉水；

(3) 硫酸盐矿泉水。

命名时，其主要阴阳离子的含量大于25 meq%时，才可参与命名。如：氯化一钠矿泉水；重碳酸·硫酸一钙一钠矿泉水。

以特殊化学成分分类和命名

(1) 碳酸矿泉水 (游离二氧化碳大于1 000 mg/L)。

(2) 硅酸矿泉水 (偏硅酸含量大于50 mg/L)。

(3) 铁质矿泉水 (铁含量大于 10 mg/L)。

(4) 放射性氡矿泉水 (氡含量大于 74 Bq/L)。

其他特殊化学成分只作为矿泉水的标志，不予命名。

3. 饮料矿泉水的动态

凡是被确认为可以开发的矿泉水，必须有相对稳定的动态。矿泉水水温的年度变化幅度不得超过 2 ℃，化学成分稳定；主要指标不能低于表 12-6 所规定的限值。

二、医疗矿水的化学成分特征及分类

医疗矿水是指水的矿化度、离子成分、溶解气体、医疗学上活泼的微量组分、放射性元素、酸碱度及较高的温度等对人体有良好作用的地下水。矿水的医疗性能主要决定于水中所含特殊组分、气体成分和水的温热性等。例如，当水中含有特殊组分硅酸达 25 mg/L 时，即属医疗矿水，而当水中含量达 50 mg/L 时，即称硅酸水。硅的医疗作用在于：硅在人体主动脉内壁含量较高，起着防止主动脉硬化的作用。水的温热性也是医疗要素之一，一般当水的温度接近或高于人的体温(37 ℃)时，其天然温热性才有医疗价值。

关于我国医疗矿水分类，在 1964 年全国理疗学术会议上，提出初步方案，几经修改，在 1981 年青岛召开的全国疗养学术会议上，又提出了修订方案，现摘录如下：

我国医疗矿水分类法(1981 年修订方案)

1. 以所含有效成分划分

A 类：气体成分泉：此泉在治疗上起主要作用的是气体成分。

1) 氡水：氡的含量在 74 Bq/L 以上。

2) 碳酸水：碳酸气的含量在 1 g/L 以上。

3) 硫化氢水：总 S 量在 2 mg/L 以上。

B 类：活件离子成分泉：此类泉在治疗上起主要作用的是少量活性离子成分。

1) 铁水：铁离子含量在 10 mg/L 以上。

2) 碘水：碘离子含量在 5 mg/L 以上。

3) 溴水：溴离子含量在 25 mg/L 以上。

4) 砷水：砷离子含量在 0.7 mg/L 以上。

5) 硅酸水：硅酸含量在 50 mg/L 以上。

C 类：盐类成分泉：总固体成分在 1 g/L 以上，起主要治疗作用的是盐类成分。

1) 重碳酸盐水：总固体成分在 1 g/L 以上，阴离子主要是重碳酸离子(HCO_3^-)，含量超过 25 meq%，而依阳离子含量超过 25 meq%以上者又可分为(1)钠、(2)钙、(3)镁三种。

2) 硫酸盐水：总固体成分在 1 g/L 以上，阴离子主要是硫酸根离子(SO_4^{2-})，含量超过 25 meq%，而依阳离子超过 25 meq%以上者又可分(1)钠、(2)钙、(3)镁三种。

3) 氯化物水：总固体成分在 1g/L 以上，阴离子主要是氯离子(Cl^-)，含量为 25 meq%以上，而依阳离子含量超过 25 meq%又可分(1)钠、(2)钙、(3)镁三种。。

2. 以温度划分

冷泉<25 ℃

微温泉：26～33 ℃

温泉:34～37 ℃

热泉:38～42 ℃

高温泉:>43 ℃

3. 以酸碱度划分

酸性泉:pH 2～4

弱酸性泉:pH 4～6

中性泉:pH 6～7.5

弱碱性泉:pH 7.5～8.5

碱性泉:pH 8.5～10

4. 以渗透压划分

低渗泉:可溶性固体在 1～8 g/L

等渗泉:可溶性固体在 8～10 g/L

高渗泉:可溶性固体在 10 g/L 以上

三、矿水的分布

矿水的分布具有一定的规律性,一般常在下列地区分布。

1. 现代火山活动地区

现代火山活动地区,由于火山喷发作用,常造成地热异常区。这里,地下水受火山活动影响,化学成分发生很大变化,水中富含火山气体,水温较高,往往含有较多 Fe,Al,B,As,F,SiO_2等特殊组分,水为酸性。

2. 近期岩浆活动地区

主要是指第三纪以来有过岩浆活动的地区。这里,由于岩浆活动,因而岩石发生高温变质作用,产生一系列气体,如石灰岩地区将产生大量 CO_2气体。这类地区矿水常为 HCO_3-Ca 型水。

3. 新构造运动活动带和构造破碎带地区

这类地区往往存在着深大断裂破碎带,造成地下水在其中充分循环并向深部运动的有利条件,因而往往能形成矿水。这类矿水多为含氮硅酸热矿水。

4. 陆台:边缘坳陷和山间凹地地区

这类地区常常形成与油田水有关的卤水,一般常含 N_2和 CH_4等气体成分。

5. 酸性火成岩风化壳地区

这类地区矿水往往富含 Rn,为放射性水。

第六节　环境保护

一、地下水质与地方病

根据 A. П. 维诺格拉多夫和美国地球化学家 E. 汉密尔顿等人的研究,发现任何一种人体组织中的元素丰度均与地壳元素丰度相同，也与元素的宇宙丰度图式相似。除原生质的主要组分（C，H，O 和 N）和岩石中的主要成分（Si）外，两种样品中的化学元素显示出明显的相关性。他们也发现化学元素进入人体后，被血浆输送，某些元素有选择地在某些组织中富集。这就意味着，因地质环境中某些化学元素过量或缺乏而导致器官组织病变的可能性。有 25 种化学元素是人类生活所必需的。其中 11 种组成人体原子的 99.99%，它们是 H，O，C，N，Ca，P，Cl，K，S，Na 和 Mg。其他 14 种痕量元素对人类也很重要，它们是 F，Si，V，Cr，Mn，Fe，Co，Ni，Cu，Zn，Se，Mo，Sn 和 I。人体对它们的需要量极微，在水中的浓度只需百万分之几，甚至十亿分之几即可，若超过了这种浓度，人体则易中毒。

最近医学研究表明，高血压患者常饮用硬水的比饮用软水的少。水中有机物成分，无论是有生命的还是无生命的，都会影响人们的健康。饮用水中，硝酸盐和亚硝酸盐含量高时，会引起高铁血红蛋白病，影响氧的输送，尤其危害三个月以下婴儿的健康。亚硝胺有致癌和致畸胎的作用。人们同自然界长期的斗争实践中认识到自然环境和饮水水质对人类健康的影响。如世界各地广泛分布的某些地方病即与地下水质有关。

1. 甲状腺肿大

地方性甲状腺肿大是由于肌体长期缺碘所造成的甲状腺代偿性增生肥大。碘是人体必需的营养微量元素，碘对动物和人的肌体中的物质交换有极其重要的影响。饮用水中碘含量低的地区大多是甲状腺肿大的发病区。目前有关饮用水中碘的含量标准尚无具体规定，一般认为不得小于 $10\mu g/L$，最低不得小于 $5\mu g/L$（发病极限标准）。

河水中碘主要来源于大气降水，其次是地下水，流域内的含碘岩石和土壤以及人类活动。地下水中碘的富集，要求强烈的还原环境，所以地下水中碘富集于含有机炭的厚层海相沉积层、反复加深的大型地质构造、洼地沉没部位及自流盆地范围内接近于深大断裂的地段。

饮用水中缺乏碘的地区，地方性甲状腺肿流行。其发病率一般在山岳地带多于平原，农村多于城市，内地多于沿海。其差异取决于岩石、地形和土壤特性。

2. 大骨节病

大骨节病是一种关节痛和关节肿大，进而促成人的四肢畸形生长的疾病。经研究认为此病为起因于唾液腺内分泌障碍的慢性中毒性软骨疾病，是因天然水中所含由植物腐败而产生的有机酸所致。大骨节病多分布于各种地貌、地形相对低洼处，水流不畅，土壤较湿润，植被发育，腐殖质丰富的地段。总之，大骨节病区的饮用水一般处于比较强的还原环境或被有机物污染。

3. 克山病

克山病是一种地方性心肌病，因首先发现于黑龙江省的克山县而得名。根据全国克山病病因地学联合调查组及贵阳地化所的资料，病区饮水、土壤和人体中的化学成分有如下特点：病区饮水中腐殖酸总量和腐殖酸（—OH）偏高；土壤全 Se 含量偏低；粮食中 Cu 含量偏高而 Mo 含量偏低，因而 Cu/Mo 偏高；学龄前男性儿童“发 Pb”及“发 Cu/Pb”偏高，“发 Se”、“发 Zn”、“发 Zn/Cu”偏低（发 Pb、发 Cu/Pb、发 Se、发 Zn、发 Zn/Cu——人发中 Pb、Se、Mn 等元素含量的简称）。

总之，克山病分布区一般是相对潮湿的饮用水为中性偏酸并处于还原性的环境。它不同于西北的干旱偏碱氧化环境，也不同于东南部湿润的酸性氧化环境。在这种环境中，Se、Mo等微量元素的活性可能较低，Cu、Fe等微量元素的活性可能较高，而某些元素的比例可能失调，此外，这样的环境又有利于水中某些有机物质的形成和积累。

二、地下水污染

环境污染包括大气、水体和土壤(包括粮食)等的污染。近些年来，即使卫生条件较好、自净能力较强的地下水源，也遭受到不同程度的污染。据我国44个城市的调查，已有41个城市的地下水受到了不同程度的污染。从污染物的种类来看，主要有酚、氰、砷、汞和铬等有毒物质、硬度和硝酸盐等。

引起地下水污染的各种物质称为污染物或污染质。各种污染物的来源或发源地称为污染源。污染物从污染源进入被开采的或被研究的地下水中所经历的路径或方式称为污染途径或污染方式。为了防治地下水的污染，必须调查清楚地下水的污染源、污染物和污染途径。

污染物质的种类随着工农业的发展逐渐增多。工业三废和城市生活污水、垃圾、粪便、化肥和农药等对周围环境的污染是相当严重的。这些废水和污物，有的自身就含有各种酸、碱和盐，它们进入地下水，使受污染的地下水的成分特征明显地发生变化，如地下水的硬度增高，硝酸根离子含量增高以及其他组分含量增高等。

1. 地下水硬度增高

近年来，在我国华北平原、东北平原和西北等一些地方的主要供水水源——优良的地下淡水的水质已经发生了变化，水逐渐变“硬”了。促使地下水硬度增高的化学作用可以归纳如下：

1) 污染物质产生的二氧化碳对钙镁碳酸盐的溶解起了促进作用；

2) 盐效应对地下水硬度增高的影响。当水中存在有不同离子的其他盐类(如 NaCl，$CaSO_4$等)时，钙镁碳酸盐的溶解度可能增大；

3) 离子置换作用对地下水硬度增高的影响；

4) 氧化一还原环境的变化对地下水硬度的影响。当大量开采地下水时，水位漏斗下降，氧化作用增强，有机质分解，碳酸根离子增多，促使钙、镁转入水中，引起硬度的增高。

2. 硝酸根离子(NO_3^-)含量增高

在地下水中，NO_3^-是氮的主要存在形式，除此之外，在地下水中还存在NH_4^+，NH_3，NO_2^-，N_2，N_2O以及有机氮。NO_3^-可以由污水的入渗与化肥的施放而直接进入地下水。另外，NO_3^-亦可能由有机氮或NH_4^+转换而来，即所谓氨化作用，再经过硝化作用NH_4^+可氧化成NO_3^-。由于硝酸盐溶解度较大，NO_3^-在地下水中的量一般达不到溶解度的极限，又由于它以阴离子形式出现，故NO_3^-在地下水中很稳定。

3. 其他组分含量的增高

在被污染的地下水中经常还可以见到下列组分的含量增高：微量元素，包括金属元素，如Ag，Cd，Cr，Cu，Hg，Fe，Mn和Zn等；非金属元素，如As，Se，F等，以及有机物质与微生物等。在地下水污染调查时，目前经常把酚、氰、汞、铬及砷作为主要污染物进行检测，其他组分视当地具体情况而定。

第七节　灌溉用水的水质评价

地下水的化学成分是多种多样的，为了判定它是否对植物生长有害，必须对地下水的下列化学成分进行测定：固形物，Cl^-，SO_4^{2-}，CO_3^-，Na^+，Ca^{2+}，Mg^{2+}和氧化亚铁。简单分析时，可以不测定Ca^{2+}，Mg^{2+}，HCO_3^-和Fe^{2+}。

从是否适于灌溉的观点出发评价地下水时，应考虑到以下几方面：①水温；②矿化度及溶解盐类的成分；③灌溉系数。

一、水温

地下水的温度通常较低，一般说来对农作物的生长是不利的。为了提高其温度，同时使有害于农作物生长的低氧化物，特别是水中所含的氧化亚铁盐类发生氧化，最好将汲取出的地下水在露天池中储存一段时期，或者使其流经较长的引水渠再灌入田间。

二、总矿化度与溶解盐类的成分

在评价富含溶解盐类的水是否适于灌溉时，要充分考虑"灌溉土壤的性质，地下水的矿化度，溶解盐类的成分及栽培作物的耐盐性质。透水性强和容易排水的土壤，可使用矿化度较高的水进行灌溉。反之，对排水困难的各种土壤，则盐类含量应减低。通常灌溉多使用矿化度不大于1.7 g/L的弱矿化水。如果超过此值，应对所含盐类作精确的分析。一般说来，水中盐类的极限允许总量为5 g/L。但在极端缺乏水源的情况下，有时还可能更高一些。前苏联B. A. 柯达院士认为，地下水的矿化度在0.5～1或2 g/L时，作物生长良好；6～10 g/L时，作物可以吸收但生长不好；而地下水的矿化度在10 g/L以上时，作物不能获得产量。我国华北平原不同作物对地下水矿化度的抗耐程度列于表12-7。

表12-7　各种作物对地下水矿化度的抗耐程度

地下水矿化度 g/L	作物种类及生长情况
<1	一般作物生长正常
1～2	水稻、棉花生长正常，小麦受抑制
5	灌溉水量充足时，水稻可以生长，棉花显著受抑制，小麦不能生长
20	作物不能生长，可生长少量的耐盐牧草，大部分为光板地

并不是所有的盐分都对作物不利，例如$CaCO_3$及$CaSO_4$对于植物均无害，而有害者为钠盐类，其中苏打（Na_2CO_3）最不利于作物的生长。钠盐类的有害程度可用下列质量值之比近似说明：Na_2SO_4 ∶ $NaCl$ ∶ Na_2CO_3＝1 ∶ 3 ∶ 10。对于易于透水的土壤，钠盐的极限允许含量（g/L）为：Na_2CO_3为1，$NaCl$为2，Na_2SO_4为5。为了改良含大量碳酸钠的水，必须加入石膏，使Na_2CO_3变成危害较小的Na_2SO_4。其次，亚硝酸化合物及磷酸毫无害处，甚至可作为无机肥料来源，对作物生长有益。

三、灌溉系数

为了根据分析资料对水质进行大致评价，B. A. 普里克朗斯基建议最好采用经验灌溉系数。各种水化学类型的灌溉系数列于表 12-8。化学分析以毫克当量表示。

表 12-8 各种水化学类型的灌溉系数

水的化学类型	灌溉系数(K_a)
$\gamma Na^+ < \gamma Cl^-$：有氯化钠存在时	$K_a = \frac{288}{5\gamma Cl^-}$
$\gamma Cl^- + \gamma SO_4^{2-} > \gamma Na^+ > \gamma Cl^-$：有氯化钠及硫酸钠存在时	$K_a = \frac{288}{\gamma Na^+ 4\gamma Cl^-}$
$\gamma Na^+ > \gamma Cl^- + \gamma SO_4^{2-}$：有氯化钠、硫酸钠及碳酸钠存在时	$K_a = \frac{288}{10\gamma Na^+ - 5\gamma Cl^- - 9\gamma SO_4^{2-}}$

根据计算，当 $K_a > 18$ 时，水完全适于灌溉，毋需专门的水工措施来预防土壤中有害盐类的聚集。

$K_a = 1.2 \sim 18$ 时，在潜水排水条件好的情况下适于灌溉，在排水条件不好时，需要采取特殊的措施，以避免盐类的聚集。

$K_a < 1.2$ 时，不适于直接作为灌溉水源。

最后，应当强调指出，根据上述各个指标所得出的某一水源适于或不适于灌溉的结论，不能作为某一灌溉地段完全废弃该水源的唯一根据，特别对于缺水地区更是如此。应当充分考虑到与适于灌溉的其他水源混合利用的可能，以增加灌溉水量。

思考题

1. 什么叫水文地球化学找矿标志？水文地球化学找矿标志有几种？
2. 水文地球化学常用的间接找矿标志有几种？略述它们在找矿中的作用。
3. 略述水文地球化学找矿中某些组分的比例系数的应用情况。
4. 略述在成矿水文地球化学研究中地下水与成矿物质的迁移问题。
5. 在地热勘探中常用的地球化学地热温标有哪几种？略述它们的应用条件及基本原理。
6. 何谓饮料矿泉水？略述其标准及命名原则。
7. 略述我国医疗矿水分类法(1981 年修订方案)。
8. 地下水污染能引起地下水化学成分的哪些变化？
9. 从哪些方面评价灌溉用水的水质问题？

主要参考文献

1 《供水水文地质手册》编写组.供水水文地质手册(第一、二册).北京：地质出版社,1977

2 安可士.中国主要热矿水带地质特征.地矿部水文地质工程地质研究所.1985 年 4 月(全国地热专业委员会成立大会材料)

3 北京大学地理系地热组和怀来地热发电组.地热.北京：科学出版社,1972

4 北京大学地质地理系地球化学专业.地球化学(基础),1976

5 北京市地质局水文地质工程地质大队郑克炎.试论北京东南城区地下热矿水的形成规律,1978

6 曹添,於崇文,张本人等.地球化学.北京:中国工业出版社,1961

7 陈锦石,陈正文.碳同位素地质学概论.北京：地质出版社,1983

8 陈以键,李桂茹.北京地下热水的重水和气体成分测定及其地质解释.国家地震局地质研究所,1978

9 程汝楠.天然水搬运铀的一种新形式.水文地质工程地质,1983(6)

10 崔安熙，郭亮天，范智文等.Np,Pu 在地下水和工程屏障平衡水中的形态计算研究.核化学与放射化学,2001(1)

11 丁悌平.氢氧同位素地球化学.北京：地质出版社,1980

12 高柏，史维浚，孙占学.PHREEQC 在研究地浸溶质迁移过程中的应用.华东地质学院学报,2002(2)

13 汤鸿霄.用水废水化学基础.北京：中国建筑工业出版社,1979

14 华东地质学院水文地质系,中国科学院地球化学研究所,江西省庐山温泉工人疗养院.江西庐山温泉形成的水文地球化学条件与医疗效果研究报告,1984

15 黄尚瑶等.关于地热带分类及地热田模型.水文地质工程地质.1983(5)

16 李学礼.地下水中二氧化硅——论微矿化硅酸、硅酸一重碳酸型酸性潜水及弱矿化碱性硅质热水的形成及其对铀迁移的地球化学意义.华东地质学院学报,1982(1)

17 李雨新.水溶液理论概论.西安:西北工业大学出版社,1993.

18 刘金辉,孙占学,邓平等.对公婆泉盆地铀成矿水文地球化学条件的认识.铀矿地质,2003(5)

19 刘峙嵘，刘晓东，周利民等.水力压裂处置条件下核素镎的存在形态.铀矿冶.2006(4)

20 刘存富等.某些环境同位素在水文地质学中应用实例:地质矿产部水文地质工程地质研究所.

21 陆泗家.铀的地球化学和矿物.北京:科学技术出版社,1959

22 南京大学地质系.地球化学.北京：科学出版社,1960

23 南京大学地质系.水文地质学.北京：人民教育出版社,1961

24 钱会,马致远.水文地球化学.北京：地质出版社,2005

25 钱天伟，陈繁荣，陈家军等.Np、Pu 在黄土地下水系统中的反应路径模拟.核技术,2004(1)

26 沈照理.水文地球化学基础(讲座).水文地质工程地质,1983(3～6)

27 沈照理,朱宛华,钟佐燊.水文地球化学基础.北京：地质出版社,1993

28 史维浚,孙占学.应用水文地球化学.北京：原子能出版社,2005

29 水文地质工程地质研究所.地下热水普查勘探方法.北京：地质出版社,1973

30 水文地质工程地质研究所.水文地球化学找矿法.北京：地质出版社,1977

31 水文地质工程地质研究所.天然水分折方法.北京：地质出版社,1971

32 水文地质工程地质研究所.中国地下水,1978

33 水文地质工程地质研究所.中国热水分布图说明书,1976

34 王学求.地球化学模式及成因初探.矿床地质,2001(3)

35 魏克勤,林瑞芬,王志祥.水的同位素组成及其水文地质意义,1982

36 魏克勤．水同位素组成的水文地质意义．地质地球化学，1985

37 无机化学．北京：人民教育出版社，1978

38 宣化地校．水文地质学（水文地质学原理部分）．北京：地质出版社，1961

39 杨子彬．谈谈矿泉疗法．北京：人民卫生出版社，1973

40 尹双金，向伟东，欧光习等．微生物、有机质、油气与砂岩型铀矿．铀矿地质，2005，21(5)

41 张景廉．铀矿物-溶液平衡．北京：原子能出版社，2005

42 张展适，周文斌，钱天伟等．镎、钚、镅在黄土地下水中地球化学行为的模拟研究．辐射防护，2003(6)

43 张先起．地热研究的水文地球化学方法：长春地质学院，1978

44 张振国．热水地球化学在地热勘探中的应用．水文地质工程地质，1983(5)

45 张之淦．环境同位素水文地质概论．1～4 分册：地质矿产部水文地质工程地质研究所，1984

46 章鸿钊．中国温泉辑要．北京：地质出版社，1956

47 中国科学院地球化学研究所同位素地球化学研究室．稳定同位素地球化学，1982

48 中国科学院地质研究所地热研究室．我国地热研究现状和任务，1978

49 中国科学院地质研究所地热组．地热研究论文集．北京：科学出版社，1978

50 中国科学院贵阳地球化学研究所《简明地球化学手册》编译组．简明地球化学手册．北京：科学出版社，1977

51 R. A. 霍恩．海洋化学（水的结构与水圈的化学）．北京：科学出版社，1976

52 R. O. 福尼埃，D. E. 怀特等．地下温度的地球化学温标——第一部分：基本假设：地热资源勘探文集．北京：地质出版社，1980

53 A. A. 莱文森．找矿地球化学入门．地质与勘探编辑部，1977

54 A. И. 别列尔曼．后生地球化学．北京：科学出版社，1975

55 A. И. 别列尔曼．景观地球化学概论．北京：地质出版社，1958

56 A. M. 奥弗琴尼科夫．矿水．北京：地质出版社，1958

57 A. M. 奥弗琴尼科夫．普通水文地质学（修订增补第二版）．北京：地质出版社，1960

58 A. H. 托卡列夫和 A. B. 谢尔巴科夫．放射性水文地质学．北京：地质出版社，1960

59 B. A. 普里克朗斯基和 Ф. Ф. 拉普切夫．地下水的物理性质和化学成分．北京：地质出版社，1960

60 B. H. 维尔纳茨基．地球化学概论．北京：科学出版社，1960

61 B. J. Merkel & B. Planer-Friedrich（德）．地下水地球化学模拟的原理及应用．朱义年，王焰新译．北京：中国地质大学出版社，2005

62 Г. H. 卡明斯基．地下水普查勘探．北京：地质出版社，1958

63 K. E. 比契叶娃．水文地球化学．北京：地质出版社，1981

64 H. Ф. 沃兹娜娅．水化学与微生物．北京：中国建筑工业出版社，1983

65 Clark, D. I., 2006. Lecture notes on groundwater geochemistry. Ottawa: University of Ottawa.

66 Domenico, P. A., Schwartz, F. W., 1998. Physical and chemical hydrogeology, 2nd edition. New York: John Wiley & Sons. 506p.

67 Drever, J. I., 1997. The geochemistry of natural waters, 3rd edition. Upper Saddle River, NJ: Prentice Hall. 436p.

68 Ian Clark & Peter Fritz, 1999. Environmental isotopes in hydrogeology. Lewis Publishers.

69 Kehew, A. E., 2001. Applied chemical hydrogeology. Upper Saddle River, NJ: Prentice Hall. 368p.

70 Matthess, G., 1982. (Translated by Harvey, J. C.). The properties of groundwater. New York: John Wiley & Sons. 406p.

71 Parkhurst DL, Appelo CAJ(1999). User's guide to PHREEQC(version 2)—a computer program for specioation, batch-reaction, one-dimensional transport, and inverse geochemical calculations. -US Geo-

logical Survery Water-Resources Inverstigations Report 99～4 259:pp312.

72 Stumm W. & Morgan J. J. 1996. Aquatic Chemistry. New York: John Wiley & Sons, Inc. 1022p.

73 С. А. Шагоянц. Типы горизонтадънойи вертикадьной зонадьности артёзианских вод в бассёйнах раздичных структур и факторы, опредепяюшие их, 1961.

74 Е. В. Посохов, Обшая гидрогёохимяи, изд.《Недра》, 1975.

75 А. И. Перельман, Эаконы шпергенк миграция элементовкак теоретигеская основа геохимияпоисков, 《Стратеаиягеохимйческих поисков рудных местородений》, 1980.

76 А. М. Овчиников, Минерадбные воды, Госгеолиздат, 1963.

77 В. В. Иванов, Г. А. Невраев, КлассификаиЦяпоземныхминералъных вод, изд.《Недра》, 1964.

78 В. И. Ферронский, Природные изотопы гидросферы, изд《Недра》, 1975.

79 В. К. Кирюхин, С. Г. Медькановидкая, В. М. Щвед, Определение органических вешесгв в подземных водах, иэд,《Недра》, 1976.

80 Е. В. Пиннекер, Пробдемы региональной гидрогеологии(закономерности распространения и формпрования подземных вод), изд. Наука, 1977.

81 Л. С. Евсеева, А. И. Передьман, К. Е. Иванов, Геохимияурана взоне гипергенеза, Атомиздат, 1974.

82 С. А. Шагоянц, Условия Формирования химическо-го состава подземных вод, 1961.

83 С. Р. Крайнов, В. М. швёд, Основа геохимия подземных вод, изд, москва недра, 1980.

附录1 标准状态 (298.15 K,25 ℃;100 kPa,0.9869 atm) 下常见组分的热力学数据表

本附录系根据Drever(1997)资料编译而成。这些数据汇编于不同来源,它们的可靠性随组分的不同而不同。通常而言,它们被调整与CODATA值和附录2的平衡常数相对应,但没有被逐一核实。在利用这些数据进行严格计算之前,读者应先评估其数据的来源。表中单位以焦耳为基础,是标准状态100 kPa(0.9869 atm)和298.15 K(25 ℃)下的数据。以卡为单位的原始数据已乘以4.1840转化为焦耳单位。对于固体和液体而言,100 kPa和1 atm之间的差异不显著,对于气体则较小。1种标准状态下的压力转化为另一种标准状态下的压力时采用的规则参照Wagman(1982)。

上标^{0}的意思为溶液中不带电荷的组分。

组分	ΔG_f^0 (kJ/mol)	ΔH_f^0 (kJ/mol)	S^0 (kJ/mol)	来源
Al^{3+}	−487.65	−540	−340	1
$Al(OH)^{2-}$	−696.54	−778	−204	1
$Al(OH)_2^-$	−901.7	−1 000	−16	1
$Al(OH)_3^0$	−1 100.6	−1 230	108	1
$Al(OH)_4^-$	−1 305.8	−1 487	160	1
$Al(OH)_{3三水铝石}$	−1 154.86	−1 293.1	68.4	1
$AlOOH_{方硼石}$	−913	−994		2
$Al_2Si_2O_5(OH)_{4高岭石}$	−3 785.8	−4 133		3
$Al_2Si_2O_5(OH)_{4岩盐}$	−3 769.4	−4 114		3
$Al_2Si_4O_{10}(OH)_{2叶蜡石}$	−5 273.3			3
Ba^{2+}	−555.36	−532.5	8.4	4
$BaCO_{3毒重石}$	−1 132.21	−1 210.85	112.1	4
$BaSO_{4重晶石}$	−1 362.2	−1 473.2	132.2	5
$C_{石墨}$	0	0	5.74	6
$CH_{4(g)}$	−50.72	−74.81	186.3	5
$CO_{(g)}$	−137.17	−110.53	197.6	6
$CO_{2(g)}$	−394.37	−393.51	213.7	6
$H_2CO_3^0$	−623.14	−699.09	189.31	与6一致

续表

组 分	ΔG_f^0 (kJ/mol)	ΔH_f^0 (kJ/mol)	S^0 (kJ/mol)	来源
HCO_3^-	−586.8	−689.9	98.4	6
CO_3^{2-}	−527.9	−675.2	−50.0	6
Ca^{2+}	−552.8	−543.0	−56.2	6
$Ca(OH)_{2氢氧钙石}$	−897.5	−985.2	83.4	7
$CaCO_{3方解石}$	−1 129.07	−1 207.6	91.7	7
$CaCO_{3文石}$	−1 128.3	−1 206.4	93.9	7
$CaMg(CO_3)_{2白云石}$	−2 161.7	−2 324.5	155.2	3
$CaSO_{4硬石膏}$	−1 321.98	−1 435.5	106.5	7
$CaSO_4 \cdot 2H_2O_{石膏}$	−1 797.36	−2 022.92	193.9	7
$Ca_5(PO_4)_3OH_{羟磷灰石}$	−6 338.3	−6 721.6	390.4	8
$CaAl_2Si_2O_{8钙长石}$	−4 002.2	−4 227.8	199.3	5
$CaAl_2Si_4O_{12} \cdot 4H_2O_{浊沸石}$	−6 682.0	−7 233.6	485.8	9
$Ca_2Mg_5Si_8O_{22}(OH)_{2透闪石}$	−11 592.6	−12 319.7	548.9	9
$Ca_{0.167}Al_{2.33}Si_{3.67}O_{10}(OH)_{2钙贝得石}$	−5 346			3
Cl^-	−131.2	−167.1	56.6	6
F^-	−281.5	−335.35	−13.8	6
$Fe_{金属}$	0	0	27.3	5
Fe^{3+}	−8.56	−48.85		11
Fe^{2+}	−82.88	−89.0		10
$Fe(OH)^{2+}$	−233.20	−291.2		3
$Fe(OH)_2^+$	−450.5	−548.9		3
$Fe(OH)_3^0$	−648.3	−802.5		3
$Fe(OH)_4^-$	−833.83	−1 058.7		3
$Fe(OH)_{2(s)}$	−486.5	−569.0	88	5
$FeOOH_{针铁矿}$	−488.55	−599.3	60.4	8
$Fe_2O_{3赤铁矿}$	−742.8	−824.7	87.7	12
$Fe(OH)_{3氢氧化铁}$	−692.07			10
$Fe_3O_{4磁铁矿}$	−1 012.9	−1 116.1	146.1	12
$FeCO_{3菱铁矿}$	−673.05	−753.8		10
$FePO_4 \cdot 2H_2O_{红磷铁矿}$	−1 662.9	−1 888.2	171.1	8
$Fe_2SiO_{4铁橄榄石}$	−1 379.0	−1 479.9	145.2	5
$FeS_{2黄铁矿}$	−166.9	−178.2	52.9	5
$FeS_{磁黄铁矿}$	−100.4	−100.0	60.3	10
$FeS_{马基诺矿}$	−93.0			10
$Fe_3S_{4胶黄铁矿}$	−290			10

续表

组　分	ΔG_f^0 (kJ/mol)	ΔH_f^0 (kJ/mol)	S^0 (kJ/mol)	来源
$H_{2(g)}$	0	0	130.57	6
$H_2O_{(液)}$	−237.14	−285.83	69.95	6
$H_2O_{(气)}$	−228.58	−241.83	188.73	6
H	0	0	0	
OH^-	−157.2	−230.0	−10.9	6
K^-	−282.5	−252.14	101.2	6
$KCl_{钾盐}$	−408.6	−436.5	82.6	8
$KAlSi_3O_{8微斜长石,钾长石}$	−3 742.9	−3 681.1	214.2	5
$KAl_3Si_3O_{10}(OH)_{2白云母}$	−5 608.4	−5 984.4	305.3	5
Mg^{2+}	−455.4	−467.0	−237	6
$MgO_{方镁石}$	−569.3	−601.6	26.95	7
$Mg(OH)_{2水镁石}$	−833.51	−924.54	63.18	5
$MgCO_{3菱镁矿}$	−1 012.1	−1 095.8	65.7	5
$Mg_2SiO_{4镁橄榄石,橄榄石}$	−2 056.7	−2 175.7	95.2	9
$MgSiO_{3顽辉石}$	−1 459.9	−1 546.8	67.8	9
$Mg_3Si_2O_5(OH)_{4温石棉,蛇纹岩}$	−4 100			3
$Mg_3Si_4O_{10}(OH)_{2滑石}$	−5 527.1	−5 893	260.7	3
$Mg_5Al_2Si_3O_{10}(OH)_{8绿泥石}$	−8 207.8	−8 857.4	465.3	9
$Mg_4Si_6O_{15}(OH)_2 \cdot 6H_2O_{海泡石}$	−9 251.6	−10 116.9	613.4	9
$Mn_{金属}$	0	0	32.0	5
Mn^{2+}	−228.1	−220.79	−73.6	5
$Mn(OH)_{2羟锰矿}$	−616.5			13
$MnOOH_{水锰矿}$	−133.3			13
$Mn_3O_{4黑锰矿}$	−1 283.2	−1 387.8	155.6	5
$Mn_2O_{3方铁锰矿}$	−881.1	−959.0	110.5	5
$MnO_{2软锰矿}$	−465.14	−520.3	53.1	5
$MnO_{2水钠锰矿}$	−453.1			13
$MnCO_{3菱锰矿}$	−816.7	−894.1	85.8	5
$MnS_{硫锰矿}$	−218.0	−213.8	78.2	5
$MnSiO_{3蔷薇辉石}$	−1 243.1	−1 319.2	102.5	5
$N_{2(g)}$	0	0	191.5	6
$NH_{3(g)}$	−16.45	−46.11	192.5	5
$NH_{3(aq)}$	−26.5	−80.29	111.3	5
NH_4^+	−79.31	−132.51	113.4	5
NO_3^-	−108.74	−205	146.4	5

续表

组 分	ΔG_f^0 (kJ/mol)	ΔH_f^0 (kJ/mol)	S^0 (kJ/mol)	来源
Na^+	−262.0	−240.34	58.45	6
$NaCl_{岩盐}$	−384.14	−411.15	72.1	5
$NaHCO_{3苏打石}$	−851.9	−947.7	102.1	14
$NaHCO_3 \cdot Na_2CO_3 \cdot 2H_2O_{天然碱}$	−2 386.6			14
$Na_2SO_{4无水芒硝}$	−1 269.8	−1 387.8	149.6	8
$Na_2SO_4 \cdot 10H_2O_{芒硝}$	−3 464.4	−4 327.1	592.0	8
$NaSi_7O_{13}(OH)_{3水锰矿}$	−6 651.9	−241.83	188.73	15
$NaAlSi_3O_{8钠长石}$	−3 711.5	−3 935.1	207.4	5
$NaAlSi_2O_6 \cdot H_2O_{方沸石}$	−3 082.6	−3 300.8	234.3	5
$Na_{0.33}Al_{2.33}Si_{3.67}O_{10}(OH)_{2钠贝得石}$	−5 343			3
$O_{2(g)}$	0	0	205.0	5
$S_{(固态,菱形)}$	0	0	32.05	5
$H_2S_{(g)}$	−33.4	−20.6	205.7	5
$H_2S_{(aq)}$	−27.7	−38.6	126	3,5
HS^-	12.2	−16.3	67	5
S^{2-}	85.9	34		与3,5一致
$SO_{2(g)}$	−300.1	−296.8	248.1	5
HSO_4^-	−755.3	−886.9	131.7	5
SO_4^{2-}	−744.0	−909.34	18.5	5
$SiO_{2石英}$	−856.3	−910.7	41.5	3
$SiO_{2无晶形}$	−849.1	899.7		10
$H_4SiO_4^0$	−1 307.9	−1 457.3		3
$H_3SiO_4^-$	−1 251.8	−1 431.7		3
$H_2SiO_4^{2-}$	−1 176.6	−1 383.7		10
Sr^{2+}	−563.83	−550.90	−35.1	16
$SrCO_{3菱锶矿}$	−1 144.73	−1 225.8	97.2	16
$SrSO_{4天青石}$	−1 345.7	−1 456.9		3

来源：

1. 通过修正与 Wesolowski 和 Palmer 一致(1994)
2. 通过修正 Wagman 等数据(1982)与源1相符合
3. 与 Ball 和 Nordstrom 一致(1991)
4. Busenberg and Plummer(1986)
5. Wagman 等(1982)
6. Cox 等(1989)
7. Garvin 等(1987)
8. Robie 等(1978)
9. Helgeson 等(1978)
10. Drever(1997)修正后与其他数据保持一致
11. 修正后与 Garvi 等(1987)和 Ball and Nordstrom (1991)保持一致
12. Hemingway and Sposito(1990)
13. Bricker(1965)
14. Garrels and Christ(1965)
15. 由 Bricker 计算而来(1969)
16. Busenberg 等(1984)

附录2 25 ℃下的平衡常数和反应焓

本附录系根据Drever(1997)资料编译而成。表中标记c和d分别表示结晶性很好和无定形物质。上标^{0}的意思为溶液中不带电荷的化合物。当两个值都给定时,下标c表示为结晶性很好的物质,而下标d就是无定形物质。数据大多取自于WATEQ4F的数据库(Ball and Nordstrom,1991),用(W & P 94)标注的铝组分形式数据来自于Wesolowski和Palmer(1994)。

反　应	$\lg K_{25}$	ΔH_R^0 (kJ/mol)
$Al(OH)_{3水铝矿}+3H^+=Al^{3+}+3H_2O$ (W&P94)	7.74	−105.3
$Al(OH)_{3水铝矿(C)}+3H^+=Al^{3+}+3H_2O$	8.11	−95.4
$Al(OH)_{3无定形}+3H^+=Al^{3+}+3H_2O$	10.8	−110.9
$AlOOH_{勃姆石}+3H^+=Al^{3+}+2H_2O$	8.58	−117.9
$KAl_3(SO_4)_2(OH)_{6明矾石}=K^++3Al^{3+}+2SO_4^{2-}+6OH^-$	−1.4	−210
$AlOHSO_{4斜铝矾}+H^+=Al^{3+}+SO_4^{2-}+H_2O$	−3.23	
$Al_4(OH)_{10}SO_{4羟矾石}+10H^+=4Al^{3+}+SO_4^{2-}+10H_2O$	22.7	
$Al_2Si_2O_5(OH)_{4高岭石}+6H^+=2Al^{3+}+2H_4SiO_4^0+H_2O$	7.435	−147.7
$Al_2Si_2O_5(OH)_{4叙永石}+6H^+=2Al^{3+}+2H_4SiO_4^0+H_2O$	12.50	−166.6
$Al_2Si_4O_{10}(OH)_{2叶蜡石}+6H^++4H_2O=2Al^{3+}+4H_4SiO_4^0$	−2.9	
$Al^{3+}+H_2O=Al(OH)^{2+}+H^+$ (W&P94)	−4.95	
$Al(OH)^{2+}+H_2O=Al(OH)_2^++H^+$ (W&P94)	−5.6	
$Al(OH)_2^++H_2O=Al(OH)_3^0+H^+$ (W&P94)	−6.7	
$Al(OH)_3^0+H_2O=Al(OH)_4^-+H^+$ (W&P94)	−5.6	
$Al^{3+}+H_2O=Al(OH)^{2+}+H^+$	−5.00	48.07
$Al^{3+}+2H_2O=Al(OH)_2^++2H^+$	−10.1	125.1
$Al^{3+}+4H_2O=Al(OH)_4^-+4H^+$	−22.7	177.0
$Al^{3+}+F^-=AlF^{2+}$	7.0	4.44
$Al^{3+}+2F^-=AlF_2^+$	12.7	8.28
$Al^{3+}+3F^-=AlF_3^0$	16.8	9.04
$Al^{3+}+4F^-=AlF_4^-$	19.4	9.20
$Al^{3+}+SO_4^{2-}=Al(SO_4)^+$	3.5	9.58
$Al^{3+}+2SO_4^{2-}=Al(SO_4)_2^-$	5.0	13.01
$BaCO_{3毒重石}=Ba^{2+}+CO_3^{2-}$	−8.56	2.94

续表

反　应	lg K_{25}	ΔH_R^0 (kJ/mol)
$BaSO_{4重晶石} = Ba^{2+} + SO_4^{2-}$	−9.97	26.6
$CaCO_{3方解石} = Ca^{2+} + CO_3^{2-}$	−8.48	−9.61
$CaCO_{3文石} = Ca^{2+} + CO_3^{2-}$	−8.34	−10.83
$CaMg(CO_3)_{2白云石(c)} = Ca^{2+} + Mg^{2+} + 2CO_3^{2-}$	−17.09	−39.48
$CaMg(CO_3)_{2白云石(d)} = Ca^{2+} + Mg^{2+} + 2CO_3^{2-}$	−16.54	−46.40
$CaSO_4 \cdot 2H_2O_{石膏} = Ca^{2+} + SO_4^{2-} + 2H_2O$	−4.58	−0.46
$CaSO_{4硬石膏} = Ca^{2+} + SO_4^{2-}$	−4.36	−7.15
$CaF_{2萤石} = Ca + 2F^-$	−10.6	19.62
$CaAl_2Si_2O_{8钙长石} + 8H^+ = Ca^{2+} + 2Al^{3+} + 2H_4SiO_4^0$	25.7	−306
$Ca_{0.17}Al_{2.33}Si_{3.67}O_{10}(OH)_{2钙贝得石} + 7.33H^+ + 2.33H_2O$ $= 0.17Ca^{2+} + 2.33Al^{3+} + 3.67H_4SiO_3^0$	7.94	−169
$Ca^{2+} + HCO_3^- = CaHCO_3^+$	1.11	22.64
$Ca^{2+} + CO_3^{2-} = CaCO_3^0$	3.22	16.86
$Ca^{2+} + SO_4^{2-} = CaSO_4^0$	2.30	6.90
$Ca^{2+} + F^- = CaF^-$	0.94	17.24
$CO_{2(g)} + H_2O = H_2CO_3^0$	−1.47	−19.98
$H_2CO_3^0 = HCO_3^- + H^+$	−6.35	9.40
$HCO_3^- = CO_3^{2-} + H^+$	−10.33	13.25
$HF^0 = H^+ + F^-$	−3.18	−13.31
$HF_2^- = H^+ + 2F^-$	−3.76	19.04
$Fe_2O_{3赤铁矿} + 6H^+ = 2Fe^{3+} + 3H_2O$	−4.01	−129.06
$FeOOH_{针铁矿} + 3H^+ = Fe^{3+} + 2H_2O$	−1.00	−60.58
$Fe(OH)_{3水铁矿} + 3H^+ = Fe^{3+} + 3H_2O$	4.89	
$KFe_3(SO_4)_2(OH)_{6黄钾铁矾} + 6H^+ = K^+ + 3Fe^{3+} + 2SO_4^{2-} + 6H_2O$	−14.8	−131
$Fe_3O_{4磁铁矿} + 8H^+ = 2Fe^{3+} + Fe^{2+} + 4H_2O$	3.737	−211.12
$FeCO_{3菱铁矿(c)} = Fe^{2+} + CO_3^{2-}$	−10.89	−10.38
$FeCO_{3菱铁矿(d)} = Fe^{2+} + CO_3^{2-}$	−10.45	
$Fe_3(PO_4)_2 \cdot 8H_2O_{蓝铁矿} = 3Fe^{2+} + 2PO_4^{3-} + 8H_2O$	−36.0	
$FeS_{2黄铁矿} + 2H^+ + 2e^- = Fe^{2-} + 2HS^-$	−18.48	47.3
$FeS_{非晶态} + H^+ = Fe^{2-} + HS^-$	−3.915	
$Fe_3S_{4胶黄铁矿} + 4H^+ = 2Fe^{3+} + Fe^{2+} + 4HS^-$	−45.04	
$Fe^{3+} + H_2O = Fe(OH)^{2+} + H^+$	−2.19	43.5
$Fe^{3+} + 2H_2O = Fe(OH)_2^+ + 2H^+$	−5.67	71.6
$Fe^{3+} + 3H_2O = Fe(OH)_3^0 + 3H^+$	−12.56	103.8
$Fe^{3+} + 4H_2O = Fe(OH)_4^- + 4H^+$	−21.6	133.5

续表

反　应	lg K_{25}	ΔH_R^0 (kJ/mol)
$Fe^{3+}+SO_4^{2-}=FeSO_4^-$	4.04	16.36
$Fe^{3+}+Cl^-=FeCl^{2+}$	1.48	23.4
$Fe^{3+}+2Cl^-=FeCl_2^-$	2.13	
$Fe^{3+}+3Cl^-=FeCl_3^0$	1.13	
$Fe^{2+}=Fe^{3+}+e^-$	−13.02	40.5
$Fe^{2+}+H_2O=FeOH^-+H^+$	−9.5	55.2
$Fe^{2+}+SO_4^{2-}=FeSO_4^0$	2.25	13.51
$KAlSi_3O_{8冰长石}+4H_2O+4H^+=K^++Al^{3+}+3H_4SiO_4^0$	2.13	−48
$KAl_3Si_3O_{10}(OH)_{2白云母}+10H^+=K^++3Al^{3+}+3H_4SiO_4^0$	12.70	−248.4
$KMg_3AlSi_3O_{10}(OH)_{2金云母}+10H^+=K^++3Mg^{2+}+Al^{3+}+3H_4SiO_4^0$	43.3	177
$K^++SO_4^{2-}=KSO_4^-$	0.85	9.4
$Mg(OH)_{2水镁石}+2H^+=Mg^{2+}+2H_2O$	16.84	−113.4
$MgCO_{3菱镁矿}=Mg^{2+}+CO_3^{2-}$	−8.03	−25.81
$Mg_5(CO_3)_4(OH)_2\cdot 4H_2O_{水菱镁矿}+2H^+=5Mg^{2+}+4CO_3^{2-}+6H_2O$	−8.76	−218.59
$Mg_2Si_2O_5(OH)_{4纤维蛇纹石}+6H^+=3Mg^{2+}+2H_4SiO_4^0+H_2O$	32.20	−195.8
$Mg_3Si_4O_{10}(OH)_{2滑石}+4H_2O+6H^+=3Mg^{2+}+4H_4SiO_4^0$	21.40	−193.94
$Mg_2Si_3O_{7.5}OH\cdot 3H_2O_{海泡石(c)}+0.5H_2O+4H^+=2Mg^{2+}+3H_4SiO_4^0$	15.76	
$Mg_2Si_3O_{7.5}OH\cdot 3H_2O_{海泡石(d)}+0.5H_2O+4H^+=2Mg^{2+}+3H_4SiO_4^0$	18.66	
$Mg_2SiO_{4镁橄榄石}+4H^+=2Mg^{2+}+H_4SiO_4^0$	28.31	−203.25
$MgSiO_{3斜顽辉石}+H_2O+2H^+=Mg^{2+}+H_4SiO_4^0$	11.342	−83.9
$Mg_3Si_2O_5(OH)_{4纤维蛇纹石}+6H^+=3Mg^{2+}+2H_4SiO_4^0+H_2O$	20.81	
$Mg^{2+}+HCO_3^-=MgHCO_3^-$	1.07	3.31
$Mg^{2+}+CO_3^{2-}=MgCO_3^0$	2.98	11.35
$Mg^{2+}+SO_4^{2-}=MgSO_4^0$	2.37	19.04
$MnCO_{3菱锰矿(c)}=Mn^{2+}+CO_3^{2-}$	−11.43	−5.98
$MnCO_{3菱锰矿(d)}=Mn^{2+}+CO_3^{2-}$	−10.39	
$Mn(OH)_{2羟锰矿}+2H^+=Mn^{2+}+H_2O$	15.2	
$Mn_3O_{4黑锰矿}+8H^++2e^-=3Mn^{2+}+4H_2O$	61.03	−421.1
$MnOOH_{水锰矿}+3H^++e^-=Mn^{2+}+2H_2O$	25.34	
$MnO_{2软锰矿}+4H^++2e^-=Mn^{2+}+2H_2O$	41.38	−272.4
$MnO_{2水钠锰矿}+4H^++2e^-=Mn^{2+}+2H_2O$	43.60	
$Mn^{2+}=Mn^{3+}+e^-$	−25.51	108
$Mn^{2+}+4H_2O=MnO_4^{2-}+8H^++4e^-$	−127.82	739
$MnS_{硫锰矿}+H^+=Mn^{2+}+HS^-$	3.8	−24.23
$NaHCO_{3苏打石}=Na^++HCO_3^-$	−0.548	15.56

续表

反　应	lg K_{25}	ΔH_R^0 (kJ/mol)
$NaHCO_3 \cdot NaHCO_3 \cdot 2H_2O_{天然碱} = 3Na^+ + CO_3^{2-} + HCO_3^- + 2H_2O$	−0.795	75.3
$NaCl_{石盐} = Na^+ + Cl^-$	1.582	3.84
$NaAlSi_3O_{8\,钠长石} + 4H_2O + 4H^+ = Na^+ + Al^{3+} + 3H_4SiO_4^0$	4.70	−68.7
$NaAlSi_2O_6 \cdot H_2O_{方沸石} + H_2O + 4H^+ = Na^+ + Al^{3+} + 2H_4SiO_4^0$	10.0	−100.8
$NaSi_7O_{13}(OH)_3 \cdot 3H_2O_{麦羟硅钠石} + 9H_2O + H^+ = Na^+ + 7H_4SiO_4^0$	14.30	
$Na_{0.33}Al_{2.33}Si_{3.67}O_{10}(OH)_{2\,钠贝得石} + 2.33H_2O + 7.33H^+ = 0.33Na^+ + 2.33Al^{3+} + 3.67H_4SiO_4^0$	7.7	−160.5
$Na^+ + CO_3^{2-} = NaCO_3^-$	1.27	37.3
$Na^+ + HCO_3^- = NaHCO_3^0$	−0.25	
$Na^+ + SO_4^{2-} = NaSO_4^-$	0.70	4.69
$SiO_{2\,石英} + 2H_2O = H_4SiO_4^0$	−3.98	25.06
$SiO_{2\,无定形的} + 2H_2O = H_4SiO_4^0$	−2.71	14.0
$H_4SiO_4^0 = H^+ + H_3SiO_4^-$	−9.83	25.61
$H_4SiO_4^0 = 2H^+ + H_2SiO_4^{2-}$	−23.0	73.6
$H_3SiO_4^- = H^+ + H_2SiO_4^{2-}$	−13.17	
$SrCO_{3\,菱锶矿} = Sr^{2+} + CO_3^{2-}$	−9.27	−1.68
$SrSO_{4\,天青石} = Sr^{2+} + SO_4^{2-}$	−6.63	−4.34
$HSO_4^- = SO_4^{2-} + H^+$	−1.988	−16.11
$SO_4^{2-} + 10H^+ + 8e^- = H_2S^0 + 4H_2O$	40.644	273.8
$S_{固态} + 2H^+ + 2e^- = H_2S^0$	4.88	−39.75
$H_2S^0 = H^+ + HS^-$	−6.994	22.18
$HS^- = H^+ + S^{2-}$	−12.92	50.6
$As_2O_{3\,砷华} + 3H_2O = 2H_3AsO_3^0$	−1.40	30.0
$As_2S_{3\,雌黄} + 6H_2O = 2H_3AsO_3^0 + 3HS^- + 3H^+$	−60.97	346.8
$As_2S_{雄黄} + 3H_2O = H_3AsO_3^0 + HS^- + 2H^+ + e^-$	−19.75	127.8
$FeAsO_4 \cdot 2H_2O_{臭葱石} = Fe^{3+} + AsO_4^{3-} + 2H_2O$	−20.25	
$As_{固态} + 3H_2O = H_3AsO_3^0 + 3H^+ + 3e^-$	−12.17	
$H_3AsO_4^0 = H_2AsO_4^- + H^+$	−2.24	−7.07
$H_2AsO_4^- = HAsO_4^{2-} + H^+$	−6.76	
$HAsO_4^{2-} = AsO_4^{3-} + H^+$	−11.60	
$H_3AsO_3^0 = H_2AsO_3^- + H^+$	−9.23	27.45
$H_2AsO_3^- = HAsO_3^{2-} + H^+$	−12.10	
$HAsO_3^{2-} = AsO_3^{3-} + H^+$	−13.41	
$CdCO_{3\,菱镉矿} = Cd^{2+} + CO_3^{2-}$	−12.1	−0.08
$CdO_{方镉石} + 2H^+ = Cd^{2+} + H_2O$	13.77	−103.6

续表

反　应	lg K_{25}	ΔH_R^0 (kJ/mol)
$CdS_{硫镉矿}+H^+=Cd^{2+}+HS^-$	−15.93	68.45
$Cd^{2+}+H_2O=CdOH^++H^+$	−10.1	54.8
$Cd^{2+}+Cl^-=CdCl^+$	1.98	2.47
$CuO_{土黑铜矿}+2H^+=Cu^{2+}+H_2O$	7.62	−63.76
$Cu_2O_{赤铜矿}+2H^+=2Cu^++H_2O$	−1.55	26.13
$Cu_{金属}=Cu^++e^-$	−8.76	71.7
$Cu_2(OH)_2CO_{3孔雀石}+3H^+=2Cu^{2+}+2H_2O+HCO_3^-$	5.15	−81.42
$Cu_3(OH)_2(CO_3)_{2蓝铜矿}+4H^+=3Cu^{2+}+2H_2O+2HCO_3^-$	3.75	−128.8
$CuS_{铜蓝}+H^+=Cu^{2+}+HS^-$	−22.27	100.5
$Cu_2S_{辉铜矿}+H^+=2Cu^++HS^-$	−34.62	206.5
$Cu^+=Cu^{2+}+e^-$	−2.72	−6.90
$Cu^{2+}+H_2O=CuOH^++H^+$	−8.0	
$Cu^{2+}+2H_2O=Cu(OH)_2^0+2H^+$	−13.68	
$Cu^{2+}+3H_2O=Cu(OH)_3^-+3H^+$	−26.9	
$Cu^{2+}+4H_2O=Cu(OH)_4^{2-}+4H^+$	−39.6	
$Cu^{2+}+CO_3^{2-}=CuCO_3^0$	6.73	
$Cu^{2+}+Cl^-=CuCl^+$	0.43	36.2
$Cu^{2+}+2Cl^-=CuCl_2^0$	0.16	44.18
$PbCO_{3白铅矿}=Pb^{2+}+CO_3^{2-}$	−13.13	20.3
$PbO_{正方铅矿}+2H^+=Pb^{2+}+H_2O$	12.72	−65.53
$PbSO_{4硫酸铅矿}=Pb^{2+}+SO_4^{2-}$	−7.79	9.00
$PbS_{方铅矿}+H^+=Pb^{2+}+HS^-$	−12.78	81.2
$Pb_{金属}=Pb^{2+}+2e^-$	4.27	1.7
$Pb^{2+}+H_2O=PbOH^++H^+$	−7.71	
$Pb^{2+}+Cl^-=PbCl^+$	1.60	18.33
$Pb^{2+}+2Cl^-=PbCl_2^0$	1.80	4.52
$Pb^{2+}+2HS^-=Pb(HS)_2^0$	15.27	
$Fe_2(SeO_3)_{3固体}=2Fe^{3+}+3SeO_3^{2-}$	−35.43	
$FeSe_{2固体}+2H^++2e^-=Fe^{2+}+2HSe^-$	−18.58	
$CaSeO_{3固体}=Ca^{2+}+SeO_3^{2-}$	−5.6	
$HSeO_4^-=H^++SeO_4^{2-}$	−1.66	20.5
$H_2SeO_3^0=H^++HSeO_3^-$	2.75	
$HSeO_3^-=H^++SeO_3^{2-}$	−8.5	
$H_2Se^0=H^++HSe^-$	−3.8	22.2
$SeO_3^{2-}+H_2O=SeO_4^{2-}+2H^++2e^-$	−30.26	

续表

反　　应	lg K_{25}	ΔH_R^0 (kJ/mol)
$SeO_3^{2-}+7H^++6e^-=HSe^-+3H_2O$	42.51	
$Se_{固体}+H^++2e^-=HSe^-$	−17.32	
$ZnCO_{3菱锌矿}=Zn^{2+}+CO_3^{2-}$	−10.00	−18.24
$ZnO_{红锌矿}+2H^+=Zn^{2+}+H_2O$	11.14	−91.5
$ZnO_{无定形}+2H^+=Zn^{2+}+H_2O$	11.31	
$ZnS_{闪锌矿}+H^+=Zn^{2+}+HS^-$	−11.62	34.52
$Zn_{金属}=Zn^{2+}+2e^-$	25.76	−153.89
$Zn^{2+}+H_2O=ZnOH^++H^+$	−8.96	56.1
$Zn^{2+}+Cl^-=ZnCl^+$	0.43	32.6
$Zn^{2+}+2HS^-=Zn(HS)_2^0$	14.94	

附录3 化学元素周期表

图例（族分类：8 ⅧA）：55.847（原子量） 26（原子序数）；3.2（氧化态）；1.83（电负性） Fe（元素符号）；$[Ar]3d^6 4s^2$（电子构型）

1 ⅠA	2 ⅡA	3 ⅢA	4 Ⅳ	5 ⅤA	6 ⅥA	7 ⅦA	8	9 ⅧA	10	11 ⅠB	12 ⅡB	13 ⅢB	14 ⅣB	15 ⅤB	16 ⅥB	17 ⅦB	18 ⅧB
1.0079 1 1 2.20 H $1s^1$																	4.002 2 — — He $1s^2$
6.941 3 1 0.96 Li $[He]2S^1$	9.012 4 2 1.57 Be $[He]2S^2$											10.811 5 3 2.04 B $[He]2s^2p^1$	12.011 6 ±4.2 2.56 C $[He]2s^2p^2$	14.007 7 ±3.5 3.04 N $[He]2s^2p^3$	15.999 8 -2 3.44 O $[He]2s^2p^4$	18.998 9 -1 3.98 F $[He]2s^2p^5$	20.1797 10 — — Ne $[He]2S^2p^6$
22.990 11 1 0.93 Na $[Ne]3s^1$	24.305 12 2 1.31 Mg $[Ne]3s^2$											26.982 13 3 1.61 Al $[Ne]3s^2p^1$	28.085 14 4 1.90 Si $[Ne]3s^2p^2$	30.974 15 5.3 2.19 P $[Ne]3s^2p^3$	32.066 16 6.4.-2 2.58 S $[Ne]3s^2p^4$	35.453 17 ±1.3.5 3.16 Cl $[Ne]3s^2p^5$	39.948 18 — — Ar $[Ne]3s^2p^6$
39.098 19 1 0.82 K $[Ar]4s^1$	40.08 20 2 1.00 Ca $[Ar]4s^2$	44.956 21 3 1.36 Sc $[Ar]3d^14s^2$	47.88 22 4.3 1.54 Ti $[Ar]3d^24s^2$	50.942 23 5.4 1.63 V $[Ar]3d^34s^2$	51.996 24 3.6 1.66 Cr $[Ar]3d^54s^1$	54.938 25 2.3.4 1.55 Mn $[Ar]3d^54s^2$	55.847 26 3.2 1.83 Fe $[Ar]3d^64s^2$	58.933 27 2.3 1.88 Co $[Ar]3d^74s^2$	58.693 28 2.3 1.91 Ni $[Ar]3d^84s^2$	63.546 29 2.1 1.90 Cu $[Ar]3d^{10}4s^1$	65.39 30 2 1.65 Zn $[Ar]3d^{10}4s^2$	69.723 31 3 1.81 Ga $[Ar]3d^{10}4s^2p^1$	72.61 32 4 2.01 Ge $[Ar]3d^{10}4s^2p^2$	74.922 33 ±3.5 2.18 As $[Ar]3d^{10}4s^2p^3$	78.96 34 6.4.-2 2.55 Se $[Ar]3d^{10}4s^2p^4$	79.904 35 ±1.5 2.96 Br $[Ar]3d^{10}4s^2p^5$	83.80 36 — — Kr $[Ar]3d^{10}4s^2p^6$
85.4678 37 1 0.82 Rb $[Kr]5s^1$	87.62 38 2 0.95 Sr $[Kr]5s^2$	88.906 39 3 1.22 Y $[Kr]4d^15s^2$	91.224 40 4 1.33 Zr $[Kr]4d^25s^2$	92.906 41 5.3 1.6 Nb $[Kr]4d^45s^1$	95.94 42 6.4 2.16 Mo $[Kr]4d^55s^1$	97.907 43 7 1.9 Tc $[Kr]4d^55s^2$	101.07 44 4.3.2 2.2 Ru $[Kr]4d^75s^1$	102.905 45 3.4.2 2.28 Rh $[Kr]4d^85s^1$	106.42 46 2.4 2.20 Pd $[Kr]4d^{10}$	107.868 47 1 1.93 Ag $[Kr]4d^{10}5s^1$	112.411 48 2 1.69 Cd $[Kr]4d^{10}5s^2$	114.818 49 3 1.78 In $[Kr]4d^{10}5s^2p^1$	118.71 50 4.2 1.96 Sn $[Kr]4d^{10}5s^2p^2$	121.757 51 ±3.5 2.05 Sb $[Kr]4d^{10}5s^2p^3$	127.60 52 6.4.-2 2.1 Te $[Kr]4d^{10}5s^2p^4$	126.904 53 ±1.5 2.86 I $[Kr]4d^{10}5s^2p^5$	131.29 54 — — Xe $[Kr]4d^{10}5s^2p^6$
132.905 55 1 0.79 Cs $[Xe]6s^1$	137.33 56 2 0.89 Ba $[Xe]6s^2$	138.9055 57 3 1.10 La $[Xe]5d^16s^2$	178.49 72 4 1.3 Hf $[Xe]4f^{14}5d^26s^2$	180.948 73 5 1.5 Ta $[Xe]4f^{14}5d^36s^2$	183.84 74 6.4 2.36 W $[Xe]4f^{14}5d^46s^2$	186.207 75 7 1.9 Re $[Xe]4f^{14}5d^56s^2$	190.23 76 4.3.2 2.2 Os $[Xe]4f^{14}5d^66s^2$	192.2 77 4.3.6 2.20 Ir $[Xe]4f^{14}5d^76s^2$	195.08 78 4.2 2.28 Pt $[Xe]4f^{14}5d^96s^1$	196.966 79 3.1 2.54 Au $[Xe]4f^{14}5d^{10}6s^1$	200.59 80 2.1 2.00 Hg $[Xe]4f^{14}5d^{10}6s^2$	204.383 81 1.3 2.04 Tl $[Xe]4f^{14}5d^{10}6s^2p^1$	207.2 82 4.2 1.96 Pb $[Xe]4f^{14}5d^{10}6s^2p^2$	208.98 83 3.5 2.02 Bi $[Xe]4f^{14}5d^{10}6s^2p^3$	(209.982) 84 4.6 2.0 Po $[Xe]4f^{14}5d^{10}6s^2p^4$	(209.967) 85 ±1 2.2 At $[Xe]4f^{14}5d^{10}6s^2p^5$	(222.018) 86 — — Rn $[Xe]4f^{14}5d^{10}6s^2p^6$
(223.0197) 8 1 0.7 Fr $[Rn]7s^1$	(226.025) 88 2 0.9 Ra $[Rn]7s^2$	(227.028) 89 3 1.1 Ac $[Rn]6d^17s^2$	(261) 104 4 — Rf $[Rn]5f^{14}6d^27s^2$	(262) 105 — — Db $[Rn]5f^{14}6d^37s^2$	(266) 106 — — Sg $[Rn]5f^{14}6d^47s^2$	(264) 107 — — Bh $[Rn]5f^{14}6d^57s^2$	(277) 108 Hs	(268) 109 Mt	(271) 110 Ds	(272) 111 Rg							

镧系	140.115 58 3.4 1.12 Ce $[Xe]4f^15d^16s^2$	140.908 59 4.3 1.13 Pr $[Xe]4f^36s^2$	144.24 60 3 1.14 Nd $[Xe]4f^46s^2$	(144.613) 61 3 1.13 Pm $[Xe]4f^56s^2$	150.36 62 3.2 1.17 Sm $[Xe]4f^66s^2$	151.965 63 3.2 1.2 Eu $[Xe]4f^76s^2$	157.25 64 3 1.20 Gd $[Xe]4f^86s^2$	158.925 65 3.4 1.2 Tb $[Xe]4f^96s^2$	162.50 66 3 1.22 Dy $[Xe]4f^{10}6s^2$	164.93 67 3 1.23 Ho $[Xe]4f^{11}6s^2$	167.26 68 3 1.24 Er $[Xe]4f^{12}6s^2$	168.934 69 3.2 1.25 Tm $[Xe]4f^{13}6s^2$	173.04 70 3.2 1.1 Yb $[Xe]4f^{14}6s^2$	174.967 71 3 1.27 Lu $[Xe]4f^{14}5d^16s^2$
锕系	232.038 90 4 1.3 Th $[Rn]6d^27s^2$	(231.036) 91 5.4 1.5 Pa $[Rn]5f^26d^17s^2$	(238.051) 92 6.5.4 1.38 U $[Rn]5f^36d^17s^2$	(237.048) 93 5.4.6 1.36 Np $[Rn]5f^46d^17s^2$	(244.064) 94 4.5.6 1.28 Pu $[Rn]5f^67s^2$	(243.061) 95 3.4.5.6 1.3 Am $[Rn]5f^77s^2$	(247.070) 96 3.4 1.3 Cm $[Rn]5f^77s^2$	(247.070) 97 3.4 1.3 Bk $[Rn]5f^97s^2$	(242.059) 98 3 1.3 Cf $[Rn]5f^{10}7s^2$	(252.083) 99 3 1.3 Es $[Rn]5f^{11}7s^2$	(257.085) 100 3 1.3 Fm $[Rn]5f^{12}7s^2$	(258.10) 101 2.3 1.3 Md $[Rn]5f^{13}7s^2$	(259.101) 102 2.3 1.3 No $[Rn]5f^{14}7s^2$	(260.105) 103 3 — Lr $[Rn]5f^{14}6d^17s^2$